建筑职业技能鉴定教材配套读本

油 漆 工

升级考核试题集

雍传德 张 良
屈锦红 雍 玲 编

中国建筑工业出版社

图书在版编目（CIP）数据

油漆工升级考核试题集/雍传德等编. —北京：中国建筑工业出版社，2008

建筑职业技能鉴定教材配套读本

ISBN 978-7-112-09089-1

Ⅰ. 油… Ⅱ. 雍… Ⅲ. 建筑工程-涂漆-职业技能鉴定-习题 Ⅳ. TU767-44

中国版本图书馆 CIP 数据核字（2008）第 001592 号

本书是根据国家颁发的《建筑行业职业技能标准》和建筑专业《职业技能鉴定教材》对初、中、高、技师油漆工理论知识（应知）和操作技能（应会）的内容要求编写的升级考核试题。主要包括：油漆工应该了解和掌握的相关知识；基层处理和各种类型的施工工艺技能；各种涂料的施涂；弹、滚、喷、刷装饰工艺；传统油漆、古建筑油漆、彩画工艺制作；裱糊、玻璃安装等工程质量要求；涂饰工艺质量通病及防治；施工管理知识，安全与防护等内容。

本书适用于油漆工职业技能岗位培训、升级考核选用，也可作为相关专业和其他有关工种的自学参考书。

* * *

责任编辑：周世明
责任设计：赵明霞
责任校对：王 爽 张 虹

建筑职业技能鉴定教材配套读本

油漆工升级考核试题集

雍传德 张 良
屈锦红 雍 玲 编

*

中国建筑工业出版社出版、发行（北京西郊百万庄）
各地新华书店、建筑书店经销
北京红光制版公司制版
北京建筑工业印刷厂印刷

*

开本：787×1092毫米 1/16 印张：$19\frac{3}{4}$ 字数：476千字
2008年4月第一版 2008年4月第一次印刷
印数：1—3,000册 定价：**41.00**元
ISBN 978-7-112-09089-1
(15753)

前　言

培养同现代化建设要求相适应的数以亿计的高素质劳动者，是建立现代企业制度，实现国民经济持续、稳定、快速发展的重要基础。企业之间的竞争，归根结底是技术的竞争，人才的竞争。是否拥有一支雄厚的中、高级技术工人队伍是企业实力的重要标志。

当前，建筑企业中、高级技术人才数量严重不足、专业素质和技术尤为偏低，已经严重影响了企业技术进步以及产品的质量提高。加快培养一大批具有熟练操作技能的技术工人队伍，是建筑企业进一步发展的当务之急。

为满足建筑职业岗位培训和职业技能鉴定考核工作的需要，根据建设部人事教育司组织编写的《土木建筑职业技能岗位培训教材》、劳动和社会保障部教材办公室组织编写的《职业技能鉴定教材》对初、中、高、技师油漆工理论知识（应知）和操作技能（应会）的标准要求，分等级分别按判断题、填空题、选择题、简答题、计算题、操作技能试题不同类型编写的知识考核和技能考核试题，有利于准备参加考核鉴定的人员掌握考核鉴定的范围和内容，也便于抓住重点进行自学，适用于各级培训和鉴定机构组织升级考核人员复习。

编写建筑专业职业岗位技能鉴定升级考核试题有相当的难度，很难把握每一道题的准确性、可靠性、完整性、系统性、唯一性。难免存在缺点、错误和不足，恳切希望广大读者提出宝贵意见和建议，以便今后修订和逐步完善。

目　　录

第一章　初级油漆工考核试题

第一节　初级油漆工知识考核判断题

一、判断题试题（错在括号内打×，对在括号内打√）

1. 为了正确理解设计图样并依照图上的要求做好工程的成本管理和科学、合理地安排工程作业计划，必须了解识图的基础知识，掌握本工种有关图样的识读方法。（　）

2. 所有建筑工程都必须经专业工程技术人员进行设计，并绘制出整套建筑工程施工图样。由建设单位组织各工种按施工图样施工。（　）

3. 各种图一般都是用图样、图例、符号、索引号和数字按制图规定和标准绘制表达的。（　）

4. 建筑工程图样主要是采用粗细和线型不同的图线来表达设计内容的。（　）

5. 由于建筑物的组成和构造比较复杂，在设计图中为了简洁地表达设计意图，故常用一些规定的实线、虚线、点划线来表明。（　）

6. 建筑工程图图线的线型一般分实线、虚线、点划线、折断线、波浪线5种。（　）

7. 投影主要由光线（投影线）、物体、地面（投影面）三要素构成。（　）

8. 一般情况下，投影与物体的形状和大小是有较大差异的。若假设光线是互相平行的，并且光线与地面又是垂直的，这时物体的投影就会与其外形不相等。（　）

9. 由于物体形状是立体的，在同一个投影面上难以看出物体的空间形状，因此必须用不同的投影面来正确反映物体的形状和大小。（　）

10. 通常用二个相互垂直的平面作投影面，物体在这二个投影面上的二个正投影（平面图、立面图），就能较充分地表示出这个物体的空间形状。（　）

11. 尺寸标注包括尺寸界线、尺寸线、尺寸起止符号和尺寸数字等。尺寸数字单位一般为cm，图上可以不写。（　）

12. 尺寸标注包括尺寸界线、尺寸线、尺寸起止符号和尺寸数字等。尺寸数字单位一般为mm，图上可以不写。（　）

13. 建筑施工图上标高尺寸数字都以m为单位，一般保留小数点后2位数，总平面图只需保留1位即可。（　）

14. 剖切符号表示剖面的剖切位置和剖视方向，采用中实线绘制。剖切符号的编号则应写在剖视面的一侧。（　）

15. 建筑施工图上绝对标高（我国以青岛黄海海面为基准，设其高度为0），表示该处

的高度比海平面高（低）出多少。（　）

16. 建筑施工图上相对标高是以该建筑物底层室内地面高度为 0（±0.000）来计算建筑物某处高度的。（　）

17. 建筑施工图上的绝对标高是以该建筑物底层室内地面高度为 0 来计算建筑物某处高度的。（　）

18. 建筑施工图上的连接符号用折断线表示，在折断线两端靠图样一侧以阿拉伯数字表示连接编号，编号必须用同一数字。（　）

19. 定位轴线是确定建筑物或构筑物各个组成部分平面位置的重要依据。（　）

20. 建筑施工图对于非承重的隔墙、次要承重构件等，则有时用分轴线，有时也可由注明其与附近轴线有关尺寸的来确定。（　）

21. 建筑施工图上轴线用细实线表示，末端用圆圈（圆圈直径为 8mm），圈内注明编号，在水平方向的编号采用英文字母，由左向右依次注写。（　）

22. 建筑施工图上轴线用细点划线表示，末端用圆圈，圈内注明编号。在垂直方向的编号，采用阿拉伯数字由下向上顺序注写。（　）

23. 建筑施工图上轴线编号一般标注在图面的上方及右侧。（　）

24. 房屋建筑工程设计一般分初步设计、技术设计和施工图设计 3 个阶段。（　）

25. 房屋建筑工程设计的初步设计和技术设计主要供有关部门及经办人员研究、审查设计方案及编制工程预算用。（　）

26. 房屋建筑工程设计的施工图设计、表达的内容比较详细，是组织、指导施工及编制施工预算，从事各项经济、技术管理的主要依据。（　）

27. 建筑施工图包括基础平面图、基础详图、结构平面图、楼梯结构图和结构构件详图等。（　）

28. 结构施工图包括首页图、总平面图、平面图、立面图、剖面图和构造详图等。（　）

29. 设备施工图，包括给排水、采暖通风、电器照明等设施、设备的布置平面图和详图。（　）

30. 各专业工种施工图样的编排次序一般是全局性图样在前，局部性图样在后。（　）

31. 施工说明主要是对图样上未能详细注写的用料、做法等的要求作具体的文字说明。（　）

32. 总平面图主要是表示新建房屋的位置、朝向、与原有建筑物的关系，以及周围道路、绿化和给水、排水、供电条件等方面的情况。（　）

33. 总平面图中用中实线表示新建房屋的平面轮廓；用粗虚线表示原有房屋；各个平面图形的小黑点数，表示房屋的层数。（　）

34. 总平面图图例“════”，为计划扩建的道路。（　）

35. 总平面图图例“╍╍╍╍╍╍”，为原有的道路。（　）

36. 总平面图上的标高数值均为相对标高。（　）

37. 总平面图常用的比例是 1∶500、1∶1000、1∶2000。（　）

38. 房屋建筑的平面图就是一栋房屋的水平剖视图。（　）

39. 一栋多层的楼房，如果其中有几个楼层的平面布置相同，可以只画一个标准层的平面图。（ ）

40. 平面图主要表示房屋占地的大小，内部的分隔，房间的大小，台阶、楼梯、门窗等的位置、大小，墙的厚度等。（ ）

41. 一般施工放线、砌墙、安装门窗都要用立面图。（ ）

42. 看建筑平面图图样的图标可以了解图名、设计人员、图号、设计日期、比例等。（ ）

43. 在建筑平面图，看房屋的朝向，可以了解外围尺寸，有几道轴线，轴线间的距离，外门、窗的尺寸和编号，窗间墙的宽度，有无砖垛，外墙厚度，散水宽度，台阶大小，雨水管位置等。（ ）

44. 在建筑平面图上看房屋内部可以了解房间的用途、地坪标高、内部的位置、厚度，内门、窗的位置、尺寸和编号，有关详图的编号、内容等。（ ）

45. 房屋建筑的立面图主要表示房屋占地的大小，内部的分隔，房间的大小，台阶、楼梯、门窗等的位置、大小，墙的厚度等。（ ）

46. 房屋建筑的平面图主要表示建筑物的外部形状，房屋的长、宽、高尺寸，屋顶的形式，门窗洞口的位置，外墙饰面、材料及做法等。（ ）

47. 看房屋立面图外墙装饰做法，可了解有无出檐，墙面是清水还是抹灰，勒脚高度和装修做法，台阶的立面形式及表示详图，门头雨篷的标高和做法等。（ ）

48. 在房屋立面图上还可以看雨水管位置，外墙爬梯位置，超过60m长的砖砌房还有伸缩缝位置等。（ ）

49. 房屋立面图主要标明建筑物内部在高度方面的情况，如屋顶的坡度、楼房的分层、房间和门窗各部分的高度、楼板的厚度等，同时也可以表示出建筑物已采用的结构形式。（ ）

50. 房屋平面图、立面图、剖面图相互之间既有区别，又有紧密的联系。（ ）

51. 平面图可以说明建筑物各部分在水平方向的尺寸和位置，却无法表明它们的高度。（ ）

52. 平面图能说明建筑物外形的长、宽、高尺寸，却无法表明它的内部关系。（ ）

53. 立面图可以说明建筑物各部分在水平方向的尺寸和位置，却无法表明它们的高度。（ ）

54. 剖面图则能说明建筑物内部高度方向的布置情况。（ ）

55. 只有通过平面图、立面图、剖面图3种图的互相配合，才能完整地说明建筑物从内到外、从水平到垂直的全貌。（ ）

56. 涂料对被涂物体主要起保护和装饰作用。（ ）

57. 在航海、航空、电器工业中，涂料还可起到耐高温、防污、防腐、绝缘等特殊作用。（ ）

58. 涂膜可使物体表面与周围有腐蚀作用的介质隔绝，免受空气中的水分、腐蚀性气体、日光及微生物的侵蚀。（ ）

59. 建筑工程要使用大量的钢材和木材，因此对这两种材料的保护显得尤为重要，如

果不使用涂料加以保护，不但会影响建筑物的使用寿命，严重时还可能出现质量事故。（ ）

60. 涂料装饰的效果还必须与周围环境配合，注意环境色对建筑物的衬托。（ ）

61. 在造船、航空、电器制造等工业中，涂料还具有某些特殊功能。如在轮船底部使用一种专用的防污涂料，可防止和延缓钢板的腐蚀。（ ）

62. 冷、热水管道及卫生设备的安装常用红色（冷色）表示冷水，绿色（暖色）表示热水。（ ）

63. 涂料被各行各业用作色彩标志，如冷、热水管道及卫生设备的安装常用红色（暖色）表示热水，绿色（冷色）表示冷水。（ ）

64. 滚涂、电泳涂漆等工艺的出现，使涂料施工的生产面貌大大改观，涂料施工技术正向着机械化、自动化、连续化的方向发展。（ ）

65. 涂料的品种繁多，分类的方法各不相同。按照涂料的用途来分，可以分为溶剂型、水溶型、乳液型、粉末型等。（ ）

66. 涂料的品种繁多，分类的方法各不相同。按使用功能可分为有光涂料、无光涂料、亚光涂料、皱纹涂料等。（ ）

67. 涂料的品种繁多，分类的方法各不相同。按施工方法可分为防锈涂料、耐酸涂料、耐高温涂料等。（ ）

68. 涂料的品种繁多，分类的方法各不相同。按照涂料的用途来分，可以分为建筑用漆、船用漆、汽车用漆、电器用绝缘漆等。（ ）

69. 涂料品种繁多，分类的方法各不相同。按涂料的状态可分为溶剂型、水溶型、乳液型、粉末型等。（ ）

70. 涂料的品种繁多，分类的方法各不相同，按使用功能可分为防锈涂料、耐酸涂料、耐高温涂料等。（ ）

71. 涂料的品种繁多，分类的方法各不相同，按涂料的外观可分为有光涂料、无光涂料、亚光涂料、皱纹涂料等。（ ）

72. 涂料品种繁多，分类方法各不相同。按施工方法可分为刷用涂料、烘涂料、喷涂料、电泳涂料等。（ ）

73. 为了有利于涂料的生产和管理，方便使用者对各种涂料品种的选择，国家制定了以涂料基料中主要成膜物质为基础的分类方法。（ ）

74. 涂料的命名规定为涂料全称＝成膜物质名称＋基本名称＋颜色或颜色名称。（ ）

75. 涂料的命名规定为涂料全称＝基本名称＋成膜物质名称＋颜色或颜色名称。（ ）

76. 白色油性调和漆的基本名称称为调和漆，其主要成膜物质为虫胶，漆的颜色为白色。（ ）

77. 酚醛清漆的主要成膜物质是虫胶，基本名称为清漆，由于其中未加颜料，故呈透明状。（ ）

78. 涂料的颜色放在涂料全称的前边，若颜料对漆膜性能起显著作用，则可用颜料名称代替涂料名称。（ ）

79. 为区分各种涂料，涂料编号采用在名称之前加型号的方法，这样可以避免重复混淆。（ ）

80. 涂料基本名称编号采用00～99两位数字来表示。（ ）

81. 涂料基本名称编号，00～09代表基本品种。（ ）

82. 涂料基本名称编号，10～19代表轻工用漆。（ ）

83. 涂料基本名称编号，20～29代表美术用漆。（ ）

84. 涂料基本名称编号，30～39代表绝缘用漆。（ ）

85. 涂料基本名称编号，40～49代表船舶用漆。（ ）

86. 涂料基本名称编号，50～59代表防腐蚀漆。（ ）

87. 若涂料中含有松香改性酚醛树脂和松香甘油酯，则根据其含量比来决定是划分为油性漆或是酚醛漆类。（ ）

88. 若松香改性树脂含量占油料总量50%或50%以上，则归为酚醛漆类。（ ）

89. 在油基漆（酚醛）中，如油与树脂的比例在2∶1以下，则为短油度。（ ）

90. 在油基漆（酚醛）中，如油与树脂的比例在(2～3)∶1，则为中油度。（ ）

91. 在油基漆（酚醛）中，如油与树脂的比例在3∶1以上，则为长油度。（ ）

92. 在醇酸漆中，含油量在50%以下为长油度。（ ）

93. 在醇酸漆中，含油量在50%～60%之间为中油度。（ ）

94. 在醇酸漆中，含油量在60%以上为短油度。（ ）

95. 白色油性调和漆的型号是Y-03-1。（ ）

96. 灰醇酸磁漆的型号是C-04-35。（ ）

97. 辅助材料的型号由两部分组成，第一部分是辅助材料的种类，用汉语拼音字母表示；第二部分是序号，用1位数字表示。例如：（ ）

```
C — 3
|    |
|    └──序号
|
└──────────催干剂
```

98. 油脂是一种历史悠久而又最基本的油漆材料，它以半干性油作为油漆的成膜材料。（ ）

99. 油脂属天然产物，它来自植物种子和动物脂肪。（ ）

100. 在涂料工业中应用最多的为植物油，如干性的亚麻仁油和桐油、南方的梓油、干性的豆油等。（ ）

101. 某些动物油脂也可作为油漆的成膜材料。（ ）

102. 油脂是油脂漆的主要组成部分，它是由不同种类的脂肪酸和甘油化合而得来的混合甘油酯所组成的。（ ）

103. 脂肪酸分为饱和脂肪酸和不饱和脂肪酸，涂料成膜性能的好坏，决定于饱和程度的高低，也就是决定于油类分子中所含饱和脂肪酸的多少，饱和程度越大，成膜性越好。（ ）

104. 干性油之所以能很好地成膜，主要是它的不饱和双键数目多，当油脂涂成薄膜后，氧与干性油的不饱和脂肪酸中的双键发生氧化、聚合作用，使油失去流动性，因而转

变为固态薄膜。（ ）

105. 油脂漆的原料来源丰富，价格便宜。长期的实践证明，这类漆的质量是可靠的，它有较佳的渗透力，涂膜干燥后，有一定的抗腐蚀介质侵蚀的能力。它广泛用于建筑油漆。（ ）

106. 油脂漆的成膜主要是靠其与空气中的氧起作用，所以干燥较慢，不耐酸碱，耐磨性也不好，它容易与水泥中的碱性物质起作用而脱落，所以新施工的水泥面不能立即施用此类漆。（ ）

107. 油脂漆的一个特性是成膜的速度随温度的升高而变慢。（ ）

108. 桐油是一种很好的干性油，不饱和脂肪酸约为60%，易发生氧化、聚合作用。（ ）

109. 桐油制成的涂料，其涂膜具有干燥快、坚韧、耐水、耐光、耐碱等优点。（ ）

110. 亚麻仁油制成的涂料涂膜柔韧性较好，但易变灰，不宜制白色漆。使用前必须加以精制，以除去其中的有机杂质。（ ）

111. 豆油属于干性油，干性较差，涂膜不易变黄，可制白色漆，常与梓油混合使用。（ ）

112. 蓖麻油属于干性油，但经过脱水处理后可转变为半干性油。其干性比亚麻仁油好，但发黏时间长。其涂膜不易发黄，是涂料工业中油料的重要来源。（ ）

113. 清油又叫熟油或鱼油。它由干性油经氧化聚合后加入催干剂及其他辅助材料而制成的。（ ）

114. 清油的优点是价廉、气味小、施工方便、贮存期长，可单独涂于木材、金属表面作防水、防潮层，主要用来调制厚漆、腻子；缺点是干燥慢、漆膜软、耐候性差。（ ）

115. 厚漆是由体质颜料、着色颜料和干性油经研磨而成的稠厚膏状漆，是古老的油漆品种。（ ）

116. 厚漆附着力差，但有一定的遮盖力，可以自由配色，施工方便，价格便宜。（ ）

117. 厚漆的缺点是体质颜料较多，因为用清油调配，故耐久性差。在建筑工程的涂饰中大多作底漆用。（ ）

118. 油性调和漆是在炼制后的不干性油中加入颜料溶剂、催干剂等调和而成的一种涂料。（ ）

119. 油性调和漆是用不干性植物油同各色颜料、体质颜料研磨后，加入催干剂，并用200号溶剂汽油或松节油与二甲苯的混合溶剂调配而成的。（ ）

120. 油性调和漆附着力好，不易脱落，不龟裂，不易粉化，经久耐用，但干燥较慢，漆膜较软，适于一般建筑的室内外涂饰用。（ ）

121. 磁性调和漆是用松香甘油脂、半干性植物油与各色颜料研磨后，加入催干剂，以200号溶剂汽油或松节油作溶剂调制而成的。（ ）

122. 磁性调和漆干燥性比油性调和漆好，漆膜较硬、光亮平整，但耐候性比油性调和漆差，易失光龟裂，一般用于室内涂饰。（ ）

123. 油性防锈漆是以精炼不干性油、各种防锈材料及体质颜色混合研磨后加入溶剂、催干剂调制而成的。（ ）

124. 红丹油性防锈漆是用不干性植物油熬炼后，再与红丹粉、体质颜料研磨后加入催干剂，以200号溶剂汽油或松节油作溶剂调制而成的。（ ）

125. 红丹油性防锈漆中的红丹与铝粉会产生电化学作用，故不能用在铝板或镀锌板上，否则会降低附着力，引起卷皮现象。（ ）

126. 树脂防锈漆是以各种干性植物油为主要成膜物质的，其品种有红丹酚醛防锈漆、红丹醇酸防锈漆、锌黄醇酸防锈漆、锌黄酯胶防锈漆、磷化底漆等。（ ）

127. 红丹酚醛防锈漆是用松香改性酚醛树脂、松香甘油酯、干性植物油与红丹粉、体质颜料研磨后，加入催干剂，以200号溶剂汽油或松节油作溶剂调制而成的。（ ）

128. 红丹酚醛防锈漆性能较好，干燥快，附着力好，机械强度较高，耐水性也较好。（ ）

129. 油脂类及树脂类防锈漆的品种很多，由于它们配制的原料不同，各有其优缺点，使用时应根据技术要求加以选择。（ ）

130. 天然树脂漆的使用在我国已有悠久的历史，有的则将天然树脂与干性植物油经过炼制而成为多种涂料品种。它可分为清漆、磁漆、底漆、腻子等。（ ）

131. 天然树脂漆目前使用最广泛的天然树脂是琥珀、达麦树脂、松香、沥青、生漆。（ ）

132. 松香是由赤松、黑松等分泌的松脂经蒸馏提炼出松节油后而制得的。（ ）

133. 以松香为基料的涂料，涂膜的光泽、硬度、干燥性能较油脂漆好。（ ）

134. 松香软化点高，涂膜软而发黏，暴露于大气中保光性好，涂膜会由于水的作用而变白。（ ）

135. 用改性松香制成的涂料，在品质上大有改进，其酸度降低，脆性和黏性减轻，耐候性也有所改进。（ ）

136. 沥青具有独特的防腐蚀性能，价廉易得，施工简便，因此在涂料中仍占有一定的位置。常用于有色金属的防腐、防锈。（ ）

137. 虫胶又名紫胶、干漆片，是由生长在热带、亚热带地区树木上的一种昆虫分泌物经加工精制而得的，它溶于醇类。（ ）

138. 在施工中，虫胶用200号汽油溶解成溶液（俗称泡立水、洋干漆）制成虫胶清漆。（ ）

139. 虫胶清漆使用方便，干燥快，漆膜坚硬光亮，附着力好，具有良好的绝缘性能，现大多用于木材面漆涂饰。（ ）

140. 虫胶清漆耐水性和耐候性差，日光暴晒会失去光泽，热水浸烫会泛白，而且原料来源不广，现在用纯虫胶清漆涂刷成活的已很少，已逐渐被合成树脂取代。（ ）

141. 天然大漆是用漆树的液汁过滤而得的，是一种乳白色或灰黄色黏稠液体，与空气接触，颜色逐渐变深。（ ）

142. 生漆经过太阳曝晒，或将生漆置于放水的容器中用文火加温，脱去其中一部分水分后即成为推光漆或明光漆。（ ）

143. 广漆漆膜成酱紫色，光亮度比生漆差，但基本性能比生漆好，适用于涂刷室内

外门窗和家具等。 （ ）

144. 天然大漆具有优良的性能。其优点是漆膜坚固，光泽好，有优良的耐酸、耐水、耐油、耐腐蚀、耐磨性能，涂膜不粘不裂，附着力强等。 （ ）

145. 天然大漆的缺点是干燥慢，漆膜要在干燥的环境下才能较快地干燥，不耐强碱，毒性大，易引起过敏性皮炎。此外，大漆的施工操作也比较繁杂。 （ ）

146. 漆酚清漆是将生漆脱水、活化、缩聚后，加入有机溶剂二甲苯稀释而制成的。 （ ）

147. 漆酚清漆改变了生漆毒性大、干燥慢、含水量过多、施工不便等缺点，但仍保持了大漆所具有的优点。 （ ）

148. 漆酚清漆广泛应用于化工设备、农业机械设备及要求耐水、耐酸的金属、木材表面的涂饰，还适用于阳光直接照射的物体表面。 （ ）

149. 油基大漆是用各种桐油、亚麻仁油、顺丁烯二酸酐树脂混合，并加入有机溶剂而制成的各种改性大漆。 （ ）

150. 油基大漆的特点是耐热、耐光、抗水抗潮、耐久、耐候、附着力强，漆膜坚硬、光亮、透明、色艳等。 （ ）

151. 漆酚环氧防腐漆是将生漆中的漆酚提取出来，与甲醛进行反应得漆酚缩甲醛，再与 501 型环氧树脂反应而制成的。 （ ）

152. 漆酚环氧防腐漆具有优良的耐酸、耐碱性能和良好的物理力学性能。 （ ）

153. 漆酚环氧防腐漆加入各种颜料可制成多种色漆。它广泛应用于各种机械的涂刷，也可用于化工和其他方面。 （ ）

154. 目前油漆工业中广泛使用的油脂漆几乎全是改性的天然树脂，即松香的衍生物。 （ ）

155. 酯胶又名石灰松香。将松香熔化加热到一定温度，再与石灰粉反应，便可制得酯胶。 （ ）

156. 钙脂软化点高，漆膜较硬，但不耐水，力学性能较差。一般用作玩具漆，也可以与其他树脂配合使用。 （ ）

157. 钙脂又名松香甘油脂。它是将松香与甘油脂化合而得到的。 （ ）

158. 以甘油松香为树脂制得的油漆与未改性的松香比较，在品质上已大有进步，酯性降低，发粘性和回粘性减轻，耐候性有所改进。 （ ）

159. 由于甘油松香树脂生产工艺简单，原料价廉易得等，因而天然树脂漆中多以它为主要树脂。 （ ）

160. 酯胶可作为一般家具及建筑用漆，也可与其他树脂配合使用。 （ ）

161. 季戊四醇松香酯是由松香与季戊四醇酯化合反应而制成的。其色浅、抗光性能好、不易泛黄，可供制造浅色清漆及白色磁漆用。 （ ）

162. 顺丁烯二酸酐松香甘油脂是松香与顺丁烯酸酐和甘油的合成物，其软化点比松香、松香甘油高。 （ ）

163. 季戊四醇松香酯其特点干燥快、漆膜硬、耐碱、耐酸、耐汽油、耐候性都较酯胶好，所以应用广泛。 （ ）

164. 酚醛树脂漆是以酚醛树脂或改性酚醛树脂为主要树脂而制成的漆类。 （ ）

165. 酚醛树脂是由酚和醛经缩聚反应而制得的树脂，是最早出现的合成树脂之一。（ ）

166. 生产酚醛树脂的主要原料是苯酚及甲醛，也有用其他酚类和其他醛类，也有用胺、苯酚与甲醛进行缩聚的。（ ）

167. 酚醛树脂如苯粉甲醛树脂可使涂料有较浅的颜色，故适合制造浅色及白色漆。（ ）

168. 酚醛树脂漆在硬度、光泽、干燥速度、耐水、耐酸碱及绝缘方面有较好的性能，所以广泛用于木器、家具、建筑、电器等方面。（ ）

169. 酚醛树脂可用来单独自配涂料，也可以在以其他树脂为主的涂料中，加入适量酚醛树脂以改进性能。（ ）

170. 酚醛树脂与醇酸树脂合用可增进耐酸性、耐碱性、耐油性和耐磨性。（ ）

171. 酚醛树脂与环氧树脂合用，可制造高强度漆色线以增进漆膜的硬度、耐磨性、柔韧性等。（ ）

172. 酚醛树脂与聚二烯醇缩丁醛树脂合用，可增进醇酸树脂的耐潮、耐碱性。（ ）

173. 由于酚醛树脂的成本低，所以在以各种合成树脂为原料的涂料中，酚醛树脂涂料在使用方面仍有很大的优势。（ ）

174. 目前涂料工业中使用的酚醛树脂主要有油溶性纯酚醛树脂、松香改性酚醛树脂和醇溶性酚醛树脂 3 种。（ ）

175. 醇溶酚醛树脂漆一般为苯酚与甲醛的缩合树脂溶于醇类溶剂中的液体。（ ）

176. 醇溶酚醛树脂有热塑型和热固型两种，涂料中醇溶性酚醛树脂多属热固型，热塑型通常很少使用，一般制取的是清漆。（ ）

177. 热塑型醇溶酚醛树脂漆，漆膜易脆，在日光下会变黄，耐热温度在 70℃以下。性能不及热固型醇溶酚醛树脂漆，因而应用不广泛。（ ）

178. 热固型醇溶酚醛树脂漆，它经烘烤干燥后，漆膜坚硬，具有良好的防潮性能和绝缘性能，适用于小件铁制品的涂饰。（ ）

179. 改性酚醛树脂是将酚醛树脂加入改性剂进行改性，使其能更好地与油或其他树脂融合，改性后的酚醛树脂可获得各种所需要的性能。（ ）

180. 树香改性酚醛树脂漆是热塑型酚醛缩合物以松香改性后再以甘油酯化而制成的。（ ）

181. 松香改性酚醛树脂漆，改性的目的在于增加其干性油和在溶剂中的溶解能力。（ ）

182. 在松香改性酚醛漆中，这种树脂是涂料中用量最大的一种酚醛树脂。用它与桐油炼制的涂料，其漆膜硬度大、干性好、坚韧耐久、耐化学作用、绝缘性能好，且价格低廉。（ ）

183. 松香改性树脂漆的品种很多，在酚醛树脂漆中占有重要地位，并广泛用于木制家具、建筑、一般机械产品，以及船舶漆、绝缘漆、美术漆等。这种漆的主要缺点是漆膜易泛红。（ ）

184. 丁醇改性酚醛树脂漆一般是用热塑性的酚醛缩合物加丁醇进行醚反应而制得的，

它可溶于苯类溶剂中。 （ ）

185. 丁醇改性酚醛树脂漆可单独制漆其漆膜耐水、耐酸性较好，但较脆，需高温烘烤干燥。一般与其他树脂合用，可以改进其性能。 （ ）

186. 非油反应型油溶性纯酚醛树脂漆中，最重要的一类是苯基苯酚，它与干性油在高温热炼时反应较轻微，这种树脂与桐油炼制的清漆坚固耐用，抗酸性好，主要作为耐酸涂料。 （ ）

187. 油溶性纯酚醛树脂漆中油反应型树脂与桐油制得的涂料有很好的抗酸、耐腐蚀性能，主要用作防化学和防腐蚀涂料。 （ ）

188. 纯酚醛树脂可制成底漆、磁漆、清漆等品种，还可制成分散型酚醛树脂漆。这是一种附着力极好，漆膜有良好的耐久性、耐磨性和较好的防潮性能的涂料。 （ ）

189. 醇酸树脂漆是合成树脂中最重要的一类，它在涂料工业中使用非常广泛。 （ ）

190. 醇酸树脂漆是以醇酸树脂为主要成膜物质的一类涂料，具有很多优异的性能，可以根据不同的要求，制成各种不同用途的涂料产品。 （ ）

191. 醇酸树脂漆与其他树脂合并使用，可以提高、改进涂料的性能。 （ ）

192. 用醇酸树脂制成的涂料，漆膜柔韧、坚牢、耐摩擦、绝缘性能都有很大提高，但漆膜易老化、耐候性差、易泛黄、不耐碱。 （ ）

193. 醇酸树脂漆可与多种聚合物相适应。例如醇酸树脂与硝化纤维素的结合，可制造不泛黄的白色烘干磁漆。 （ ）

194. 醇酸树脂漆具有广泛的适应性，如椰子油醇酸树脂与胺基树脂合用，可提高耐久性和柔韧性。 （ ）

195. 可用其他多种树脂及单体对醇酸树脂改性。如用松香或松香顺丁烯二酸树脂改性的醇酸树脂，除具有快干的特性外，还具有耐水和耐碱的性能。 （ ）

196. 可用其他多种树脂及单体对醇酸树脂改性。如醇酸树脂用酚醛树脂改性具有快干性。 （ ）

197. 用有机硅单体改性的醇酸树脂，最主要的优点是具有户外保色性和耐久性能。 （ ）

198. 醇酸树脂漆按油的品种可分为半干性油改性醇酸树脂，不干性油改性醇酸树脂。 （ ）

199. 干性油改性醇酸树脂是以亚麻仁油、豆油、葵花籽油、桐油和脱水蓖麻油改性的醇酸树脂，它可溶于二甲苯、松节油等。 （ ）

200. 所用油的种类不同，改性后的醇酸树脂的性能也各异。 （ ）

201. 干性油改性醇酸树脂制成的涂料，能在室温下经空气氧化而结膜干燥。 （ ）

202. 不干性油改性醇酸树脂是以蓖麻油、椰子油和棉籽油等不干性油制造的改性醇酸树脂。 （ ）

203. 不干性油改性醇酸树脂，它本身不能在室温下固结成膜，需要与其他树脂经过加热发生反应才能固结成膜。 （ ）

204. 醇酸树脂中含油量在50％以下为长油度型。 （ ）

205. 醇酸树脂中含油量在50％～60％的为短油度型。 （ ）

206. 醇酸树脂中含油量在60%以上的为短油度型。 (　)

207. 醇酸树脂中含油量在50%以上的为中油度型。 (　)

208. 醇酸树脂漆短油度型适于室内装饰用。 (　)

209. 长油度醇酸树脂漆适于室外装饰用。 (　)

210. 中油度醇酸树脂漆的适用性介于长油度和短油度二者之间。 (　)

211. 外用醇酸树脂漆是用长油度干性醇酸树脂制成的，属自干型涂料。 (　)

212. 外用醇酸树脂漆涂膜最大特点是耐候性优越，柔韧性、光泽度一般，适用于外用木材和钢结构的面漆。 (　)

213. 通用醇酸树脂漆由中油度干性醇酸树脂制成，属于自干和低温烘干两用涂料。 (　)

214. 通用醇酸树脂漆涂膜有较好的户外耐久性，又具有较高的硬度、较强的光泽度、良好的柔韧性，涂膜也较美观，适用于建筑中的门窗、楼梯扶手、壁板等。 (　)

215. 醇酸树脂面漆和防锈漆一般用中、短油度的半干醇酸树脂制成，有高温干燥和高温烘等不同类型，它广泛用于面漆的制备。 (　)

216. 各种醇酸树脂漆底漆和防锈漆的特点是对金属、部分有色金属及木材的表面有很好的附着力。 (　)

217. 各种醇酸树脂的面漆要求与醇酸底漆或防锈漆可以不配套使用，其他类型的面漆则要求与醇酸底漆配套使用。 (　)

218. 为了加快干燥速度，以适应工艺的要求，用苯乙烯改性的醇酸树脂漆即可达到快干的目的。 (　)

219. 通常醇酸树脂漆是不溶于水的，若在制漆过程中使反应中止，用氨水中和就可得到水溶性醇酸树脂漆。 (　)

220. 硝基漆涂膜光泽好，坚固耐磨。但由于漆的组成中溶剂占的比例大，干燥快，固体成分所占比例小，一次成膜较薄，需进行多次施涂，因此施工繁琐。 (　)

221. 硝基漆溶剂用得多，且大多无毒，对人体健康且无害，是一种广泛使用的装饰性能好的涂料。 (　)

222. 硝基漆是一种造价较高的涂料，一般用于家具有涂饰。 (　)

223. 硝基漆的漆膜坚硬、光亮、耐磨，干燥后有足够的机械强度。 (　)

224. 硝基漆中加入某些合成树脂和增韧剂就能制成各种性能的涂料，增韧剂越多越能增强涂料的透气性能。 (　)

225. 硝基漆的耐候性较差，如用干性醇酸树脂、酚醛树脂等来进行调整，则可以提高硝基漆的耐候性。 (　)

226. 用硝化纤维制成的硝基漆，温度在100℃以上时，其涂层会逐渐分解，变软并变色，机械强度下降，加入合成树脂、增强剂后则会有所改进。 (　)

227. 硝基类漆长期暴晒在阳光下，硝光纤维会逐渐分解，致张力降低，增加脆性，降低溶解度。因此在制漆时应增加耐光性能优良的颜料和增韧剂。 (　)

228. 硝基漆的漆膜能耐水、弱酸、矿物油、汽油和酒精。 (　)

229. 在涂料工业中，如果单用硝化纤维素制漆，漆膜硬度大，但附着力差，柔韧性不足，必须加入增韧剂、颜料来弥补其缺点，以提高它的质量。 (　)

230. 硝基漆以硝化纤维为基础，加上合成树脂、增韧剂、溶剂与稀释剂即成为一种涂料，此涂料称为硝基清漆。（ ）

231. 硝基漆以硝化纤维为基础，加上合成树脂、增韧剂、溶剂与稀释剂，再加入颜料进行研磨、拌匀、过滤，便可制成各色硝基涂料。（ ）

232. 硝化纤维素是硝基漆的主要成膜物质，不溶于水，溶于酮或酯类等有机溶剂中。（ ）

233. 硝化纤维素制成的溶液涂在物体表面，能较长时间结成一层薄膜，其性质柔韧、耐久、不光亮，但有抗潮及耐化学药品腐蚀的特性。（ ）

234. 硝基漆中硝化纤维素性脆、附着力差、不耐阳光照射等弱点，故很少单独使用，而是与其他树脂合成使用。（ ）

235. 在硝基漆中一般加入丙烯酸、乙烯、聚氨酯等合成树脂，可以提高和改善其性能，如增加附着力、增加成膜物质、增加漆膜的光亮度、增加漆膜的户外耐久性等。（ ）

236. 纯硝化纤维素制成的涂料，漆膜脆、易龟裂、干后改缩易剥落，加入增韧剂后可大大克服这些缺点。（ ）

237. 纯硝化纤维素加入植物油类增韧剂可起到润滑作用，可增其柔韧性和耐候性。（ ）

238. 纯硝化纤维素加入溶剂型增韧剂（己二酸二丁酯）可提高硝基漆的耐寒性，且不易挥发。（ ）

239. 硝基漆的成膜主要靠高温烘烤干燥成膜。（ ）

240. 硝基漆成膜主要靠溶剂挥发，溶剂中的真溶剂不能溶解硝化纤维，只能起稀释作用。（ ）

241. 硝基漆成膜主要靠溶剂挥发，溶剂中的助剂能溶解硝化纤维素。（ ）

242. 硝基漆成膜主要靠溶剂的挥发，溶剂中的真溶剂不能溶解硝化纤维素，但能促进酮类或酯类溶解力。（ ）

243. 颜料及体质颜料是有色硝基磁漆、底漆、腻子的重要组成部分，不溶于油或溶剂中。（ ）

244. 颜料和体质颜料在硝基漆中的作用是填充漆膜的细孔以遮盖物体表面，阻止阳光的穿透，从而增加漆膜的硬度，提高其机械强度，并显示各种色彩。（ ）

245. 以聚乙烯树脂为主要成膜物质的涂料叫过氯乙烯涂料。（ ）

246. 过氯乙烯树脂属于热塑性材料，具有耐水性、不燃性、抗酸碱性、抗化学性，汽油、酒精、润滑油对它基本无影响。（ ）

247. 过氯乙烯涂料是将过氯乙烯和加入的增塑剂、填料等附加成分经搅拌均匀后而制成的。（ ）

248. 过氯乙烯树脂是聚氯乙烯树脂经氧化反应而制得的，它的作用主要是使漆膜具有良好耐化学性、耐水性和耐候性。（ ）

249. 过氯乙烯树脂从外观分有高黏度和低黏度，根据其聚合程度可分为干树脂和树脂溶液。（ ）

250. 过氯乙烯树脂黏度越高，涂膜的耐久性、耐化学性和硬度也越差。（ ）

251. 单独使用过氯乙烯树脂制成的漆，其漆膜附着力差，光泽度小、耐候性差。因此，加入适量的其他树脂，可以大大地克服这些缺点。（　）

252. 为了不降低漆膜的耐化学腐蚀性能，过氯乙烯涂料应由一组底漆、磁漆、清漆配合使用，才能使过氯乙烯涂料获得很好的附着力和耐化学腐蚀性能。（　）

253. 过氯乙烯漆中加入增韧剂是为了增加过氯乙烯涂料的涂膜柔韧性能。（　）

254. 有些增韧剂虽然可以改善涂层的力学性能，但是却影响漆膜与金属的附着力，降低了耐腐蚀性能，所以增韧剂一般控制在5%左右。（　）

255. 要提高过氯乙烯涂层的化学稳定性，可使用氯化石蜡、氯化橡胶等增韧剂，则所取得的效果较好。（　）

256. 过氯乙烯树脂在光和热的影响下容易分解，加入稳定剂可以阻止分解，延长涂膜的寿命。（　）

257. 过氯乙烯树脂漆中必须加入一定的增塑剂，使过氯乙烯树脂溶解和稀释，才能涂刷成膜。（　）

258. 为了调节溶剂的挥发速度，采用混合溶剂效果较好，它可使涂层表面干燥时间控制在4h左右。（　）

259. 过氯乙烯涂料使用200号溶剂汽油、乙醇、丁醇等作溶剂，也可与硝基漆混合使用。（　）

260. 过氯乙烯具有很多优良的性能，例如漆膜干燥快，具有一定的耐热、防霉及抗化学腐蚀性，耐水、保光性好，可用石蜡打磨抛光。（　）

261. 过氯乙烯漆在常温下2h漆膜就可以全干，比油性漆干燥的时间要快得多，但比硝基漆的干燥时间多1倍。（　）

262. 过氯乙烯漆能在常温下耐30%的硫酸、硝酸及60%的烧碱达几个月之久。（　）

263. 过氯乙烯漆在大气中暴露1年半以后，仍能保持其原来的外观和颜色。（　）

264. 过氯乙烯漆具有良好的耐水性和突出的抗菌性，因此适于湿热地区使用，可防霉、防湿热、防盐雾的侵蚀。（　）

265. 过氯乙烯漆具有不延燃性能，可用于制作防火漆。（　）

266. 过氯乙烯漆附着力较差，如果处理不当，漆膜往往可以整张揭起。（　）

267. 过氯乙烯漆耐热性差，不能在55℃以上高温长期使用。（　）

268. 过氯乙烯溶剂释放性好，漆膜表面干燥很快，但要整个涂层完全干透就很慢，因此在未完全干透前，漆膜发软，附着力也差。一旦完全干透，这种现象就会消失，漆膜变硬且不易剥离。（　）

269. 过氯乙烯防腐漆可作为各种化工机械、建筑等金属、木材表面防化学腐蚀的保护涂层用。（　）

270. 过氯乙烯外用漆主要用作各种铁制器件上的涂饰。漆中加入了较多的其他树脂（如醇酸树脂），可使漆膜干燥快、光亮、坚硬，有良好的耐候性能。（　）

271. 过氯乙烯木器用漆加入了较多的顺丁烯二酸酐等硬树脂，如C—04—12。（　）

272. 有耐机油的涂刷机床及机器设备的磁漆，如C—01—9各色过氯乙烯机床磁漆，

漆膜色彩鲜艳光亮，干燥迅速，能耐磨，耐机油性好。（ ）

273. 丙烯酸树脂漆是以丙烯酸树脂为基料，与甲基丙烯酸树脂共聚而成。（ ）

274. 丙烯酸树脂漆有良好的耐候性、耐热性，对酸碱、水和酒精，有良好的抵抗力，除能溶解于汽油外，对植物油和矿物油均具有抵抗力。（ ）

275. 热塑性丙烯酸树脂漆在加热的情况下，会自己或与其他外加的树脂进行交联反应，变为不溶的体型结构。（ ）

276. 热固性丙烯酸树脂漆在加热的情况下，不会自己或与其他外加的树脂交联成体型结构，它受热时软化，冷却后又恢复原状。（ ）

277. 热塑性丙烯酸树脂制成的丙烯酸树脂清漆的特点是干燥快、耐候性好、色泽可长久保持不变、耐水性能好。（ ）

278. 丙烯酸树脂加入溶剂、助剂后，再与体质颜料经研磨可制成各种颜色的磁漆，如白丙烯酸磁漆。（ ）

279. 丙烯酸树脂底漆一般由甲基丙烯酸酯和甲基丙烯酸共聚树脂加入溶剂、增韧剂及体质颜料而制成。（ ）

280. 聚氯乙烯树脂漆坚韧、不易燃，对酸碱、水和氧化剂的作用稳定，无臭、无味、耐油性好，但不耐50℃以上的温度。（ ）

281. 氯乙烯—偏氯乙烯共聚树脂漆是用40％的氯乙烯和60％的偏氯乙烯共聚而成的树脂。（ ）

282. 氯乙烯—偏氯乙烯共聚树脂漆常用的品种有偏氯乙烯清漆X—01—5。（ ）

283. 氯乙烯—偏氯乙烯共聚树脂漆常用品种有偏氯乙烯磁漆X—06—4。（ ）

284. 氯乙烯系统的乙烯漆属自干型涂料，具有良好的耐化学性、耐候性、但由于涂料中含固量低，故需喷涂多次才能达到要求。（ ）

285. 醋酸乙烯乳胶漆在建筑上应用较广，它由醋酸乙烯聚合得到的乳胶制成，它具有较好的保色能力和附着力，柔韧性好，无需外加增韧剂，溶膜耐晒，不易开裂、粉化，因此适于作建筑外用漆。（ ）

286. 油改性聚氨基甲酸酯涂料。贮存稳定，漆膜干燥快，具有良好的耐磨、耐碱、耐油和耐溶剂性能，但耐候性差，故不适合室外使用。（ ）

287. 湿固化型聚胺酯涂料可用作地下工程的防腐蚀涂料，也可用作水泥表面的涂料。（ ）

288. 催化型固化聚胺酯涂料具有良好的耐油、耐水、耐酸碱、耐有机溶剂的性能，且有很好的附着力和耐磨性能。一般用作木材、混凝土等的表面涂料。（ ）

289. 羟基固化型聚胺酯涂料可以在室温下干燥，具有毒性小、漆膜坚韧、光泽度好、附着力好，耐腐蚀性、耐油与耐水性能优良等优点。适用于金属、水泥、木材面的涂饰，应用范围较广。（ ）

290. 聚胺酯涂料硬度、柔韧性、耐磨性是突出的，但耐酸、耐碱、耐化学腐蚀较差，不适合用作化学工业中各种设备的防腐蚀涂料。（ ）

291. 聚胺酯涂料可耐包括非氧化型无机酸类碱类、水溶剂等介质的侵蚀，广泛用作化学工业中各种设备的防腐蚀涂料。（ ）

292. 聚胺酯涂料可耐多种溶剂的侵蚀。在耐油方面，可经受车用汽油、航空汽油的

长期浸泡，但对于机油、植物油不很稳定。 ( )

293. 聚胺酯漆类的湿固化型聚胺酯涂料，在潮湿的表面或空气湿度大的气候条件下施工会严重影响漆层质量。 ( )

294. 沥青涂料可在金属、混凝土和木材等材料的表面涂刷。 ( )

295. 沥青涂料的最大缺点是颜色单一，为棕黑色，耐候性也较差，所以很少用于室外涂饰。 ( )

296. 天然沥青其突出特点是软化点高，黑度高，制出的漆膜光亮坚硬。 ( )

297. 在对黑度和漆膜的硬度要求较高时，可用天然沥青和煤焦沥青的混合涂料，以得到适当的漆膜硬度和韧性。 ( )

298. 沥青漆在涂刷时，可不打底漆就能起到装饰保护的作用。 ( )

299. 沥青漆的最大缺点是对水的稳定性能不好，但有较好电绝缘性能，可用来做绝缘纸、绝缘带等绝缘制品。 ( )

300. 溶液型沥青是以沥青为基料的沥青漆，是将天然沥青、石油沥青、煤焦沥青单独或混合溶解于200号溶剂汽油或煤焦油溶剂中而制得的。 ( )

301. 以沥青和油为基料的沥青漆耐候性、耐光性好，但干燥性能变差，耐水性有所降低。 ( )

302. 为了使以沥青和油为基料的沥青漆的涂层在常温下能得到适当的干燥性能，可在漆中加入铅、锰的环烷酸盐催干剂。 ( )

303. 用桐油制备的沥青烘漆不能用铅催干剂，不然漆膜会出现麻点。 ( )

304. 用亚麻仁油制备的沥青烘漆能用铅催干剂，可在常温下得到适当的干燥性能。 ( )

305. 以沥青、油和树脂为基料的沥青漆在耐候性方面是沥青漆中最好的。 ( )

306. 在以沥青、油和树脂为基料的沥青漆中加入铅粉，能使耐候性显著提高。 ( )

307. 以沥青、油和树脂为基料的铝粉沥青磁漆与防锈漆性能良好的底漆配套使用，可对钢铁有良好的保护性能。它适用于室外钢铁结构的涂饰。 ( )

308. 一般有机合成树脂只能耐70℃以下温度，而有机硅树脂可达120℃。 ( )

309. 有机硅树脂若加入铝粉或耐高温的颜料后，耐热温度可达到200℃。 ( )

310. 有机硅树脂若加入铝粉或耐高温的颜料后，特殊的耐热温度可达到800～900℃。 ( )

311. 有机硅漆可制成耐候性特别好的涂料，它不泛黄，不粉化，保色和保光性能良好。 ( )

312. 有机硅漆具有良好的防水性，其吸水率很低。在高温和潮湿的环境中，也具有良好的耐候性和防锈能力。 ( )

313. 将有机硅漆膜浸泡在20％的盐酸、20％的硝酸、20％的硫酸、20％的烧碱中，漆膜仍较完好。 ( )

314. 纯有机硅漆可耐－100℃的低温，因此这种漆可在寒冷地区使用。 ( )

315. 冷混型纯有机硅型的涂料耐溶剂性好，附着力和力学性能强，固化时间适中。 ( )

316. 环氧树脂漆具有良好的耐稀酸，碱和无机盐及有机介质腐蚀的性能，涂层有较高的机械强度，具有附着力好、耐磨性能良好的等优点，被广泛用于国防工业和民用工业。（ ）

317. 由于环氧树脂的分子结构不同，避免了其他树脂类变色的缺点，所以用环氧树脂制成的涂料颜色淡、保色性能好。（ ）

318. 环氧树脂漆液态的50%固化涂料是用液态环氧树脂制成的，使用时加入固化剂，粘度大时可加入稀释剂。（ ）

319. 环氧酯漆能常温干燥，其抗水性和抗化学性不如环氧漆，但比油性漆和醇酸漆好，环氧酯漆的漆膜坚韧，附着力良好，可用作钢结构保护涂料。（ ）

320. 纤维素漆是以由天然纤维素经过化学处理后生成的聚合物作为主要成膜物质的涂料，属于挥发型涂料，它主要依靠溶剂的挥发而干燥成膜。（ ）

321. 纤维素漆漆膜干燥的速度较慢，涂膜的强度也不大。（ ）

322. 纤维素漆漆膜干结比较快，一般在5min内结膜不粘尘，1h后即可以干燥，有的品种甚至在30s内就可以干燥。（ ）

323. 纤维素漆硬度高且坚韧、耐磨、耐候性也不比其合成树脂差。（ ）

324. 纤维素漆的最大特点是不易变色。（ ）

325. 纤维素漆一般属于热塑性涂料，对温度的敏感性较大。（ ）

326. 纤维素漆中以醋酸纤维制得的涂料品种最多，应用广泛，已划归硝基漆类。（ ）

327. 醋酸丁酸纤维素漆具有不变形，稳定性能好的特点，溶液透明呈水红色。（ ）

328. 醋酸丁酸纤维素漆耐紫外线，能抗增韧剂和氧化剂的移渗性。（ ）

329. 醋酸丁酸纤维素漆可与胺基树脂、环氧树脂、丙烯酸树脂等交联并用；与塑料表面的附着力好，配制铜粉漆（金粉）不变红；密度大，比同样数量的其他纤维素漆的涂覆面积小。（ ）

330. 醋酸丁酸纤维素漆的优点是与金属、玻璃等的附着力较好，使用时要加入适量的添加剂进行加强。（ ）

331. 乙基纤维素漆的优点是耐碱性强，还能耐弱酸，柔韧性好，尤其是在高温250℃和低温−170℃情况下不会龟裂，对日光、紫外线有较好的抵抗力。（ ）

332. 乙基纤维素漆目前多与其他树脂并用，例如同有机硅树脂并用，可改进有机硅树脂的干燥性能，制成常温干燥的有机硅耐热漆。（ ）

333. 橡胶漆是以天然橡胶衍生物或合成橡胶为主要成膜物质制造而成的。（ ）

334. 橡胶漆大多以天然橡胶衍生物为主要成膜物质。（ ）

335. 橡胶漆的特点是涂层的密实度、抗渗性能良好，富有弹性和较高的物理机械强度，涂层耐腐蚀、耐油、耐水性能良好。（ ）

336. 氯化橡胶漆是天然橡胶经过素炼解聚后溶于四氯化碳中进行氯化处理而得的黄色多孔固体，含氯量在12%以上。（ ）

337. 涂料的调制工作做得是否科学合理，是否符合工艺要求，不仅对涂料的成膜、涂膜的厚度、色泽的美观起着一定的作用，而且对涂饰的耐久性，甚至对物体的保护和装

饰都会产生较大的影响。 （ ）

二、判断题答案

1. ✓　2. ×　3. ✓　4. ✓　5. ×　6. ✓　7. ✓　8. ×　9. ✓
10. ×　11. ×　12. ✓　13. ×　14. ×　15. ✓　16. ✓　17. ×　18. ×
19. ✓　20. ✓　21. ×　22. ×　23. ×　24. ✓　25. ✓　26. ✓　27. ×
28. ×　29. ✓　30. ✓　31. ✓　32. ✓　33. ×　34. ×　35. ×　36. ×
37. ✓　38. ✓　39. ✓　40. ✓　41. ×　42. ✓　43. ✓　44. ✓　45. ×
46. ×　47. ✓　48. ✓　49. ×　50. ✓　51. ✓　52. ×　53. ×　54. ✓
55. ✓　56. ✓　57. ✓　58. ×　59. ✓　60. ✓　61. ✓　62. ×　63. ✓
64. ×　65. ×　66. ×　67. ×　68. ✓　69. ✓　70. ✓　71. ✓　72. ✓
73. ✓　74. ×　75. ×　76. ×　77. ×　78. ×　79. ✓　80. ✓　81. ✓
82. ×　83. ×　84. ✓　85. ✓　86. ✓　87. ×　88. ×　89. ✓　90. ✓
91. ✓　92. ×　93. ✓　94. ×　95. ✓　96. ✓　97. ✓　98. ×　99. ✓
100. ×　101. ✓　102. ✓　103. ×　104. ✓　105. ✓　106. ✓　107. ×　108. ×
109. ✓　110. ×　111. ×　112. ×　113. ✓　114. ✓　115. ✓　116. ×　117. ✓
118. ×　119. ×　120. ✓　121. ×　122. ✓　123. ×　124. ×　125. ✓　126. ×
127. ✓　128. ✓　129. ✓　130. ✓　131. ×　132. ✓　133. ✓　134. ×　135. ✓
136. ×　137. ✓　138. ×　139. ×　140. ✓　141. ✓　142. ✓　143. ×　144. ✓
145. ×　146. ✓　147. ✓　148. ×　149. ✓　150. ✓　151. ×　152. ✓　153. ✓
154. ×　155. ×　156. ✓　157. ×　158. ✓　159. ✓　160. ✓　161. ×　162. ×
163. ✓　164. ✓　165. ✓　166. ✓　167. ×　168. ✓　169. ✓　170. ×　171. ×
172. ×　173. ✓　174. ✓　175. ✓　176. ✓　177. ×　178. ✓　179. ✓　180. ×
181. ✓　182. ✓　183. ×　184. ×　185. ✓　186. ×　187. ×　188. ✓　189. ✓
190. ✓　191. ✓　192. ×　193. ×　194. ×　195. ×　196. ✓　197. ✓　198. ×
199. ✓　200. ✓　201. ✓　202. ✓　203. ✓　204. ×　205. ×　206. ×　207. ×
208. ✓　209. ✓　210. ✓　211. ✓　212. ✓　213. ✓　214. ✓　215. ×　216. ✓
217. ×　218. ✓　219. ✓　220. ✓　221. ×　222. ✓　223. ✓　224. ×　225. ×
226. ×　227. ✓　228. ✓　229. ✓　230. ✓　231. ✓　232. ✓　233. ×　234. ✓
235. ×　236. ✓　237. ✓　238. ✓　239. ×　240. ×　241. ×　242. ×　243. ✓
244. ✓　245. ×　246. ✓　247. ×　248. ×　249. ×　250. ×　251. ✓　252. ✓
253. ✓　254. ×　255. ✓　256. ✓　257. ×　258. ×　259. ×　260. ✓　261. ✓
262. ×　263. ✓　264. ✓　265. ✓　266. ✓　267. ×　268. ×　269. ✓　270. ✓
271. ×　272. ×　273. ✓　274. ✓　275. ×　276. ×　277. ✓　278. ✓　279. ✓
280. ×　281. ×　282. ✓　283. ×　284. ×　285. ✓　286. ✓　287. ✓　288. ✓
289. ✓　290. ×　291. ✓　292. ×　293. ×　294. ✓　295. ✓　296. ✓　297. ×
298. ✓　299. ×　300. ✓　301. ✓　302. ✓　303. ×　304. ×　305. ✓　306. ✓
307. ✓　308. ×　309. ×　310. ✓　311. ✓　312. ✓　313. ×　314. ×　315. ×

316.✓　317.✓　318.×　319.✓　320.✓　321.×　322.×　323.✓　324.✓
325.✓　326.×　327.×　328.✓　329.×　330.×　331.×　332.✓　333.✓
334.×　335.✓　336.×　337.✓

第二节　初级油漆工知识考核填空题

一、填空题试题（请将正确的答案填在横线空白处。）

1. 所有建筑工程都必须经专业工程技术人员进行设计，并绘制出整套建筑工程______。由施工单位组织各工种按施工图样施工。

2. 一套完整的建筑工程的施工图应包括总平面图、建筑施工图、结构施工图、给排水施工图、电气施工图和______等。

3. 一套完整的各类建筑工程施工图样虽然各称不相同，但它们都是为了一个共同的目标而互相配合、紧密联系的，是确定工程施工成本及科学地安排工程作业计划的主要______。

4. 各种建筑工程施工图样，一般都是用图样______、符号、索引号和数字按制图规定和标准绘制表达的。

5. 由于建筑物的组成和构造比较复杂，在设计图中为了简洁地表达设计意图，故常用一些规定的______以及符号和记号来表明。

6. 建筑工程图样主要是采用______不同的图线来表达设计内容的。

7. 建筑工程图中粗实线，线宽为 b，一般用途为主要可见______线。

8. 建筑工程图中波浪线，线宽为 0.35b，一般用途为构造层次的______界线。

9. 常用建筑材料粉刷图例符号为______。

10. 常用建筑材料玻璃图例符号为______，包括平板玻璃、磨砂玻璃、夹丝玻璃、钢化玻璃等。

11. 在阳光下，物体会在地面上形成影子，这种现象称为______。

12. 假设光线是互相平行的，并且光线与地面又是垂直的，这时物体的投影就会与其外形相等。利用这种原理画出的物体的图形，就称为______图。

13. 建筑工程中许多建筑图，如平面图、立面图、剖面图等，都是______图。

14. 建筑工程图中尺寸标注，数字单位一般为______，图上可以不写。

15. 建筑工程施工图中，剖切符号表示剖面的剖切位置和剖视方向，采用______线绘制。

16. 建筑工程施工图中，标高符号表示建筑物的某一部位______。

17. 建筑施工图上，有两种标高方式，即绝对标高和______标高。

18. 相对标高是以该建筑物底层室内地面高度为 0（±0.000）来计算建筑物某处______。

19. 当绘制对称图形时，在对称中心线处绘上______，在对称中心线的两边只需画出其中一边即可。

20. 建筑施工图上连接符号用折断线表示，在折断线两端靠图样一侧以大写______字母表示连接编号，编号必须用同一字母。

21. 在施工图中，凡承重墙、柱子、大梁或屋架等主要承重构件都应画上______来确定其位置。

22. 在施工图中，轴线用______线表示，末端用圆圈（圆圈直径为 8mm），圈内注明编号。

23. 在施工图中，轴线在水平方向的编号采用阿拉伯数字，______依次注写。

24. 对于某些部位由于图形比例较小，其具体内容或要求无法标注时，常采用______（细实线或细折线组成的引出线）将所要注明的内容引出并标注在外。

25. 房屋建筑工程图是表达房屋______情况的图样，简称房屋建筑图。

26. ______包括首页图、总平面图、平面图、立面图、剖面图和构造详图等。

27. 通常整套施工图按______、设计总说明、建筑施工图、结构施工图、设备施工图的次序编排。

28. 房屋建筑施工图首页就是建筑施工图的第一页，内容一般包括图样目录、说明、______、门窗表、材料做法等。

29. 总平面图是表明______所在地有关范围内的总体布局。

30. 总平面图就是______、土方施工、设备管网平面布置，施工时进入现场的材料和构配件的堆放场地，构件预制的场地以及运输道路等的依据。

31. 总平面图中用______表示新建房屋的平面轮廓；用中实线表示原有房屋；各个平面图形的小黑点数，表示房屋的层数。

32. 在总平面图中还有风向频率玫瑰图、______、等高线、河流（水面）4 种图例。

33. 风向频率玫瑰图是表示风向和______的符号。

34. 风向频率玫瑰图，它表示某一地区多年平均统计的东、南、西、北、东南、东北、西南、西北等 16 个罗盘范围吹风方位，其中线最长者表示该地区______。

35. 绿化图例分别表示乔木、灌木和______。

36. 等高线图例，图上每条等高线经过的地方，其高度______等高线上所标注的标高。

37. 河流或水面图例表示河流或水面，______表示水的流向。

38. 总平面图上的标高数值均为______标高。

39. 房屋建筑的平面图就是一栋房屋的______图。

40. 一般施工放线、砌墙、安装门窗都要用______图。

41. 房屋建筑的______图，就是一栋房子的正投影图与侧投影图，通常按建筑各个立面的朝向，将几个投影图分别叫做东立面图、西立面图、南立面图、北立面图。

42. ______主要表明建筑物的外部形状，房屋的长、宽、高尺寸，屋顶的形式，门窗洞口的位置，外墙饰面、材料及做法等。

43. 建筑平面图双扇推拉门图例为______。

44. 建筑平面图双扇内外开双层门图例为______。

45. 门的名称代号用______表示。

46. 房屋建筑的剖面图，因______不同，又可分为横剖面图、纵剖面图。

47. 剖面图主要表明建筑物内部在______的情况，如屋顶的坡度、楼房的分层、房间和门窗各部分的高度、楼板的厚度等，同时也可以表示出建筑物已采用的结构形式。

48. 平面图可以说明建筑物各部分在水平方向的尺寸和位置，却无法表明它们的______。

49. 立面图能说明建筑物外形的长、宽、高、尺寸，却无法表明它的______。

50. 剖面图则能说明建筑物内部高度方向的______。

51. 只有通过平面图、立面图、剖面图 3 种图的______，才能完整地说明建筑物从内到外，从水平到垂直的全貌。

52. 涂料是指涂装在物体表面经过______而形成固体保护膜的化工产品的总称。

53. 涂料对被涂物体主要起保护和装饰作用，此外还可以作为______广泛用于城市交通管理中。

54. 涂膜有一定的______，能抵抗轻微碰撞和摩擦，可起到保护物体的作用。即使涂膜有损坏，也容易修复。

55. 涂膜可使物体表面与周围有腐蚀作用的介质______，可免受空气中的水分、腐蚀性气体、日光及微生物的侵蚀。

56. 有些涂料内部的化学成分能与金属起化学反应，在金属表面形成一层______，可以增强涂料的防腐蚀效果。

57. 建筑物经涂料装饰美化，可以提高它的______，这就是装饰作用。

58. 建筑物的墙、地面、顶棚、门窗等涂上各种色彩的涂料后，不但可使构筑物具有一定的光泽度和平滑性，还会使人在视觉上产生______的感受。

59. 用有机树脂配制的______具有许多优点，不但漆膜坚硬、光彩夺目、经久耐用，而且干燥快。

60. 喷涂、电泳涂漆等工艺的出现，使涂料施工的生产面貌大为改观，涂料施工技术正向着______、自动化、连续化的方向迈进。

61. 涂料按照用途来分，可以分为______、船用漆、汽车用漆、电器用绝缘漆等。

62. 按涂料的状态可分为______、水溶型、乳液型、粉末型等。

63. 按涂料使用功能可分为______、耐酸涂料、耐高温涂料等。

64. 按涂料的外观可分为______、无光涂料、亚光涂料、皱纹涂料等。

65. 按涂料施工方法可分为______、烘涂料、喷涂料、电泳涂料等。

66. 为了有利于涂料的生产和管理，方便使用者对各种涂料品种的选择，国家制定了以涂料基料中______为基础的分类方法。

67. ______涂料，代号为 Y，主要成膜物质是天然植物油、清油、合成油。

68. 硝基漆类涂料代号为______，主要成膜物质硝基纤维素、改性硝基纤维素。

69. 辅助材料稀释剂代号为______，序号为 1。

70. 辅助材料催干剂代号为______，序号为 3。

71. 涂料的命名规定是涂料全称＝______＋成膜物质名称＋基本名称。

72. 酚醛清漆，主要成膜物质为酚醛树脂，基本名称为______，由于其中未加颜料，故呈透明状。

73. 涂料的命名，涂料的颜色放在前面，若颜料对漆膜性能起显著作用，则可用

______代替颜色名称。

74. 为区分各种涂料，涂料编号采用在______加型号的方法，这样可以避免重复混淆。

75. 涂料基本名称编号采用______两位数字来表示。

76. 涂料基本名称清油的代号为______。

77. 涂料基本名称腻子的代号为______。

78. 涂料基本名称编号10～19代表______。

79. 涂料基本名称编号30～39代表______。

80. 若涂料中含有松香改性酚醛树脂和松香甘油脂，则根据其含量比来决定是划分为酯漆或是______类。

81. 若松香改性树脂含量占树脂总量50%或50%以上，则归为______类。

82. 在油基漆（酚醛）中，如油和树脂的比例在2∶1以下，则为短油度；比例在（2～3）∶1，则为中油度；比例在3∶1以上，为______。

83. 在醇酸漆中，含油量在50%以下为______，50%～60%为中油度，60%以上为长油度。

84. 白色油性调和漆的型号是______。

85. 灰色醇酸磁漆的型号是______。

86. 油脂是油脂漆的主要组成部分，它是由不同种类的______和甘油化合而得来的混合甘油脂所组成的。

87. 脂肪酸分为饱和脂肪酸和不饱和脂肪酸，涂料成膜性能的好坏，决定于饱和程度的高低，也就是决定于油类分子中所含______，不饱和程度越大，成膜性越好。

88. 油脂漆的成膜速度随温度的升高而______。

89. 桐油是一种很好的干性油料，不饱和脂肪酸约为______，具有干燥快、坚韧、耐水、耐光、耐碱等优点。

90. 亚麻仁油制成的涂料涂膜柔韧性较好，但易变黄，不宜制______。

91. 豆油属半干性油，干性较差，涂膜不易变黄，可制______，常与桐油混合使用。

92. 蓖麻油属于不干性油，但经过脱水处理后可转变为______油。

93. 清油的优点是价廉、气味小、施工方便、贮存期长，可单独涂于木材、金属表面作为防水、防潮涂层，主要用来调制厚漆、腻子；缺点是______、耐候性差。

94. 厚漆是由______、着色颜料和干性油经研磨而成的稠厚膏状漆，是古老的油漆品种。

95. 调和漆是在炼制后的干性油中加入颜料、溶剂、催干剂等调和而成的一种涂料，分为油性调和漆和______两种。

96. 油性调和漆附着力好，不易脱落，不龟裂，不易粉化，经久耐用。但______，适于一般建筑的室内外涂饰用。

97. 磁性调和漆的干燥性比油性调和漆好，漆膜较硬，光亮平滑。但______比油性调和漆差，易失光龟裂，一般用于室内涂饰。

98. 防锈漆主要有油性防锈漆和______两种。

99. 红丹油性防锈漆因红丹与铝会产生电化学作用，故不能用在______上，否则会降低附着力，引起卷皮现象。

100. 树脂防锈漆的防锈性能较好，干燥快，附着力好，机械强度较高，耐久性也较好。其缺点是______，不便于采用喷涂工艺。多作室外黑色金属防锈底漆用。

101. 一般轻金属（铝、锌）防锈漆可采用锌黄醇酸防锈漆，但只能作为轻金属的打底防锈漆，而不能作为面漆用，也不适用于______。

102. 天然树脂漆的使用在我国已有悠久的历史，有的可以单独使用，如______；有的则将天然树脂与干性植物油经过炼制而成为多种涂料品种。

103. 天然树脂漆中的树脂有琥珀、松香、沥青、虫胶、生漆等。目前使用最广泛的天然树脂是______及其衍生物。

104. 以松香为基料的涂料，涂膜的______较油脂漆好。

105. 虫胶漆使用方便，干燥快，漆膜坚硬光亮，附着力好，具有良好的绝缘性能，现大多用于木材表面的______。

106. 天然大漆有生漆和______等品种。

107. 广漆漆膜成酱紫色，光亮度比生漆好，但基本性能比生漆差，适用于涂刷______等。

108. 生漆可用作______，也可用作底漆。

109. 大漆贮存时间不宜过长，以______为宜，时间过长则易变质。

110. 目前油漆工业中广泛使用的天然树脂几乎______的天然树脂，即松香的衍生物。

111. 酚醛树脂漆使涂料在硬度、光泽、干燥速度、耐水、耐酸碱及绝缘方面有较好的性能，所以广泛用于______等方面。

112. 目前涂料工业中使用的酚醛树脂主要有______、松香改性酚醛树脂、醇溶性酚醛树脂3种。

113. 松香改性酚醛树脂漆的主要缺点是漆膜易______。

114. 醇酸树脂漆是以______为主要成膜物质的一类涂料，具有很多优异的性能，可以根据不同的要求，制成各种不同用途的涂料产品。

115. 醇酸树脂漆按油的品种可分为______、不干性油改性醇酸树脂漆。

116. 醇酸树脂漆按含油量分为干性或不干性；醇酸树脂又可分为______油度型。

117. 短油度醇酸树脂漆适于______装饰用。

118. 长油度醇酸树脂漆适于______装饰用。

119. 硝基漆是一种广泛使用的装饰性能好的涂料，它分硝基清漆和______两类。

120. 硝基漆溶剂用得多，且大多有毒，对人体______。由于这些原因，硝基漆在使用上受到了一定的限制。

121. 过氯乙烯漆具有很多优良的性能，例如漆膜干燥快，具有一定的耐热、防霉及抗化学腐蚀性，耐水、保光性好，可用石蜡______。

122. 过氯乙烯漆加入了较多的顺丁烯二酸酐等硬树脂，如G—01—9可作______。

123. 由于制造丙烯酸树脂的原料不同，丙烯酸树脂漆可分为______和热固型丙烯酸树脂漆两大类。

124. 丙烯酸树脂漆具有优良的色泽，可制成______及各种有色漆。

125. 丙烯酸树脂通过______还可以用来制造无毒、安全的水溶性漆。

126. 聚氯乙烯漆具有坚韧、不易燃，对酸、碱、水和氧化剂的作用稳定，无臭、无味、耐油性好，但不耐______的温度。

127. 聚氯乙烯树脂漆溶解性很差，只能溶解于环己酮等几种溶剂。溶解后涂料的固体含量很低，影响附着力，从而限制了这种涂料的使用范围，因此只用于______涂饰。

128. 由于氯乙烯——偏氯乙烯树脂的耐水性、耐化学腐蚀性、耐寒性、抗潮性能较好，并能与多种树脂合用，因此用这种树脂做成的涂料可作为金属、木材、建筑材料等的防水和防化学腐蚀的涂料。例如，常用的______（X—01—5）、偏氯乙烯磁漆（X—04—2）、偏氯乙烯底漆（X—06—4）等。

129. 蜡酸乙烯乳胶漆具有较好的______和______，柔韧性好，无需外加增韧剂，漆膜耐晒，不易开裂、粉化，因此适于作建筑外用漆。

130. 油改性聚氨基甲酸酯涂料，它贮存稳定，涂覆后漆膜干燥快，具有良好的耐磨、耐碱、耐油和耐溶剂性能，但耐候性差，不适合______使用。

131. 聚胺酯漆类的湿固化型聚胺酯涂料，在______或______的气候条件下施工，不影响漆层质量。

132. 以沥青作为主要成膜物质的漆类称为______漆。

133. 以沥青、油和树脂为基料的沥青漆，如用铝粉沥青磁漆与防锈性能良好的底漆配套使用，可对钢铁有良好的保护性能。它适用于室外______的涂饰。

134. 纯有机硅漆可耐______的低温，因此这种漆可在寒冷地区使用。

135. 环氧树脂漆由于环氧树脂的分子结构不同，避免了其他树脂类变色的缺点，所以用环氧树脂制成的涂料______，保色性能好。

136. 纤维素漆漆膜干结比较快，一般在______内结膜不粘尘，1h后即可干燥，有的品种甚至在1min内就可以干燥。

137. 橡胶漆是以天然橡胶衍生物或合成橡胶为主要成膜物质制造而成的。橡胶漆大多以______为主要成膜物质。

138. 氯化橡胶漆具有良好的耐酸碱、耐海水侵蚀的性能，涂层具有______，但不耐溶剂及氧化性酸的腐蚀。

139. 涂料调配时，必须根据被涂饰面的质量特点和技术要求，既要合理地选择底漆、面漆及相应的稀释剂，又要根据施工季节的不同以及______来调整黏稠度，以提高涂膜的流平性与物面的遮盖力和结合力。

140. 按施工工艺要求选择合理的涂料品种，再根据涂料品种选择合乎性能要求的相配套的______和其他辅助材料。进行试调和试涂涂料的黏稠度。

141. 对于较大装饰面的涂料施工，为保证整体色调、光泽和质量的一致性，必须进行______，一次将所需用的涂料调好，不要在涂饰施工中途随意添加稀释剂和辅助材料，以免影响工程质量。

142. 对于连续自动化作业线，涂料黏稠度调节必须根据______，利用仪表进行科学测定。

143. 溶剂是能够溶解和______涂料的挥发性液体。

144. 认真掌握各种溶剂的性能，合理选择和______各种溶剂，对保证涂料施工质量具有十分重要的意义。

145. 溶剂是涂料配方中的一个______部分，没有它，则涂料的制造、贮存、施工都会出现困难。

146. 溶剂能提高涂料的______，防止成膜物质产生胶凝，在密封的包装桶内充满的溶剂蒸气，可防止涂料表面结皮。

147. 溶剂能改善涂膜的______，使涂膜厚薄均匀，避免刷痕和起皱现象，使涂层平滑光亮。

148. 溶剂按其______一般可分为真溶剂、助溶剂和稀释剂3种。

149. 所谓真溶剂即对______或树脂能直接起溶解作用。

150. 所谓助溶剂，即其本身不能直接溶解油料或树脂，但与真溶剂配合使用时，它可以______，也就是说，它对油料或树脂具有潜在的溶解力，因此也叫作潜溶剂。

151. 所谓稀释剂，即本身对油料或树脂不能溶解，但用于某种涂料中，可稀释其他树脂，使涂料粘稠度降低，起______的作用。

152. 对水溶性涂料来说，它可以溶解于水，因此水就是水溶性涂料的______或稀释剂。

153. 二甲苯在醇酸漆中能溶解醇酸树脂，它是醇酸漆的真溶剂，但在硝基漆中它不能溶解硝基纤维素，而只能稀释硝基纤维素及该涂料中的其他树脂，故它又是硝基漆的______。

154. 油基涂料稀释剂一般采用______或松节油都可以。

155. 醇酸树脂涂料稀释剂，一般长油度的可用______。

156. 醇酸树脂涂料稀释剂，一般中油度的可用松香水和______按1：1的比例混合使用。

157. 醇酸树脂涂料稀释剂，一般短油度的可用______。

158. 硝基涂料稀释剂一般采用______（也有叫信那水的），因其成分中含有醋酸戊酯的香味而得名。

159. 氨基涂料稀释剂一般采用______与二甲苯（或200号煤焦溶液）。

160. 沥青涂料的稀释剂多用______、松香水、二甲苯，有时也可加少量煤油以改善漆膜的流平性，也可添加一些丁醇。

161. 环氧树脂涂料稀释剂的配方是______（10%）：丁醇（30%）：二甲苯（60%）。

162. 氨基涂料稀释剂配方是甲苯（80%）：丁醇（10%）：______（10%）。

163. 过氯乙烯涂料的稀释剂使用______、酯、酮的混合溶剂。

164. 过氯乙烯涂料稀释剂配方为醋酸丁酯（20%）：______（10%）：甲苯（65%）：环己酮（5%）。

165. 聚胺酯涂料可用______、甲苯与酮酯的混合溶剂为稀释剂。

166. 聚胺酯涂料稀释剂配方为______（70%）：无水环己酮（20%）：无水醋酸丁酯（10%）。

167. 配色是一项比较复杂而细致的工作，需要了解各种颜色的______。

168. 在涂料配制色彩过程中，所使用的颜料与配制的涂料性质必须相同，且不起化学反应，才能保证颜料与配制涂料的相容性、成色的稳定性和______，否则就配制不出符合要求的涂料及所需的颜色。

169. 选用的颜料品种应简单，能用______不用间色，能用间色配成的不用复色，切忌撮药式的配色。

170. 所需的各种色素最好进行______，以便在调配过程中能充分地融合。

171. 某一单元工程所需的涂料按其用量最好______，以免多次调配产生色差，特别是最后一遍的面层涂料。

172. 调配各种涂料颜色是按照涂料______颜色来进行的。

173. 调配时不要急于求成，尤其是加入______切忌过量。否则，配出的涂料色彩就会不符合要求而造成浪费。

174. 常用涂料颜色的配合比，如需调配的颜色为粉红色，其配合比：白色为95%，______为5%。

175. 常用涂料颜色的配合比，如需调配的颜色为天蓝色，其配合比：白色为91%，______为9%。

176. 常用涂料颜色的配合比，如需调配的颜色为深蓝色，其配合比：蓝色为85%，白色为13%，______为2%。

177. 常用涂料颜色的配合比，如需调配的颜色为草绿色，其配合比：黄色为65%，中黄为20%，______为15%。

178. 常用涂料颜色的配合比，如需调配的颜色为白色，其配合比：白色为99.5%，______为0.5%。

179. 在涂料施工中，不论是抹灰面、金属制品面、木材面以及水泥面等，首先要用______的方法来平整底层，弥补缺陷。

180. 腻子主要由各种填充材料、颜料（着色颜料和体质颜料）、胶粘材料、______等组成。

181. 常用腻子调配的主要材料有______、老粉、熟桐油、各种胶液等。

182. 腻子对物体表面要有牢固的附着力和对上层涂料的______，要有良好的封闭性，干燥快，色泽一致，并且操作简便。

183. 调配腻子要均匀、细腻、______，而且一次调配量不要过多，以免造成浪费。

184. 对用来填补深洞、缝隙的腻子要调得稠些，大面积批刮用的腻子可稍稀些，用作浆面光面的腻子要比首遍和二遍批刮腻子______。

185. 猪血老粉腻子由熟猪血（料血）、______、羧甲基纤维素（化学糨糊）调配而成，它具有良好的平整性，是一种传统的优良腻子。

186. 猪血老粉腻子的缺点是______，不易贮藏。

187. 料血是由新鲜猪血加入适量______配制而成的黑棕色稠厚胶体。

188. 料血具有良好的干燥性和很强的______。

189. 胶老粉腻子由胶及老粉组成，所用胶的品种有______、化学糨糊、植物胶和动物胶。

190. 胶油老粉腻子是由______、松香水、老粉、化学糨糊、108胶水调配而成。

191. 在调配有色腻子时，应根据物体表面对颜色的要求来确定腻子的颜色，应注意所配腻子的色泽要比面层漆的颜色______。

192. 油性石膏腻子亦称纯石膏腻子，它是由石膏粉、熟桐油、松香水、水调配而成的，在不透明或透明涂饰工艺中作为______用料。

193. 调制油性石膏腻子按石膏粉：熟桐油：松香水：水＝10：______的比例配制。

194. 酚醛腻子由______、体质颜料、催干剂、松香水配制而成。

195. Q—07—5 各色硝基腻子由______、醇酸树脂、体质颜料和稀释剂调制而成。硝基腻子干燥快，容易打磨，通常用于硝基漆饰面的基层嵌补和批刮。

196. 由于各种物体对光的反射和______不同，所以不同的物体在同一光源下有不同的颜色。

197. 同一物体在不同的光源下______也不一样。

198. 经用科学的方法证实，太阳发出的白光是由______组成的。

199. 太阳光是由______、橙、黄、绿、蓝、青、紫色组成。

200. ______吸收橙、黄、绿、青、紫色，反射了红，因而使人们辨识为红色。

201. 绿色的树叶吸收了红、黄、橙、青、紫色，反射了______。

202. 白色物体反射了大部分光色而呈______色。

203. 黑色物体吸收了大部分光色而呈______色。

204. 光色的原色为红、绿、青，混合近于______。

205. 物色的原色为红、黄、青，混合近于______。

206. 形成千变万化的色彩，主要有三个要素，即______、明度、纯度（彩度）。

207. 人们常从色相、明度、纯度这三个方面来研究色彩的视觉效果，并把它们作为区分和比较各种色彩的______，故称为三要素。

208. 由十二色相调和变化出来的大量色相统称为______。

209. 黑色和白色为色中的绝色，加上黑、白之间的中灰色统称为______。

210. 明度是指色彩的本身由于受光的程度不同而产生的______，故又称明度为光度。

211. 不同色相，明暗程度是不同的。在所有色彩中，以黄色明度为______，由黄色相上端发展明度逐渐减弱。

212. 不同色相明暗程度是不同的。在所有色彩中，以紫色明度为最______。

213. 同一色相的明度由于光的强弱不一样，其程度也不同。同一件红衣服，由于受光的强度不同就有浅红、______和______等区别。

214. 纯度也称彩度，是指颜色的鲜明饱和程度，纯度越高的颜色______。标准色的纯度最高。

215. 从色彩调配的角度来说，可把色分为原色、间色和______。

216. 由两种原色调配而成的颜色称为间色或称第二次色，共有三种：红＋黄＝橙、黄＋青＝绿，______＋______＝紫，它们均为间色。

217. 由几种间色调配而成的颜色叫复色或称第三次色。按等量而言，复色的调和必成黑色，运用复色就是对三原色配合作量的调整，以形成更多的色彩变化。其主要有三种：橙＋紫＝橙紫，橙＋绿＝橙绿，______。

218. 一种原色和另外两种原色调配成的间色互称为补色和对比色，如红与绿（绿是黄加青）；黄与紫（紫是红加青）；______。

219. 处于相对位置或基本相对位置的色彩都有一定的对比性，如红与绿互为补色，发展暗为冷色；青加橙为补色，发展明为暖色。表现出一冷一暖、______的某种补色关系。

220. 将涂料涂覆到物体表面上的涂饰技术有许多种，在现场作业中主要是使用涂刷工具、______和打磨材料及工具等。

221. 漆刷规格一般是以______来划分的，其规格有 25mm、38mm、50mm、63mm、76mm 等多种，可按被涂面的形状大小进行选用。

222. 把漆刷伸入小油桶中，蘸油深度不超过刷毛的______，进行涂刷。

223. 摊涂料时，首先将涂料在被涂面的上下方间运刷、自左至右排列，刷与刷间可留 5～6cm 的间隙，然后进行______直到摊满、摊匀。

224. 排笔主要用来涂刷虫胶清漆、硝基清漆、聚氨酯清漆、丙烯酸清漆和______等粘度较小的涂料。

225. 钢皮批刀一般选用的钢板厚度为______ mm。

226. 牛角翘又称牛角刮刀。它的用途极为广泛，适用于使用______的大平面物件的批刮、批嵌。

227. 目前使用的辊具基本为两大类，在大面积涂饰时多数为绒毛滚筒，在滚印花饰时多数为______。

228. 不论是木材、金属、水泥等基层，都可使用砂布进行打磨。砂布最突出的一点就是它能适应对金属物的______。

229. 木砂纸主要用于清除______、______以及对各种木表面的磨光。

230. ______号以下的砂布磨料较粗，适用于金属面除锈、打磨头道腻子等。

231. 100～______号砂布适于打磨白木及各种腻子等。

232. 120～______号砂布多用于底涂料等的打磨。

233. 60 号以下的木砂纸主要用于打磨较______木制品。

234. 80～______号木砂纸可用于打磨中档木器及腻子。

235. ____～____号木砂纸多用于打磨高档一些的木面。

236. 木砂纸用的磨料是玻璃砂，比较锋利，不适宜打磨______，以防磨破底层。

237. ______号以下的水砂纸适于打磨腻子及底涂料。

238. ______号水砂纸适于水磨第一、二道面涂料。

239. ______号以上的水砂纸适用于抛光前的磨光。

240. 水磨之前，应先将水砂纸浸入温水中润软，再蘸水磨平底层，根据需要也可______进行油磨。

241. ______号以上玻璃刀口用于裁割厚度 5～12mm 或者更厚的平板玻璃。

242. 壁纸涂上胶粘剂后，在将壁纸贴于墙或天棚上的过程中，使用刮板可起到______、______、______的作用。

243. 在打了蜡的地板上操作时，合梯的四个脚要用______，防止打滑。

244. 喷涂作业结束后，必须用溶剂将______清洗干净，并在喷嘴、针阀等部位涂上防锈材料。

245. 喷涂作业时，喷涂操作应站在上风方向。对于必须进行喷涂作业、空气又无法流通的场所，应佩戴______口罩。

246. 空气压缩机的______的灵活性及正确程度每周应检查 1 次。

247. 室内抹灰面的油性涂料装饰分为______和无光两种。

248. 墙面油性涂料施涂成活后墙面涂层呈______（包括______）称为有光油墙。

249. 墙面油性涂料施涂成活后墙面涂层呈______的称无光油墙，又称无光香水油墙。

250. 墙面有光油漆一般见于室内的______的某些工作场所，因为有光油墙有较好的抗污性，即使被脏物污染，也可以用清水洗擦。

251. 有光油墙反光较强，要做平整很不容易，太强的反光对人的视觉有不舒适感，所以除了在墙裙部位较多地使用外，______很少做有光油墙，更多的是无光香水油墙。

252. 对水泥砂浆面，可用砂布打磨，如发现严重“反碱”，可采用______处理。

253. 发现残存的余碱，可用潮湿的布将余碱揩净，干燥后用______将“反碱”处涂刷 2 遍。

254. 基层处理后的墙面要求做到基本平整，余灰必须清扫干净，墙面的含水率不得大于______%。

255. 刷底油的______一方面是为了使腻子和涂层有较好的附着力，同时也是为了使批刮腻子顺畅平整。

256. 如刷完底油就批腻子，不但腻子的附着力不好，还会由于抹灰面的吸水性强，会将腻子中的水分吸收，造成批刮腻子的______。

257. 油性石膏腻子强度大，但______，批刮困难。

258. 血料腻子______容易批刮、打磨。

259. 胶老粉腻子容易批刮，但______，防水性能差，干结后强度不高，受潮后易粉化。

260. 胶油老粉腻子既方便施工，又有足够的______，所以一般选用胶油老粉腻子。

261. 开始批嵌可先调制一些较厚硬的腻子将墙面上的孔洞、裂缝、凹坑处嵌刮平整，对于特别大的洞缝可调______填嵌，以保证腻子的密实。

262. 统批腻子一般要求______遍，每遍腻子干后要用砂纸统磨，扫除灰尘。

263. 如果要做油面墙裙或距顶有一定距离，则应在刷涂料前先弹出______以使涂刷面平齐。

264. 刷调和漆有光油墙的涂刷方法是______、二横匀、三理通拔直。

265. 油墙面起泡主要是因为______就刷涂料，刷涂料后里面的水分向外扩散，将涂膜顶起，形成气泡。

266. 下层涂膜被______的强溶剂渗透和溶胀的现象叫咬底。

267. 在油性涂料上加涂硝基漆时会对底层油性涂料发生作用，而产生______。

268. 油漆超过一定的干燥期限尚未全干而仍有粘性的现象叫______。

269. 基层处理不当，物体表面上留有油质、蜡质、酸液、碱液、肥皂液等残迹，墙面有光漆面就会出现______现象。

270. 有色漆涂饰工艺中，如果涂料的______差，涂刷后仍隐约露出底层颜色的现象叫露底。

271. 门窗施涂底层涂料，用自配铅油统刷整个木面，特别对石膏疤处要刷透。自配铅油的颜色要与______涂料相同。

272. 门窗施涂填光油要刷得______，不要漏刷和出现刷花，以免影响面层涂料的成活质量。

273. 门窗涂刷油漆前常要做成______，即内外面颜色不同，内面用浅色，外面用深色。

274. 门窗施涂油漆做分色要______进行，先做浅色，干后再做深色，这样可以用深色将刷过头的浅色遮掉。

275. 门窗面层涂料多采用______，如酚醛调和漆、醇酸调和漆，也可以用磁漆。

276. 有些硬木门窗的装饰要求高，可按______油漆工艺施工。

277. 钢门窗经基层清理后应在______内涂刷防锈漆。

278. 防锈漆除了具有防锈功能外，还有增强物体表面与______附着力的作用。

279. 钢门窗施涂油漆时，批嵌腻子需要 2 遍，头遍腻子干后进行第二遍复嵌，每遍腻子干后用______光滑，然后扫除粉尘。

280. 罩钢门窗的______最好是在玻璃安装完毕、油灰表面干后进行。

281. 对木材松节处，为了防止以后松脂外溢，可在涂刷清油前用虫胶清漆封底。一般涂刷______遍即可。

282. 施涂门窗油漆，最后一道面层涂料最好选在______。春、秋、冬三季天黑前 2～3h应停止涂刷，以防水汽附着而使涂膜失光。

283. 涂层过厚，催干剂配制不当或用量过多，使表面干燥快，而表皮以下却迟迟难以干燥，基层和面层涂料收缩不均匀而出现______。

284. 施涂门窗出现皱纹的处理方法是，当涂层附着较好时，可将面层的皱皮处______，重做面层。

285. 流挂是在垂直面上涂饰后，部分涂料在自重作用下，造成流痕的现象，严重的会成______状。

286. 施涂门窗常见病态出现流挂的处理方法是，如未结膜可及时纠正；如已结膜干燥，须______，重做面层。

287. 施涂门窗常见病态出现失光是指本应具有光亮的涂层______的现象。

288. 施涂门窗常见病态失光的处理方法是，如面层附着牢固，可以用汽油擦净表面，经______后重做面层。

289. 施涂门窗常见病态刷痕产生的原因之一是，涂料的______，强力小，流平性差，溶剂挥发快。

290. 施涂门窗常见病态刷痕产生的原因之一是，涂料______，而操作动作慢。

291. 木地板的油饰则可分为______和混色两种做法。

292. 软木地板的木材品种有东北松、杉木等，一般适宜做成______色。

293. 硬木地板木质坚硬，纹理美观，木色较为一致，是高档木地板的铺贴用材，适合做成______色。

294. 木地板施涂头遍腻子干燥后，用 1 号木砂纸顺木纹将整个木面打磨一遍，要求砂______，然后将木地面彻底清扫干净，再批刮第二遍腻子。

295. 清色木地板施涂第二遍虫胶清漆时，应在第一遍干后______，以免出现浮色。

296. 混色木地板自配底层涂料的配合比为：油基清漆（或桐油）：厚白漆：松香

水＝1∶3∶2的比例配制底层涂料，适量加入______，搅拌均匀后用100目铜筛过滤。

297. 混色木地板的底层涂料的颜色与面层涂料相近。涂刷底层涂料方法是先踢脚板后地板，______，要求把木板缝刷到、刷足。

298. 混色木地板批刮腻子要顺木纹方向，腻子的颜色应______面漆。

299. 混色木地板刷的填光漆可用50％的面层涂料和50％的______混合而成，也可用清漆和熟桐油调制。

300. 目前常用的水泥地坪涂料大致可分为溶剂型地面涂料、合成树脂厚质地面涂料和______等3类。

301. 溶剂型地面涂料（过氯乙烯地面涂料）的施工程序是：基层处理→涂刷地坪基面→批刮腻子→______。

302. 溶剂型地面涂料是以______为主要成膜物质，掺入颜料、填料、各种助剂和溶剂配制成的一种地面涂料。

303. 新施工的水泥地面必须充分干燥，含水率小于______％。

304. 水泥地坪面基层处理时，对地面粘有油渍、沥青等污物必须清除，并用______把油污残存物清洗干净。

305. 水泥地坪面涂刷完过氯乙烯面层涂料，要保证室内空气流通。夏天养护3～5d，冬期养护6～8d。经过养护的涂料面上______后即可使用。

306. 合成树脂厚质地面涂料是以______、______等合成树脂为主要成膜物质，加入颜料、填充料、各种助剂等配制而成的一种地面涂料。

307. 合成树脂厚质地面涂料，甲、乙两组份涂料混合后应充分搅拌均匀，静置______ min后再涂刷。

308. 聚合物水泥地面涂料具有______、不燃、耐磨、耐水、与水泥基层粘结牢固、价廉等优点。

309. 聚合物水泥地面涂料成活后，为使表面更加______，可用氯偏水乳型有色或清色涂料、丙烯酸地面涂料、聚胺酯地面涂料等罩面。

310. 在虫胶清漆、硝基漆、过氯乙烯漆、氯偏涂料等施工中，有时涂膜会出现混浊的牛奶色，这种现象叫______，又称发白。轻者随着涂膜干燥而自行消失，严重的则不能自行消失。

311. 在虫胶清漆中加入5％～10％的______，可防止泛白现象出现。

312. 基层和面层的涂料______，因而引起渗色。

313. 涂膜粗糙产生的原因之一，涂料杂质多，未经______箩筛过滤就使用。

314. 木地板通过烫蜡能起到______地板的作用，达到显露木纹、提高地板的耐磨、防腐性能以及使木地板经久耐用的目的。

315. 电炉烫蜡法的操作工艺顺序为：基层处理→敷蜡→烫蜡→补蜡→擦蜡→______。

316. 木地板烫蜡时距离地板不可太近或太远，以______ mm为宜。

317. 木地板烫蜡过程中，发现有的地板缝渗蜡不饱满，可以进行______，即将蜡末撒在不饱满处，用喷灯将蜡烘化使蜡渗入凹陷处，并用铲刀及时铲除余蜡。

318. 木地板采用电炉烫蜡时，敷蜡和烫蜡的宽幅不得太宽，以600mm为宜，否则不易操作。敷蜡时应______，逐步退出，使地板表面均匀平整，无漏烫等现象。

319. 在木地板烫蜡整个工艺操作过程中，不得穿易______的鞋子，进入室内时一定要将鞋底擦干净，同时要求操作工具、盛蜡容器都要干净，以免弄脏地板。

320. 木地板烫蜡操作时应注意用电安全，烫蜡或喷灯补蜡时不可损坏地板，烫蜡后要做好产品______工作。

二、填空题答案

1. 施工图样；**2.** 采暖通风施工图；**3.** 依据；**4.** 图例；**5.** 图线；**6.** 粗细和线型；**7.** 轮廓；**8.** 断开；**9.** ；**10.** ；**11.** 投影；**12.** 正投影；**13.** 正投影；**14.** mm；**15.** 粗实；**16.** 高度；**17.** 相对；**18.** 高度的；**19.** 对称符号；**20.** 英文；**21.** 轴线；**22.** 细点划；**23.** 由左向右；**24.** 引出记号；**25.** 造型和构造；**26.** 建筑施工图（简称建施）；**27.** 图样目录；**28.** 总平面图；**29.** 新建房屋；**30.** 新建房屋定位；**31.** 粗虚线；**32.** 绿化；**33.** 风向频率；**34.** 多年平均的主导风向；**35.** 草皮；**36.** 都等于；**37.** 箭头；**38.** 绝对；**39.** 水平剖视；**40.** 平面；**41.** 立面；**42.** 立面图；**43.** ；**44.** ；**45.** M；**46.** 剖切位置的；**47.** 高度方面；**48.** 高度；**49.** 内部关系；**50.** 布置情况；**51.** 互相配合；**52.** 物理变化和化学反应；**53.** 色彩标志；**54.** 坚硬度；**55.** 隔绝；**56.** 钝化膜；**57.** 外观价值；**58.** 美观、舒适；**59.** 涂料；**60.** 机械化；**61.** 建筑用漆；**62.** 溶剂型；**63.** 防锈涂料；**64.** 有光涂料；**65.** 刷用涂料；**66.** 主要成膜物质；**67.** 油脂漆类；**68.** Q；**69.** X；**70.** C；**71.** 颜色或颜色名称；**72.** 清漆；**73.** 颜料名称；**74.** 名称之前；**75.** 00—99；**76.** 00；**77.** 07；**78.** 美术漆；**79.** 绝缘漆；**80.** 酚醛漆；**81.** 酚醛漆；**82.** 长油度；**83.** 短油度；**84.** Y（油脂）—03（调和漆）—1（序号）；**85.** C（醇酸树脂）—04（磁漆）—35（序号）；**86.** 脂肪酸；**87.** 不饱和双键的数目多少；**88.** 加快；**89.** 90%；**90.** 白色漆；**91.** 白色漆；**92.** 半干性；**93.** 干燥慢、漆膜软；**94.** 体质颜料；**95.** 磁性调和漆；**96.** 干性较慢，漆膜较软；**97.** 耐候性；**98.** 树脂防锈漆；**99.** 铝板或镀锌板；**100.** 结块沉底严重；**101.** 黑色金属；**102.** 虫胶、生漆；**103.** 大漆、虫胶、松香；**104.** 光泽、硬度、干燥性能；**105.** 打底；**106.** 广漆；**107.** 门窗、地板、家具；**108.** 嵌补材料；**109.** 1年左右；**110.** 全是改性；**111.** 木器、家具、建筑、电器；**112.** 油溶性纯酚醛树脂；**113.** 泛黄；**114.** 醇酸树脂；**115.** 干性油改性醇酸树脂漆；**116.** 长、中、短；**117.** 室内；**118.** 室外；**119.** 有色硝基漆；**120.** 健康有害；**121.** 打磨抛光；**122.** 木器用漆；**123.** 热塑型丙烯酸树脂漆；**124.** 清漆；**125.** 乳化；**126.** 70℃以上；**127.** 塑料制品的表面；**128.** 偏氯乙烯清漆；**129.** 保色能力和附着力；**130.** 室外；**131.** 潮湿的表面；空气湿度大；**132.** 沥青；**133.** 钢铁结构；**134.** －50℃；**135.** 颜色淡；**136.** 10min；**137.** 合成橡胶；**138.** 不燃性；**139.** 施工条件的差异；**140.** 稀释剂；**141.** 统一调料；**142.** 技术要求；**143.** 稀释；**144.** 使用；**145.** 重要组成；**146.** 贮存稳定性；**147.** 流平性；**148.** 溶解性能；**149.** 油料；**150.** 帮助真溶剂溶解油料或树脂；**151.** 冲淡和稀释；**152.** 真溶剂；**153.** 稀释剂；**154.** 松香水；**155.** 松香水；**156.** 二甲苯；**157.** 二甲苯；**158.** 香蕉水；**159.** 丁醇；**160.** 200号煤焦溶液；**161.** 环己酮；**162.** 醋酸丁酯；**163.** 苯；**164.** 丙酮；**165.** 无水二甲苯；**166.** 无水二甲苯；**167.** 性能；**168.** 涂料的质量；**169.** 原色配成的；

170. 等量的稀释；**171.** 一次配成；**172.** 样板；**173.** 着色力强的颜色时；**174.** 红色；**175.** 蓝色；**176.** 黑色；**177.** 蓝色；**178.** 群蓝；**179.** 批嵌腻子；**180.** 溶剂；**181.** 石膏粉；**182.** 良好的结合力；**183.** 稠稀适当；**184.** 再稀一些；**185.** 老粉（大白粉）；**186.** 耐水性差；**187.** 石灰水；**188.** 粘结力；**189.** 108胶水；**190.** 熟桐油；**191.** 略浅一些；**192.** 嵌补及批刮；**193.** 3∶1∶25；**194.** 中油度酚醛漆基；**195.** 硝化棉；**196.** 吸收；**197.** 颜色；**198.** 多种光色；**199.** 红；**200.** 红布；**201.** 绿色；**202.** 白；**203.** 黑；**204.** 白；**205.** 黑；**206.** 色相；**207.** 标准和尺度；**208.** 有彩色；**209.** 无彩色；**210.** 明暗关系；**211.** 最高；**212.** 低；**213.** 深红和暗红；**214.** 越鲜明；**215.** 复色；**216.** 红＋青；**217.** 紫＋绿＝紫绿；**218.** 青与橙（橙是红加黄）；**219.** 一明一暗；**220.** 辊涂工具、喷涂工具；**221.** 刷毛的宽度；**222.** 2/3；**223.** 横摊或斜摊；**224.** 水色；**225.** 0.2～0.5；**226.** 油性腻子和大漆腻子；**227.** 橡胶滚花筒；**228.** 打磨；**229.** 木毛、木刺；**230.** 80；**231.** 120；**232.** 200；**233.** 粗糙的；**234.** 100；**235.** 120～160；**236.** 腻子和底涂料；**237.** 220；**238.** 240～340；**239.** 360；**240.** 蘸煤油；**241.** 4号；**242.** 摊实、擀除气泡、压平壁纸；**243.** 橡皮色好；**244.** 喷枪；**245.** 活性炭防毒；**246.** 安全阀；**247.** 有光；**248.** 有光的（包括亚光）；**249.** 无光；**250.** 墙裙和易污染的；**251.** 整体墙面；**252.** 酸洗法和封底；**253.** 虫胶漆或熟猪血；**254.** 8；**255.** 目的；**256.** "反毛"；**257.** 干燥慢；**258.** 干燥快；**259.** 强度低；**260.** 硬结强度；**261.** 水石膏；**262.** 2～3；**263.** 分界水平粉线；**264.** 一铺漆；**265.** 墙壁未干透；**266.** 上层涂膜；**267.** 咬底；**268.** 慢干和反粘；**269.** 慢干和反粘；**270.** 遮盖力；**271.** 面层；**272.** 薄而均匀；**273.** 分色；**274.** 分开进行；**275.** 调和漆；**276.** 高级木面；**277.** 规定时间内；**278.** 腻子和底油；**279.** 1号砂布打磨；**280.** 面层涂料；**281.** 2～3；**282.** 晴天涂刷；**283.** 皱纹；**284.** 磨平磨光；**285.** 帐幕下垂；**286.** 打磨平整；**287.** 失去光泽；**288.** 打磨清扫；**289.** 含油量过低；**290.** 干燥速度快；**291.** 清色；**292.** 混；**293.** 清；**294.** "白"磨透；**295.** 进行补色；**296.** 颜料和催干剂；**297.** 先内后外；**298.** 接近；**299.** 底层涂料；**300.** 聚合物水泥地面涂料；**301.** 刷面层涂料；**302.** 合成树脂；**303.** 10；**304.** 有机溶剂；**305.** 打蜡出光；**306.** 环氧树脂、不饱和聚酯；**307.** 30；**308.** 无毒；**309.** 光亮、美观；**310.** 泛白；**311.** 松香溶液；**312.** 不配套；**313.** 120目；**314.** 保护和装饰；**315.** 抛光；**316.** 100～150；**317.** 补蜡；**318.** 先里后外；**319.** 褪色或较脏；**320.** 保护

第三节　初级油漆工知识考核选择题

一、选择题试题

1. 建筑工程由______组织各工种，按施工图样施工。

A. 建设单位；　　B. 施工单位；

C. 监理单位；　　D. 设计单位。

2. 涂料工程的施工主要依据______图，它包括总说明、总平面图、平面图、立面图、剖面图及采用的建筑标准图集，对有些有特殊要求的室内装饰还应有室内装饰效果图。

A. 总平面图； B. 结构施工图；
C. 建筑施工图； D. 给排水施工图。

3. ______是一种图形符号，它可用来表明建筑构配件、建筑材料及设备等。

A. 图号； B. 图样； C. 图标； D. 图例。

4. 由于物体形状是立体的，在同一个投影面上难以看出物体的空间______，因此必须用不同的投影面来正确反映物体的形状和大小。

A. 形状； B. 形式； C. 形态； D. 形成。

5. 房屋建筑工程初步设计、技术设计，主要供有关部门及经办人员研究、审查设计方案及编制工程______用。

A. 预习； B. 预算； C. 预备； D. 施工。

6. 房屋建筑工程施工图设计表达的内容比较详细，是组织、指导施工及编制施工______，从事各项经济、技术管理的主要依据。

A. 管理； B. 预备； C. 预算； D. 计划。

7. 一套施工图，按照专业分工的不同，可分为______、结构施工图、设备施工图。

A. 总平面图； B. 平面图； C. 立面图； D. 建筑施工图。

8. 建筑施工图包括首页图、总平面图、平面图、立面图、剖面图和______等。

A. 结构详图； B. 设备施工图； C. 结构施工图； D. 结构平面图。

9. 结构施工图包括基础平面图、基础详图、结构平面图、______和结构构件详图等。

A. 结构立面图； B. 楼梯结构图； C. 结构侧面图； D. 结构背面图。

10. 总平面图中，用中实线表示原有房屋；各个平面图形的小黑点数，表示房屋的______。

A. 数量； B. 占地面积； C. 层数； D. 拟建位置。

11. 总平面图往往绘在地形图上，而地形起伏情况则用______表示。

A. 尺寸； B. 图例； C. 符号； D. 等高线。

12. 看建筑平面图先看图样的图标，可以了解图名、设计人员、图号、设计日期、______等。

A. 比例； B. 符号； C. 图例； D. 图形。

13. 建筑平面图看房屋的朝向，可以了解外围尺寸、有几道______、轴线间的距离，外门、窗的尺寸和编号，窗间墙的宽度，有无砖垛，外墙厚度，散水密度，台阶大小，雨水管位置等。

A. 开间； B. 轴线； C. 进深； D. 砖墙。

14. 看平面图的剖切面位置和剖切面编号，并把剖面图上的编号与平面图上的剖切面编号对照，看是否______。

A. 一样； B. 不一致； C. 相同； D. 同样。

15. 在剖面图上用圆圈画的部分，是需用______表示的地方。此部分可查看大样图。

A. 图标； B. 图例； C. 符号； D. 大样图。

16. 只有通过平面图、立面图、剖面图 3 种图的______，才能完整地说明建筑物从内到外、从水平到垂直的全貌。

A. 互相配合； B. 互相比较； C. 互相对照； D. 互相联系。

17. 在航海、航空、电器工业中，涂料还可以起到耐高温、防污、防腐、______等特殊作用。

A. 隔离； B. 绝缘； C. 隔电； D. 隔绝。

18. 涂料如果在金属、木材、混凝土构件表面涂膜，就能取得应有的______作用。

A. 保证； B. 爱护； C. 保护； D. 保卫。

19. 建筑中木装修及木制家具越来越趋向于高档化，所以木材有些虽经______处理，但仍会湿胀或干缩，产生翘缝或开裂。

A. 烤干； B. 烘干； C. 晒干； D. 干燥。

20. 有些木材的硬度及耐磨性差，常因外力碰撞而损坏，可以通过在木材表面涂以合适的涂料来加以解决，可以对木面起到良好的______。

A. 保护； B. 保证； C. 爱护； D. 保险。

21. 木材中含有营养质常受昆虫和菌类的蛀蚀而腐朽，可以通过在木材表面涂以合适的涂料来加以解决，可以对木材起到良好的______。

A. 保证作用； B. 保护作用； C. 保险作用； D. 爱护作用。

22. 木材表面具有的天然色泽会随时间而失色，可以通过在木材表面涂以合适的涂料来加以解决，干结的涂膜犹如一件结实的外衣，可以对木面起到良好的______。

A. 保证作用； B. 保险作用； C. 保护作用； D. 爱护作用。

23. 以木面油漆为例，水曲柳、柚木等阔叶树质地坚硬，木纹色泽秀丽，涂上透明涂料后，能使木纹更加______。

A. 优美； B. 美丽； C. 秀丽； D. 美观。

24. 对色泽平淡的针叶树，也可以用模拟木纹工艺将木面仿制成水曲柳、樟木等贵重木材的纹理和色泽，或仿制成大理石面的纹理，从而获得良好的装饰______。

A. 效果； B. 成效； C. 目的； D. 模样。

25. 在轮船的船底使用一种专用的防污涂料，涂料中的毒剂能杀死寄生在船壳上的海洋生物，使其不能______，可防止和延缓钢板的腐蚀，并能保证船舶的正常航行速度。

A. 粘着； B. 附着； C. 靠着； D. 依靠。

26. 电气制造中的绝缘涂料，化学工业中的耐酸、耐碱、耐化学腐蚀涂料，防毒气涂料，吸收雷达波涂料等，都是具有______的涂料。

A. 特点性； B. 一般作用； C. 特殊作用； D. 效果作用。

27. 涂料还被各行各业用作______标志。

A. 明显； B. 颜色； C. 显著； D. 色彩。

28. 交通部门用各种______的涂料表示危险、前进、停止等信号，以引起驾驶员和行人的注意，从而保障交通安全。

A. 色彩； B. 色素； C. 颜色； D. 显著。

29. 为便于操作人员识别、保护操作安全，各种机械设备、管道、电气设备中的母线，以及压缩气瓶等常涂上不同______的涂料。

A. 色彩； B. 颜色； C. 标志； D. 类型。

30. 建筑用钢筋以不同______的涂料来区分其级别，使其在运输、保管及使用时不被混淆。

A. 标志； B. 色彩； C. 颜色； D. 颜料。

31. 目前国际、国内在应用涂料作______标志方面正在走向标准化。

A. 颜料； B. 颜色； C. 重点； D. 色彩。

32. 若主要成膜物质由2种或2种以上的树脂混合组成时，则按其中起______的一种树脂作为分类基础。

A. 主要作用； B. 次要作用； C. 辅助作用； D. 不起作用。

33. 天然树脂漆类的主要成膜物质有松香及其衍生物、虫胶、乳酪素、动物胶、______及其衍生物。

A. 清油； B. 大漆； C. 天然植物油； D. 天然沥青。

34. 乙烯漆类的______成膜物质有聚乙烯共聚树脂、聚醋酸乙烯及其共聚物、聚乙烯醇缩醛树脂、聚二乙烯乙炔树脂、含氟树脂、石油树脂等。

A. 非； B. 辅助； C. 主要； D. 次要。

35. 醇酸树脂漆类的______成膜物质有甘油醇酸树脂、季戊醇酸树脂、其他改性醇酸树脂。

A. 非； B. 次要； C. 辅助； D. 主要。

36. 涂料的命名，一般涂料的颜色放在______，若颜料对漆膜性能起显著作用，则可用颜料名称代替颜色名称。

A. 前面； B. 中间； C. 后边； D. 任一处。

37. 涂料基本名称编号方法，采用00～09代表______品种。

A. 基础； B. 基本； C. 主要； D. 次要。

38. 涂料基本名称编号方法，采用20～29代表______用漆。

A. 纺织； B. 农业； C. 轻工； D. 重工。

39. 涂料基本名称编号方法，采用40～49代表______漆。

A. 机械； B. 车辆； C. 化工； D. 船舶。

40. 涂料基本名称编号方法，采用50～59 ______防腐蚀漆。

A. 代表； B. 代替； C. 表示； D. 顶替。

41. 辅助材料编号，辅助材料与涂料相似，也是在名称之前加型号。辅助材料的型号由两部分组成，第一部分是辅助材料的种类，用______字母表示；第二部分是序号，用一位数字表示。

A. 拉丁； B. 汉语拼音； C. 罗马； D. 阿拉伯。

42. 亚麻仁油干燥性能稍次于桐油、梓油，但耐久性较桐油好，而______较差。

A. 耐高温； B. 耐紫外线； C. 耐光性； D. 耐候性。

43. 梓油又名青油，产于江南部分省份。不能食用，干燥性较亚麻仁油好，涂膜也较______。

A. 柔软； B. 坚硬； C. 好； D. 坚韧。

44. 蓖麻油干性比亚麻仁油好，但发粘时间长，涂膜不易______，是涂料工业中油料的重要来源。

A. 发黄； B. 发红； C. 发黑； D. 发灰。

45. 清油又叫熟油或鱼油。它由干性油经氧化聚合后加入______及其他辅助材料而制成。

A. 增韧剂；　　B. 催干剂；　　C. 防潮剂；　　D. 固化剂。

46. 清油的优点是价廉、气味小、施工方便、贮存期长，可单独涂于木材、金属表面作为防水、防潮涂层，主要用来调制______、腻子。

A. 磁漆；　　B. 防锈漆；　　C. 厚漆；　　D. 调和漆。

47. 厚漆的______是附着力好，有一定的遮盖力，可以自由配色，施工方便，价格便宜。

A. 长处；　　B. 缺点；　　C. 短处；　　D. 优点。

48. 厚漆的______是体质颜料较多，因用清油调配，故耐久性差。在建筑工程的涂饰中大多作底漆用。

A. 缺点；　　B. 优点；　　C. 短处；　　D. 长处。

49. 油性防锈漆是以精炼干性油、各种______及体质颜料混合研磨后加入溶剂、催干剂调制而成的。

A. 防污材料；　　B. 防锈材料；　　C. 防腐材料；　　D. 防化学材料。

50. 红丹油性防锈漆是用干性植物油熬炼后，再与红丹粉、体质颜料研磨后加入______，以 200 号溶剂汽油或松节油作溶剂调制而成的。

A. 防污剂；　　B. 防腐剂；　　C. 催干剂；　　D. 增韧剂。

51. 红丹酚醛防锈漆是用松香改性酚醛树脂、松香甘油酯、干性植物油与红丹粉、体质颜料研磨后，加入______，以 200 号溶剂汽油或松节油作溶剂调制而成的。

A. 防腐剂；　　B. 防污剂；　　C. 防潮剂；　　D. 催干剂。

52. 松香是由赤松、黑松等______的松脂经蒸馏提炼出松节油后而制得的。

A. 分泌；　　B. 分析；　　C. 酿出；　　D. 分配。

53. 天然大漆是用漆树的液汁过滤而得的，是一种乳白色或灰黄色粘稠液体，与______接触，颜色逐渐变深。

A. 溶剂；　　B. 空气；　　C. 水；　　D. 氧气。

54. 漆酚是天然大漆的______成分，漆酶是天然大漆在室温下干燥不可缺少的成分，树胶质可影响天然大漆的稠度。

A. 次要；　　B. 辅助；　　C. 主要；　　D. 重要。

55. 生漆经过太阳暴晒，或将生漆置于放水的容器内用文火加温，脱去其中一部分______后即成为推光漆或明光漆。

A. 油量；　　B. 杂质；　　C. 树脂；　　D. 水分。

56. 天然大漆具有优良的______。其优点是漆膜坚固，光泽好，有优良的耐酸、耐水、耐油、耐腐蚀、耐磨性能，漆膜不粘不裂、附着力强等。

A. 性能；　　B. 性质；　　C. 特性；　　D. 特点。

57. 天然大漆的缺点是干燥慢，漆膜要在潮湿的环境下才能较快地干燥，不耐强碱，毒性大，易引起过敏性皮炎。此外，大漆的施工操作也比较______。

A. 简单；　　B. 繁杂；　　C. 容易；　　D. 繁琐。

58. 改性天然大漆漆酚清漆可以进行喷涂、刷涂。和一般涂料一样，其漆膜坚韧，与金属有一定的______，有良好的力学性能和耐化学腐蚀性能，适于大型快速施工的需要。

A. 依靠性； B. 结合力； C. 附着力； D. 粘结力。

59. 改性天然大漆漆酚缩甲醛清漆可加颜料浆配成______，用于木器家具、纱管、漆筷以及各种车船的内外装饰。

A. 白漆； B. 黑漆； C. 红漆； D. 色漆。

60. 改性天然木漆漆酚环氧防腐漆加入各种颜料可制成多么鲜艳的______。它广泛应用于各种机械的涂刷，也可以用于化工和其他方面。

A. 色漆； B. 白色漆； C. 黑色漆； D. 粉红漆。

61. 季戊四醇松香酯制造的天然树脂漆，干燥快、漆膜硬、耐碱、耐酸、耐汽油、耐候性都较酯胶较好，所以应用______。

A. 较少； B. 广泛； C. 不多； D. 不广泛。

62. 顺丁烯二酸酐松香甘油酯，其色浅、抗光性能好、不易泛黄，可供制造浅色清漆及______磁漆用。

A. 灰色； B. 黑色； C. 白色； D. 粉色。

63. 酚醛树脂漆是以酚醛树脂或改性酚醛树脂为______树脂而制成的漆类。

A. 辅助； B. 次要； C. 非； D. 主要。

64. 酚醛树脂则是由酚和醛经缩聚反应而制得的树脂，是______出现的合成树脂之一。

A. 最早； B. 最晚； C. 最近； D. 刚。

65. 酚醛树脂如苯酚甲醛树脂可使漆料有较深的颜色，老化过程中漆膜泛黄，故______用于制造浅色及白色漆。

A. 不应； B. 不宜； C. 应； D. 宜。

66. 酚醛树脂可用来单独自配涂料，也可以在以其他树脂为主的涂料中，加入______酚醛树脂以改进性能。

A. 较少； B. 较多； C. 适量； D. 适当。

67. 由于酚醛树脂的成本低，在以各种合成树脂为原料的涂料中，酚醛树脂涂料在使用方面仍有很大的______。

A. 应用范围； B. 市场； C. 优越； D. 优势。

68. 热塑型醇溶酚醛树脂漆是一种挥发性自干漆，干燥很快。它具有良好的耐酸、耐有机溶剂、耐酸性气体的性能，毒性小，但漆膜易脆，在日光下会变______，耐热温度在90℃以下。

A. 红； B. 黄； C. 青； D. 紫。

69. 热固型醇溶酚醛树脂漆，它经______干燥后，漆膜坚硬，具有良好的防潮性能和绝缘性能，适用于小件铁制品的涂饰。

A. 挥发； B. 烘烤； C. 融合； D. 化合反应。

70. 改性酚醛树脂是将酚醛树脂加入改性剂进行改性，使其能更好地与油或其他树脂______，改性后的酚醛树脂可获得各种所需要的性能。

A. 化合反应； B. 结合； C. 融合； D. 溶解。

71. 松香改性酚醛树脂漆改性的目的在于增加其干性油和在溶剂中的______能力。

A. 融合； B. 稀释； C. 化合反应； D. 溶解。

72. 丁醇改性酚醛树脂漆单独制漆其漆膜耐水、耐酸性较好，但较脆，需高温______干燥。一般与其他树脂合用，可以改进其性能。

A. 烘烤；　B. 挥发；　C. 融合；　D. 化合反应。

73. 纯酚醛树脂可制成底漆、磁漆、清漆等品种，还可制成分散型酚醛树脂漆。这是一种______极好，涂膜有良好的耐久性、耐磨性和较好的防潮性能的涂料。

A. 依靠性；　B. 附着力；　C. 结合力；　D. 粘结力。

74. 醇酸树脂漆是合成树脂中最______的一类，它在涂料工业中使用非常广泛。

A. 平常；　B. 差；　C. 重要；　D. 好。

75. 用醇酸树脂制成的涂料，漆膜不易老化，耐候性好，光泽持久不退，漆膜柔软、坚牢、耐摩擦，还能抗矿物油、抗醇类溶剂。______型的这类涂料经烘烤后的漆膜耐水性、耐油性、绝缘性能都有很大的提高。

A. 融合；　B. 挥发；　C. 化合反应；　D. 烘烤。

76. 醇酸树脂漆类具有广泛的______。它可以与多种聚合物相适应。

A. 适应性；　B. 结合性；　C. 相容性；　D. 匹配性。

77. 用有机硅单体______的醇酸树脂，最主要的优点是具有户外保色性和耐久性能。

A. 变化；　B. 改性；　C. 更改；　D. 改变。

78. 干性油改性醇酸树脂，这是以亚麻仁油、豆油、葵花籽油、桐油和脱水蓖麻油改性的醇酸树脂，它可______二甲苯、松节油等。

A. 结合；　B. 稀释；　C. 溶于；　D. 析于。

79. 醇酸树脂漆的分类，按含油量分，含油量在______%以下的为短油度。

A. 20；　B. 30；　C. 40；　D. 50。

80. 醇酸树脂漆的分类，按含油量分，含油量在______%的为中油度。

A. 50～60；　B. 40～50；　C. 30～40；　D. 20～30。

81. 醇酸树脂漆的分类，按含油量分，含油量在______%以上的为长油度。

A. 50；　B. 60；　C. 70；　D. 80。

82. ______醇酸树脂漆是用长油度干性醇酸树脂制成的，属自干型涂料。

A. 水泥面用；　B. 金属用；　C. 外用；　D. 内用。

83. ______醇酸树脂漆是由中油度干性醇酸树脂制成，属于自干和低温烘干 2 种涂料。

A. 外用；　B. 金属用；　C. 内用；　D. 通用。

84. ______底漆和防锈漆一般用中、短油度的干性醇酸树脂制成，有自然干燥和烘干等不同类型，它广泛用于各种底漆的制备。

A. 醇酸树脂；　B. 酚醛树脂；　C. 天然树脂；　D. 合成树脂。

85. 各种醇酸树脂的面漆要求与醇酸底漆或防锈漆______使用。

A. 匹配；　B. 配套；　C. 合并；　D. 配合。

86. 快干醇酸树脂漆，为了加快干燥______，以适应工艺的要求，用苯乙烯改性的醇酸树脂漆即可达到快干的目的。例如在流水线上的产品涂饰。

A. 时间；　B. 迅速；　C. 速度；　D. 进度。

87. 硝基漆具有透气性能，即在硝基漆中加入某些合成树脂和增韧剂，就能制成各种性能的涂料，但______过多则会减少涂料的透气性能。

A. 防污剂；　　B. 防腐剂；　　C. 催干剂；　　D. 增韧剂。

88. 硝基漆具有耐候性能，硝基漆的耐候性较差，如用不干性醇酸树脂、丙烯酸树脂等来进行调整，则可以______硝基漆的耐候性。

A. 提高；　　B. 增加；　　C. 增强；　　D. 加强。

89. 硝基漆具有热稳定性。用硝化纤维制成的硝基漆，温度在______℃以上时，其涂层会逐渐分解、变软并变色，机械强度下降，加入合成树脂、增韧剂则会有所改进。

A. 60；　　B. 70；　　C. 80；　　D. 90。

90. 硝基类漆长期暴晒在阳光下，硝化纤维会逐渐分解，致使强力降低，增加脆性，降低溶解度。因此在制漆时应增加耐光性能______的颜料和增韧剂。

A. 良好；　　B. 突出；　　C. 优良；　　D. 优秀。

91. 硝基漆以硝化纤维为______，加上合成树脂、增韧剂、溶剂与稀释剂即成为一种涂料，此涂料称为硝基清漆；再加入颜料进行研磨、拌匀、过滤，便可制成各色硝基涂料。

A. 主；　　B. 主要成膜物质；C. 骨干；　　D. 基础。

92. 硝基漆的成膜______靠漆内挥发分挥发后形成坚硬的漆膜。

A. 主要；　　B. 次要；　　C. 辅助；　　D. 不。

93. 颜料及体质颜料，这是有色硝基磁漆、底漆、腻子的______组成部分，不溶于油或溶剂中。

A. 不重要；　　B. 重要；　　C. 次要；　　D. 主要。

94. 颜料及体质颜料的作用是填充漆膜的细孔遮盖物体表面，阻止阳光的穿透，从而______漆膜的硬度，提高其机械强度，并显示各种色彩。

A. 提高；　　B. 加强；　　C. 增加；　　D. 增强。

95. 以过氯乙烯树脂为______成膜物质的涂料叫过氯乙烯涂料。

A. 非；　　B. 辅助；　　C. 次要；　　D. 主要。

96. 过氯乙烯漆具有优良的化学稳定性，能在常温下耐______%的硫酸、硝酸及40%的烧碱达几个月之久。

A. 20；　　B. 30；　　C. 40；　　D. 50。

97. 过氯乙烯漆具有较好的耐候性，一般按规范的施工工艺操作，过氯乙烯漆在大气中暴露______以后，仍能保持其原来的外观和颜色。

A. 1年；　　B. 1年半；　　C. 2年；　　D. 2年半。

98. 过氯乙烯漆耐热性差，不能在______℃以上高温长期使用。

A. 35；　　B. 40；　　C. 45；　　D. 50。

99. 过氯乙烯防腐漆，底漆中加有适量的醇酸树脂和防锈颜料，以增加与底材的______。

A. 依靠性；　　B. 粘结力；　　C. 结合力；　　D. 附着力。

100. 过氯乙烯外用漆主要用于作各种铁制器件上的涂饰。漆中加入了较多的其他树脂（如醇酸树脂），可使漆膜干燥快、光亮、坚硬，有______的耐候性能。

A. 良好；　　B. 较好；　　C. 优良；　　D. 较差。

101. 过氯乙烯清漆干燥快、光亮，具有良好的防火、防霉、耐化学腐蚀的性能。与______各色过氯乙烯磁漆配套使用，可作为木器家具罩光用。

A. G-03-11；　B. G-04-12；　C. G-05-13；　D. G-06-14。

102. 丙烯酸树脂漆是一种性能______，应用广泛的涂料，是发展迅速的合成树脂涂料之一。

A. 稳定；　B. 良好；　C. 优良；　D. 优秀。

103. 丙烯酸树脂漆耐紫外线的性能______不变色。

A. 优异；　B. 优秀；　C. 优点；　D. 优良。

104. 丙烯酸树脂漆耐久性好______暴晒下不损坏。

A. 长期；　B. 短期；　C. 很长时间；　D. 很短时间。

105. 在丙烯酸树脂清漆中，除了以丙烯酸树脂作为______成膜物质外，还可以加入适量的其他树脂及助剂，以提高漆膜的耐热、耐油性能以及硬度和附着力。

A. 辅助；　B. 主要；　C. 非；　D. 次要。

106. 丙烯酸树脂底漆一般由甲基丙烯酸和甲基丙烯酸共聚树脂加入溶剂、______、及体质颜料而成。

A. 增强剂；　B. 软化剂；　C. 增韧剂；　D. 增塑剂。

107. 聚氯乙烯树脂漆，涂料坚韧、不易燃，对酸、碱、水和氧化剂的作用稳定，无臭、无味，耐油性好，但不耐______℃以上的温度。

A. 55；　B. 60；　C. 65；　D. 70。

108. 为改善涂层的性能，提高涂层与金属的______，聚氯乙烯树脂漆还需加入助粘剂、增韧剂和填料。

A. 附着力；　B. 结合力；　C. 粘结力；　D. 依靠性。

109. 氯乙烯—偏氯乙烯共聚树脂漆，是用______%的偏氯乙烯和60%的氯乙烯共聚而成的树脂。

A. 30；　B. 40；　C. 50；　D. 60。

110. 氯乙烯系统的乙烯漆属______涂料，具有良好的耐化学性和一定的耐候性，但由于涂料中含固体成分低，所以涂膜需喷涂多次才能达到要求。

A. 挥发型；　B. 高温烘烤型；　C. 低温烘烤型；　D. 化合反应型。

111. 湿固化型聚胺酯涂料具有干燥快，______好，以及耐磨、耐水、防潮、耐酸碱介质腐蚀的性能。

A. 依靠性；　B. 附着力；　C. 粘结力；　D. 结合力。

112. 石油沥青可溶于______号溶剂汽油中。

A. 160；　B. 180；　C. 200；　D. 250。

113. 以沥青为基料的沥青漆是将天然沥青、石油沥青、煤焦沥青单独或混合溶解于______号溶剂汽油或煤焦油溶剂中而制得的。

A. 140；　B. 160；　C. 180；　D. 200。

114. 以沥青和树脂为基料的沥青漆，即在沥青中加入酚醛树脂、松香、松香钙脂、松香甘油酯、环氧树脂、聚胺酯树脂等树脂后，可______其硬度和光泽，耐水性也好，但较脆，不耐日晒。

A. 提高；　　B. 增加；　　C. 增强；　　D. 增进。

115. 以沥青和油为基料的沥青是将天然沥青、石油沥青或它们的混合物用干性油改性，可______沥青漆的耐候性、耐光性。

A. 增加；　　B. 提高；　　C. 增进；　　D. 增强。

116. 以沥青、油和树脂为基料的沥青漆，是在天然沥青或石油沥青中，加入干性油与各种树脂，可大大______涂层的柔韧性、附着力、力学性能、耐候性和外观装饰性。

A. 提高；　　B. 增进；　　C. 改善；　　D. 改变。

117. 用铝粉沥青磁漆与防锈性能良好的底漆配套使用，可对钢铁有良好的______性能。

A. 掩盖；　　B. 爱护；　　C. 保卫；　　D. 保护。

118. 有机硅漆有较好的耐化学腐蚀性能，将有机硅漆膜浸泡在______%盐酸、10%的硝酸、10%的硫酸、10%的烧碱中，漆膜仍较完好。

A. 10；　　B. 15；　　C. 20；　　D. 25。

119. 环氧树脂漆具有良好的强韧性和挠曲性，漆膜耐折性、弹性比酚醛树脂大______倍。

A. 6；　　B. 7；　　C. 8；　　D. 9。

120. 环氧树脂漆有______%固化剂又称无溶剂漆，分为液态和固态 2 种。

A. 80；　　B. 90；　　C. 100；　　D. 110。

121. 环氧酯漆的漆膜坚韧，______良好，可用作结构钢的保护涂料。

A. 结合力；　　B. 粘结力；　　C. 依靠性；　　D. 附着力。

122. 纤维素漆干燥的______很快，涂膜的强度也很大。

A. 速度；　　B. 迅速；　　C. 时间；　　D. 不慢。

123. 乙基纤维素漆的优点是耐碱性强，还能耐弱酸，柔韧性好，尤其是在高温______℃和低温－70℃情况下不会龟裂，对日光、紫外线有较好的抵抗力。

A. 140；　　B. 150；　　C. 160；　　D. 170。

124. 氯化橡胶漆是天然橡胶经过素炼解聚后溶于四氯化碳中进行氯化处理而得的白色多孔固体，含氯量在______%以上。

A. 42；　　B. 52；　　C. 62；　　D. 72。

125. 涂料的______做得是否科学合理，是否符合工艺要求，不仅对涂料的成膜、涂膜的厚薄、色泽的美观起着一定的作用，而且对涂饰的耐久性，甚至对物体的保护和装饰都会产生较大影响。

A. 配备工作；　　B. 调整工作；　　C. 配制工作；　　D. 调制工作。

126. 实践要求每个油漆工必须扎扎实实地掌握涂料的______，这是搞好涂料施工的重要环节，也是完成整个涂料施工任务的重要保证。

A. 调制工作；　　B. 调配工作；　　C. 调整工作；　　D. 整制工作。

127. 施工前根据实际情况将原桶涂料进行调制，以达到施工需要的______这是非常必要的。

A. 涂刷度；　　B. 粘稠度；　　C. 施工度；　　D. 稠稀度。

128. 根据施工面积，估算出所需涂料的数量，然后开桶、过滤，一边搅拌一边添加稀释剂或其他助剂（如催干剂、防潮剂等），直到调成符合施工要求的______为止。

A. 施工度； B. 涂刷度； C. 粘稠度； D. 稀稠度。

129. 施工中所需的______要根据各自涂饰方式、特点和要求进行调整。

A. 施涂度； B. 稀稠度； C. 涂刷度； D. 粘稠度。

130. 溶剂属于辅助材料中的一个大类，它们虽然不是______，但在涂料的成膜过程中以及对最后形成涂层的质量都有很大的影响。

A. 主要成膜物质； B. 次要成膜物质；

C. 辅助成膜物质； D. 颜料。

131. 溶剂的作用是溶解和稀释涂料中的成膜物质，降低涂料的______，以便于施工。

A. 稀稠度； B. 粘稠度； C. 依靠性； D. 粘结力。

132. 在涂料施工时，溶剂可增加涂料对涂刷物体表面的湿润性，使涂料易渗透至物面空隙中去，使涂层有较好的______。

A. 平整度； B. 质量； C. 附着力； D. 粘结力。

133. 不同种类的涂料所用的溶剂的______也有所不同。

A. 质量； B. 内容； C. 组织； D. 组成。

134. 同一种溶剂，对不同品种的______所起的作用并不相同。

A. 涂料； B. 材料； C. 油漆； D. 油料。

135. 涂料中树脂含量高，油料含量低，就需要将两者以一定的比例混合使用或加______%以下的二甲苯。

A. 4； B. 5； C. 6； D. 7。

136. x—4 醇酸涂料稀释剂不仅可以用来稀释醇酸涂料，也可用来稀释______涂料。

A. 橡胶； B. 合成树脂； C. 油基； D. 树脂。

137. 目前已有供______的硝基稀释剂及硝基无苯稀释剂，此类稀释剂是以轻质石油溶剂代替甲苯的一种硝基涂料稀释剂，因为去掉了苯的成分，所以施工时不会引起苯中毒。

A. 一般用途； B. 家庭使用；

C. 高级宾馆使用； D. 特殊用途。

138. 颜料与调配的涂料______的原则，如油基的颜料适用于配制油性的涂料而不适用于调制硝基涂料。

A. 相配套； B. 相配伍； C. 相结合； D. 相匹配。

139. 对所需的涂料颜色必须正确的分析，确认______的色素构成，并且正确分析其主色、次色、副色等。

A. 标准颜色； B. 标准色板； C. 标准样板； D. 标准色素。

140. 涂料______应按照先主色、后次色、再副色按序渐进，由浅入深的原则。

A. 配料； B. 调制； C. 配色； D. 调配。

141. 要正确地判断所调制的涂料与样板色的成色差。一般地讲，油色宜浅一成，水色宜深______左右。

A. 4 成； B. 3 成； C. 1 成； D. 2 成。

142. 对用来填补深洞、缝隙的腻子要调得稠些，大面积批刮用的腻子可______。

A. 稍稀些；　　B. 稍稠些；　　C. 干些；　　D. 半干些。

143. 猪血老粉腻子______各种室内抹灰面、木材面等不透明涂饰工艺作批刮及嵌补基层面用，特别在古式建筑的涂料施工中更是必不可少的基层涂料。

A. 应用于；　　B. 适合于；　　C. 不应用于；　　D. 不适合于。

144. 经过猪血老粉腻子批刮的______平整、光滑、附着力强，干燥快，且易批刮打磨。

A. 金属面；　　B. 墙面；　　C. 物面；　　D. 地面。

145. 各期制备料血时，应将生猪血加温______℃，加温时要不停地搅动血浆，使加温均匀，防止猪血局部凝结成块。

A. 14～24；　　B. 16～26；　　C. 18～28；　　D. 20～30。

146. 胶老粉腻子的调配比例为化学糨糊∶107胶水∶老粉＝______。

A. 1∶0.5∶2.5；　　B. 1∶0.6∶2.6；

C. 1∶0.7∶2.7；　　D. 1∶0.8∶2.8。

147. 胶油老粉腻子，常用来作室内抹灰面及木制品基层批嵌的腻子，尤其适合在抹灰面上作______之用。

A. 面层批刮嵌补；　　B. 底层批刮嵌补；

C. 加强；　　D. 中层批刮嵌补。

148. 油性石膏腻子的质地坚韧牢固、光洁细腻，有一定的光泽度，耐磨性及耐水性好，因此______用于室内外抹灰面、金属面及木制品面。

A. 适用；　　B. 较少；　　C. 广泛；　　D. 一般。

149. 成品酚醛腻子的涂刮性好，容易打磨，______金属制品面及木制品面基层的填嵌和批刮。

A. 可以用于；　　B. 较少用于；　　C. 广泛用于；　　D. 适用于。

150. 成品硝基腻子干燥快，容易打磨，______硝基漆类饰面的基层嵌补和批刮。

A. 通常用于；　　B. 不能用于；　　C. 不常用于；　　D. 一般用于。

151. ______是光作用于物体的结果，是由于物体对光的反射、透射和吸收而产生的。

A. 色素；　　B. 色彩；　　C. 色光；　　D. 颜色。

152. 培养识别色相的______，是正确调配色彩的关键。

A. 水平；　　B. 能量；　　C. 能力；　　D. 本领。

153. 从色的______可以知道，在色的布局中，明暗差距越大，色彩给人们的视觉感就越突出，反之即融合。

A. 光度；　　B. 暗度；　　C. 色度；　　D. 明度。

154. 标准色的纯度最高。如在标准中掺白，主要是降低彩度，掺黑主要是降低______。

A. 明度；　　B. 光度；　　C. 色度；　　D. 色彩。

155. 原色是指红、黄、青3种颜色，由这3种颜色能调成其他任何______。

A. 颜色；　　B. 色彩；　　C. 色素；　　D. 彩色。

156. 等量、等质的红、黄、青三原色混合近似于______。

A. 白；　　B. 橙；　　C. 黑；　　D. 绿。

157. 由2种原色调配而成的颜色称为间色或称为第二次色，如红＋黄＝______。

A. 紫；　B. 紫绿；　C. 绿；　D. 橙。

158. 由几种间色调配而成的颜色叫复色或称______。按等量而言，复色的调和必成黑色，运用复色就是对三原色配合作量的调整，以形成更多的色彩变化。如橙＋紫＝橙紫。

A. 第三次色；　B. 第四次色；　C. 第五次色；　D. 第六次色。

159. 一种原色和另外两种原色______成的间色互称为补色和对比色。如红与绿（绿是黄加青）。

A. 配备；　B. 调配；　C. 搭配；　D. 调整。

160. 如果漆刷根部或刷毛干结，可用所使用涂料的______软化后，用铲刀除去附在刷根部或刷毛上的干结物，再用溶剂洗净结存在毛刷中涂料，使刷毛松软，即可使用。

A. 溶剂洗刷；　B. 液体；　C. 溶剂浸泡；　D. 稀释剂。

161. 在建筑涂料施工中______用钢皮批刀来刮批大的平面物件和抹灰面。

A. 很少；　B. 一般；　C. 也可以；　D. 主要。

162. 钢板抹子采用的钢板较薄，富有弹性，便于操作，是油漆工______的一种刮抹腻子的工具。

A. 广泛使用；　B. 很少使用；　C. 主要使用；　D. 可以使用。

163. 橡胶批刀的特点是柔软而富有弹性，______批圆棱制品以及金属表面的腻子。

A. 不宜用于；　B. 很适于；　C. 宜用于；　D. 可用于。

164. 我国采用的砂布和木砂纸规格是根据磨料的______，代号越大颗粒越粗。

A. 粗细划分的；　B. 颗粒密疏来划分的；

C. 粒径来划分的；　D. 颗粒大小来划分的。

165. ______的木砂纸主要用于打磨白坯的毛刺、棱角、腻子和比较粗糙的漆膜表面。

A. 比较硬的；　B. 颗粒较细；　C. 比较软的；　D. 颗粒较粗。

166. ______的木砂纸主要用于施涂涂料后的漆膜面或要求细致的物体表面上的打磨。

A. 颗粒较细；　B. 比较硬的；　C. 颗粒较粗；　D. 比较软的。

167. 水砂纸的磨料______，有多种规格，号数越大，颗粒越细。先用号数小的打磨，后用号数大的打磨。

A. 比较硬的；　B. 颗粒较细；　C. 比较软的；　D. 颗粒较粗。

168. 油灰刀的刀刃不可锋利，只要将刀刃处磨成薄而圆______。

A. 应可；　B. 也可；　C. 即可；　D. 宜可。

169. 喷灯操作时，在去除旧漆膜时，喷灯的火焰应距物体表面______ mm左右，待旧漆膜层鼓泡发软时，即用铲刀去除干净。

A. 80；　B. 85；　C. 90；　D. 100。

170. 吸上式喷枪使用时将经溶剂稀释后的涂料倒入漆壶内，然后接上压缩空气管，气压调到______ MPa，稍为板动空气开关板机，即可喷涂。

A. 0.45～0.5；　B. 0.44～0.49；　C. 0.43～0.48；　D. 0.42～0.47。

171. 空气压缩机维护保养注意贮气筒应每隔______检查和清洗1次。

A. 5个月；　B. 6个月；　C. 7个月；　D. 8个月。

172. 墙面油性涂料施工，抹灰面基层要进行一次______的清理和打磨，目的是将沾污在墙面上的砂浆等沾污物打磨掉，但要注意不要将抹灰面打出毛绒。

A. 全方位； B. 彻底； C. 全面； D. 完全。

173. 墙面油性涂料施工，抹灰面基层出现“反碱”经酸洗清碱后的水泥砂浆面，干后最好也进行封底处理，以免在______重新“反碱”。

A. 今后； B. 长期内； C. 再； D. 短期内。

174. 当采用油性石膏腻子嵌洞时，最好不要使石膏腻子胀透，可边调边嵌，这样可嵌填得______。

A. 密实； B. 饱满； C. 结实； D. 丰满。

175. 墙面油性涂料施工，第一道铅油干燥后，用______的腻子对墙面缺陷处进行复嵌。

A. 较稀软； B. 较厚硬； C. 较稠的； D. 较稀薄。

176. 墙面油性涂料施工，当刷第二道铅油时，可在铅油中再加入______%的油基清漆或8%的面层调和漆。

A. 3； B. 4； C. 5； D. 6。

177. 墙面油性涂料施工，调和漆的涂刷______均匀，不露底，不流不挂，无明显刷痕。

A. 一定； B. 确保； C. 保证； D. 必须。

178. 墙面有光漆的质量要求，墙面涂料______均匀，光亮一致，无腻子缺陷。

A. 色彩； B. 颜色； C. 彩色； D. 色素。

179. 墙面有光漆的质量要求，墙面通顺______，无明显刷纹和接痕。

A. 整洁； B. 整齐； C. 流畅； D. 光亮。

180. 墙面涂料出现起泡防止的办法是等墙面（包括批刮的腻子）干透后再涂面层涂料，特别是新抹的墙或混凝土表面，______干燥后才能进行涂刷施工。

A. 必须完全； B. 保证彻底； C. 必须彻底； D. 一定完全。

181. 墙面有光漆要防止“咬底”不但要注意各层涂料之间的______，同时也要在配制涂料过程中注意成膜物质与溶剂的配套。

A. 配比； B. 配合； C. 匹配； D. 配套。

182. 墙面有光漆病态出现慢干和反粘的主要原因是基层处理不当，______表面上留有油质、蜡质、酸液、碱液、肥皂液等残迹。

A. 物体； B. 物面； C. 物质； D. 物资。

183. 墙面有光漆病态出现慢干和反粘，其产生原因主要是底层涂料______，就接着施涂面层涂料。

A. 实干； B. 未干； C. 刚刷完。 D. 表干。

184. 墙面有光漆病态出现慢干和反粘的产生原因主要是油性涂料中______过多的催干剂或不干性油。

A. 配料； B. 加入； C. 掺入； D. 渗入。

185. 墙面有光漆病态出现露底的产生原因主要是面层涂料的______浅于底层。

A. 色彩； B. 颜料； C. 彩色； D. 颜色。

186. 墙面有光漆病态出现露底现象，防治方法，配制底层涂料的______应比面层涂料浅些。

A. 颜色；　B. 彩色；　C. 颜料；　D. 色彩。

187. 门窗施涂所用的______及工程质量的好坏，不但影响建筑物内外的美观，而且影响门窗本身的寿命和房间的使用功能。

A. 颜色；　B. 色彩；　C. 颜料；　D. 彩色。

188. 涂饰门窗多用手工涂刷，按先上后下，先左后右，先外后里（外开式）或先里后外（内开式）的______操作。

A. 序列；　B. 方法；　C. 顺序；　D. 程序。

189. 门窗施涂前首先清理木基层，用铲刀将粘附在木门窗上的砂浆、灰土、沥青等污物以及浮木片、“飞刺”、钉子等全部______后，用 1 号木砂纸顺木纹打磨光滑，扫清浮灰。

A. 擦洗一遍；　B. 打扫干净；　C. 打扫一遍；　D. 清除干净。

190. 批嵌木门窗一般用______腻子，对较大的洞眼、裂缝、凹陷、门边板缝、对角线缝等处要填平嵌实，门板面要刮满灰，要特别注意上下侧面榫头处的嵌填，此处最易受雨水侵蚀。

A. 油性；　B. 水粉；　C. 猪血老粉；　D. 胶老粉。

191. 门窗刷填充漆可用______%的面层涂料＋30%的清油＋20%的底层涂料调配而成，要油重些，颜色与面层涂料要基本一致，并经过滤后再使用。

A. 45；　B. 50；　C. 55；　D. 60。

192. 门窗施涂时，普通木装修可刷 1 遍底层涂料，要求高的也可刷______遍油性底层涂料，但每遍涂刷之间对缺损处均需要嵌腻子，打磨平整，第二遍必须等上遍干透后才能涂刷。

A. 5；　B. 4；　C. 2；　D. 3。

193. 门窗施涂面层涂料，要刷得均匀，无刷痕，不流挂，如发现流挂应______。

A. 当时纠正；　B. 随时纠正；　C. 立即纠正；　D. 及时纠正。

194. 刷涂门窗边线要刷直，不要面层涂料刷到框外墙上。内外分色相接处要______，不能互相沾污。

A. 挺直；　B. 顺直；　C. 挺顺；　D. 分明。

195. 窗扇施涂______应将风钩勾住，门扇要用木楔固定，以免碰擦而损坏涂膜。

A. 结束后；　B. 完毕后；　C. 当中；　D. 完成后。

196. 刷钢门窗防锈漆要特别______上下冒头，这些地方油漆不易涂到，钢铁容易生锈。

A. 注意；　B. 当心；　C. 留意；　D. 上心。

197. 钢材虽不像木材有许多缺陷，但仍会有麻点等各种弊病，特别是门窗框及扇的四角以及焊缝凹陷处，都需要用______填空嵌实。

A. 猪血老粉腻子；　B. 胶老粉腻子；

C. 水粉腻子；　D. 油性石膏腻子。

198. 为使钢门窗有较好的光洁度和附着力，可用______%的面漆加 30%的厚漆调配而成，要求底层涂料的颜色基本上与面漆相同。

A. 70；　　B. 75；　　C. 80；　　D. 85。

199. 钢门窗面层涂料所用的品种和涂刷的遍数视______要求而定，通常以酚醛调和漆或醇酸调和漆为多，涂刷1～2遍。

A. 施工；　　B. 工程；　　C. 甲方；　　D. 设计。

200. 施涂门窗的面层涂料是油性的，那么底层涂料也应是______的。

A. 乳液型；　　B. 合成树脂；　　C. 油性；　　D. 水性。

201. 木门窗在涂饰施工后出现皱皮，其主要原因是溶剂挥发______或底层涂料未干透就刷面层涂料。

A. 稍快；　　B. 稍慢；　　C. 过快；　　D. 过慢。

202. 钢木门窗涂饰施工后出现皱皮现象，其主要原因是涂料黏度过高，成膜时间______，施工环境不良等均易造成皱皮。

A. 稍慢；　　B. 稍长；　　C. 过慢；　　D. 过长。

203. 钢木门窗涂饰施工后，出现流挂现象，其主要原因是在垂直面上涂刷的涂层______和不均匀。

A. 过厚；　　B. 过薄；　　C. 稍厚；　　D. 稍薄。

204. 钢、木门窗涂饰施工后出现失光现象，其产生原因主要是面层涂料做好后，在未粘膜前受到有害气体的______，如化工厂排放的氨气、酸雾和煤气等。

A. 贴着；　　B. 附着；　　C. 靠着；　　D. 粘着。

205. 地面施涂工艺做油基清漆面层的底油可用自备的头遍清油，或油基清漆∶松香水＝______的比例调成。

A. 1∶5；　　B. 1∶4；　　C. 1∶2；　　D. 1∶3。

206. 地面施涂工艺做聚胺酯类的面层，其底层抄油可将聚胺酯清漆类的面层涂料稀释后使用，聚胺酯漆与稀释剂的比例为______。

A. 1∶5；　　B. 1∶4；　　C. 1∶3；　　D. 1∶2。

207. 为了使各次调制的腻子的______，可先将颜料用松香水化开，倒入桐油（清油）中调和均匀，供每次调腻子时使用。

A. 颜色一致；　　B. 彩色一致；　　C. 色彩一致；　　D. 色素一致。

208. 地面施涂工艺，涂刷虫胶清漆一般______min就能干燥，待虫胶清漆干燥后，用旧的木砂纸轻磨表面，将排笔的脱毛和颗粒打磨掉，并彻底将木地面清扫干净。

A. 14；　　B. 15；　　C. 16；　　D. 17。

209. 地面施涂工艺，涂刷虫胶清漆之后，发现有腻子疤痕和其他颜色较浅处需要经过补色将整个木地面的颜色______。

A. 修补一致；　　B. 调制一致；　　C. 修成一致；　　D. 涂刷一致。

210. 木地板施涂工艺，补色后要刷2遍清漆，从踢脚开始，要求涂刷均匀，按先铺漆，后横开，再理通的______操作。

A. 顺序；　　B. 方法；　　C. 序列；　　D. 程序。

二、选择题答案

1.B　2.C　3.D　4.A　5.B　6.C　7.D　8.A　9.B
10.C　11.D　12.A　13.B　14.C　15.D　16.A　17.B　18.C
19.D　20.A　21.B　22.C　23.D　24.A　25.B　26.C　27.D
28.A　29.B　30.C　31.D　32.A　33.B　34.C　35.D　36.A
37.B　38.C　39.D　40.A　41.B　42.C　43.D　44.A　45.B
46.C　47.D　48.A　49.B　50.C　51.D　52.A　53.B　54.C
55.D　56.A　57.B　58.C　59.D　60.A　61.B　62.C　63.D
64.A　65.B　66.C　67.D　68.A　69.B　70.C　71.D　72.A
73.B　74.C　75.D　76.A　77.B　78.C　79.D　80.A　81.B
82.C　83.D　84.A　85.B　86.C　87.D　88.A　89.B　90.C
91.D　92.A　93.B　94.C　95.D　96.A　97.B　98.C　99.D
100.A　101.B　102.C　103.D　104.A　105.B　106.C　107.D　108.A
109.B　110.A　111.B　112.C　113.D　114.A　115.B　116.C　117.D
118.A　119.B　120.C　121.D　122.A　123.A　124.C　125.D　126.A
127.B　128.C　129.D　130.A　131.B　132.C　133.D　134.A　135.B
136.C　137.D　138.A　139.B　140.C　141.D　142.A　143.B　144.C
145.D　146.A　147.B　148.C　149.D　150.A　151.B　152.C　153.D
154.A　155.B　156.C　157.D　158.A　159.B　160.C　161.D　162.A
163.B　164.C　165.D　166.A　167.B　168.C　169.D　170.A　171.B
172.C　173.D　174.A　175.B　176.C　177.D　178.A　179.B　180.C
181.D　182.A　183.B　184.C　185.D　186.A　187.B　188.C　189.D
190.A　191.B　192.C　193.D　194.A　195.B　196.C　197.D　198.A
199.B　200.C　201.C　202.D　203.A　204.B　205.C　206.D　207.A
208.B　209.C　210.D

第四节　初级油漆工知识考核简答题

一、简答题试题

1. 建筑工程图图线的线型一般有哪5种？
2. 怎样才能正确反映物体的形状和大小？
3. 一套施工图纸，按专业分工可分为哪几种图纸？
4. 建筑施工图包括哪些图？
5. 结构施工图包括哪些图？
6. 设备施工图包括哪些图？

7. 建筑施工图首页内容包括哪些？
8. 建筑施工图总平面图的内容是什么？
9. 建筑平面图主要表示哪些内容？
10. 建筑平面图有多少种？
11. 看建筑平面图的顺序与方法是什么？
12. 建筑立面图主要表明哪些内容？
13. 看建筑立面图的顺序与方法是什么？
14. 建筑剖面图主要标明哪些内容？
15. 看建筑剖面图的顺序和方法是什么？
16. 涂料可起哪些作用？
17. 油脂漆的品种有哪些？
18. 天然大漆改性涂料有哪几种？
19. 松香衍生物漆有几种？
20. 酚醛树脂漆类有哪些种类？
21. 醇酸树脂漆如何分类？
22. 醇酸树脂类的品种有哪些？
23. 过氯乙烯漆的优点是什么？
24. 丙烯酸树脂涂料的主要特点是什么？
25. 氯乙烯系统的乙烯漆品种有哪些？
26. 聚氨酯漆有哪些种类？
27. 聚氨酯漆的特点有哪些？
28. 沥青漆的性能有哪些？
29. 有机硅漆类有什么性能？
30. 环氧树脂漆有什么特性？
31. 纤维素漆类有什么优点？
32. 涂料调制的重要意义是什么？
33. 溶剂的作用是什么？
34. 溶剂的组成及其作用是什么？
35. 如何选用溶剂？
36. 颜料与调配的涂料相配套的原则是什么？
37. 选用配色颜料的颜色必须坚持正确、简练的原则是什么？
38. 涂料配色应按照先主色、后次色、再副色按序渐进、由浅入深的原则是什么？
39. 调配涂料颜色的方法是什么？
40. 需调配出湖绿色，其配合比（%）是多少？
41. 需配橘黄色，其配合比是多少？
42. 常用腻子的品种有哪些？其组成是什么？
43. 色彩的要素有哪些？
44. 什么是色彩的色相？
45. 什么是色彩的明度？

46. 什么是色彩的纯度?
47. 什么是色彩的原色?
48. 什么是色彩的间色?
49. 什么是色彩的复色?
50. 什么是色彩的补色?
51. 漆刷使用前应如何使漆刷使用自如?
52. 漆刷的基本操作方法是什么?
53. 漆刷的保养方法有哪些?
54. 排笔的保养方法有哪些?
55. 钢皮批刀的使用方法有哪些?
56. 水砂纸有什么特点?
57. 墙面使用有光漆的优缺点是什么?
58. 墙面有光漆施涂工艺操作程序是什么?
59. 墙面有光漆施涂前基层如何处理?
60. 墙面有光漆如何进行抄底油?
61. 墙面有光漆施涂工艺，如何嵌批腻子?
62. 如何自配铅油?
63. 木门窗施涂工艺，如何进行填光漆的配料和涂刷?
64. 木门窗施涂工艺如何刷面层涂料?
65. 钢门窗施涂工艺程序是什么?
66. 钢门窗施涂工艺如何刷防锈漆?
67. 钢门窗施涂工艺如何批嵌腻子?
68. 钢门窗施涂工艺如何刷底层涂料?
69. 钢门窗施涂工艺如何刷罩面涂料?
70. 施涂门窗应注意的事项有哪些?
71. 在钢、木门窗的涂饰施工中出现皱皮产生的原因和处理方法是什么?
72. 钢、木门窗的涂饰施工中出现流挂病态的产生原因及处理方法是什么?
73. 钢、木门窗涂饰施工中出现失光病态，其产生原因及处理方法是什么?
74. 钢、木门窗涂饰施工中出现发笑病态，其产生原因及处理方法是什么?
75. 钢、木门窗涂饰施工中出现刷痕病态，其产生原因及处理方法是什么?
76. 墙有光漆的质量要求是什么?
77. 墙面涂料施工后出现起泡现象，其主要的产生原因和防治方法是什么?
78. 墙面涂饰施工中出现咬底现象，其产生的原因和防止办法是什么?
79. 墙面涂饰施工中出现慢干和反粘现象，其主要原因和防治措施是什么?
80. 墙面涂施后出现露底现象，产生的原因和防治方法是什么?
81. 木地板施涂工艺有哪些分类?
82. 清色木地板施涂工艺程序是什么?
83. 清色木地板常用的面漆有哪些品种?
84. 清色木地板的基层如何处理?

85. 清色木地板施涂工艺如何涂刷底油？
86. 清色木地板如何涂刷虫胶清漆？
87. 清色木地板涂饰施工中，如何进行补色？
88. 混色木地板施涂工艺程序是什么？
89. 混色木地板施涂工艺，如何进行基层处理？
90. 混色木地板施涂工艺，如何涂刷面层涂料？
91. 目前常用的水泥地坪涂料有哪几类？
92. 溶剂型地面涂料的施涂工艺操作程序是什么？
93. 合成树脂厚质地面涂料施工工艺（环氧树脂厚质地面涂料）操作程序是什么？
94. 合成树脂厚质地面涂料施涂工艺，如何批刮厚质涂料？
95. 合成树脂厚质地面涂料施工中应注意哪些事项？
96. 聚合物水泥地面涂料施涂工艺（聚乙烯醇缩甲醛水泥地面涂料）的操作程序是什么？
97. 聚合物水泥地面涂料的组成、特点和主要品种有哪些？
98. 聚合物水泥地面涂料施涂工艺施工中，如何批刮地面？
99. 地面施涂工艺施工中出现泛白现象，产生原因及防止方法是什么？
100. 地面施涂工艺施工中出现渗色现象，产生的原因及处理方法是什么？
101. 地面施涂工艺施工中，表面出现粗糙现象，产生原因及处理方法是什么？
102. 木地板烫蜡的作用以及对木材有什么要求？
103. 木地板电炉烫蜡法的操作工艺顺序是什么？
104. 木地板烫蜡工艺，如何进行敷蜡？
105. 木地板烫蜡工艺，如何进行烫蜡？
106. 木地板烫蜡工艺，如何进行擦蜡？
107. 木地板烫蜡工艺操作的注意事项有哪些？
108. 顶棚搭毛施工工艺操作程序有哪些？
109. 顶棚搭毛如何划线分块？
110. 顶棚搭毛施工工艺，如何进行搭毛？
111. 水溶性涂料品种类型有哪些？
112. 室内墙面水溶性涂料的涂饰工艺操作程序有哪些？
113. 室内墙面水溶性涂料施涂时，如何批嵌腻子？
114. 外墙水溶性涂料的涂饰工艺操作程序有哪些？
115. 外墙水溶性涂料应具备哪些特点？
116. 外墙水溶性涂料涂饰时，应如何进行涂料调配？
117. 外墙水溶性涂料涂饰时如何刷涂？

二、简答题答案

1. 建筑工程图图线的线型一般分实线、虚线、点划线、折断线、波浪线 5 种。
2. 正确反映物体的形状和大小通常用 3 个，相互垂直的平面作投影面，物体在这 3

个投影面上的 3 个正投影，就能较充分地表示出这个物体的空间形状。

3. 一套施工图纸，按照专业分工，可分为建筑施工图、结构施工图、设备施工图。

4. 建筑施工图包括首页图、总平面图、平面图、立面图、剖面图和构造详图等。

5. 结构施工图包括基础平面图、基础详图、结构平面图、楼梯结构图和结构构件详图等。

6. 设备施工图包括给排水、采暖通风、电气照明等设施、设备的布置平面图和详图。

7. 建筑施工图首页包括图样目录、说明、总平面图、门窗表、材料做法等，施工说明主要是对图样上未能详细注写的材料、做法等的要求作具体的文字说明。

8. 建筑总平面图的内容主要表示新建房屋的位置、朝向、与原有建筑物的关系，以及周围道路、绿化和给水、排水、供电条件等方面的情况。总平面图就是新建房屋定位、土方施工、设备管网平面布置、施工时进入现场的材料和构配件的堆放场地、构件预制的场地以及运输道路等的依据。

在总平面图中还有风向频率玫瑰图、绿化、等高线、河流（水面）4 种图例。

9. 建筑平面图主要表示房屋占地的大小，内部的分隔，房间的大小，台阶、楼梯、门窗等的位置、大小，墙的厚度等。一般施工放线砌墙、安装门窗都要用平面图。

10. 建筑平面图有许多种，如总平面图、基础平面、楼板平面图、屋顶平面图、吊顶或天棚仰视图等。

11. 看建筑平面图的顺序与方法如下：

1）先看图样的图标，了解图名、设计人员、图号、设计日期、比例等；

2）阅读与熟悉有关图例；

3）看房屋的朝向，外围尺寸，有几道轴线，轴线间的距离，外门、窗的尺寸和编号，窗间墙的宽度，有无砖垛，外墙厚度，散水宽度，台阶大小，雨水管位置等；

4）看房屋内部，房间的用途，地坪标高，内墙的位置、厚度，内门、窗的位置、尺寸和编号，有关详图的编号、内容等；

5）看剖切线的位置，以便结合剖切方向看图；

6）看与安装工程有关的部位、内容，如暖气沟的位置等。

12. 建筑立面图主要表明建筑物的外部形状，房屋的长、宽、高尺寸，屋顶的形式，门窗洞口的位置，外墙饰面、材料及做法等。

13. 看建筑立面图的顺序与方法是：

1）先看图标，辨明是什么立面图；

2）看标高、层数、竖向尺寸；

3）看门、窗在立面图上的位置；

4）看外墙装饰做法，如有无出檐，墙面是清水还是抹灰，勒脚高度和装修做法，台阶的立面形式及表示详图，门头雨篷的标高和做法等；

5）在立面图上还可以看雨水管位置，超过 60m 长的砖砌房还有伸缩缝位置等。

14. 建筑剖面图主要表明建筑物内部在高度方面的情况，如屋顶的坡度、楼房的分层、房间和门窗各部分的高度、楼板的厚度等，同时也可以表示出建筑物已采用的结构形式。

15. 看剖面图的顺序和方法如下：

1）看平面图上的剖切面位置和剖切面编号，并把剖面图上的编号与平面图上的剖切面编号对照，看是否相同。

2）看楼层标高及竖向尺寸，楼板构造形式，外墙及内墙门、窗的标高及竖向尺寸，最高处标高，屋顶的坡度等。

3）看外墙突出构造部分，如阳台、雨篷、檐口的标高；看内墙构造物，如圈梁、过梁的标高或竖向尺寸。

4）看地面、楼面、墙面、屋面的做法，剖切处可看出室内的构造物。

5）在剖面图上用圆圈画的部分，是需用大样图表示的地方。此部分可查看大样图。

16. 涂料对被涂物体主要起保护和装饰作用，此外还可以作为色彩标志广泛用于城市交通管理中。在航海、航空、电器工业中，涂料还可以起到耐高温、防污、防腐、绝缘等特殊作用。

17. 油脂漆的品种有清油、厚漆，调和漆有油性调和漆、磁性调和漆，防锈漆有油性防锈漆、树脂防锈漆。

18. 天然大漆改性涂料有下列几种：漆酚清漆、漆酚缩甲醛清漆、油基大漆、漆酚环氧防腐漆。

19. 松香衍生物漆目前有以下几种：钙脂又名石灰松香，酯胶又名松香甘油酯，季戊四醇松香酯，顺丁烯酸酐松香甘油酯。

20. 酚醛树脂漆类的种类：醇溶酚醛树脂漆有热固型醇溶酚醛树脂漆和热塑型醇溶酚醛树脂漆；改性酚醛树脂漆有松香改性酚醛树脂漆、丁醇改性酚醛树脂漆；油溶性纯酚醛树脂漆有非油反应型和油反应型树脂 2 种。

21. 醇酸树脂漆的分类可分为：

1）按油的品种分可分为干性油改性醇酸树脂和不干性油改性醇酸树脂；

2）按含油量分，按醇酸树脂中油量的多少，干性或不干性醇酸树酯含油量在 50％以下的为短油度，50％～60％的为中油度，60％以上的为长油度。

22. 醇酸树脂漆的品种分以下几种：外用醇酸树脂漆、通用醇酸树脂漆、各种底漆和防锈漆、快干醇酸树脂漆、水溶性醇酸树脂漆。

23. 过氯乙烯漆的优点如下：

1）在常温下 2h 漆膜就可全干；

2）具有优良的化学稳定性，能在常温下耐 20％的硫酸、硝酸及 40％的烧碱达几个月之久；

3）具有较好的耐候性，可在大气中暴露 1 年半以上，仍能保持其原有的外观和颜色；

4）具有良好的耐水性和突出的抗菌性；

5）具有不延燃性能，可用作于制作防火漆；

6）具有良好的耐寒性，在寒冷地区漆膜不发脆、不开裂。

24. 丙烯酸树脂漆的主要特点是：

1）耐紫外线的性能优良，不变色；

2）耐久性好，长期暴晒下不损坏；

3）具有优良的色泽，可制成清漆及各种有色漆；

4）硬度高，有较好的耐磨性；

5）耐化学腐蚀性能及抗水性好，可耐一般的酸、碱、醇和油脂；

6）耐热性能好。

丙烯酸树脂通过乳化还可以用来制造无毒、安全的水溶性漆。

25. 氯乙烯系统的乙烯漆品种有：聚氯乙烯树脂漆、过氯乙烯树脂漆、氯乙烯—偏氯乙烯共聚树脂漆、氯乙烯醋酸乙烯共聚树脂漆。

26. 聚氨酯漆的种类有：油改性聚胺基甲酸酯涂料、湿固化型聚胺酯涂料、催化型固化聚氨酯涂料、羟基固化型聚胺酯涂料。

27. 聚氨酯漆的特点有：漆膜坚硬耐磨，优良的耐化学腐蚀性能，有良好的耐油、耐溶剂性，漆膜光亮丰满，有良好的耐热性和附着力，可在潮湿表面施工。

28. 沥青漆的性能主要有：耐水性能好，良好的耐化学性，良好的绝缘性能，装饰和保护性能良好，价格低廉。

29. 有机硅漆类主要性能有：耐高温，耐氧化，优良的防水性，优良的电气性能，较好的耐化学腐蚀性能，耐寒性好。

30. 环氧树脂漆类主要特性有：极强的粘结力和附着力，良好的强韧性和挠曲性、优良的耐化学腐蚀性，保色性能好。

31. 纤维素漆的优点有：

1）漆膜干结比较快，一般在10min内结膜不粘尘，1h后即可以干燥；

2）硬度高且坚韧、耐磨，耐候性也不比其他合成树脂差；

3）耐久性能好，可以打磨抛光，易于修补和保养；

4）不易变色。

32. 涂料的调制的重要意义是：

1）涂料的调制工作做的是否科学合理，是否符合工艺要求，不仅对涂料的成膜、涂膜的厚薄、色泽的美观起着一定的作用；

2）对涂膜的耐久性，甚至对物体的保护和装饰都会产生较大的影响；

3）涂料的调制工作做得是否严格和认真，对降低涂饰成本，节约原材料也有着重要的意义。

所以，实践要求每个油漆工必须扎扎实实地掌握涂料的调制技术，这是搞好涂料施工的重要环节，也是完成整个涂料施工任务的重要保证。

33. 溶剂的作用主要有以下几点：

1）溶解和稀释涂料中的成膜物质，降低涂料的黏稠度，以便于施工；

2）提高涂料的贮存稳定性，防止成膜物质产生胶凝，在密封的包装桶内充满的溶剂蒸气，可防止涂料表面结皮；

3）在涂料施工时，溶剂可增加涂料对涂刷物体表面的湿润性，使涂料易渗透至物面空隙中去，使涂层有较好的附着力；

4）改善涂膜的流平性，使涂膜厚薄均匀，避免刷痕和起皱现象，使涂层平滑光亮。

34. 溶剂的组成及其作用如下：

1）真溶剂，它对油料或树脂能直接和溶解作用；

2）助溶剂，即其本身不能直接溶解油料或树脂，但与真溶剂配合使用时，它可以帮助真溶剂溶解油料或树脂，它对油料和树脂具有潜在的溶解力，因此也叫作潜溶剂；

3）稀释剂，即本身对油料和树脂不能溶解，但用于某种涂料中，可稀释其他树脂，使涂料黏稠度降低，起冲淡和稀释作用。

35. 如何选用溶剂可从以下几点说明：

1）油基涂料类的稀释剂，一般选用松香水或松节油；

2）醇酸树脂涂料类的稀释剂一般长油度的可用松香水，中油度的可用松香水和二甲苯，短油度的可用二甲苯；

3）硝基涂料类的稀释剂一般采用香蕉水（也叫信那水的）；

4）氨基涂料类的稀释剂一般采用丁醇与二甲苯；

5）沥青涂料的稀释剂多用200号煤焦溶剂、松香水、二甲苯；

6）环氧树脂涂料类的稀释剂为环己酮，丁醇，二甲苯；

7）过氯乙烯类涂料的稀释剂使用苯、酯、酮的混合溶剂；

8）聚氨酯涂料类的稀释可用无水二甲苯、甲苯与酮酯的混合溶剂。

36. 颜料与调配的涂料相配套的原则，即在涂料配制色彩过程中，所使用的颜料与配制的涂料性质必须相同，且不起化学反应，才能保证颜料与配制涂料的相容性、成色的稳定性和涂料的质量，否则就配制不出符合要求的涂料及所需的颜色。如油基的颜料适用于配制油性的涂料而不适用于调制硝基涂料。

37. 选用配色颜料的颜色必须坚持正确、简练的原则，即如下2点：

1）对所需的涂料颜色必须正确分析，确认标准色板的色素构成，并且正确分析其主色、次色、副色等；

2）选用的颜料品种应简练，能用原色配成的不用间色，能用间色配成的不用复色，切忌撮药式的配色。

38. 涂料配色应按照先主色、后次色、再副色按序渐进、由浅入深的原则，即以下4点说明。

1）调配某一色彩涂料的各种颜料的用量，可先作少量的试配，认真记录所配原涂料与加入的各种颜料的比例。

2）所用的各种色素最好进行等量的稀释，以便在调配过程中能充分地融合。

3）要正确地判断所调制的涂料与样板色的成色差。一般地讲，油色宜浅一成；水色宜涂二成左右。

4）某一单元工程所需的涂料按其用量最好一次配成，以免多次调配产生色差，特别是最后一遍的面层涂料。

39. 调配涂料颜色的方法有以下4种：

1）调配各种涂料颜色是按照涂料样板颜色来进行的。首先配小样，初步确定其色素组成，然后将这几种颜料分装在容器中，先称其重量，然后进行调配，颜色调配完成后再称一次，根据两次称量之差即可求出参加配色的各种颜料的用量及比例，这可作为配大样的依据。

2）在配色过程中，以配色中用量大、着色力小的颜色为主（称主色），以着色力较强的颜色为辅，慢慢地、间断地加入，并不断搅拌，随观察颜色的变化。在试样时，应待所配涂料干燥后与样板对比、观察其色差，以便及时调整。

3）调配时不要急于求成，尤其是加入着色力强的颜色时切忌过量。否则，配出的涂料色彩就会不符合要求而造成浪费。

4）在调色过程中，还应注意加入辅助材料时对漆色产生的影响。

40. 需调配湖绿色，其配合比为：白色75%，蓝色10%，柠檬黄10%，中黄5%。

41. 需调配橘黄色，其配合比为：黄色92%，红色7.5%，淡蓝0.5%。

42. 常用腻子的品种及其组成有以下4种：

1）猪血老粉腻子，是由熟猪血（料血）、老粉（大白粉）、羧甲基纤维素（化学糨糊）调配而成；

2）胶老粉腻子，是由胶及老粉组成，所用胶的品种有108胶水、化学糨糊、植物胶和动作胶；

3）胶油老粉腻子，是由熟桐油、松香水、老粉、化学糨糊、108胶水调配而成的；

4）油性石膏腻子，亦称纯石膏腻子，是由石膏粉、熟桐油、松香水、水调配而成的。

43. 色彩主要有三要素，即色相、明度、纯度（彩度）。人们常从色相、明度、纯度这三个方面来研究色彩的视觉效果，并把它们作为区分和比较各种色彩的标准和尺度故称为三要素。

44. 色彩的色相，即各种颜色的相貌，它反应各种颜色的品种，并以此来区别各种颜色的名称，如日光中的红、橙、黄、绿、青、紫6种色相，用这6种色相调和，还可以产生许多的色相。培养识别色相的能力，是正确调配色彩的关键。

由常用的十二色相调和变化出来的大量色相统称为有彩色。黑色和白色为色中的绝色，加上黑、白之间的中灰色统称为无彩色。金银等光辉耀眼的色相称为光泽色。

45. 色彩的明度是指色彩的本身由于受光的程度不同而产生的明暗关系，故称明度为光度。通常讲的色彩明暗程度，它的含义有2点：

1）不同色相明暗程度是不同的。在所有彩色中，以黄色明度为最高，由黄色相上端发展，明度逐渐减弱，以紫色明度为最低。

2）同一色相的明度由于光的强弱不一样，其程度也不同。同一件红衣服，由于受光的强度不同就有浅红、深红和暗红等区别。

从色的明度可以知道，在色的布局中，明暗差距越大，色彩给予人们的视觉感就越突出，反之即融合。

46. 色彩的纯度也称彩度，是指颜色的鲜明饱和程度，纯度越高的颜色越鲜明。标准色的纯度最高。如在标准色中掺白，主要是降低彩度，掺黑主要是降低明度。

47. 色彩的原色是指红、黄、青3种颜色，由这3种颜色能调配成其他任何色彩。但这3种都不能用其他颜色调配出来，因此人们把这3种颜色称为三原色。等量、等质的三原色混合近似于黑。

48. 色彩的间色是由两种原色调配而成的颜色称为间色或称第二次色，共有3种：红＋黄＝橙，黄＋青＝绿，红＋青＝紫，它们均为间色。

49. 色彩的复色是由几种间色调配而成的颜色叫复色或称第三次色。按等量而言，复色的调和必成黑色，运用复色就是对三原色配合作量的调整，以形成更多的色彩变化。其主要有三种：橙＋紫＝橙紫，橙＋绿＝橙绿，紫＋绿＝紫绿。

50. 色彩的补色是由1种原色和另外2种原色调配成的间色互称为补色和对比色，如：红与绿（绿是黄加青），黄与紫（紫是红加青），青与橙（橙是红加黄）。

处于相对位置或基本相对位置的色彩都有一定的对比性，如红与绿互为补色，发展暗为冷色，青加橙为补色，发展明为暖色。表现出一冷一暖、一明一暗的某种补色关系。

51. 漆刷使用前应如何使漆刷使用自如是，使用前应将漆刷在较坚硬的物体边缘轻磕几下，使松脱的刷毛退出，用手捋去；或者将漆刷的端部在 80 号木砂纸上来回摩擦使其柔软，这样用起来既不会掉毛又能保持刷毛柔和，使用自如。

52. 漆刷的基本操作方法如下：

1）蘸油。把漆刷伸入小油桶中，蘸油不超过刷毛的 2/3。为了蘸油既多又不滴落，漆刷蘸上油后应在小油桶内壁上轻轻拍打两下，使漆刷上所沾的油饱和度适宜。

2）摊油。将带上涂料的漆刷接触被涂刷的物表面、把涂料摊在物体表面上。摊涂料时，首先将涂料在被涂面的上下方向运刷，自左至右排列，刷与刷间可留 5～6cm 的间隙，然后进行横摊或斜摊，直到摊满、摊匀。摊涂料时，对于漆刷上的富余涂料，可随时在油桶沿口上刮两下，以保持漆刷不因涂料过分饱和而流淌，使被涂面上的涂料基本平整均匀。

3）理油。被涂刷的物面摊满涂料而又基本均匀之后，再在小油桶沿口上刮干净漆刷中的残余涂料，然后顺纹理一刷换一刷地上下理刷一遍，顺手将垂下来的涂料带到刷子上，刮到小油桶里。整理涂料时应注意漆刷在施涂中不能中途起落，否则会留下刷痕，使饰面不美观。在理涂时还应注意将侧边和凹凸交界处多余结存的涂料理涂均匀，以免出现流挂等现象。

53. 漆刷的保养方法有以下 4 点：

1）漆刷用完之后应挤出存留在漆刷当中的涂料，先用汽油或松香水洗干净，再用肥皂水反复擦洗，将漆刷根部的涂料洗净，用纸包好压平以备下次再用；

2）若短时间中断使用，可将漆刷毛口内的余漆清理后，将漆刷垂直浸入水中（使刷毛全部浸入，但不要使刷毛接触桶底），用时拿出甩干即可；

3）如果较短时间停止作业，也可用牛皮纸将漆刷包好置放于清水中，或将漆刷置于操作时提用的小油桶中，将油桶用抹布盖好即可；

4）如果漆刷根部或刷毛干结，可用所使用涂料的溶剂浸泡软化后，用铲刀除去附在刷根部或刷毛上的干结物，再用溶剂洗净结存在毛刷中的涂料，使刷毛松软，即可使用。

54. 排笔的保养方法有以下 4 点：

1）排笔使用完毕后的保养方法，要根据所用涂料的品种不同而区别对待。

2）涂刷虫胶清漆的排笔，应将残留的漆液，用酒精洗净晾干，然后将排笔平放在清洁的固定工具柜中存放备用。

3）涂刷聚氨酯漆的排笔，应用它的溶剂洗净，然后浸入醋酸丁酯中，以防硬化，不可竖立在容器中，也不可笔头露出液面，用时挤出溶剂即可。

4）排笔用完后，应用溶剂洗净晾干，切不可长期在溶剂中浸泡，以免造成笔毛松脱而报废。

5）排笔由羊毛制成，如果长期不用，应加防虫剂妥善保管，防止虫蛀。

55. 钢皮批刀的使用方法是，钢皮批刀的刀口不应太锋利，以平直圆钝为宜。使用时拇指在批刀前，其余四指在后，批刮时要用力按住批刀，使批刀与物面保持一定的倾斜，一般以 45°～46°角进行操作。

56. 水砂纸的特点主要有以下几点：

1）磨料无尖锐棱角、耐水，适用于蘸水磨平各种底涂料，也可蘸取洗肥皂水用于涂膜抛克前的打磨，可使涂膜平整光滑。

2）可用于涂饰亚光涂料前的打磨。因打磨时要蘸水，故名水砂纸。

3）水砂纸的磨料颗粒较细，有多种规格，号数越大，颗粒越细。先用号数小的打磨，后用号数大的打磨。

57. 墙面使用有光漆的优缺点是：

1）有光漆的优点：有光漆墙面有较好的抗污性，即使被脏物污染，也可以用清水洗擦。

2）有光油墙反光较强，要做平整很不容易，太强的反光对人的视觉有不舒适感，所以除了在墙裙部位较多地使用外，整体墙面很少做有光油墙，更多的是无光香水油墙。

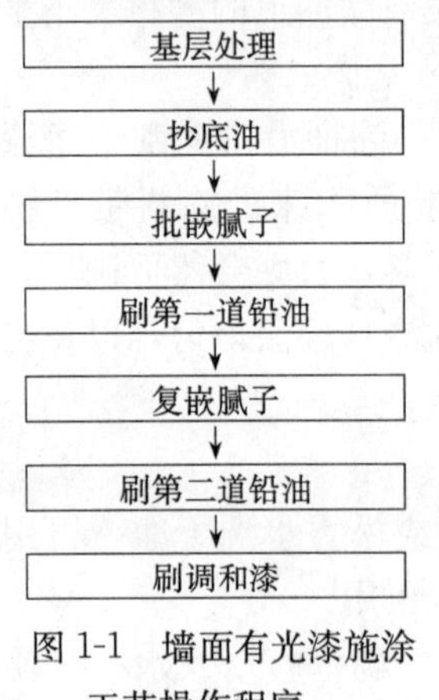

图 1-1　墙面有光漆施涂工艺操作程序

58. 墙面有光漆施涂工艺操作程序见图 1-1。

59. 墙面有光漆施涂前基层作如下处理：

1）抹灰面基层要进行一次全面的清理和打磨，目的是将沾污在墙面上的砂浆等沾污物打磨掉，但要注意不要将抹灰面打出毛绒。

2）在打磨的过程中应将凸出的小石子和一些僵灰泡子用铲刀挖去。

3）对水泥砂浆面，可用砂布打磨，如发现严重“反碱”，可采用酸洗法和封底处理。酸洗法是用 5％浓度的稀盐酸对“反碱”处进行酸洗和中和，然后用清水冲洗干净，干燥后再进行基层操作。

4）发现残存的余碱，可用潮湿的布将余碱揩净，干燥后用虫胶漆或熟猪血将“反碱”处涂刷两遍。酸洗清碱后的水泥砂浆面，干后最好也进行封底处理，以免在短期内重新“反碱”。

5）基层处理后的墙面要求做到基本平整，余灰必须清扫干净，墙面的含水率不得大于 8％。

60. 墙面有光漆施涂工艺，在清理好的墙面上刷第一遍清油（或用油基清漆加松香水调成底漆），要求整个涂刷一遍。刷底油的目的一方面是为了使腻子和漆层有较好的附着力，同时也是为了使批刮腻子顺畅平整。待底油干燥后，轻轻磨去颗粒才能批刮腻子。如刷完底油就批腻子，不但腻子附着力不好，还会由于抹灰面的吸水性强，会将腻子中的水分吸收，造成批刮腻子的“反毛”。

61. 墙面有光漆施涂工艺，嵌批腻子采用胶油老粉腻子，施工方便，也有足够的硬结强度。

1）开始嵌批可先调制一些较厚硬的腻子将墙面上的孔洞、裂缝、凹坑处嵌刮平整，对于特别大的洞缝可调水石膏填嵌，以保证腻子的密实。当采用油性石膏腻子嵌洞时，最好不要使石膏腻子胀透，可边调边嵌，这样可嵌填得密实。

2）嵌刮好的腻子待干燥硬结后，可用铲刀将嵌刮处的毛边铲刮干净，接着统批腻子。统批腻子一般要求 2～3 遍，每遍腻子干后要用砂子统磨，扫除灰尘。

3）最后一遍腻子打磨时要在砂纸上垫上木块，以使打磨墙面更加平整。

62. 自配铅油以白厚漆调配为好，用白厚漆65％、松香水18％、清油6％、光油6％、油基清漆5％，再加上适量的催干剂和颜料，使油色与面漆相近，具体配制时先将松香水用量的80％倒白厚漆中，边倒边搅拌，再与其他材料混合拌匀，用120目铜箩筛过滤，然后将余下的20％松香水清洗筛子，过滤后倒入铅油中。配好的铅油要用牛皮纸盖好待用，铅油使用时仍需搅拌均匀。

63. 木门窗施涂工艺，填光漆的配制是可用50％的面层涂料＋30％的清油＋20％的底层涂料调配而成。要油重些，颜色与面层涂料要基本一致，并经过滤后再使用。

填充漆要刷得薄而均匀，不要漏刷和出现刷花，以免影响面层涂料的成活质量。

64. 木门窗施涂工艺，刷面层涂料：

1）面层涂料是木门窗涂刷的最后一道工序。如填光漆刷得比较平滑无颗粒，可不经打磨而直接刷面层涂料，否则要用旧砂纸轻磨一遍，将填光漆面上的小颗粒磨平。面漆要刷得均匀，无刷痕，不流挂，如发现流挂应及时纠正。

2）门窗涂刷常要做成分色，即内外面的颜色不同，内面用浅色，外边用深色。做分色要分开进行，先做浅色，干后再做深色，这样可以用深色将刷过头的浅色遮掉。

3）刷涂木门窗边线要刷直，不要把面层涂料刷到框外墙上。内外分色相接处要挺直，不能相互沾染。要注意不要沾污门窗小五金和玻璃，如有沾染的涂料以及滴在窗台、地板上的涂料要及时擦去。窗扇施涂完毕后应将风钩勾住，门扇要用木楔固定，以免碰擦而损坏涂膜。

4）门窗面层涂料多采用调和漆，如酚醛调和漆、醇酸调和漆，也可以用磁漆。涂刷的遍数视要求而异。有些硬木门窗的装饰要求高，可按高级木面油漆工艺施工。

65. 钢门窗施涂工艺程序见图1-2。

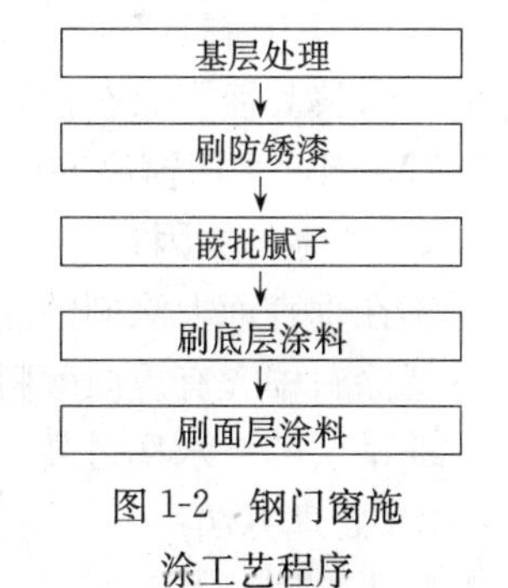

图1-2　钢门窗施涂工艺程序

66. 钢门窗施涂工艺，刷防锈漆经基层清理后应在规定的时间内涂刷防锈漆。防锈漆除了具有防锈功能外，还有增强物体表面与腻子和底油附着力的作用。刷钢门窗防锈漆要特别留意上下冒头，这些地方油漆不易刷到，钢铁容易生锈。为便于施工可自制细长的通帚进行涂刷。

67. 钢门窗施涂工艺批嵌腻子，钢材虽不像木材有许多缺陷，但仍会有麻点等各种弊病，特别是门窗框及扇的四角以及焊缝凹陷处，都需要用油性石膏腻子填平嵌实。批嵌腻子需要2遍，头遍腻子干后进行第二遍复嵌，每遍腻子干后用1号砂布打磨光滑，然后扫除粉尘。

68. 钢门窗施涂工艺，刷底层涂料可自行调制。为使其有较好的光洁度和附着力，可用70％的面漆加30％的厚漆调配而成，要求底涂料的颜色基本上与面漆相同。如果涂料太稠，可掺加适量的稀释剂。

69. 钢门窗施涂工艺，刷罩面涂料，当底漆干燥后，用旧砂纸轻轻打磨1遍，以除掉附在上面的颗粒为度。面层涂料所用的品种和涂刷的遍数视工程要求而定，通常以酚醛调和漆或醇酸调和漆为多，涂刷1～2遍。罩钢门窗的面层涂料最好是在玻璃安装完毕，油灰表面干后进行。这对钢门窗的涂刷质量与整个物体表面的整洁十分重要。

70. 施涂门窗应注意的事项：

1）施涂门窗的涂料必须配套，底层与面层的涂料性质必须相同。如果面层涂料是油性的，那么底层涂料也应是油性的；面层涂料是醇酸类涂料，那么底层涂料也应是醇酸类的涂料。这样才能保证每一涂层的附着力和相融性。

2）施涂窗扇时，人不能站在窗槛上，以防踩坏腻子和涂膜。

3）对木材松节处，为了防止以后松脂外溢，可在涂刷清油前用虫胶清漆封底。一般涂刷2～3遍即可。

4）刷完最后一遍面层涂料，门窗切要开启，挂好风钩，门扇用木楔固定。

5）刷涂时注意不要将涂料刷到小五金上，已沾上的涂料以及滴在窗台和地板上的涂料要及时揩擦干净。

6）最后一道面层涂料最好选在晴天涂刷，春秋冬三季天黑前2～3h应停止涂刷，以防水汽附着而使涂膜失光。

7）站在高窗上操作，如脚手架已拆除，必须系上安全带。

71. 在钢、木门窗涂饰施工中出现的皱皮病态产生原因和防治方法如下：

1）产生原因：

①涂层过厚，催干剂配制不当或用量过多，使表皮干燥快，而表皮以下却迟迟难以干燥，基层和面层涂料收缩不均匀而出现皱皮。在以干性油为基料的氧化型涂料中，尤其容易产生这种现象。

②溶剂挥发过快或底层涂料未干透就刷面层涂料。

③涂料黏度过高，成膜时间过长，施工环境不良等均易造成皱皮。

2）处理方法：

当涂料附着较好时，可将面层的皱皮处磨平磨光，重新做面层涂料；当涂层附着力较差时，应将其面层涂膜铲除（不清除底层涂料），打磨平整，重新涂刷面层涂料。

72. 钢、木门窗涂饰施工中出现流挂病态的产生原因及防治方法如下：

1）产生的原因：

①在垂直面上涂刷的涂层过厚和不均匀；

②涂料中含有重质颜料和填充料，而且研磨的分散度不够；

③基层的含水率过高。

2）处理方法：

如未结膜可及时纠正，如已结膜干燥，须打磨平整，重做面层。

73. 钢、木门窗涂饰施工中出现失光病态，其产生原因及处理方法。

1）产生的原因：

①面层涂料做好后，在未结膜前受到水气的附着；

②面层涂料做好后，在未结膜前受到有害气体的附着，如化工厂排放的氨气、酸雾和煤气等；

③材料不配套，发生咬底现象而失光；

④将不适宜户外的油性涂料用于户外。

2）处理方法：

如面层附着牢固，可以用汽油擦净表面，经打磨清扫后重做面层；如面层附着不好，应清除面层重做。

74. 钢、木门窗涂施施工中出现发笑病态的产生原因和处理方法。

1）产生的原因：

①被涂物体表面有油腻污染，如煤油、蜡等；

②施工环境温度过低，被涂物附有潮汽；

③涂层基层过于光滑。

2）处理方法：

施工中发现发笑应立即采取措施，用该涂料的溶剂将发笑处擦洗干净。若涂层已干燥，可用肥皂在发笑处擦洗，然后用清水洗净，干后用砂纸打磨光滑，重做面层。

75. 钢、木门窗涂饰施工中出现的刷痕病态的产生原因和处理方法。

1）产生原因：

①涂料的含油量过低，强力小，流平性差，溶剂挥发快；

②涂料干燥速度快，而操作动作慢；

③刷子毛过硬。

2）处理方法是将表面磨平重做面层。

76. 墙面有光漆的质量要求如下：

1）墙面涂料色彩均匀、光亮一致，无腻子缺陷；

2）墙面通顺整齐，无明显刷纹和接痕；

3）不透底，不流不挂，无明显颗粒。

77. 墙面涂料施涂后出现起泡现象，其主要原因是因为墙壁未干透就刷涂料，刷涂料后里面的水分向外扩散，将涂膜顶起，形成气泡。

预防的办法是等墙（包括批刮的腻子）干透后再涂面层涂料，特别是新抹的墙或混凝土表面，必须彻底干燥后才能进行涂刷施工。

78. 墙面涂施后出现咬底现象，其主要原因和防止办法如下：

1）产生的原因：

主要是下层涂膜被上层涂膜的强溶剂渗透和溶胀。如在油性涂料上加涂硝基漆时会对底层油性涂料发生作用，而产生咬底。

2）防止办法：

防止咬底不但要注意各层涂料之间的配套，同时也要在配制涂料过程中注意成膜物质与溶剂的配套。

79. 墙面涂饰施工中出现慢干和反粘现象，其产生原因和预防措施如下：

1）产生原因：

①基层处理不当，物体表面上留有油质、蜡质、酸液、碱液、肥皂液等残迹；

②底层涂料未干就接着施涂面层涂料；

③涂膜太厚，使里层长期不能干燥；

④油性涂料中掺入过多的催干剂或不干性油；

⑤施工环境不良，严重冰冻以及空气中湿度过大，影响涂料的干燥；

⑥涂料贮存时间过久也会发生反粘。

2）防治措施。针对以上反粘的成因采取相应的措施可防止慢干和反粘现象的发生。

80. 墙面涂饰施工中出现露底现象，其产生原因及防治方法如下：

1）露底的原因：

①涂料的固体物质成分不足；或者原料质地粗糙，稠度不够；

②涂料有沉淀未经充分搅拌就使用；

③涂料中掺入的稀释剂过量，致使涂料太稀。

④面层涂料颜色浅于底层。

2）防治方法：

①对调制好的涂料要试小样，检查其是否有良好的遮盖力；

②涂料使用前必须搅拌均匀；

③已配好的涂料不得任意掺加稀释剂；

④配制底层涂料的颜色应比面层涂料浅些。

81. 木地板施涂工艺有如下分类：

1）木地板按所用木材的材质不同有硬木地板和软木地板两类；

2）按木地板铺设形式有条形、席纹、方格等类型；

3）按木地板的油饰则可分为清色和混色两种做法。

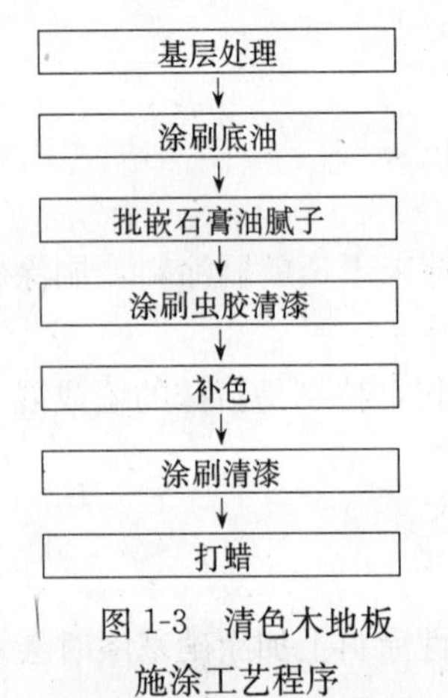

图 1-3　清色木地板施涂工艺程序

82. 清色木地板施涂工艺程序见图 1-3。

83. 清色木地板常用的面漆品种有油性清漆、聚氨酯清漆、耐磨清漆、虫胶清漆等。

84. 清色木地板的基层处理。清色地板基层清理要求比较高。

1）先将木地板上的砂灰、刨花等杂物清扫干净，用铲刀和玻璃片把粘附在木面上的胶水、沥青、砂浆和其他污物彻底铲刮干净。

2）用 $1\frac{1}{2}$ 号木砂纸顺木纹打磨光滑。

3）席纹地板和方格型地板严禁打磨出头，应将灰尘清扫干净。

85. 清色木地板施涂工艺，涂刷底油。

做油基清漆面层的底油可用自备的头遍清油，或按油基清漆：松香水＝1：2 的比例调成。若做聚氨酯类的面层，其底层抄油可将聚氨酯清漆类的面层涂料稀释后使用，聚氨酯漆与稀释剂的比例为 1：2。在涂刷底油时，应先刷踢脚板，后刷地板，从房间的内角开始，最后从门口退出。刷底油一定要刷均匀，刷透、无遗漏。

86. 清色木地板涂刷虫胶清漆，可视情况涂刷 1～2 遍，使用的工具是羊毛排笔。由于虫胶清漆干燥较快，在较大面积涂刷时，应几人同时操作，既要熟练快速，又要注意相互之间的衔接，以避免产生接痕。虫胶清漆一般 15min 就能干燥，待虫胶清漆干燥后，用旧的木砂纸轻磨表面，将排笔的脱毛和颗粒打磨掉，并彻底将木地板面清扫干净。

87. 清色木地板涂饰施工中，对腻子疤痕和其他颜色较浅处需要经过补色将整个木地面的颜色修成一致。补色的材料用虫胶清漆加入适量的所需颜料，各种颜料自己调配，调补颜色要求准确。刷第二遍虫胶清漆时，应在第一遍干后进行补色，以免出现浮色。

88. 混色木地板施涂工艺程序见图 1-4。

89. 混色木地板涂饰施工中，基层处理方法是：

1）在松节处及其他含有松脂的地方刷上少量酒精，点燃析出的油脂（注意不要损坏木基层），将溢出的松脂铲除；

2）用木砂纸将处理过的地方打磨平整；

3）用虫胶清漆在患处涂刷2～3遍进行封底。

90. 混色木地板施涂工艺，涂刷面层涂料的方法是：

1）先刷踢脚板，后刷地板面，从里到外依序进行；

2）涂刷时顺木纹敷涂料涂布，再横刷敷匀，然后顺木纹理通拔直；

3）要注意相互间的涂刷衔接，以防出现接痕。第一遍面层涂料干燥后，用水砂纸或木砂纸将涂膜面上的颗粒打磨平整，扫净灰尘，并用潮布揩净余灰，再涂刷第二遍涂料，干后即可成活。

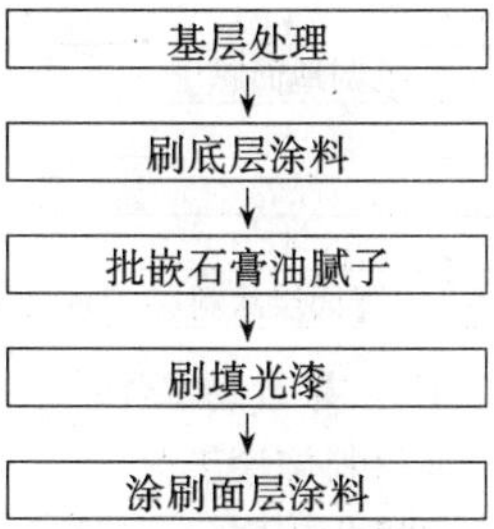

基层处理
↓
刷底层涂料
↓
批嵌石膏油腻子
↓
刷填光漆
↓
涂刷面层涂料

图1-4 混色木地板施涂工艺程序

91. 目前常用于水泥地坪涂料大致可分为溶剂型地面涂料、合成树脂厚质地面涂料和聚合物水泥地面涂料等3类。

92. 溶剂型地面涂料施涂工艺程序见图1-5。

93. 合成树脂厚质地面涂料施工工艺（环氧树脂厚质地面涂料）操作程序见图1-6。

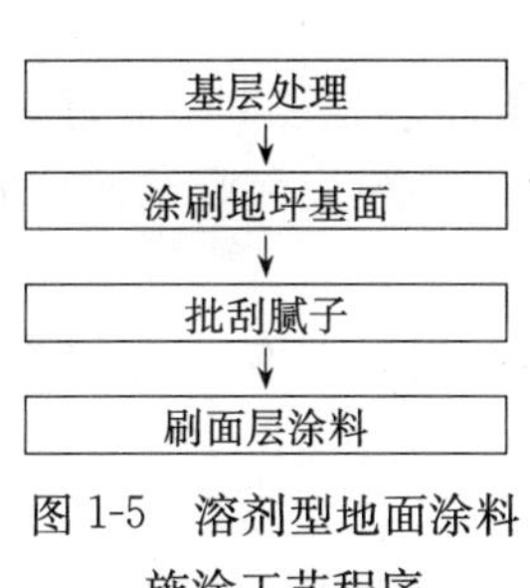

图1-5 溶剂型地面涂料施涂工艺程序

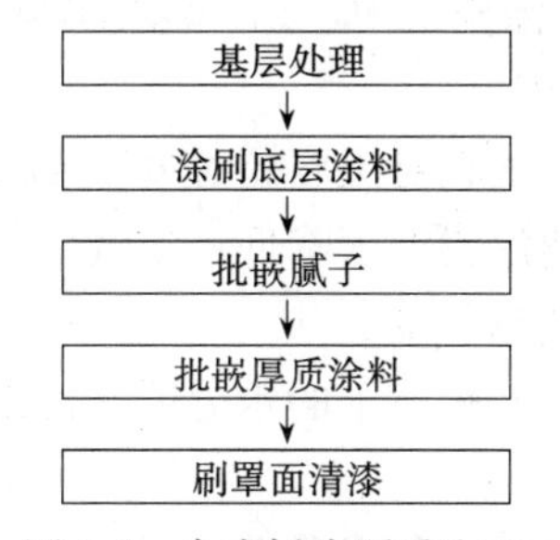

图1-6 合成树脂厚质地面涂料施涂工艺操作程序

94. 合成树脂厚质涂料施涂工艺，批刮厚质涂料，应将调制好的环氧树脂厚质涂料，以一直线状倒在待批刮的地面上，再用刮板一下一下地将涂料推开刮平，切忌来回往返次数太多，以免产生气泡，而影响涂层质量。涂层的厚度一般控制在1mm以内，从内向门口方向涂刷。

95. 合成树脂厚质地面涂料施工中应注意以下事项：

1）甲、乙两组涂料应按配合比的要求称量准确。

2）甲、乙两组涂料混合后应充分搅拌均匀，静置30min后再涂刷。

3）涂料一次调配不宜过多，应当天配制当天用完。通常1kg涂料可刷$1m^2$的地面。

96. 聚合物水泥地面涂料施涂工艺（聚乙烯醇缩甲醛水泥地面涂料）操作程序如图1-7。

97. 聚合物水泥地面涂料的组成、特点及主要品种如下：

1）组成：聚合物水泥地面涂料是水溶性树脂或聚合物乳液和水泥一起组成的有机与无机复合的水溶性胶凝材料，加入一定量的颜料、填料及助剂等搅拌而成的；

2）特点：该类材料具有无毒、不燃、耐磨、耐水、与水泥基层粘结牢固、价廉等

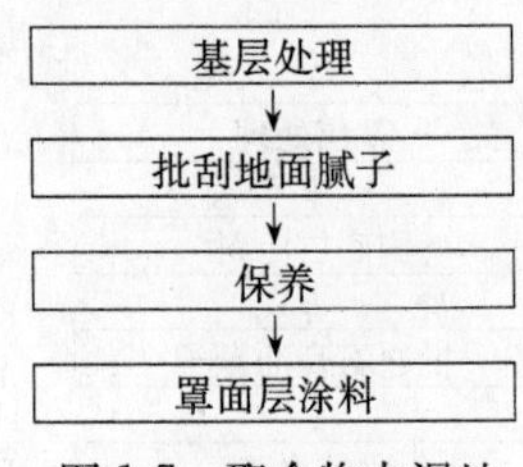

图 1-7 聚合物水泥地面涂料施涂工艺操作程序

优点；

3）主要产品有聚乙烯醇缩甲醛水泥地面涂料、聚醋酸乙烯聚合物水泥地面涂料等。

98. 聚合物水泥地面涂料施涂中，批刮地面一般要求批刮3～4遍，在批刮地面前必须调制一些较厚的腻子先将凹陷、裂缝嵌填平整，具体方法如下：

1）将调制好的腻子以一直线倒在水泥地面上，每条腻子以10～15cm宽为宜，待批刮将完时，继续依次上料；

2）第一遍批刮厚度以0.6～0.8mm为宜，以后依次逐渐减少厚度，前一遍可用橡胶刮板批嵌，最后一遍最好用钢皮批板批刮，这样可使面层更加平整光滑；

3）第一、二遍可纵横交错批刮，后面几遍则要按第一遍的方向批刮；

4）每批刮1次，干后应打磨平整，清扫干净，并用潮湿的布将余灰揩抹干净，因为适当的潮湿，可使水泥得到较好的养护；

5）有色的聚乙烯醇缩甲醛液在和水泥调和前应搅拌均匀，因为氧化颜料易沉淀；

6）最后两遍的腻子批刮材料应调制得稀一些，可多加10%的聚乙烯醇缩甲醛液，以增加面层涂料的强度。

99. 地面施涂施工中，出现泛白现象，其产生原因及防止泛白的方法如下。

1）产生原因：

①当空气中的相对湿度超过80%或在低气温条件下施工时，由于涂料中的挥发性溶剂快速挥发，使涂膜温度降低，空气中的水汽就会在涂膜表面凝结而形成白雾状。溶剂挥发越快，泛白就越严重。

②物面上附有未擦干的水分或水泥地面施工时底层未干透，刷涂时水分进入涂料中引起泛白。

③涂料中低沸点的成分多，或稀释剂中含有水分。

2）防止泛白的方法：

①改变施工环境。采用各种加热措施提高施工场所的温度，或用加强通风的办法降低空气中的湿度。

②在挥发性清漆中加入适量的防潮剂。防潮剂中含有多种挥发慢的溶剂，它能减慢挥发速度，抑制涂膜过快的降温。

③在虫胶清漆中加入适量的松香溶液（5%～10%），可防止泛白现象。

④发现泛白应停止施工，用碘钨灯烘烤加温，将泛白消除。如涂膜已干燥，可用该涂料的溶剂轻揩泛白处，同时用碘钨灯加温。

⑤对严重泛白不能消除时，要铲去重做。

100. 地面施涂工艺施工中出现渗色现象，其产生原因及防治方法如下。

1）产生原因：

①面层涂料色浅，底层涂料色深，底层涂料未干透就浮刷面层涂料，因而引起渗色。

②底层有油污、沥青等一些可溶性污物，未经虫胶清漆封闭处理。

③基层和面层的涂料不配套，因而引起渗色。

④涂料贮存过久而变质，也易引起渗色。

2）处理方法：待涂膜充分干燥后，用砂纸打磨失光，涂一道封闭涂料（如虫胶清漆），再涂面层即可。

101. 地面施涂工艺施工中表面出现粗糙现象，其产生原因及处理方法如下：

1）产生原因：

①施工现场不清洁，灰尘飞扬粘到涂刷面上；

②被涂物没有清理干净；

③涂料内杂质多，未经120目箩筛过滤就使用；

④涂刷工具使用多次不洗，工具中所含涂料形成的颗粒，在涂刷过程中逐渐脱落，因而形成细粒。

2）处理方法：找出起粒原因，严重的应打磨后重新涂刷。

102. 木地板烫蜡的作用以及木地板烫蜡对木材的要求如下：

1）木地板烫蜡的作用：木地板通过烫蜡能起到保护和装饰地板的作用，达到显露木纹，提高地板的耐磨和防腐性能以及具有经久耐用的目的；

2）木地板烫蜡工艺对木材的质量要求较高，必须选用质地坚韧牢固，木纹清晰和材色均匀一致的木材，如水曲柳、柳桉、柚木等上等优良品种；

3）同时要求木工铺贴的地板必须平整光滑、不起壳，不得留有创痕、胶迹和其他污迹等。

总之，对烫蜡木地板的选材和铺贴比用其他涂料施涂的木地板要求更高、更严格。

103. 木地板电炉烫蜡法的操作工艺顺序见图1-8。

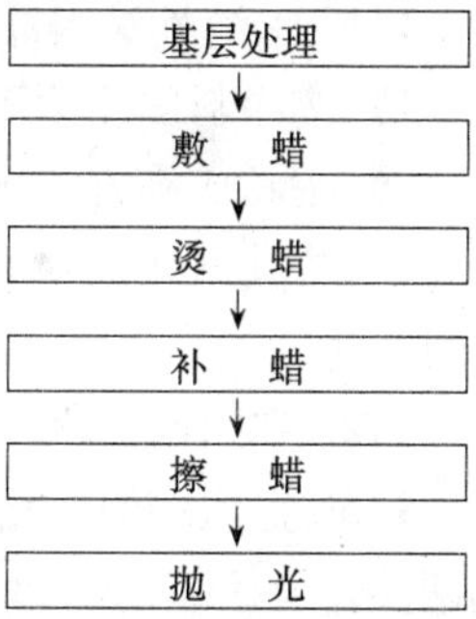

基层处理
↓
敷　蜡
↓
烫　蜡
↓
补　蜡
↓
擦　蜡
↓
抛　光

图1-8　木地板电炉烫蜡法操作工艺顺序

104. 木地板烫蜡工艺的敷蜡，先将成品块蜡（应无杂质，如有杂质应将其熔化后经过滤倒入形似多孔水泥砖的木框内冷却凝固）用木工刨子刨成约0.5mm厚、指甲般大小的薄片，盛放在容器内待敷蜡时用。敷蜡时，先从房间的里面敷起，以600mm的宽幅均匀地撒在地板表面上，敷、烫完一幅后再敷烫第二幅，按顺序直至全部敷、烫完。

105. 木地板烫蜡工艺的烫蜡，可将1500～2000W的电炉倒置烘烫，但必须注意安全用电，应把电炉丝安全地接装在电炉板上，电炉板的四周要用不易燃烧的耐火绳系牢，由两人共同操作。操作时，每人用手牵拉两根绳子，把装有电炉丝的一面面向已敷蜡的地板表面。烫蜡时距离地板不可太近或太远，以100～150mm为宜。两人匀速牵动电炉板，使蜡受热熔化后渗入地板木材内。待整个房间的地板全部烫完后，再牵动电炉板来回重复烫几次，使蜡充分渗入到地板的木材内并使地板缝隙内的蜡饱满。

106. 木地板烫蜡工艺，当地板烫蜡后，待蜡固结但尚软的时候，应马上进行擦蜡。擦蜡前应先将地板表面多余的蜡用油灰刀刮净，并用粗布揩擦，面积较大时，可用蜡刷顺木纹拖擦，然后再用白棉纱头或软布反复揩擦，使地板表面的蜡层均匀一致。

107. 木地板烫蜡工艺操作注意事项如下：

1）采用电炉烫蜡时，敷蜡和烫蜡的宽幅不得太宽，以600mm为宜，否则不易操作。敷蜡时应先里后外，逐步退出，使地板表面均匀平整，无漏烫等现象。

2）在木地板烫蜡整个工艺操作过程中，不得穿易褪色或较脏的鞋子，进入室内时一定要将鞋底擦干净并套上白塑料袋，同时要求操作工具、盛蜡容器都要干净，以免弄脏地板。

3）操作时应注意用电安全，烫蜡或喷灯补蜡时不可损坏地板，烫蜡后要做好产品保护工作。

108. 顶棚搭毛施工工艺操作程序见图 1-9。

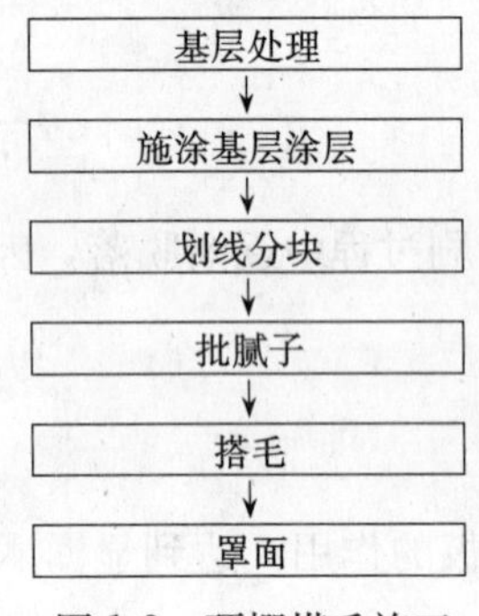

图 1-9　顶棚搭毛施工工艺操作程序

109. 顶棚搭毛划线分块做法如下：

1）用胶合板或者纤维板做基层的，一般按缝划线分块，先用腻子满批分块缝条，然后用扁竹签划出缝条。缝条宽度一般为 5～6mm。

2）用混凝土或者水泥砂浆、纸筋灰做基层的，应先弹好线，再批腻子，然后划缝分块。分块缝条应平直、光洁、通角。

3）顶棚面积不大的，可以不划线分块。

110. 顶棚搭毛施工工艺，搭毛具体做法如下：

1）搭毛和批腻子应同时进行，1 人在前边批腻子，2 人紧跟在后面，用棕毛板刷搭毛。

2）搭毛应按一个方向，按顺序进行。手势要平衡，用力要均匀，方向要一致。

3）搭毛表面应轮廓清晰，纹理通顺，分布均匀，不显接槎，不得有起皮和裂缝等缺陷。修整分块缝条，在灯具边和边角处修补搭毛，修饰毛头。

111. 水溶性涂料品种繁多，归结起来有以下类型：

1）按涂料的用途不同可分为内用水溶性涂料和外用水溶性涂料；

2）按其成膜方式可分为常温型成膜水溶性涂料和热固型成膜水溶性涂料；

3）按其所含的主要成膜物质又可分为水溶性树脂涂料、乳胶涂料和胶粘性涂料（如大白浆等）。

112. 室内墙面水溶性涂料的涂饰工艺操作程序见图 1-10。

基层处理 → 刷清胶 → 批嵌腻子 → 刷面层涂料

图 1-10　室内墙面水溶性涂料涂饰工艺操作程序

113. 室内墙面水溶性涂料施涂时，批嵌腻子分嵌补及批刮两步。

1）自行调制胶老粉腻子时最好加入 10％的面层涂料，以增强腻子的强度，同时可防止因底层腻子酥松而引起的涂料起泡现象。

2）嵌补时可在腻子中加入适量石膏粉，以填补较大的洞缝。

3）批刮腻子遍数视墙面平整与否以及饰面的质量要求高低而定，一般为 1～3 遍。

4）每遍腻子干燥后用 1 号砂纸打磨平整，除净粉尘。

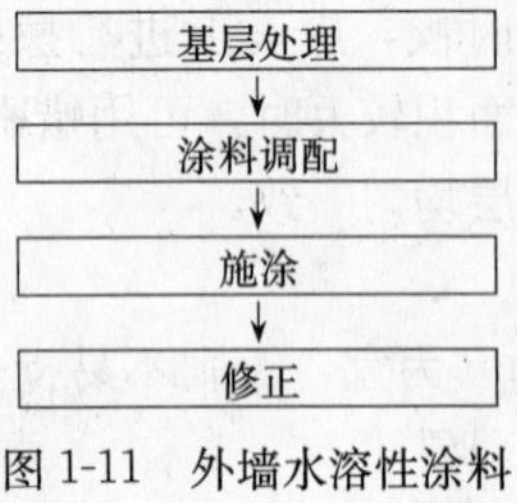

114. 外墙水溶性涂料涂饰工艺操作程序见图 1-11。

基层处理 → 涂料调配 → 施涂 → 修正

图 1-11　外墙水溶性涂料涂饰工艺操作程序

115. 外墙水溶性涂料应具备较好的耐水性、耐酸碱性、耐候性和耐污染性。外墙涂料色彩丰富，保护功能好，施工方便。目前应用得较多的是无机高分子外墙涂料，它既可喷涂，也可刷涂和滚涂。

116. 外墙水溶性涂料施涂时，涂料调配应注意以下几点：

1）外墙面积大，使用涂料量多，为保证同一墙面的涂料色泽均匀一致，最好先将小桶装的外墙涂料倒入大桶内混合。

2）一个立面所用涂料以一次拌合为好，当需要对成品自行配色时，须将配好的色料过滤。

3）要注意在调配涂料过程中切忌任意添加稀释剂和填充料。如施工中确实需要调整涂料的稠度，可按说明书上的规定，正确使用稀释剂或胶粘剂的用量，以确保涂料的质量。

117. 外墙水溶性涂料涂饰工艺，在刷涂时要注意以下几点。

1）工具的使用：使用漆刷还是使用排笔可视墙面的具体情况而定。

2）刷涂的原则：一般为从右到左，以上至下，多人接刷，互相配合。

3）刷涂质量要求：由于涂料干得较快，每次刷涂的高度应根据现场实际情况而定，以不出现接痕为原则。刷涂要求均匀、刷纹通顺，防止漏刷和刷花，发现没有化开的色浆应及时处理。

普通外墙涂料 2 遍可成活，中高级可 3 遍成活。刷第二遍涂料必须等第一遍涂料干燥后进行。

第五节　初级工油漆工知识考核计算题

一、计算题试题

1. 配制石灰浆时，需石灰块和水，重量比为 1∶6，为提高黏度，另需加总重 5%的 108 胶，现需配制 170kg 石灰浆，问需石灰块、水、108 胶各多少？

2. 某项工程有 43 扇百叶窗，规格为 1.2m×0.8m，如定额规定 $10m^2$ 需 12kg 涂料，问共需多少涂料（百叶窗系数为 2.7）？

3. 现有面积为 $467m^2$ 墙面，要中压花喷大点，问需多少人工费、材料费？（人工费定额：145.70 元/$100m^2$、材料费定额：1757.49 元/$100m^2$）

4. 某工程需 252kg 石膏油腻子，用石膏粉 144kg，熟桐油 45kg，松香水 9kg，清水 54kg 配成，问它们的重量配合比为多少？

5. 某工程有木门板 $398m^2$，需刷白色乳胶调和漆涂料，如每 $46m^2$ 需 30.08kg，问需多少这种涂料？

6. 涂刷某涂料，面积为 $456m^2$，灰面漆涂料用量为 $100g/m^2$，如刷一层需灰面漆涂料多少？

二、计算题答案

1. 解：

1）石灰块、水、108 胶总重量比为：

$1+6+(1+6)\times0.05=7.35$

2）石灰块需要量

170÷7.35=23.13kg

3）水的需要量

23.13×6=138.78kg

4）108 胶的需要量

（23.18+138.78）×0.05=8.1kg

2. 解：

1）百叶窗工程量

1.2×0.8×43×2.7=111.46m²

2）需涂料量

111.46×12÷10=133.75kg

3. 解：

1）人工费为：467×145.7÷100=680.42 元

2）材料费为：467×1757.49÷100=8207.48 元

4. 解：

1）组成物质配合比为

144∶45∶9∶54=144/9∶45/9∶9/9∶54/9=16∶5∶1∶6

2）组成石膏油腻子重量配合比为

石膏粉∶熟桐油∶松香水∶清水=16∶5∶1∶6

5. 解：398×30.08÷46=260.26kg

答：需这种涂料 260.26kg。

6. 解：456×100×1/1000=45.6kg

答：需灰面漆涂料 45.6kg。

第六节　初级油漆工技能考核试题

1. 木门窗分色色漆施涂（普通涂饰）（见表 1-1）

考核项目及评分标准　　**表 1-1**

序号	测定项目	评分标准	标准分	检测点					得分
				1	2	3	4	5	
1	脱皮漏刷、反锈、流坠皱皮	有脱皮、漏刷、反锈扣 10 分，大面轻微流坠扣 3～4 分	20						
2	光亮光滑	光亮，无光滑扣 3～4 分	15						
3	分色裹棱	大面不允许，小面允许偏差 3mm，超过 3mm 酌情扣分	15						
4	颜色刷纹	大面颜色一致，均匀，超过标准无分	10						
5	五金、玻璃	洁净，不洁净无分	10						
6	文明施工	操作前工具准备，操作后工完场清并进行工具维护	5						
7	安全	无安全事故	10						
8	工效	根据项目按劳动定额进行，低于定额 90%，本项无分在 90%～100%之间酌情扣分，超过定额酌情加 1～3 分	15						

2. 钢窗调和漆（深色）施涂（普通涂饰）（见表 1-2）

考核项目及评分标准　　表 1-2

序号	测定项目	评分标准	标准分	检测点					得分
				1	2	3	4	5	
1	脱皮、漏刷	出现脱皮、漏刷、反锈本项无分	15						
2	透底流坠皱皮	大面不允许，小面、微量扣 2～3 分	15						
3	光亮、光滑颜色刷纹	光亮均匀一致，颜色一致	20						
4	分色裹棱	大面不允许，小面允许偏差 3mm，大于 3mm 的酌情扣分	10						
5	五金、玻璃	洁净，不洁净无分	10						
6	文明施工	工具准备，维护，工完场清	5						
7	安全	无安全事故	10						
8	工效	根据项目，按照劳动定额进行，低于定额 90%本项无分，在 90%～100%之间酌情扣分，超过定额加 1～3 分	15						

3. 木地板清漆施涂（普通涂饰）（见表 1-3）

考核项目及评分标准　　表 1-3

序号	测定项目	评分标准	标准分	检测点					得分
				1	2	3	4	5	
1	颜色	基本一致	15						
2	木纹	棕眼不刮平扣 5 分，木纹不清楚扣 10 分	15						
3	光泽光滑	光泽基本一致，光滑无档手感	15						
4	刷纹	无刷纹	10						
5	裹棱、流坠皱皮	大面有，本项无分；小面轻微扣 3～5 分	10						
6	与墙门连接洁净	轻微不净扣 3～5 分	15						
7	文明施工	操作后工具维护，工完场清	5						
8	安全	无安全事故	10						
9	工效	根据项目，按照劳动定额进行，低于定额 90%，本项无分，在 90%～100%之间酌情扣分，超过定额加 1～3 分	15						

4. 墙面喷涂石灰浆涂料（普通涂料）（见表 1-4）

考核项目及评分标准　　表 1-4

序号	测定项目	评分标准	标准分	检测点					得分
				1	2	3	4	5	
1	颜色	均匀一致	15						
2	泛碱咬色	允许少量轻微，大量出现扣 10 分	10						
3	流坠疙瘩砂眼	允许少量轻微	10						
4	喷点	2m 正视喷点均匀	10						
5	装饰线、分色线平直	偏差不大于 2mm，大于 2mm 适当扣分	15						
6	门窗灯具	洁净，不洁净适当扣分	10						
7	文明施工	工完场清工作用具维护好	5						
8	安全	无安全事故	10						
9	工效	根据项目，按照劳动定额进行，低于定额 90%，本项无分，在 90%～100%之间酌情扣分，超过定额加 1～3 分	15						

第二章　中级油漆工考核试题

第一节　中级油漆工知识考核判断题

一、判断题试题

1. 建筑工程图图线的线型，一般分实线、虚线、点划线、折断线、波浪线5种。（　）

2. 建筑工程图样，主要采用粗细和线型不同的图线来表达设计的内容。（　）

3. 折断线分为粗、中、细3种，一般用途为中心线、定位轴线等。（　）

4. 虚线线段保持长短一致，为10～20mm，线段间距应保持一致，约为3mm，首、尾两端应为线段。（　）

5. 各种图线的衔接或相交处应画成线段，而不是空隙。（　）

6. 建筑工程图样上的尺寸是施工、生产的重要依据，也是构成图样的一个重要组成部分，因此它们的标注必须按照国标执行。（　）

7. 一个完整的尺寸标准一般应由粗线、中线、细线和尺寸数字组成。（　）

8. 尺寸界线是表示图形尺寸范围的界限线，用粗实线绘制，有时可利用定位轴线、中心线或图形的轮廓线来代替。（　）

9. 尺寸线表示图形尺寸度量方向的线，用粗实线绘制，不能利用任何图线代替尺寸线。（　）

10. 尺寸数字，尺寸大小是以数字来表示，其计量一般以mm为单位，在图中可不予注明。（　）

11. 尺寸界线应垂直于被标注的直线段，对最外边的尺寸界线应接近图形的所在部分，中间尺寸界线可画得稍短些。（　）

12. 尺寸起止符号应采用45°斜短线表示。（　）

13. 圆与圆弧尺寸的标注，是以圆及圆弧的轮廓线代替。（　）

14. 角度尺寸的标注，尺寸起止符号采用箭头符号和圆心表示。（　）

15. 圆及圆弧的尺寸数字是用角度来计量，其单位为度、分、秒（即°、′、″）并以水平注写。（　）

16. 图形的大小与实际物体的大小之比称为图样的比例。（　）

17. 比例中前面的一个数字与后面的一个数字之比是表示图形的大小与物体实际大小之间的比例关系。（　）

18. 当一张图样中只用一种比例时，应注写在标题栏的比例一项内，如一张图样中有

几个图形并各自选用不同比例时，其比例应分别标注在它们的分图名右下侧。（ ）

19. 建筑工程图样的绘制应根据不同情况和要求，选择合适的绘图比例和图样幅面，以确保所示物体的图样精确和清晰，这样既有利于制图，又便于使用和携带。（ ）

20. 要根据物体的不同情况和要求来选择合适的幅面绘图，以确保所示物。（ ）

21. 建筑工程总平面图，常用比例有：1∶50、1∶100、1∶200。

22. 建筑工程平面、立面、剖面图，常用比例为：1∶500、1∶1000、1∶2000。

（ ）

23. 建筑工程详图，常用比例为：1∶1、1∶2、1∶5、1∶10、1∶20、1∶25、1∶50。（ ）

24. 在施工图中，凡承重墙、柱子、大梁或屋架等主要承重构件应画上轴线来确定其位置。（ ）

25. 对于非承重的隔墙、次要承重构件等，则有时用分轴线，有时也可由注明其与附近轴线的有关尺寸来确定。（ ）

26. 轴线用粗点划线表示，末端用圆圈（圆圈直径为18mm），圈内注明编号。

（ ）

27. 轴线编号一般标注在图面的上方及右侧。（ ）

28. 施工图上使用详图索引标志，就是指建筑的某些基本图样与有关的详图相互联系的一种特定标志。（ ）

29. 加注详图索引标志的目的就是为了便于查找和识读图样。（ ）

30. 标高符号的标志形式有两种，一是用于一般标高；二是用于总平面图中的室外整平标高。（ ）

31. 在标高注写时，标高符号的尖端表示所注标高的位置，在横线处注明标高值。

（ ）

32. 对于标高的基准面处应注写成±0.000；凡比零点标高低的注写数值前不加注"－"号；比零点标高高的数值前应加注"＋"号，如＋4.200，＋3.300。（ ）

33. 结构标高是标注在建筑物的装饰面层处的标高。（ ）

34. 建筑标高是标注在建筑结构部位（如梁底、板底处）的标高。（ ）

35. 在一般建筑中，大都是取底层室内地面作为相对标高的基准面。（ ）

36. 图案就是按一定的形式法则，或者服从于一定的设计要求的规范和程式所创造出来的图画，它与纯绘画艺术的表现，在形式以及要达到的目的方面，都有很大的区别。

（ ）

37. 建筑工程中，无论是1幢房屋，还是1个构件，它都具有长、宽、高3个向度。

（ ）

38. 通常我们把物体放在3个相互垂直的投影面所组成的体系中，然后用正投影法由前面垂直向后投影，由上面垂直向下投影，由左面垂直向右投影，由此可得到物体的3个不同方向的正投影图。（ ）

39. 在3个相互垂直的投影面中，呈水平面位置的称正投影面（简称正面或V面）。

（ ）

40. 在3个相互垂直的投影面中，呈正立面位置的称水平投影面（简称水平面或H

面)。（　）

41. 在3个相互垂直的投影面中，呈侧立面位置的称为侧投影面（简称侧面或W面)。（　）

42. 立面图主要表现建筑物的内部结构，是设计和施工必不可少的重要图样。（　）

43. 房屋的剖面图，是设想用铅垂直切平面，把建筑物垂直切开后得到的投影图。它可以表达房屋内部在高度方面的情况，如层数、每层高度、屋顶形式等。（　）

44. 剖切位置根据需要表达的内容而选定，一般选择楼梯间等有高差处或构造较复杂的地方，并通过门窗口。（　）

45. 房屋的平、立、剖面图三者是紧密相联的，它们之间应符合投影规律，三者互相配合即可比较完整地表达出一幢建筑物的全貌。（　）

46. 由于平、立、剖面图比例较小，很多细部构造无法表达清楚，所以还需要画出某些详图，即用较大比例绘出建筑构造及构件、配件的细部图样，此图样称为详图，用以满足施工要求。（　）

47. 建筑工程图的内容较多，专业性很强，按设计的专业工程来分，与土建工种相关的图样有建筑平面图和建筑立面图。（　）

48. 建筑施工图样有基础图、梁柱结构图、楼盖结构图以及楼梯结构构件等详图。（　）

49. 结构施工图样有建筑总平面图、建筑平面图、立面图、剖面图以及楼梯、门、窗等详图。（　）

50. 建筑总平面图的形成，是假设在建设区的上空向下投影所得的水平投影图。（　）

51. 建筑总平面图主要用来表明建筑工程总体布局、新建和原有建筑的位置、标高、室外附属设施以及工程地区及周围的地物、地形、地貌等情况的图样。（　）

52. 新建工程的平面位置标定方法有两种，一是以邻近原有永久建筑物的位置为依据，引出相对位置；二是用坐标网或规划红线来确定其平面位置。（　）

53. 建筑平面图可作为施工放线、砌墙、门窗安装和室内装饰及编制预算的重要依据。（　）

54. 建筑立面图可反映建筑物的平面形状和室内各个房间的布置、入口、走道、门窗、楼梯等的平面位置、数量、尺寸等情况。（　）

55. 建筑平面图是用来表明建筑物的外貌和立面各个部位（如屋顶、门窗、孔洞等）的形状、位置、尺寸和外墙装饰面材料及构造做法的图样，是施工的重要依据。（　）

56. 在底层建筑平面图中能看到指北针和室外台阶、明沟、散水坡、踏步、雨水管等的布置。（　）

57. 在建筑立面图中的尺寸标注有外部尺寸和内部尺寸两种。通过各道尺寸的标注，可反映建筑物中房间的开间、进深、门窗及室内设备的大小和位置。（　）

58. 在建筑立面图中，对于建筑物各组成部分，如地面、楼面、夹层、楼梯平台面、室外台阶顶面、外廊和阳台面处，由于它们的竖向高度不同，一般都分别注明标高。（　）

59. 在底层建筑立面图中，通常都将建筑剖面图的剖切位置用剖视记号表达出来，以

便帮助我们了解剖面图的剖视方向。（ ）

60. 在建筑平面图中，可以了解到楼梯的位置、起步方向、梯宽、平台宽、栏杆位置、踏步级数、上下行方向等内容。（ ）

61. 在建筑平面图中，对室内的楼地面、墙面、平顶、隔断等设施的位置、尺寸以及用料和构造做法都有表明，当构造复杂并在图中无法表达清楚时，常采用列明细表或另用详图表示。（ ）

62. 建筑立面图是用来表明建筑物的外貌和立面各个部位，如：屋顶、门窗、孔洞等的形状、位置、尺寸和外墙装饰面材料及构造做法的图样。（ ）

63. 建筑平面图和图名称呼有两种情况：一是按平面图所表明的朝向来称呼；二是按平面图中建筑两端的定位轴线编号来称呼。（ ）

64. 通过平面图我们可以了解建筑物的外貌以及屋顶、台阶、雨篷、阳台、烟囱、挑檐、腰线、窗台、雨水管、水斗、通风洞等位置、尺寸及外形、构造等情况。（ ）

65. 对建筑物外立面各部位的构造，在建筑立面图中一般都用图例和文字表明。

（ ）

66. 在建筑平面图中，我们可以直接了解建筑物外墙上的门窗位置、高度尺寸、数量及平面形式等情况。（ ）

67. 在建筑立面图中，对室外地面及各楼面、建筑物顶部、窗顶、窗台、雨篷、烟囱顶、阳台面、遮阳板底、花饰处都标有标高，识读时应予以注意。（ ）

68. 在建筑剖面图中，可以看到建筑物的屋顶、天棚、楼地面、墙、柱、隔断、池、坑、楼梯、门窗各部分的位置、组成、构造、用料等情况。（ ）

69. 在建筑平面图中，可以看到建筑内的墙面、天棚、楼地面的面层装饰情况（如踢脚线、墙裙）和卫生、通风、水暖、电气等设备的配置情况。（ ）

70. 建筑剖面图中都标有，从室外地坪开始到建筑物外墙结构最高处之间的各部分、各楼层间的高度及建筑物的总高度。（ ）

71. 从墙身详图可以了解墙身的防水、防潮做法，如地下室、散水、勒脚、墙身、檐口的防水、防潮做法。（ ）

72. 墙身详图可以了解立面装饰的要求，包括砖墙各部位的凹凸线脚、窗口、门头、挑檐、檐口、勒脚、散水等的尺寸、材料、做法。（ ）

73. 色彩的选用及组合直接影响涂饰的质量。（ ）

74. 光色的原色为红、黄、青，混合近于白；物色的原色为红、绿、青，混合近于黑。（ ）

75. 形成千变万化的色彩，主要有 3 个要素，即色相、明度、纯度（彩度）。（ ）

76. 我们常从色相、明度、纯度这三方面来研究色彩的视觉效果，并把它们作为识别和比较各种色彩的标准和尺度，故称为三要素。（ ）

77. 不同色彩的明暗程度是不同的，在所有彩色中，以黄色明度为最高，由黄色向上端发展，明度逐渐减弱，以紫色明度为最低。（ ）

78. 从色的色相我们可以知道，在色的布局中，明暗差距越大，色彩给予人们的视觉感就越突出，反之即柔和。（ ）

79. 从色彩调配的角度来说，可把色分为原色、间色和复色。（ ）

80. 原色是指红、黄、青3种颜色，由这3种颜色能调和成其他任何色彩。但这三种颜色却不能用其他颜色调配出来，因此人们把这三种颜色称为三原色。（ ）

81. 不同颜色的物体，反光能力也不同，乳白色的反射率为9.8%。（ ）

82. 不同颜色的物体，反光能力也不同，浅红色的反射率为54.1%。（ ）

83. 在涂刷材料配制色彩的过程中，所使用的颜料与配制的涂料性质必须相同，不起化学反应，才能保证色彩配制涂料的相容性、成色的稳定性和涂料的质量，否则，就配制不出符合要求的涂料。（ ）

84. 对所需涂料颜色必须正确地分析，确认标准色板的色素构成，并且正确分析其主色、次色、辅色等。（ ）

85. 调配某一色彩涂料的各种颜料的用量，先可作少量的试配，认真记录所配原涂料与加入各种颜料的比例。（ ）

86. 所需的各色素最好进行等量的稀释，以便在调配过程中能充分地溶合。（ ）

87. 要正确地判断所调制的涂料与样板色的成色差。一般讲油色宜深一成，水色宜浅3成左右。（ ）

88. 某一工程所需的涂料按其用量最好分次配成，以免一次配成造成浪费。（ ）

89. 由于颜色常有不同的色头，如要正绿时，一般采用绿头的、黄头的蓝；配紫红色时，应采用带红头的蓝与带蓝头的、红头的黄。（ ）

90. 常用涂料颜色配合比，如需调配的颜色为赭黄色，其配合比：主色为中黄60%，副色铁红40%。（ ）

91. 常用涂料颜色配合比，如需调配的颜色为棕色，其配合比：主色为铁红50%，副色为中黄25%，紫红12.5%，次色为绿12.5%。（ ）

92. 常用涂料颜色配合比，如需调配的颜色为苹果绿色，其配合比：主色为白94.6%，副色为绿3.6%，次色黄为1.8%。（ ）

93. 常用涂料颜色配合比，如需调配的颜色为天蓝色，其配合比：主色为白91%，副色为蓝9%。（ ）

94. 涂料的各种繁多，但各种涂料均由胶粘剂、颜料（颜填料）、稀释剂、溶剂等辅助材料经一定的生产工艺炼制、混合、调配而成。（ ）

95. 根据油料来源不同可分为干性油、半干性油和不干性油3种。（ ）

96. 根据油料干燥性可分为植物油、动物油和矿物油3种。（ ）

97. 不能自行干燥的油料称为不干性油。（ ）

98. 饱和脂肪酸在空气中不与氧起化学反应，这种结构的植物油称为不干性油。（ ）

99. 不饱和脂肪酸酯在常温下与氧起化学反应，当它与氧接触，分子结构就会增大，由低分子转化为高分子，导致油聚合成膜。（ ）

100. 油中的不饱和脂肪酸含量越少，与氧聚合越强，成膜速度越快。称这种植物油为干性油。（ ）

101. 在实际应用中，油的干燥快慢，均按油中酸性值大小来决定其干燥速度。（ ）

102. 油料中如不饱和脂肪酸含量越少，与氧聚合越弱，成膜速度越慢，这就称为干

性油。（　）

103. 树脂的纯粹体呈透明或半透明状，不导电，无固定溶点，只有软化点，受热变软，并逐渐熔化，熔化时发粘；大多数不溶于水，易溶于有机溶剂，溶剂挥发后，能形成一层连续的薄膜。（　）

104. 涂料用的树脂从来源可分为：天然树脂、人造树脂和合成树脂3类。（　）

105. 涂料用的树脂从受热后的性能变化可分为：热塑性树脂、热固性树脂。（　）

106. 溶剂属于辅助材料一大类，它们虽然不是主要成膜物质，但在涂料的成膜过程中以及对最后形成涂层的质量都有很大影响。（　）

107. 溶剂是涂料配方中的一个重要组成部分，没有它，则涂料的制造、贮存、施工都会带来困难。（　）

108. 溶剂在涂料制造和施工中起着十分重要的作用，所以说溶剂同样是涂料中的重要组成部分。（　）

109. 在涂料施工中，溶剂可降低涂料对涂刷物体表面的湿润性，使涂料不易渗透至物面空隙中去，使涂层有较差的附着力。（　）

110. 溶剂按其溶解性能一般可分为真溶剂、助溶剂和稀释剂3种。（　）

111. 不同种类的涂料所的溶剂的组成也有所不同。因为同一种溶剂，对不同品种的涂料所起的作用并不相同。（　）

112. 对水溶性涂料来说，它可以溶解于水，因此水就是水性涂料的真溶剂或稀释剂。（　）

113. 溶剂不能使固体或黏稠的涂料变成可以喷涂或刷涂的稀薄液体。（　）

114. 每种成膜物质都只能溶解在和它的分子结构相类似的液体中。所以植物油能溶于酵素，蓖麻油能溶于醇中，因为都含有羟基和醇的结构。（　）

115. 溶剂的溶解力对漆膜的质量有很大影响。如果溶解力差，则容易造成漆膜粗糙，不平滑，影响漆光泽。（　）

116. 如果所用溶剂对某一树脂没有溶解力，即会产生树脂析出现象，使涂料不能使用。（　）

117. 溶剂的挥发率，即溶剂的挥发速度，它对涂料的成膜质量影响很大。（　）

118. 除了烃类的氯化物外，所有有机溶剂多是易燃物质。（　）

119. 溶剂闪点在60℃以上的是易燃物质。（　）

120. 溶剂闪点在25～60℃之间是非易燃品。（　）

121. 溶剂的种类很多，按其挥发速度可分为真溶剂、助溶剂（潜溶剂）和稀释剂。（　）

122. 溶剂沸点在145℃以上的称高沸点溶剂，如乳酸丁酯、环已酮等。此类溶剂的挥发速度快，使漆膜发白。（　）

123. 萜烯溶剂系植物性溶剂，绝大部分来自松树泌物，经蒸馏制得。涂料中常用的为松节油、双戊烯。（　）

124. 200号溶剂汽油，一般用于油性和磁性漆中，代替松节油，在长油度醇酸树脂漆中也常作溶剂使用。（　）

125. 甲苯主要用于醇酸漆，作醇酸漆的溶剂，在硝酸纤维漆、乙基纤维漆、乙烯树

脂漆、酚醛漆、环氧树脂漆、丙烯酸树脂漆中，作为稀释剂，少量用于脱漆剂中。（　）

126. 醇类溶剂溶解力很强，主要用于溶解硝酸纤维素，常用的醇溶剂有乙醇、丁醇等。（　）

127. 酯类溶剂对涂料的溶解力差，一般仅能溶解虫胶或缩丁醛树脂。（　）

128. 辅助材料又名助剂，在涂料中加入辅助材料的目的是为了改进涂料的性能，其掺量虽少但作用很显著。（　）

129. 催干剂又名干料、燥料（燥液或燥油），分固体和液体两种，是一种能够促进漆膜干燥的物质。（　）

130. 钴催干剂既能促进聚合又能促进氧化，常用于一般油漆中。（　）

131. 催干剂的用量不可过多，涂膜的干燥速度不与催干剂的用量成正比。（　）

132. 干性油和半干性油在涂料中主要作为成膜物质，本身具有柔韧性，所以也起增韧剂作用。（　）

133. 固化剂是合成树脂乳液涂料及水性涂料在制造及施涂时，起防止产生气泡或产生气泡后消除气泡作用的助剂。（　）

134. 在涂料制造后可加入一定量的防沉剂，但加入防沉剂后会延长涂膜的表面干燥时间。（　）

135. 涂膜表面由于颜料与粘结剂的亲合力不同，而造成浓度分布不均，使表面产生不规则的花斑称为发花。防止出现浮色、发花，可在漆中加硅油等助剂。（　）

136. 防霉剂在涂料中的含量在很低的情况下，也能抑制大多数霉菌生长，但对人体的毒性较小。总之高效低毒、稳定好的防霉剂有相当的防霉效果。（　）

137. 酚醛清漆是由干性油和甘油松香加热熬炼后，加入200号溶剂汽油或松节油调制成的中、长油度清漆，其漆膜光亮、耐水性较好，且有一定的耐候性，适用于普通家具罩光。（　）

138. 硝基木器清漆是由低黏度硝化棉、甘油、松香酯、不干性醇酸、树脂、增韧剂、酯、醇、苯等溶剂组成。（　）

139. 硝基内用清漆是由硝化棉、醇酸树脂、改性松香、增韧剂、酯、酮、醇、苯类溶剂组成。（　）

140. 过氯乙烯木器清漆，漆膜干燥较快，耐火，保光性好，漆膜较硬，可打蜡抛光，耐寒性也较好，供木器表面涂刷用。（　）

141. 丙烯酸木器漆可在常温下固化，漆膜丰满，光泽好，经打蜡抛光后，漆膜平滑如镜，经久不变。（　）

142. 各色油性调和漆比酯胶调和漆耐候性好，但干燥慢、漆膜较软，适用于室内外木材、金属和建筑物等表面涂饰。（　）

143. 各色酚醛调和漆是由中油度酚醛漆料、铁红等着色颜料、体质颜料经研磨，加催干剂、200号溶剂汽油等制成。（　）

144. 各色酚醛地板漆是由长油度松香改性酚醛树脂与着色颜料、体质颜料经研磨后，加催干剂、200号溶剂汽油制成。（　）

145. 各色过氯乙烯磁漆是由过氯乙烯树脂、醇酸树脂、颜料、增韧剂和酯、酮、苯类溶剂制成。具有优良的耐酸、耐碱、耐化学性。（　）

146. 各色过氯乙烯防腐漆是由过氯乙烯树脂、醇酸树脂、颜料、增韧剂和酯、酮、苯类溶剂制成。其干燥较快、漆膜光亮、色泽鲜艳，能打磨，耐候性好。（　　）

147. 各色丙烯酸磁漆是由甲基丙烯酸酯、甲基丙烯酸、丙烯酸共聚树脂等分别加入颜料、氨基树脂、增韧剂、酯、酮、醇、苯类溶剂制成。具有良好的耐水、耐油、耐光、耐热等性能，可在150℃左右长期使用。（　　）

148. 各色环氧磁漆附着力、耐油、耐碱、抗潮性能很好，适用于大型化工设备、贮槽、贮罐、管道内外壁涂饰，也可用于混凝土表面。（　　）

149. 乳胶漆是由合成树脂乳液加入颜料、填充料以及保护胶体、增韧剂、润湿剂、防冻剂、消泡剂、防霉剂等辅助材料，经过研磨或分散处理后制成的涂料。（　　）

150. 乳胶漆涂膜透气性好，它的涂膜是气空式的，内部水分容易蒸发，因而可以在15%含水率的墙面上施工。（　　）

151. 乳胶漆涂层结膜迅速，在常温下（25℃左右）120min内表面即可干燥，180min内可完全干燥成膜。（　　）

152. 乳胶漆的品种很多，有醋酸乙烯乳胶漆、丙烯酸酯乳胶漆、苯丙乳胶漆、乙丙乳胶漆、聚胺酯乳胶漆等。（　　）

153. 丙烯酸酯乳胶漆施工方便，可采用喷涂、刷涂、滚涂等方法进行，施工温度可在-5℃以上，头道漆干燥时间为2～6h，二道漆干燥时间为24h。（　　）

154. 仿瓷涂料附着力强，可常温固化，干燥快，涂膜硬度高，柔韧性好，具有优良的丰满度，不需抛光打蜡，涂膜的光泽像瓷器。（　　）

155. 仿瓷涂料主要用于建筑物的内墙面，如厨房、餐厅、卫生室、浴室以及恒温车间等的墙面、地面。（　　）

156. 水乳型环氧树脂外墙涂料施工不受气温条件的限制，可在50℃高温或零下20℃低温环境中施工。（　　）

157. 氯化橡胶涂料为溶剂挥发型涂料，涂刷后随着溶剂的挥发而干燥成膜。它在常温的气温环境中2h内可表干，数小时后可复涂第二遍，比一般油性漆快干数倍。（　　）

158. 水乳型环氧树脂外墙涂料，涂膜内含有大量氯，霉菌不易生长，因而有一定的防霉功能。（　　）

159. 为了增加水乳型环氧树脂外墙涂料涂层表面的光亮度，常采用溶剂型丙烯酸涂料或乳液型涂料罩面。罩面时应待涂层彻底固化干燥后进行。（　　）

160. 短油度，树脂与油比例为1∶3以上，优点是涂膜干燥快，光泽好，坚硬、耐磨，具有树脂的各种优点；其缺点是耐候性差，主要用于室内装饰。（　　）

161. 长油度，树脂与油的比例为1∶2以下，涂膜较软，柔韧性好，耐久性比短油度好；其缺点干燥较慢，可用于室外装饰。（　　）

162. 中油度，树脂与油的比例为1∶2～3，优点性能介于短油度和长油度之间；适用于室内外装饰。（　　）

163. 油基漆中树脂与油的比例，直接影响涂膜性能和其适用范围。若涂料生产厂对树脂与油类的配合比掌握不严格，或在施工中任意调配，则将直接对成活质量产生不良影响。（　　）

164. 硝基漆中添加合成树脂，能提高成膜物质的固体含量，增加涂膜硬度、柔韧性、

光泽和附着力，改善了硝基漆的涂膜性能，提高成活质量。 ( )

165. 涂料中次要成膜物质是颜料和填料，它不能改善涂料的性能，却能使涂料品种多样化。 ( )

166. 由于涂料中颜料或填料沉在下部，严重的在底部结成硬块，必须经重新研磨方可使用，否则就会影响成膜质量。 ( )

167. 涂料沉淀的主要原因是颜料密度大，颗粒太粗，以及研磨分散不均匀等。颜料密度差异很大，有从密度为 $1.8g/cm^3$ 的炭黑到密度为 $9g/cm^3$ 的红丹。因此在涂料制造调配时要考虑用轻质颜料悬浮重质颜料来减缓沉淀。 ( )

168. 在颜料中以钛白的白度和遮盖力最为优异。 ( )

169. 涂膜发花，其中一种泛色，是指涂膜表面发现不同颜色的斑纹。 ( )

170. 涂膜发花，其中一种浮色，是指在涂膜表面呈现不同颜色的直线丝纹。 ( )

171. 涂膜发花，其中一种丝纹，是指涂膜中有一小部分颜料分散到涂膜的表层。 ( )

172. 因颜料密度、颗粒大小不同及颜料润湿力的不同，或颜料不纯，杂质较多，因而使颜色上浮，这些都是导致涂膜发花的因素。 ( )

173. 涂料中辅助成膜物质主要是溶剂、催干剂、固化剂等。因催干剂或溶剂选用不当会影响成活质量。 ( )

174. 在涂料中使用挥发性快的溶剂易产生涂膜皱纹，其次在涂料中加入的催干剂要适量，选用催干剂时宜选用铝或锌的催干剂，少用铅和锰的催干剂。 ( )

175. 在涂料制造中溶剂加得太多，颜料成分冲淡后就会造成失光和露底现象。 ( )

176. 涂料的选用首先应根据建设单位的要求来定，其次是考虑施涂对象所处的环境（如室内、室外、温度、湿度、有无腐蚀介质）等影响，这是确保成活质量的关键。 ( )

177. 涂料的配套要求彼此之间有一定的结合力，底层涂料又不会被面层涂料咬起。因此，底层涂料应选择坚硬、耐久性好的，它既经得起上层涂料的溶解，又要与上层涂料有较好的附着力。这也是确保成活质量的关键。 ( )

178. 涂漆过多而又未涂刷均匀，刷毛太硬，漆液又稀，来不及涂刷时造成流淌。 ( )

179. 使用稀释剂挥发太快，油漆流动性太差，容易发生流坠。 ( )

180. 预防涂料流坠的方法，涂刷前，预先处理好的物体表面的凹凸不平之处，凸鼓处铲磨平整，凹隔处用腻子抹平，较大的孔洞分多次抹平整，对转角、凹槽要处理。 ( )

181. 预防涂料流坠方法，漆刷蘸油一次不要太少，漆液稀刷毛要硬，漆液稠刷毛宜短软，刷涂厚薄要适当，刷涂要均匀，最后收理好。 ( )

182. 预防涂料流坠的施工环境温度和湿度要选择适当。最适宜的施工环境是温度为 5～35℃，相对湿度为 25％～50％。 ( )

183. 油漆的黏度与温度有关，温度高时，黏度应小些，一般采用喷涂方法时黏度要小，采用刷涂方法时黏度可大些。 ( )

184. 防治流坠的方法，漆刷蘸漆一次不要太多，漆液稀刷毛要软，漆液稠刷毛宜短硬，刷涂厚薄要适当，刷涂要均匀，最后收理好。（ ）

185. 慢干和反粘产生的原因，被涂物面不清洁，物面或底漆上有蜡质、油质、盐、碱类等污染物。（ ）

186. 木材干燥，木材本身有木质素，还含有油脂、树脂、单宁、色素、氮化合物等，这些物质与涂料作用不产生反粘现象。（ ）

187. 慢干或反粘产生的原因，主要是天气太冷或空气不流通，使氧化速度降低，漆膜的干燥时间延长。（ ）

188. 慢干和反粘产生的原因，主要是催干剂使用不当，数量过多或不足，涂料贮存过久，催干剂被颜料吸收而失效，造成漆膜不干燥。（ ）

189. 防治慢干和反粘的方法，涂漆前将涂件表面处理干净，木材面应干燥，对木材上松脂节疤处理干净后用虫胶清漆封闭。（ ）

190. 天气骤冷时，可在漆内加入催干剂并充分搅拌均匀后，即可涂刷。（ ）

191. 泛白常见于醇酸树脂漆和酚醛树脂漆等施涂工艺中。（ ）

192. 泛白产生原因，主要是湿度过大，空气中相对湿度超过80%时，由于涂装后漆膜中溶剂的挥发与空气对流，水分积聚在漆膜中，形成白雾状。（ ）

193. 泛白产生的原因，主要是溶剂选用不当，高沸点稀料较多，或稀料内含有水分。（ ）

194. 防治泛白的措施，可在高沸点稀料内加防潮剂，稀料内含有水分应更换。（ ）

195. 防治泛白的措施，可提高施工空间温度，用热辐射法提高涂面温度。（ ）

196. 漆膜粗糙产生的原因，主要是涂料在制造过程中，研磨不够，颜料过粗，分散性不好，用油不足等。（ ）

197. 漆膜粗糙产生的原因，主要是涂料调配搅拌不均匀，过筛不细致，杂质污物混入漆料中，调配漆料时产生的气泡在漆液内未经散开即施工。（ ）

198. 漆膜粗糙产生的原因，主要是施工温度过低，涂膜干燥太慢。（ ）

199. 漆膜粗糙产生的原因，主要是施工环境不清洁，空气中有灰尘，刮风时砂粒等飘落于漆料中，或粘在未干的漆膜上。（ ）

200. 漆膜粗糙防治方法，应选用优良涂料，贮存时间长的、材料性能不明的涂料，应作样板试验后再使用。（ ）

201. 对于型号不同、性能不同的涂料，只要颜色相同，也可混合使用。（ ）

202. 当发现底漆膜粗糙时，应先进行处理后再涂刷面漆，并适当调整涂料的挥发性。（ ）

203. 漆膜粉化产生的原因，主要是强烈的日光暴晒，水、霜、冰、雪的侵蚀。（ ）

204. 漆膜粉化产生的原因，主要是清漆黏度大，或涂膜层太厚。（ ）

205. 漆膜出现粉化，产生的原因主要是涂料的耐候性差，防水性能低下。（ ）

206. 预防漆膜粉化的方法，可根据要求选择耐候性（防水性）好的涂料，如短油度醇酸漆或丙烯酸漆，漆膜较稳定，可延长使用期。（ ）

207. 预防漆膜粉化的方法，选择漆液黏度要适中，底、面层涂料应配套，防止内用涂料外用。（ ）

208. 漆膜出现钉孔，产生的原因主要是施工粗糙，腻子层不光滑，未涂底漆或二道底漆就急于喷面漆，硝基漆比其他漆尤为突出。（ ）

209. 漆膜出现针孔，其产生的原因主要是施工环境温度过低，材料调制后气泡未散尽。（ ）

210. 预防漆膜出现针孔的措施，对调制好的材料应静置 2min 后再进行涂刷。（ ）

211. 预防漆膜出现针孔的措施是，施涂时，施工环境相对湿度不大于 90%，温度不宜过高，刷涂时要平稳，防止带出气泡，形成针孔。（ ）

212. 漆膜出现起泡，产生的原因主要是涂刷物面潮湿，木材本身含有的芳香油或松脂的挥发产生起泡。（ ）

213. 漆膜出现起泡，产生的原因是，基层腻子未完全干燥，凝在腻子中的水分受热膨胀。（ ）

214. 漆膜出现起泡，其产生的原因主要是助溶剂用量过高，表面成膜过快，使气泡不易排出。（ ）

215. 如发现有轻微的漆膜起泡，则必须在漆膜干透并用水砂纸打磨平整后再补面漆。而较严重的漆膜起泡，必须将漆膜铲除干净，使基层干透，并针对起泡进行处理，然后再涂油漆。（ ）

216. 漆膜出现失光的主要原因是，油漆内加过少的稀释剂或掺入不干性稀释剂。（ ）

217. 漆膜出现失光的主要原因是，上漆后遇到大量烟熏和有害气体的附吸，或天冷水蒸气凝聚于漆膜表面。（ ）

218. 漆膜出现失光的主要原因是，油漆本身耐候性差，经日光曝晒失光。（ ）

219. 防治漆膜失光的方法是，基层表面一定要光滑，腻子疤要吸足油量，填光漆应达到要求。（ ）

220. 漆膜出现发笑现象，主要的原因是底层油漆内掺有干性稀释剂，干后未清除就刷面漆。（ ）

221. 漆膜出现发笑现象，其原因是油漆使用的干性油过稀，基层表面太光滑。（ ）

222. 对污染引起漆膜发笑，可用稀释剂、肥皂等洗洁剂对发笑部位进行擦洗，以消除基层污物。（ ）

223. 对不明物引起漆膜发笑的，待干后，打磨平整，用虫胶清漆封闭后再施工。（ ）

224. 漆膜出现渗色，产生的原因是，喷涂硝基漆时，溶剂的溶解力强，下层底漆有时透过面漆，使上层原来的颜色被污染。（ ）

225. 喷涂硝基漆时，溶剂的溶解力强，下层底漆有时透过面漆，使上层原来的颜色被污染，如底层漆为红色漆，而上层涂其他色漆，红色浮渗，使白漆变橘红、黄色漆变粉红等。（ ）

226. 漆膜出现渗色，产生的原因是，在涂漆时，遇到木材上有染色剂，或木质含有

染料颜色未被封闭。 ( )

227. 漆膜上出现渗色，主要原因是油性涂料被基层水泥砂浆中的酸性析出物腐蚀。 ( )

228. 漆膜上出现渗色，主要原因是油漆中使用颜料不当。 ( )

229. 喷涂时如发现漆膜有渗色（咬底）现象，应立即停止施工，已喷上的漆膜经干燥后打磨揩净，涂虫胶清漆加以封闭。 ( )

230. 在混凝土或抹灰基层表面刮腻子时，出现腻子翘起或呈鱼鳞状皱结的现象称为腻子反碱。 ( )

231. 腻子翻皮的主要原因是，腻子的胶性较小或者腻子过稠。 ( )

232. 预防腻子翻皮，应在调制腻子时，加入适量的胶液，不宜过稠，但也不得过稀，以使用方便为准。 ( )

233. 腻子翻皮产生的原因是，每遍腻子过薄和多遍来回刷。 ( )

234. 发现翻皮的腻子应清除干净，找出翻皮的原因，采取相应的措施后，再批刮腻子。 ( )

235. 水性涂料施涂后浆膜表面出现咬色现象，产生的主要原因是混凝土基层的钢筋、预埋铁件等物未处理、或未刷防锈漆，或未被虫胶漆封闭。 ( )

236. 混凝土或抹灰基层有沥青油迹、油漆印、色粉笔印、烟熏油迹等污物未处理干净，喷浆后浆膜覆盖不住底色，底色反到面层，或咬掉浆膜本身的颜色，产生新的色相。 ( )

237. 浆膜表面出现咬色现象，原因是基层有轻微的酸质析出物未清理。 ( )

238. 有咬色的粉刷工程，首先应找出咬色原因，铲除面层浆膜，再修补腻子和面浆。咬色面积较大时应满喷一遍面浆，保证色相一致。 ( )

239. 浆膜表面出现咬色防治的方法，如混凝土基层有裸露的铁件时，如不能挖掉，可刷虫胶清漆覆盖。 ( )

240. 浆膜表面出现反碱现象，产生的原因是基层含碱成分较高，又由于长期的潮湿造成碱质的沉结和外析，而未进行封闭处理。 ( )

241. 在含酸较高的基层上做粉刷前，必须保证基层干燥，施工环境也不宜潮湿，并应有较好的通风，以加快浆膜的干结。对局部潮湿反酸处，可用喷灯烘干后及时用虫胶清漆作封闭处理。 ( )

242. 反碱防治措施，要尽量采用耐酸的原材料，浆液中可适当加入分散剂和抗冻剂来克服反酸现象；控制使用稠化剂的用量，可适当增加一些六偏磷酸纳来促凝，以减少反酸变色。 ( )

243. 浆膜出现卷皮主要是基层腻子胶性太小，附着力差，表层涂料的强度和收缩力较大，形成外焦里嫩的状态，涂刷时，基层腻子受潮，附着力更低，待表面涂料干燥时形成卷皮。 ( )

244. 浆膜起皮主要是旧的水性涂膜未清理干净，由于旧水性涂膜已失去胶性，而且基层的腻子也已疏松，涂刷收缩强度较好的涂料，易产生卷皮。 ( )

245. 预防浆膜起皮的措施：如混凝土或抹灰基层表面烟熏、油污严重，需先用水清洗 1 遍，再用血料液加水泥涂刷 1 遍，配合比为血料∶水泥＝30∶70，并适当加水稀释，

但用水量不得超过10%。 (　)

246. 预防浆膜起皮的措施：基层的腻子胶性不能过小，表面浆液的胶性也不得过大，应以腻子有较强的附着力、浆膜又不掉粉为准。最好使用腻子和面层涂料的配套产品。 (　)

247. 浆膜表面粗糙产生的原因：使用的工具没有清理干净，有杂物混入材料之中，或涂刷的材料未经过滤。 (　)

248. 防治浆膜粗糙所采取的措施：使用的材料要过筛，保持材料洁净，所用工具和操作现场也应洁净，以防止污物混入腻子或浆液中。 (　)

249. 防治浆膜表面粗糙应采取的可行措施是，基层表面不太干燥，施工环境温度太低时，可使用较稀的浆液喷涂，以不影响涂膜质量为度。 (　)

250. 防治浆膜表面粗糙的措施是，喷浆气压、应控制在0.5MPa，喷枪距基层表面不超过150mm，防止喷浆在未到基层表面时已干结而形成小颗粒。 (　)

251. 乳胶涂料产生流挂的原因，主要是涂料施涂过薄，流挂或流淌与涂膜厚度成正比例关系。 (　)

252. 乳胶涂料产生流挂的原因主要是，在涂料中含有较多的密度大的颜料、填料。 (　)

253. 乳胶涂料产生流挂的原因是，施工环境的湿度过大或温度过低。 (　)

254. 乳胶涂料产生流挂的原因是，喷涂距离过近，或涂料施工前未搅拌均匀。 (　)

255. 预防乳胶涂料流挂的措施是，在设计乳胶涂料配方时，可采用密度较大的颜料、填料，在施工前调配好，不断提高施工操作人员的技术水平，保证施工质量。 (　)

256. 乳胶涂料涂膜发花产生的原因是，每种颜料的密度不同，有时差异较大，造成密度小的颗粒飘浮于上面，密度大的颜料颗粒在下部发生聚集，致使颜色分离。 (　)

257. 乳胶涂料涂膜发花的原因是，基层表面粗糙度不同，对所施涂料吸收不均匀，基层酸性过大，也易造成色泽不均匀。 (　)

258. 防治乳胶涂料涂膜发花的措施是选用适宜的颜料分散剂，最好将有机、无机分散剂匹配使用，使颜料处于良好的稳定分散状态。 (　)

259. 防治乳胶涂料涂膜发花的措施是，适当提高乳胶涂料的黏度。如果粘度过低，浮色现象严重；黏度偏高时，即使密度相差较大，颜料也会减少分层的倾向。 (　)

260. 壁纸裱糊后出现超泡的原因，是由于胶液不均，在将壁纸刮平过程中使胶液堆聚而形成鼓包。 (　)

261. 采用接缝法裱糊花饰壁纸时，必须严格检查壁纸花饰与纸边是否垂直，如不垂直，应将多余纸边裁割，垂直后再裱糊。 (　)

262. 壁纸裱糊后不垂直主要由于墙壁阴阳角抹灰垂直偏差较大，顺角进行裱糊造成壁纸裱糊不垂直，并影响壁纸接缝和花纹的垂直。 (　)

263. 凡裱糊壁纸工程的墙面，其阴阳角必须垂直、平整、无凹凸。在裱糊前应先作检查，不符合要求时应修整。 (　)

264. 准备裱糊壁纸的房间，首先观察有无对称部位。如有，则要仔细设计排列壁纸花饰。裁割壁纸后，应先粘贴对称部位，并将搭接挤入阳角处。 (　)

265. 如房间只有中间一个窗户，为了使壁纸花饰对称，裱糊前应在窗口取中心线，并弹好粉线，由中心线向两侧粘贴，使窗两边壁纸花饰能保持对称。（　）

266. 在一张壁纸上印有正花与反花、阴花与阳花饰时，要仔细分辨好，在湿纸以后按花纹的同一方向放好，以避免花饰倒置。（　）

267. 底胶施漆不均匀，粘贴时刮抹壁纸推力过大，而使壁纸伸长，在干燥过程中回缩，造成离缝。（　）

268. 离缝或亏纸轻微的壁纸墙面，可用与壁纸颜色相同的乳胶漆点描在缝隙内，漆膜干燥后一般不易显露。较严重的部位，可用相同的壁纸补贴好，不得有痕迹。（　）

269. 壁纸裱糊出现翘边，主要是因为阴角处裹角壁纸少于 5mm，受干燥收缩的作用而翘边。（　）

270. 壁纸裱糊出现翘边，主要是因为阳角处重叠拼接或有空鼓，如胶粘剂黏性小也易翘边。（　）

271. 防治翘边的方法，基层表面灰尘、油污应清理干净，在腻子批刮后，打磨平整，并用稀释的 108 胶涂喷 1 遍，待封底胶干燥后才可进行刷胶裱糊。（　）

272. 壁纸上墙后，应注意垂直和接缝密合，用橡胶皮刮板轻轻推刮，垂直拼缝处要横向外推，顺序刮平压实，将多余的粘结剂挤压出来，并及时用湿毛巾或棉丝将余液擦干净。（　）

273. 在阴角壁纸搭缝时，应先裱糊压在里边的壁纸，再用黏性较大的胶液粘贴面层壁纸；搭接面应根据阴角垂直度而定，搭接宽度一般为 0.3～0.5mm，纸边搭在阴角处，并且保持垂直无毛边。（　）

274. 严禁在阳角外甩缝。壁纸裹过阳角要不小于 5mm。包角壁纸必须使用粘结性较强的胶液，要压实、压平，边口上下垂直，无空鼓。（　）

275. 施工组织设计应根据工程的具体特点、建设要求和施工条件进行编制。（　）

276. 在同一个施工面上，合理地确定施工过程的先后顺序，对加快工程进度，确保工程质量安全、提高劳动效率和降低材料消耗都有直接关系。（　）

277. 施工生产计划的编制必须贯彻以日保旬、以旬保月、以月保年的原则，最终以完成合同工期并能提前交付使用为目标。（　）

278. 劳动力计划是安排、调配、平衡劳动力和衡量耗工指标的依据。（　）

279. 班组经济活动分析的程序，一般地说，班组经济活动分析的基本方法是找差距、查原因、总结经验、制定改进措施。（　）

280. 班组经济活动分析的方法主要有排列问题、搜集资料、对比分析和提出措施 4 个步骤。（　）

281. 材料消耗定额，即限额领料单由基层单位材料定额员根据施工任务书，按施工定额计算限额领料量，填写限额领料单，会同工长向班组交底。（　）

282. 限额领料的方法，建筑安装工程消耗定额，是在合理节约使用材料的前提下，单位产品生产过程中，需消耗的材料数量标准。（　）

283. 基层处理包括：清除油污灰砂、胶迹、毛刺、笔线、刨痕、露钉等，并将木面打磨光滑、平整，掸净粉尘。（　）

284. 在白木面上刷虫胶清漆的目的是：封闭底层；使木材表面的木毛竖起、变硬，

容易打磨光滑；使以后嵌填腻子和润粉着色一致。（　）

285. 刷底用的虫胶清漆质量配合比为：虫胶漆片∶酒精＝1∶10。涂刷的工具以羊毛笔为宜。施涂时要求均匀、通直。（　）

286. 虫胶清漆带浮石粉理平见光施涂工艺，嵌填虫胶腻子的目的主要是，将钉眼、裂缝、缺损修补平整。（　）

287. 虫胶清漆带浮石粉理平见光施涂工艺，虫胶腻子用大白粉（水老粉）和虫胶清漆调制，腻子的颜色以略深于木色一成为好。（　）

288. 腻子的稠度以嵌填时不塌陷为宜，嵌填时以填满缺损为妥，宜小不宜大，以防出现腻子的虫胶印迹。（　）

289. 润水粉的比例为：水∶老粉∶颜色＝70∶30∶适量。（　）

290. 润粉腻子时可用竹绒蘸粉浆用横圈的方法均匀地涂敷于物面，使浆粉料充分地填实于棕眼。（　）

291. 修色和拼色应与前面施涂虫胶清漆时穿插进行，一般讲修色和拼色处理早些效果较佳，如待第三、四遍虫胶清漆施涂后再进行修色和拼色，易产生混浊和浮色现象。（　）

292. 修色和拼色可用水色或酒色。水色由猪血＋颜料＋水调制，酒色由稀虫胶清漆＋颜料调制。一般讲，在修色和拼色中用水色比酒色为好。因为水色干燥慢，即使颜色拼不准可以揩掉重做。（　）

293. 虫胶清漆带浮石粉揩涂是用细白布老棉花制成的棉花团，不能用纱布包新棉花，因纱布和新棉花比较松软，一旦纱布揩破后棉花纤维易脱落粘于被涂物面，棉团的大小以一手握住为宜。（　）

294. 虫胶清漆带浮石粉揩涂时，浮石粉可多撒些，以保证棕眼填满，颜色一致。（　）

295. 在潮湿气候施工时，要关闭门窗或提高室内温度，以防虫胶清漆带浮石粉理平见光施涂泛白，如采取措施后仍有泛白应停止施工。（　）

296. 质量管理小组即QC小组，是以保证、提高与改进工程质量、工作质量和服务质量为目的，围绕施工现场中存在的问题，由班组工人自愿组织、主动开展质量管理活动的小组。（　）

297. 白坯表面的油污可用布团蘸肥皂水或碱水擦洗，然后用清水洗净碱液。（　）

298. 使用脱色剂，只需将脱色剂刷到需要脱色的原木材表面，经过2～3h后木材就会变白，然后用清水将脱色剂洗净即可。（　）

299. 对较高级的木装修或木家具油漆，白坯上的木毛应尽量去除干净。（　）

300. 常用的脱色剂为双氧水与氨水的混合液，其配合比（重量比）为：双氧水（30%浓度）∶氨水（25%的浓度）∶水＝1∶0.2∶5。（　）

301. 硝基清漆理平见光及磨退施涂工艺，刷头道清漆后，白坯表面有了这层封闭的漆膜，可降低木材吸收水分的能力，减少纹理表面保留的填充料，为下道工序打好基础。（　）

302. 硝基清漆理平见光及磨退施涂工艺，刷头道虫胶清漆要做到不漏、不挂、不过楞、无泡眼，注意随手做好清洁工作。（　）

303. 润粉所用的材料有水老粉和油老粉两种。油老粉由老粉、水、颜料稍加胶水配合而成。对木材的保护作用比水老粉好。（ ）

304. 硝基清漆理平见光及磨退施涂工艺，刷水色时，当上色过程中出现颜色分布不均或刷不上色时（即发笑），可将漆刷在肥皂上来回摩擦几下，再蘸色水涂刷，即可消除发笑现象。（ ）

305. 对于一些钉眼缺陷等腻子疤色差的，用小毛笔修补一致，使整个物面成色统一。（ ）

306. 揩涂硝基清漆，横涂能增厚涂层，消除圈涂痕迹，使饰面更加平整。（ ）

307. 揩涂硝基清漆，采用理涂，也称直涂。在理涂中对饰面的四角及邻近边缘，尤其是带有凹凸线形角的饰面容易出现空档，所以在理涂中要随时注意这些部位。（ ）

308. 硝基清漆抛光擦砂蜡，可用精回丝蘸砂蜡，逆木纹方向来回擦拭，将棕眼充满油量，直到表面显出光泽。（ ）

309. 当硝基清漆漆膜表面擦出光泽时，用精回丝将残留的砂蜡揩净，再用另一团精回丝蘸上少许煤油逆木纹方向反复揩擦，直至擦亮，最后用干净精回丝揩净。（ ）

310. 聚胺酯清漆刷亮与磨退施涂工艺，润粉操作时，可在清理干净的白坯表面上用棉纱头或竹绒蘸上水粉浆满揩 1 次，趁浆湿润时，逆着木纹往返揩抹 2 次，棕眼要求润到丰满。（ ）

311. 聚胺酯清漆刷亮与磨退施涂工艺，施涂的底油配合比为：聚氨酯清漆∶香蕉水＝1∶4。用聚氨酯清漆打底比熟桐油打底质量为佳。（ ）

312. 聚胺酯清漆刷亮与磨退施涂工艺，当施涂第一遍聚氨酯清漆，使用时其甲、乙组分的配合比应根据生产厂规定的配合比，调拌均匀，等 30min 后施涂为好，这样可以减少气泡。（ ）

313. 聚氨酯清漆刷亮与磨退施涂工艺，第五遍聚氨酯清漆施涂干燥后，可用 280～400 号水砂纸打磨，用力要均匀，要求磨平、磨细腻，把大约 95％的光磨倒，但应注意棱角处不能磨白和摩穿。（ ）

314. 罩面聚氨酯清漆最好能用新打开的清漆，配好后的聚氨酯清漆应待 15min 后再使用。涂刷时厚薄要均匀，不能漏刷和流坠，做到无刷纹、无颗粒、无气泡。（ ）

315. 聚氨酯清漆刷亮与磨退施涂工艺，要求第八遍面漆是在第七遍漆的涂膜还没有完全干透的情况下接连涂刷，以利于涂膜丰满平整，在磨退时不易被磨穿和磨透。（ ）

316. 聚氨酯清漆的施工作业条件应具备：抹灰工程已基本完成；木制品的制作和安装质量符合要求；作业现场干净；空气流通。（ ）

317. 木门窗和楼梯扶手等木材必须干燥，含水率不得大于 20％，否则涂膜容易产生咬色、脱皮和由于木材变形而产生的相应疵病。（ ）

318. 涂刷聚氨酯清漆时的空气湿度不能太大，相对湿度应在 85％以下，否则会出现泛白，影响质量。（ ）

319. 各色聚氨酯磁漆刷亮与磨退施涂工艺，施涂工具可用油漆刷或羊毛排笔。施涂时先上后下，先左后右，先难后易，先外后里，要涂刷均匀，无漏刷和流挂等。（ ）

320. 各色聚氨酯磁漆刷亮与磨退施涂工艺，待第一遍聚氨酯磁漆干燥后，用 1 号木砂纸轻轻打磨，以磨掉颗粒、不伤漆膜为宜。（ ）

321. 各色聚氨酯磁漆刷亮与磨退施涂工艺，涂刷时要均匀，宜薄不宜厚，每次施涂、打磨后，都要清理干净，并用湿抹布揩抹干净，待水渍干后才能进行下道工序操作。（ ）

二、判断题答案

1.✓ 2.✓ 3.× 4.✓ 5.✓ 6.✓ 7.× 8.× 9.×
10.✓ 11.✓ 12.✓ 13.✓ 14.× 15.× 16.✓ 17.✓ 18.✓
19.✓ 20.× 21.× 22.× 23.✓ 24.✓ 25.✓ 26.× 27.×
28.✓ 29.✓ 30.× 31.✓ 32.× 33.× 34.× 35.✓ 36.✓
37.✓ 38.✓ 39.× 40.× 41.✓ 42.× 43.× 44.✓ 45.✓
46.✓ 47.× 48.× 49.× 50.✓ 51.✓ 52.✓ 53.✓ 54.✓
55.× 56.✓ 57.× 58.× 59.× 60.✓ 61.✓ 62.✓ 63.×
64.× 65.✓ 66.× 67.✓ 68.✓ 69.× 70.✓ 71.✓ 72.✓
73.× 74.× 75.✓ 76.✓ 77.× 78.× 79.✓ 80.✓ 81.×
82.× 83.✓ 84.✓ 85.✓ 86.✓ 87.× 88.× 89.✓ 90.✓
91.× 92.✓ 93.✓ 94.✓ 95.× 96.× 97.✓ 98.✓ 99.✓
100.× 101.× 102.× 103.✓ 104.✓ 105.✓ 106.✓ 107.✓ 108.✓
109.× 110.✓ 111.✓ 112.✓ 113.× 114.× 115.✓ 116.✓ 117.✓
118.✓ 119.× 120.× 121.× 122.× 123.✓ 124.✓ 125.✓ 126.×
127.× 128.✓ 129.✓ 130.× 131.✓ 132.✓ 133.× 134.× 135.✓
136.✓ 137.× 138.× 139.× 140.✓ 141.✓ 142.✓ 143.× 144.×
145.× 146.× 147.✓ 148.✓ 149.✓ 150.✓ 151.× 152.✓ 153.×
154.✓ 155.✓ 156.× 157.✓ 158.× 159.✓ 160.× 161.× 162.✓
163.✓ 164.✓ 165.× 166.✓ 167.✓ 168.✓ 169.× 170.× 171.×
172.✓ 173.✓ 174.✓ 175.✓ 176.× 177.✓ 178.× 179.× 180.✓
181.× 182.× 183.✓ 184.✓ 185.× 186.× 187.× 188.✓ 189.✓
190.× 191.× 192.✓ 193.✓ 194.× 195.✓ 196.✓ 197.✓ 198.×
199.✓ 200.✓ 201.× 202.✓ 203.✓ 204.× 205.✓ 206.× 207.✓
208.✓ 209.× 210.× 211.× 212.✓ 213.✓ 214.× 215.✓ 216.×
217.✓ 218.✓ 219.✓ 220.× 221.× 222.✓ 223.✓ 224.✓ 225.×
226.✓ 227.× 228.✓ 229.✓ 230.× 231.✓ 232.✓ 233.× 234.✓
235.✓ 236.✓ 237.× 238.✓ 239.× 240.✓ 241.× 242.× 243.✓
244.✓ 245.× 246.✓ 247.✓ 248.✓ 249.× 250.× 251.× 252.✓
253.✓ 254.✓ 255.× 256.✓ 257.× 258.✓ 259.✓ 260.✓ 261.×
262.✓ 263.✓ 264.× 265.✓ 266.✓ 267.✓ 268.✓ 269.× 270.×
271.✓ 272.✓ 273.× 274.× 275.✓ 276.✓ 277.✓ 278.✓ 279.×
280.× 281.× 282.× 283.✓ 284.✓ 285.× 286.✓ 287.× 288.✓
289.× 290.✓ 291.✓ 292.✓ 293.✓ 294.× 295.✓ 296.✓ 297.✓

298. × 299. √ 300. × 301. √ 302. √ 303. × 304. √ 305. √ 306. √
307. √ 308. × 309. × 310. × 311. × 312. × 313. × 314. √ 315. √
316. √ 317. × 318. × 319. √ 320. √ 321. √

第二节 中级油漆工知识考核填空题

一、填空题试题

1. 一切工程建设的施工都必须具有________。

2. 图样是按一定的________和方法绘制的。

3. 为了便于生产和交流，必须对图样的表达方法、________、所采用的符号等制订统一的规定。

4. 图样中书写时应注意排列整齐，字与字的间隔约为字高的________，行与行的间隔约为字高的 1/3。

5. 图样中书写的基本要领：横平竖直，注意起落，结构均匀________。

6. 图样中数字及字母书写分________和斜体两种。

7. 图样上数字应采用________，其最小高度应不小于 2.5mm。

8. 建筑工程图样，主要是采用________的图线来表达设计的内容。

9. 点划线第一线段的长度大致相等，约为________ mm，线段间距应保持一致，约为 3mm，点划线的首、末两端应为线段。

10. 虚线线段应保持长短一致，约为________ mm，线段之间间距约为 1.5mm。

11. 各种图线的衔接或相交处应画成________，而不是空隙。

12. 建筑工程图样上的尺寸是施工、生产的________，也是构成图样的一个重要组成部分，因此它们的标准必须按照国标执行。

13. 一个完整的尺寸标注一般应由________，尺寸线、尺寸起止符号和尺寸数字组成。

14. 尺寸界线是表示图形尺寸范围的界限线，用________绘制，有时可利用定位轴线、中心线或图形的轮廓线来代替。

15. 尺寸线是表示图形尺寸度量方向的线，用________绘制，不能利用任何图线代替尺寸线。

16. 在尺寸线与尺寸界线的相交处必须画上尺寸起止符号，尺寸起止符号一般用________绘制，其倾斜方向应与尺寸界线成顺时针 45°角，长度宜为 2～3mm。

17. 尺寸数字，尺寸大小是以数字来表示，其计量一般以________为单位，在图中可以不予注明。

18. 尺寸线位置，必须与标准的线段________，大尺寸要注在小尺寸的外面。

19. 尺寸数字标注位置应在尺寸线的________。

20. 图例是一种图形符号，它可以用来表明________、________及________等。

21. 对于某些部位由于图形比较小，其具体内容或要求无法标注时，常采用________

（细实线或细折线组成的引出线）将所要注明的内容引出标注。

22. 定位轴线是确定建筑物或构筑物各个组成部分的________的重要依据。

23. 轴线用细点划线表示，末端用圆圈（圆圈直径为 8mm）圈内注明标号，在水平方向的编号采用________，由左向右依次注写。

24. 所谓详图就是施工图中部分图形或某一构件，由于比例较小或细部构造较复杂并无法表示清楚时，通常要将这些图形和构件用________画成的图样。

25. 标高是用来表示建筑物各部分的________高度。

26. 标高的数值，以“m”为单位，在一般图中其值取至小数点________，在总平面图中取到小数点后 2 位。

27. 根据我国规定，凡以青岛的黄海平均海平面作为标高的基准面而引出的标高均称为________标高。

28. ________它是标注在建筑物的装饰面层处的标高。

29. 平行投影中，若光线垂直投影面，所得投影称为正投影，若光影倾斜投影面，所得投影称为________。

30. 在 3 个相互垂直的投影面中，呈水平面位置的称为________。

31. 3 个投影面的交线 OX、OY、OZ 称为投影轴，它们相互垂直并分别表示出________ 3 个方向。

32. 物体在 3 个投影面上的正投影图分别为：______________、水平投影图或平面图、侧面投影图或侧立面图。

33. 以平行于房屋外墙面的投影面，用正投影的原理绘制的房屋投影图，这就是房屋的________。

34. 建筑工程图表达建筑物的________的图样。

35. 建筑施工图主要表明建筑物的______________等情况。

36. 结构施工图主要表明建筑物的______________情况。

37. 建筑总平面图可作为建筑定位、施工放线和________的依据。

38. 建筑平面图是假想用 1 个水平的平面沿窗台以上的位置截开，移去上部向下投影而得的________。

39. 建筑平面图中门窗采用专门的________，其中门是用代号 M 表示，窗是用代号 C 表示。

40. 建筑立面图中，对门窗等各细部的________，______________都标有尺寸。

41. 建筑________是假想用一垂直的平面将建筑物在门窗处竖向截去，移去前面一部分，向后面一部分作为投影所得的投影图。

42. 建筑剖面图主要用来表明建筑________、各种设施形式和构造以及建筑结构特征的图。

43. 建筑剖面图的图名是按照它们的________来称呼的。

44. 将建筑物的细部构造或某一构件用________画出的图样称详图。

45. 识读墙身详图时，首先应找到详图所表示的建筑部位，应与________对照来看。

46. 涂料的装饰功能在很大程度上是由涂料的颜色来体现的，涂料中五彩缤纷的颜色起到美化、烘托造型艺术和令人悦目神怡的________。

47. 色彩是光作用于物体的结果，是物体对光的________而产生的。

48. 红布吸收橙、黄、绿、青、紫，反射了________因而使我们辨认为红色。

49. 物体的颜色要依靠光来显示，但光和物的颜色并不是一回事，就它们的原色来讲，光色的原色为________，混合近于白；物色的原色为红、黄、青，混合近于黑。

50. 色相反映各种不同颜色的品格，并以此来区别各种颜色的名称，如日光中的红、橙、黄、绿、青、紫 6 种色相，再用这 6 种色相________，还可以产生许多的色相。

51. 由十二色相调和变化出来的大量色相统称为________。

52. 黑色和白色为色中的极色，加上黑、白之间的中灰色统称为________。

53. 明度是指色彩本身由于受光的程度不同而产生的________，故又称明度为光度。

54. 由于光的强弱不同，同一色的明度也不一样，其程度也不同。同一件红衣服，由于受光的强度不同就有________等区别。

55. 纯度，也称彩色，是指颜色的鲜明________。纯度越高的颜色越鲜明，标准色的纯度最高，如在标准色中掺白，主要是降低纯度，掺黑主要是降低明度。

56. 由 2 种原色调配而成的颜色称为间色或称第二次色，共有 3 种。红＋黄＝橙；黄＋青＝绿；________为间色。

57. 复色主要有 3 种：橙＋紫＝橙紫；橙＋绿＝橙绿；________。

58. 1 种原色和另外 2 种原色调配成的间色互称为________。

59. 实践证明，________的布吸热能力大大高于颜色较浅的布。

60. 不同颜色的物体，其反光能力也不同，一般地说，色彩的明度________，反射能力也越强，反之，越低。

61. 白色的反射率为________％。

62. 黑色的反射率为________％。

63. 研究色彩的吸热与反射能力，对改善环境，提高室内有限空间的效能，节约能源和人们的________等，都有很多的现实意义。

64. 油基颜料适用于配制油性的涂料而不适用调制________涂料。

65. 选用的颜料品种应简练。能用原色配成的不用间色，能用间色配成的不用________，切忌撮药式地配色。

66. 涂料配色由先主色后副色再次色依序渐进，由________的原则。

67. 要正确地判断所调制的涂料与样板色的成色差。一般讲油色宜浅一成，水色宜深________左右。

68. 某一工程所需的涂料按其用量最好________，以免多次调配造成色差。

69. 调配各色涂料颜色是按照________来进行的。

70. 在配色过程中，以用量大、________为主（称主色），再以着色力较强的颜色为副（次色），慢慢地间断地加入，并不断搅拌，随时观察颜色的变化。

71. 调配时不要急于求成，尤其是加入着色力强的颜色时________，否则，配出的颜色就不符合要求而造成浪费。

72. 常用涂料颜色的调配，如需调配粉红色，其主色为白色 95％，副色________。

73. 常用涂料颜色的调配，如需调配棕色，其主色为铁红 50％，副色为中黄 25％、紫红 12.5％，次色为________。

74. 常用涂料颜色的调配，如需调配咖啡色，其主色为铁红74%、铁黄20%，次色为________。

75. 胶粘剂是组成涂料的基本物质，也是主要________，它可以单独成膜，也可和颜料等其他成分共同成膜。

76. 胶粘剂可以分成________两大类。

77. 根据来源不同油料可分为植物油、动物油和矿物油3种，用于涂料的主要是________。

78. 所谓干性油，有较快的干燥速度，其形成的涂膜是由于这种油料在空气中氧化的结果，且涂膜成膜后不易溶于________。

79. 半干性油涂膜干燥较慢，其干燥后的涂膜能重新软化及溶解，较易溶于________。

80. 树脂是涂料工业中的________，是由多种有机高分子化合物互相溶合而成的混合物。

81. 涂料用的树脂从来源可分为：________、________、________3类。

82. 树脂可以是半固态、固态或________。

83. 颜料是一种有色的细微粉末状固体，________，微溶于其他有机溶剂，但能均匀地分散在水和油中。

84. 颜料在涂料中是次要的成膜物质，不仅有着色和遮盖作用，而且能改善涂层的物理、化学性能，提高漆膜的________，有的还可以反射紫外线，从而增强涂膜的耐候性和耐久性。

85. 颜料按种类可分为三大类：________________________。

86. 着色颜料主要能使涂料具有色彩和________，还可以提高涂料的耐候性和耐久性。

87. 体质颜料是用来增加________，使涂膜有丰满感，能提高涂膜的耐磨性和耐久性。

88. 防锈颜料能使涂料具有良好的________，延长物件的使用寿命，它是防锈底漆的主要原料。

89. 溶剂是一些能够溶解和稀释________的挥发性液体。

90. 溶剂能溶解和稀释涂料中的成膜物质（油料和树脂），降低涂料的粘度，便于________。

91. 溶剂能提高涂料的贮存________，防止成膜物质产生凝胶，在密封的涂料包装桶内充满溶剂的蒸气，可防止涂料表面结皮。

92. 溶剂能改善________，使漆膜厚薄均匀，避免刷痕和起皱现象，使涂层平滑光亮。

93. 所谓真溶剂即对油料或树脂能________作用。

94. 所谓助溶剂，即其本身不能直接溶解油料或树脂，但与其他真溶剂配合使用时，它可以________，也就是说，它对油料或树脂具有潜在的溶解力，因此也叫做潜溶剂。

95. 所谓稀释剂，即本身对油料或树脂不能溶解，但用于某种涂料中，可________，使涂料粘度降低，起冲淡和稀释作用。

96. 二甲苯在醇酸漆中能溶解醇酸树脂，它是醇酸漆的真溶剂，但在硝基漆中它不能溶解硝酸纤维素，而只能________及该漆中的其他树脂，故称为稀释剂。

97. 松节油对油料和松香来说是________，但对硝酸纤维素来说，就不是真溶剂，因为它不溶解硝酸纤维素。

98. 溶剂的挥发速度对涂料的成膜质量影响很大。挥发________，容易使漆膜产生刷纹、针孔、泛白、麻点、结皮、粗糙等。

99. 溶剂闪点在 25℃以下的就是________。

100. 溶剂沸点在________℃以下称为低沸点溶剂，如丙酮、乙酸乙酯。此类溶剂挥发迅速，漆膜表面干燥快，但用量过多时，容易引起漆膜发白，流平性差，使漆膜产生不平润的现象。

101. 溶剂沸点在________℃以上的称高沸点溶剂，如乳酸丁酯、环已酮等。此类溶剂的挥发速度慢，使漆膜发白。

102. 由于苯的毒性较大，长期接触易引起苯________，使人体的白血球下降，故已限用。

103. 二甲苯可作为醇酸氨基、硝基、过氯乙烯、丙烯酸等涂料的稀释剂。又可作为聚苯乙烯、氧化橡胶涂料的________。

104. 酮类溶剂以合成树脂的溶解力很强，主要用于溶解________等。

105. 在使用各种涂料时必须选择相适应的溶剂，否则涂料就会发生沉淀、________等问题。

106. 液态催干剂在常温下应该能够均匀地扩散在________中。

107. 液态催干剂颜色浅，不加深油性________的颜色。

108. 锰催干剂对白漆不能采用，因为它能使________，因此常与其他催干剂混合使用，单独使用量为含油量的 0.12%。

109. 不干性蓖麻油使用在硝酸纤维素内时，它能分散成很细的油粒，均匀地分布在________，所以使漆膜具有弹性，也就是增加漆膜的柔韧度。

110. 分散剂具有________的作用，既可以帮助漆料润湿颜料，提高研磨分散效率，又可以起到稳定颜料中均匀分散系统的作用。

111. 涂料的成膜原理有的是因溶剂挥发而成膜，有的是常温或加热条件下干结而成膜，还有些则要在施工中加入一些酸、胺或有机过氧化物与成膜物质起化学反应，才能固化成膜，这些酸、胺有机过氧化物就是________。

112. 由于色漆中所用颜料的密度和粒径大小不同，因此在漆膜固化过程中颜色沉降速度不同。密度大、颗粒粗的颜料沉降较快，所以当涂膜干燥后所呈现的颜色已不是原配方所需的颜色，而是颗粒细、密度小的颜料成为整个色彩的主要颜料，但表面仍均匀一致，这种现象称为________。

113. 醇酸清漆适用于室内外木器表面和作________。

114. 硝基木器清漆漆膜具有很好的光泽，可用砂蜡、光蜡抛光、但耐候性差，适用于中、高级木器表面、木质缝纫机台板、电视机、收音机等________涂饰。

115. 硝基内用清漆，漆膜干燥快，有较好的光泽，但户外________，适用于室内木器涂饰，也可供硝基内用磁漆罩光。

116. 丙烯酸木器漆主要成膜物质是甲基丙烯酸不饱和聚酯和甲基丙烯酸改性醇酸树脂，使用时按规定比例混合，可在常温下固化，漆膜丰满，光泽好，经________后，漆膜平滑如镜，经久不变。

117. 聚氨酯清漆适用于________、甲板等涂饰。

118. 各色油性调和漆是由干性油、颜料、体质颜料经研磨后加催干剂、__________________制成。

119. 各色酚醛调和漆是由长油度松香改性酚醛树脂与着色颜料、体质颜料经研磨后，加催干剂、________制成。

120. 各色酚醛地板漆是由中油度酚醛漆料、铁红等着色颜料、体质颜料经研磨，加催干剂、________等制成。

121. 各色醇酸磁漆是由中油度醇酸树脂、颜料、催干剂、________制成。

122. 各色过氯乙烯磁漆是由过氯乙烯树脂、醇酸树脂、颜料、增韧剂和________溶剂制成。

123. 各色丙烯酸磁漆是由甲基丙烯酸酯、甲基丙烯酸、丙烯酸共聚树脂等分别加入颜料、氨基树脂、增韧剂、________类溶剂制成。

124. 常用内外墙合成树脂乳胶漆以________介质，完全不用油脂和有机溶剂，调制方便，不污染空气，不危害人体。

125. 合成树脂乳胶漆用于内外墙时，涂层结膜迅速，在常温下（25℃左右）________内表面即可干燥，120min内可完全干燥成膜。

126. 醋酸乙烯乳胶漆以水作分散介质，无毒、无臭味、________。

127. SB12-31苯丙乳胶漆，漆膜附着力、耐候、耐水、耐碱性均好，且有良好的________。

128. 乙丙乳胶漆用水稀释，无毒、无味，易加工，易清洗，可避免因使用有机溶剂而引起的________________。

129. 丙烯酸酯乳胶漆，其突出特点是涂膜光泽柔和，耐候性、保光性、保色性都很优异，在正常情况下使用，其涂膜耐久性估计可达________年以上。

130. 仿瓷涂料是一种新型无溶剂涂料。它填补了一般涂料在某些性能上的不足，涂刷后的表面具有________的装饰效果。

131. 仿瓷涂料施工后，保养期为________，在7d内不能用沸水或含有酸、碱、盐等液体浸泡，也不能用硬物刻划或磨涂膜。

132. 丙烯酸酯外墙涂料，它是国内外建筑外墙涂料的主要品种之一，其装饰效果良好，使用寿命约在________以上。

133. 氯化橡胶涂料施工不受气温条件的限制，可在50℃高温或零下________环境中施工。

134. 水乳型环氧树脂外墙涂料的特点是与基层墙面粘结牢固，________，有优良的耐候性和耐久性。

135. 油基漆中广泛使用的是松香树脂加干性油料，它们的____________，对涂膜的性质和成活质量有很大的影响。

136. 硝基漆中加入合成树脂能提高成膜物质的________，增加涂膜硬度、柔韧性光泽和附着力，改善了硝基漆的涂膜性能，提高成活质量。

137. 为防止涂料发生沉淀，在涂料制造调配时要考虑用轻质颜料悬浮________来减缓沉淀。

138. 在颜料中以________的白度和遮盖力最为优异。

139. 涂膜表面粗糙，不但影响美观，还会造成粗粒凸出，使部分涂膜提前损坏。造成涂膜粗糙的原因之一是颜料________________不够。

140. 在涂料中使用________的溶剂易产生涂膜皱纹。

141. 在涂料制造中溶剂________，颜料成分冲淡就会造成失光和露底现象。

142. 涂料的选用首先应根据施涂的对象来定，其次是考虑施涂对象所处的环境等影响，这是确保成活质量的________。

143. 涂料的配套，要求彼此之间有一定的结合力，底层涂料又不会被面层涂料咬起。因此底层涂料应选择________，它既经得起上层涂料的溶解，又要与上层涂料有较好的附着力。

144. 刷漆时，涂漆________________；刷毛太软，漆液又稠，涂不开，易造成流坠。

145. 底漆未干透而________，甚至面漆干燥也不正常，影响内层干燥，延长干燥时间造成漆膜发粘。

146. 涂膜粗糙的产生原因是涂料________造成树脂凝聚。

147. 防治漆膜粗糙措施之一是在刮风或有灰尘的场所________；刚涂刷完的油漆应防止尘土污染。

148. 防治涂膜粉化调制漆液粘度要适中，底、面层涂料应________，防止内用涂料外用。

149. 涂漆后从溶剂挥发到初期结膜阶段，由于________，漆膜本身来不及补足空档，而形成一系列小穴即针孔。

150. 防治涂膜出现针孔的措施是，腻子层经涂刮及打磨后，表面要光滑。最好先喷2道________，再喷面漆，以填塞腻子层针孔。

151. 涂刷物面潮湿，木材本身含有的________的挥发而产生起泡。

152. 基层腻子未完全干燥，凝在腻子中的________受热蒸发而使涂膜起泡。

153. 涂膜防止出现起泡的措施是，在潮湿及经常接触水的部位涂刷油漆时，应选用________。

154. 涂膜出现失光现象，其产生原因是油漆内加入过多的________或掺入不干性稀释剂。

155. 防治涂膜出现失光的措施是，选择与施工条件和环境________涂刷材料。

156. 涂膜产生发笑的原因是，油漆使用的干性油________，基层表面太光滑。

157. 对过度光滑引起的局部发笑可用________后再进行涂刷。

158. 涂膜产生渗色的原因是，喷涂硝基漆时，溶剂的________，下层底漆有时透过面漆，使上层原来的颜色被污染，如底层漆为红色漆，而上层涂其他浅色漆，红色浮渗，使白漆变粉红，黄色漆变桔红等。

159. 涂膜出现渗色的预防方法是，可用相近的浅色漆作底漆，或采用虫胶清漆或血料作________。

160. 腻子翻皮产生的原因是，在混凝土或抹灰基层的表面有灰尘________。

161. 腻子翻皮的预防方法是，清除混凝土或抹灰基层表面的灰尘，涂刷________。

162. 浆膜表面上部分或个别外颜色改变，产生的主要原因，混凝土或抹灰基层有沥青油迹、油漆印、色粉笔印、烟熏油迹等污物未处理干净，喷浆后________，底色反到面层，或咬掉浆膜本身的颜色，产生新的色相。

163. 预防浆膜出现咬色措施是，混凝土基层有裸露的铁件时，若不能挖掉，必须刷________。

164. 预防浆膜出现反碱的措施是，对局部潮湿反碱处，可用喷灯烘干后及时用________作封闭处理。

165. 混凝土或基层表面抹灰太光滑，或油污、尘土、隔离剂等________，浆膜附着不牢固，浆料胶性较大，而浆膜表面较厚，均容易起皮。

166. 浆膜出现起皮的预防方法是，混凝土基层表面有灰尘时应清扫干净，有隔离剂、油污等时，可用________的火碱溶液涂刷1～2遍，然后再用清水洗净。

167. 浆膜表面粗糙产生的原因是，基层处理和腻子批刮不平整，腻子打磨后________。

168. 乳胶涂料涂膜产生流挂的原因是，涂料本身粘度较大，________。

169. 乳胶涂料涂膜产生流挂的预防措施为，应使涂料粘度适中，控制施涂厚度，一般厚度为________mm为宜（指干膜）。

170. 乳胶涂料涂膜发花产生的原因，主要是在施工中，由于涂刷不均匀，厚薄不均匀，施工技术不熟练等都会造成________。

171. 乳胶涂料涂膜发花的预防方法，对基层含水率应<10%，pH值<10，为使基层吸收涂料均匀，最好________。对于外墙乳胶涂料的施工，这点很重要。

172. 壁纸裱糊出现起泡的原因，是由于涂刷浆糊时有________，壁纸粘贴后空气聚集在没有浆糊的部位，使这一部位的壁纸与墙面脱离，形成鼓包。

173. 壁纸裱糊产生不垂直的原因，在贴第一张壁纸时________，或者操作中掌握不准确，依次继续裱糊多张壁纸后，偏离越来越严重，特别是有花饰的壁纸更为明显。

174. 壁纸裱糊预防出现不垂直现象的措施，应在贴第一张壁纸前应先在墙面上________，并弹出粉线，再用铅笔在粉线上描一条直线，裱糊第一张壁纸时纸边必须紧靠此线。如遇上阴角不垂直，对每一面墙面贴第一张壁纸前都应挂划垂线。

175. 对所用的壁纸和裱糊的墙面未进行仔细地观察和计算而盲目进行操作。特别对阴角的叠缝和门窗框两边的花饰未作________，造成花饰不对称。

176. 壁纸裱糊花饰不对称的防治措施，在准备裱糊壁纸的房间，首先观察有无对称部位，如有，则要仔细设计排列壁纸花饰。裁割壁纸后，应先粘贴对称部位，并将搭缝挤入________。

177. 壁纸裱糊出现离缝，其产生原因主要是壁纸在粘贴前的________，或一次湿水过多，而且粘贴的前后时间过长，造成壁纸湿胀度的差异，易形成离缝疵病。

178. 壁纸裱糊出现离缝的预防措施，在粘贴前壁纸要先湿水，同类壁纸湿水的________应相等，一次不宜湿水过多。湿水后按花饰上下、朝向按序放好备用。

179. 壁纸裱糊表面出现皱纹凸起，又很难展平，其产生的主要原因是壁纸________。

180. 壁纸裱糊后对出现死褶的处理方法，当发现有死褶时，若壁纸尚未完全干燥，可把壁纸揭起来________；若已经干结，只能将壁纸撕下来，把基层清理干净后再进行裱糊。

181. 施工组织设计是施工单位用以直接指导现场工程施工活动的________，它一经批准，必须严格执行，如需更改，应变更和编制补充方案，再经批准方能实施。

182. 正确选择施工方案是________的核心，它对主要的分部分项和技术复杂、结构特别重要的分部分项，从技术上和组织管理上进行统筹规划。

183. 建筑施工企业是从事建筑产品生产活动，进行________的基本经济组织。

184. 班组管理的主要内容是落实岗位________做好经济核算工作，努力提高工作效率和经济效益。

185. 班组要通过加强________，确保施工任务的完成。

186. 通过施工任务单，可以把建筑施工企业的各项________分解为小组指标落实到班组和个人，保证施工计划的顺利进行。

187. 劳动保护的“五项规定”即关于安全生产责任制；关于安全技术措施；关于安全生产教育；关于安全生产定期检查；________。

188. 班组长的安全责任是，经常对本班组人员进行安全教育，________有关安全规程的学习和落实。

189. 班组安全员的责任是，________生产现场和设备、施工机具的安全装置。

190. 油漆工安全教育的重点应放在________________方面。

191. 班组质量员的职责，应宣传贯彻“百年大计、质量第一”的思想，________质量管理制度。

192. 施工操作人员，要________，不合格材料不使用，不合格工序不交接，不合格工艺不采用，不合格工程不交工。

193. 班组施工技术管理责任制，对新技术、新工艺、新方法及特殊要求的，要做好________。

194. 材料消耗定额是建筑安装工程在合理、节约使用材料的前提下，单位产品生活过程中需消耗的________。

195. 班组应实行工具管理的________。凡个人使用的工具，由个人负责保管，凡丢失或人为损坏者，按价赔偿。

196. 对木制品的基层处理既是头道工序，也是整个工艺的重要一环，因为基层处理的好坏直接影响到涂层的________和美观程度。

197. 虫胶清漆带浮石粉理平见光施涂工艺施工时，刷第一遍虫胶清漆质量配合比为虫胶漆片：酒精＝________。

198. 虫胶清漆带浮石粉理平见光施涂工艺，嵌填虫胶腻子的目的主要是将________。

199. 润粉的目的是将木面的棕眼填实和________。

200. 调配胶粉腻子比例为水：胶（用龙须菜熬制的成品）：老粉：颜料＝______：适量。

201. 调配油粉腻子的比例为：熟桐油：松香水：老粉：颜料＝________：适量。

202. 修色和拼色主要是将________修拼成统一的颜色。

203. 一般讲在________中用水色比酒色为好。

204. 虫胶清漆带浮石粉揩涂完成后需经 24h，使涂膜充分干燥和沉陷，再用________的虫胶清漆顺木纹拨理出光即可。

205. 虫胶清漆带浮石粉理平见光施涂工艺，上光蜡，即用细纱将油蜡均匀地涂于膜面，待其________将油蜡收净出光即可。

206. 浅色家具不能同深色虫胶清漆________，以免将颜色揩深揩花。

207. 硝基清漆俗称蜡光，是以硝化棉为主要成膜物质的一种________涂料。

208. 硝基清漆理平见光工艺是一种________工艺，用它来涂饰木面不仅能保留木材原有的特征，而且能使它的纹理更加清晰、美观。

209. 有些木材遇到水及其他物质会变颜色，有的木面上有色斑，造成物面上颜色不均，影响美观，需要在涂刷油漆前用脱色剂对木材进行局部脱色处理，使物面上________一致。

210. 去除木毛采用湿法，是用干净毛巾或纱布________白坯表面，管孔中的木毛吸水膨胀竖起，待干后通过打磨将其磨除。

211. 刷虫胶清漆要用________，顺着木纹刷，不要横刷，不要来回多理（刷），以免产生接头印。

212. 硝基清漆理平见光及磨退施涂工艺，将木材表面的虫眼、钉眼、缝隙等缺陷用调配成与木基同色的________嵌补。

213. 硝基清漆理平见光及磨退施涂工艺，嵌补虫胶腻子，考虑到腻子干后会收缩，嵌补时要求填嵌________，否则一经打磨将成凹状。嵌补的面要尽量小，注意不要嵌成半实眼，更不要漏嵌。

214. 通过润粉这道工序，可以使木面平整，也可调节________，使饰面的颜色符合指定的色泽。

215. 硝基清漆理平见光及磨退施涂工艺，刷第二道虫胶清漆时要顺着木纹方向由________依次往复涂刷均匀，不出现漏刷、流挂、过楞、泡痕，榫眼垂直相交处不能有明显刷痕，不能留下刷毛。

216. 硝基清漆理平见光及磨退施涂工艺，刷水色是把按照样板色泽配制好的染料刷到________涂层上。

217. 刷过水色的物面要注意防止________，也不能用湿手（或汗手）触摸，以免破坏染色层，造成不必要的返工。

218. 拼色时，先要调配好含有________的酒色，用小排笔或毛笔对色差部位仔细地修色，修色时用力要轻，结合处要自然。

219. 拼色后的物面待________同样要用砂皮细磨一遍，将粘附在漆膜上的尘粒和笔毛磨去。注意打磨要轻，不要损坏漆膜。

220. 注意硝基清漆挥发性极快，如发现有漏刷，________，可在刷下一道漆时补刷。

221. 用棉花团揩涂硝基漆的形式有________、________、________三种。

222. 揩涂硝基漆时，每次揩涂不允许原地________，以免损坏下面未干透的漆膜，造成咬起底层。

223. 揩涂硝基漆时，移动棉花球切忌________，否则会溶解下面的漆膜。

224. 揩涂硝基漆最后一遍时，应适当减少圈涂和横涂的次数，增加________，棉花球团蘸漆量也要少些。

225. 为保证硝基漆的施工质量，操作场地必须保持清洁，并尽量避免在____________________施工，防止泛白。

226. 为了提高硝基清漆的漆膜的平整度、光洁度，先用水砂纸湿磨，然后再________，使漆膜具有镜面般的光泽。

227. 硝基清漆用水砂纸湿磨时可加少量________砂磨，因肥皂水润滑性好，能减少漆尘的粘附，保持砂纸的的锋利，效果也比较好。

228. 硝基清漆漆膜经过水砂纸打磨后，漆膜表面应是____________________。

229. 硝基清漆漆膜经过水砂纸湿磨后，漆面现出文光，还必须经过________这道工序，首先擦砂蜡，用精回丝蘸砂蜡，顺木纹方向来回擦试，直到表面显出光泽。

230. 聚胺酯清漆刷亮与磨退施涂工艺，揩抹水老粉时，用力要均匀，应做到________，同时要防止木纹擦伤或漏抹。

231. 聚胺酯清漆刷亮与磨退施涂工艺，施涂第一遍聚胺酯清漆时要排笔，顺着________涂刷，宜薄不宜厚，施涂要均匀，防止漏刷或流坠。

232. 聚胺酯清漆刷亮与磨退施涂工艺，待最后2遍罩面漆干透后，用400～600号水砂纸蘸肥皂水打磨。打磨时用力要均匀，要求________，并用湿毛巾揩净。

233. 使用各色聚胺酯磁漆时，必须按规定的配合比来调配，并应注意在不同的施工操作或环境气候条件下，适当调整________。

234. 丙烯酸木器清漆施涂工艺，若用虫胶清漆作底层漆，用醇酸清漆作中间涂层，再用丙烯酸清漆作面漆，经实践证明，这三者之间有________，能达到施工质量的要求。

235. 硬木地板虫胶清漆打蜡施涂工艺，硬木地板原材料必须干燥，铺贴的木面________和砂纸打磨划痕。

236. 对木地板较大的拼缝、洞眼等缺陷，先要用________石膏油腻子嵌补平整，待干燥后再满批腻子。

237. 硬木地板虫胶清漆打蜡施涂工艺，在施涂第一遍虫胶清漆时，要检查硬木地板和踢脚板相互之间的颜色与________相似，如色差较大，就要用稀虫胶清漆和颜料（即酒色），进行拼色，对色差较大的腻子疤也应在这道工序进行修色。

238. 硬木地板聚胺酯耐磨清漆施涂工艺，在涂刷底油时，应先涂刷，________刷底油一定要刷均、刷透、无遗漏。

239. 木地板烫蜡施涂工艺，当敷蜡时，将拌和好的蜡粉用24目的筛子将粉末均匀地筛铺于木地板面上，厚度以基本________为宜。

240. 由于广漆的漆膜干燥主要靠生漆，而生漆的干燥主要同________有关。

241. 广漆的正常干燥过程是，涂刷后在6～8h内指触不粘即表面干燥，12～24h漆膜基本干燥，1星期内手摸有滑爽感，则说明漆膜完全干燥，________即可使用。

242. 油色底广漆面施涂工艺，刷油色加色一般采用________颜料调成后用80～100目铜筛过滤即可涂刷。

243. 油色底广漆面施涂工艺，刷豆腐底色的目的，主要是对________，保证上漆后色泽一致。

244. 豆腐底两道广漆面施涂工艺，当白木染色时，材料用________加色配成，加色颜料根据色泽而定。

245. 豆腐底两道广漆面施涂工艺，白木染色，加色颜料根据色泽而定，如做金黄色可用________。

246. 刷漆要按基本操作要求步骤进行。每刷涂一个物件，必须从________的程序逐一涂刷。

247. 在清水活和半清水活的施工中，用于木材面上染色剂的调配主要是________的调配。

248. 刷涂水色的目的是为了改变________，使之符合色泽均匀和美观的要求。

249. 因调配用的颜料或染料用水调制，故称水色，它常用于木材面________，施涂时作为木材面底层染色剂。

250. 由于氧化铁颜料施涂后物面上会留有粉层，加入________的目的是为了增加附着力。

251. 氧化铁水色颜料易沉淀，所以在使用时________，才能使涂色一致。

252. 水色的特点是：容易调配，使用方便，干燥迅速，色泽艳丽，透明度高。但在配制中应避免________两种性质的颜料同时使用，以防颜料产生中和反应，降低颜色的稳定性。

253. 调配时将碱性颜料或醇溶性染料溶解于酒精中，加入适量的虫胶清漆充分搅拌均匀称________。

254. 由于无光漆涂料中的固体含量在50%以下，调制的溶剂主要是________，调制成的成品又较稀薄，故俗称为“香水油”。

255. 无光漆涂刷使用的是不脱毛的排笔，涂刷的手法一般是：____________________。

256. 石膏拉毛是在经过基层处理的物面上满批石膏拉毛腻子，然后用特制的________或用其他方法将腻子拉出毛头，形成表面凹凸均匀的花纹。

257. 胶老粉石膏拉毛腻子适用于________，并采用水性涂料作为罩面涂料的饰面。

258. 拉毛腻子配制得好与差，特别是它的________直接影响到拉毛的质量。

259. 石膏拉毛接缝最好留在________，此时用鬃刷不方便，可用鸡毛刷代替。

260. 石膏拉毛施涂工艺，罩面采用油漆时一般多用无光漆；水涂料则用________。

261. 石膏拉毛工艺出现毛头折断，其主要原因是腻子________，造成强度不够，另一个原因是在拉毛未干透情况下就涂刷罩面涂料。

262. 石膏拉毛工艺出现拉不出毛头，其产生原因是拉毛________。

263. 彩色喷涂时喷枪与物面保持垂直，喷枪喷嘴与物面距离以________mm为宜。

264. 彩色喷涂应分块进行，喷好一块后进行适当遮盖，再喷另一块。喷涂墙面转角处，事先应将准备不喷的另一面遮挡________mm。

265. 彩色喷涂粘结力差，其主要原因是涂料____________________，会影响面层涂料的粘结力。

266. 墙面喷砂使用手提斗式喷枪，喷嘴的口径大小视砂粒粗细而定，一般为________mm。

267. 弹涂装饰工艺可根据弹涂料的不同稠度和调节弹涂机的不同转速，弹出________等不同形状，故称弹涂装饰工艺。

268. 以水泥为主要基料的弹涂装饰工艺，在进行压抹弹点时，待弹上的花点有2成干，就可用钢皮批板压成花纹。压花时用力要均匀，批板要刮直，批板每刮1次________才能使压点表面平整光滑。

二、填空题答案

1. 设计图样；2. 规则；3. 尺寸标准；4. ¼；5. 填满方格；6. 正体；7. 阿拉伯数字；8. 粗细和线型不同；9. 10～20；10. 4～6；11. 线段；12. 重要依据；13. 尺寸界线；14. 细实线；15. 细实线；16. 中粗斜短线；17. mm；18. 平行；19. 中部上方；20. 建筑构配件、建筑材料及设备；21. 引出记号；22. 平面位置；23. 阿拉伯数字；24. 较大比例放大；25. 竖向；26. 后3位；27. 绝对；28. 建筑标高；29. 斜投影；30. 水平投影面；31. 长、宽、高；32. 正投影图或正立面图；33. 立面图；34. 造型和构造情况；35. 外部形状和内部布置、装饰构造；36. 承重结构的布置和构造；37. 总平面布置；38. 水平剖面图；39. 代号标注；40. 高度，各楼层间的高度及建筑物总高度；41. 剖面图；42. 内部的空间布局；43. 剖视编号；44. 较大比例放大；45. 平面图、剖面图和立面图；46. 视觉效果；47. 反射、透射和吸收；48. 红色；49. 红、绿、青；50. 调和；51. 有彩色；52. 无彩色；53. 明暗关系；54. 浅红、深红和暗红；55. 饱和程度；56. 红＋青＝紫；57. 紫＋绿＝紫绿；58. 补色和对比色；59. 颜色深；60. 越高；61. 84；62. 2.9；63. 身体健康；64. 硝基；65. 复色；66. 浅入深；67. 3成；68. 一次配成；69. 涂料样板颜色；70. 着色力小的颜色；71. 切忌过量；72. 红色5%；73. 黑色12.5%；74. 次色为黑色6%；75. 成膜物质；76. 油料和树脂；77. 植物油；78. 有机溶剂；79. 有机溶剂；80. 主要原料；81. 天然树脂、人造树脂和合成树脂；82. 假固态；83. 不溶于水；84. 附着力和防锈性能；85. 着色颜料、体质颜料、防锈颜料；86. 良好的遮盖力；87. 涂膜的厚度；88. 防锈蚀性能；89. 油料或树脂；90. 施工；91. 稳定性；92. 漆膜流平性；93. 直接起溶解；94. 帮助溶剂来溶解；95. 稀释其他树脂或油料；96. 稀释硝酸纤维素；97. 真溶剂；98. 速度太快；99. 易燃品；100. 100；101. 145；102. 中毒；103. 溶剂；104. 硝基纤维素；105. 析出、失光和施涂困难；106. 清漆或磁漆；107. 白涂料；108. 颜色变深，容易泛黄；109. 硝酸纤维的空隙内；110. 抗絮凝或降低絮凝力；111. 固化剂；112. 浮色；113. 醇酸磁漆表面罩光用；114. 木壳表面；115. 耐久性差；116. 打蜡抛光；117. 木器家具、地板；118. 200号溶剂汽油或松节油；119. 200号溶剂汽油；120. 200号溶剂汽油；121. 有机溶剂；122. 酯、酮、苯类；123. 酯、酮、醇、苯；124. 水作为分散；125. 30min；126. 不燃；127. 保光、保色性；128. 火灾和环境污染；129. 5～10；130. 瓷面砖；131. 7d；132. 10年；133. 70℃低温；134. 涂膜不易粉化、脱落；135. 配合比例也即树脂与油料的比例；136. 固化含量；137. 重质颜料；138. 钛白；139. 颗粒过粗或研磨的细度；140. 挥发性快的；141. 加得太多；142. 关键；143. 坚硬、耐久性好的；144. 过多而又未涂刷均匀；145. 过早涂上面漆；146. 贮存过久；147. 不得进行施工；148. 配套；149. 溶剂的急剧挥发；150. 底漆；151. 芳香油或松脂；152. 水分；153. 水性涂料；**154.** 稀释剂；**155.** 相适应；**156.** 过稠；**157.** 干水砂纸打磨；**158.** 溶解力强；**159.** 封闭层；**160.** 未清除干净；**161.** 隔离剂；**162.** 浆膜覆盖不住底色；**163.** 防锈漆和白厚漆；**164.** 虫胶清漆；**165.** 未清除干净；**166.** 5%～10%；**167.** 未刷封底涂料；**168.** 涂刷不均匀；**169.** 20～25；**170.** 颜色深浅不一；**171.** 施涂封闭底漆；**172.** 遗漏；**173.** 未做垂线；**174.** 吊垂直线；**175.** 水平对应；**176.** 阴角处；**177.** 湿水率不均匀；**178.** 时间和数量；**179.** 湿水不均匀；**180.** 重新裱糊；**181.** 技术文件；**182.** 施工组织设计；**183.** 独立经济核算；**184.** 责任制；**185.** 施工计划管理；**186.** 技术经济指标；**187.** 关于伤亡事故的调查处理；**188.** 狠抓；**189.** 经常检查；**190.** 防火、防爆、防苯中毒和高空作业防摔跌；**191.** 督促执行；**192.** 严把质量关；**193.** 示范；**194.** 材料数量标准；**195.** 赔偿与奖励制度；**196.** 质量、附着力、耐久性；**197.** 1∶6；**198.** 钉眼、裂缝、缺损修补平整；**199.** 木面着色；**200.** 25∶15∶60；**201.** 4∶26∶70；**202.** 腻子疤和异样色块；**203.** 修色和拼色；**204.** 1∶8；**205.** 稍干后；**206.** 揩擦；**207.** 挥发性；**208.** 透明涂饰；**209.** 颜色均匀；**210.** 蘸温水揩擦；**211.** 柔软的排笔；**212.** 虫胶腻子；**213.** 丰满、结实，要略高于物面；**214.** 木面颜色的差异；**215.** 上至下、由左至右、由里到外；**216.** 虫胶漆；**217.** 水或其他液态的溅污；**218.** 着色颜料和染料；**219.** 干燥后；**220.** 不要忙着去补；**221.** 圈涂、横涂、理涂；**222.** 多次往复；**223.** 中途停顿；**224.** 直涂的次数；**225.** 潮湿天气或寒冷天气；**226.** 抛光；**227.** 肥皂水；**228.** 平整光滑、显文光、无砂痕；**229.** 抛光；**230.** 快速、整洁、均匀、干净；**231.** 木纹；**232.** 磨平、磨细腻，把光泽全磨倒、磨滑；**233.** 甲、乙组分的用量；**234.** 很好的附着力和结合力；**235.** 平整、光滑、无刨刀；**236.** 较硬的；**237.** 样板颜色是否；**238.** 踢脚板，后涂刷地板，从房间的内角开始从门口退出；**239.** 盖住木板；**240.** 气候条件；**241.** 2个月后；**242.** 油溶性染料、各色厚漆或氧化铁系；**243.** 木基层染色；**244.** 嫩豆腐和生血料；**245.** 酸性金黄；**246.** 难到易，从里到外，从左到右，从上到下；**247.** 水色、酒色和油色；**248.** 木材面的颜色；**249.** 清水活和半清水活；**250.** 皮胶、血料水；**251.** 应经常搅拌；**252.** 酸、碱；**253.** 酒色；**254.** 松香水；**255.** 一铺、二横均、三理通拔直；**256.** 毛刷拍拉；**257.** 水泥抹面及纸筋灰抹面；**258.** 稠度；**259.** 阴角及隐蔽处；**260.** 乳胶漆；**261.** 配合比不正确；**262.** 腻子太稀；**263.** 300～400；**264.** 100～200；**265.** 不配套或中层涂料不干；**266.** 5～8；**267.** 点、线、条、块；**268.** 就要擦干一次。

第三节　中级油漆工知识考核选择题

一、选择题试题

1. 一切工程建设的施工都必须具有设计图样。图样是按一定的______和方法绘制的。
A. 规则；　　B. 规律；　　C. 原则；　　D. 规定。

2. 根据正投影的原理及建筑图的规定画法，把一幢房屋的全貌包括它的各个细微的局部，均一一完整地表达出来，这就是房屋______。
A. 结构图；　　B. 建筑图；　　C. 立面图；　　D. 剖面图。

3. 除各层平面图外，还有______，以及根据具体设计需要而绘制的局部平面图，如门厅彩色水磨石地坪图案的平面图，大厅天花板仰视平面图等。

A. 地下室平面图；　　　　　　　　B. 楼梯平面图；

C. 屋顶平面图；　　　　　　　　　D. 墙柱平面图。

4. 建筑总平面图的识读方法与步骤：了解工程的名称、了解图样的比例、阅读设计______。

A. 意图；　　　B. 内容；　　　C. 目的；　　　D. 说明。

5. 除了用图形表达外，在建筑总平面图中还对下列事项用文字加以说明：建筑总平面图绘制依据和工程情况的说明、建筑物位置确定的有关事项、关于总体标高以及水准引测点的说明、补充______的说明等。

A. 图例；　　　B. 图号；　　　C. 图样；　　　D. 图标。

6. 新建工程的平面______方法有两种：一是以邻近原有永久建筑物的位置为依据，引出相对位置；二是用坐标网或规划红线来确定其平面位置。

A. 位置方位；　　B. 位置标定；　　C. 位置目标；　　D. 位置选定。

7. 常用坐标网有两种：一种是测量坐标网；另一种是建筑坐标网。以上两种坐标网按______进行分格，以此确定建筑物的位置。

A. 60m×60m 或 30m×30m；　　　B. 80m×80m 或 40m×40m；

C. 100m×100m 或 50m×50m；　　D. 120m×120m 或 60m×60m。

8. 通过建筑平面图各道______，可反映建筑中房间的开间、进深、门窗及室内设备的大小和位置

A. 线型的标注；　　　　　　　　B. 尺寸的大小；

C. 图例的标注；　　　　　　　　D. 尺寸的标注。

9. 在建筑平面图中可以了解到______、起步方向、梯宽、平台宽、栏杆位置、踏步级数、上下行方向等。

A. 楼梯的位置；　B. 楼面的大小；　C. 楼顶的大小；　D. 房间的尺寸。

10. 建筑立面图的图名称呼有两种情况：一是按立面图所表明的朝向来称呼，如东立面图、南立面图……；二是按立面图中建筑两端的______编号来称呼，如①＝⑨轴立面图、Ⓐ＝Ⓔ轴立面图……。

A. 外墙到外墙；　B. 定位轴线；　　C. 房间宽度；　　D. 标准尺寸。

11. 我们通常指某物体是什么颜色，是指在自然光的作用下呈现的颜色，所以为了了解色彩的一些基本原理，对自然光（即太阳光）了解是有______的。

A. 重要作用；　　B. 好处的；　　　C. 重要意义；　　D. 关系的。

12. 现代色彩学以______作为标准发光体，并以此为基础解释光色等现象。用科学的方法证实，太阳发出的白光是由多种光色组成的，太阳光由红、橙、黄、绿、蓝（青）、紫色组成。

A. 灯光；　　　B. 太阳；　　　C. 月亮；　　　D. 阳光。

13. 通过人的眼睛的辨色能力仅能直观感受到红色至紫色的这段光谱，所以通称为______。

A. 可见光谱；　　B. 不可见光谱；　C. 可见光亮；　　D. 可见光色。

14. 对紫色光以外和红色以外的光波是人眼睛辨识所无法感受到的，仅用仪器可以测量到，这就是红外线和紫外线光，通称为______。

A. 不可见色； B. 不可见光； C. 不可见亮； D. 不可见光谱。

15. 人们在试验中发现，将可见光谱上位置比例相同的红、绿、蓝三种色光混合后能成白光，即人们用眼睛能直观感受到的白光就是由这三种色光组成的，所以人们把红、绿、蓝三种色光称为光的______。

A. 原光； B. 彩色； C. 原色； D. 色彩。

16. 由红、绿、蓝这三种色光按一定比例组成可以得到______。这就是彩色电视由红、绿、蓝三种色光来显示彩色的道理。

A. 各种光谱； B. 各种颜色； C. 各种色彩； D. 各色色光。

17. 色彩的呈现是由于光的存在，物体只有受到光的照射，对光中的色彩产生吸收和反射的不同反应，即有的色光被物体吸收，有的色光被物体______，我们日常视觉所看到的颜色正是被物体反射出来的色光。

A. 反射； B. 反光； C. 折射； D. 斜射。

18. 树叶吸收了红、黄、橙、青、紫，反射出了______，白色物体反射了大部分光色而呈白色，黑色物体吸收了大部分光色而成黑色。

A. 紫色； B. 绿色； C. 青色； D. 黄色。

19. 虽然物体的颜色要依靠光来显示，但光和物的颜色并不是一回事，就它们的原色来讲，光色的原色为红、绿、青，混合近于白；物体的原色为红、黄、青，混合近于______。

A. 紫； B. 绿； C. 黑； D. 橙。

20. 不同色相的明暗程度是不同的，在所有彩色中，以______明度为最高，由黄色向上端发展，明度逐渐减弱，以紫色明度为最低。

A. 青； B. 红色； C. 绿； D. 黄色。

21. 颜料与调制涂料相配套的原则，在涂刷材料配制色彩的过程中，所使用的颜料与配制的涂料______必须相同，不起化学反应，才能保证色彩配制涂料的相容性、成色的稳定性和涂料的质量，否则，就配制不出符合要求的涂料。

A. 性质； B. 性能； C. 特点； D. 质量。

22. 在调色时还应注意加入辅助材料对______的影响。

A. 彩色； B. 颜色； C. 质量； D. 成活。

23. 油料在涂料工业中是最早使用的成膜物质，可用来制造清漆、色漆、油改性合成树脂，以及作为______使用。

A. 增强剂； B. 防污剂； C. 增塑剂； D. 防腐剂。

24. 根据来源不同，油料可分为植物油、动物油和矿物油三种，用于涂料的主要是______。

A. 矿物油； B. 动物油； C. 合成树脂； D. 植物油。

25. 油料根据其干燥性可分为干性油、半干性油和______。

A. 不干性油； B. 天然树脂； C. 人造树脂； D. 合成树脂。

26. 油中的不饱和脂肪酸含量越多，聚合越强，成膜速度越快。称这类植物油为______。

A. 不干性油；　B. 干性油；　C. 动物油；　D. 半干性油。

27. 在油中的不饱和脂肪酸含量愈少，与氧聚合愈弱，成膜速度愈慢，这就称为______。

A. 动物油；　B. 不干性油；　C. 半干性油；　D. 干性油。

28. 树脂的纯粹体呈透明或半透明状，不导电，无固定熔点，只有软化点，受热变软，并逐渐熔化，熔化时______；大多数不溶于水，易溶于有机溶剂。

A. 变硬；　B. 发软；　C. 发湿；　D. 发粘。

29. 溶剂在涂料制造和施工中也起着十分重要的作用，所以说溶剂同样是涂料中的重要组成部分。认真掌握各种溶剂的______，合理选择和使用各种溶剂，对保证涂料施工质量，具有十分重要的意义。

A. 性能；　B. 性质；　C. 特点；　D. 用途。

30. 溶剂按其溶解______一般可分为真溶剂、助溶剂和稀释剂3种。

A. 特点；　B. 性能；　C. 用途；　D. 性质。

31. 在实际______中并非所有涂料的溶剂都由三个部分组成。有的需要全部采用真溶剂类，有的只需要稀释剂即可，也有的是由真溶剂和稀释剂两个部分组成。

A. 选择；　B. 调配；　C. 运用；　D. 使用。

32. 同一种溶剂，对不同品种的涂料所起的作用并不______。

A. 一致；　B. 一样；　C. 相容；　D. 相同。

33. 每种成膜物质都只能溶解在和它的分子结构______的液体中。所以植物油不能溶于醇类，唯有蓖麻油能溶于醇中，因蓖麻油中含有羟基的蓖麻油酸和醇的结构。

A. 相类似；　B. 一样的；　C. 差不多；　D. 相反的。

34. 溶剂如果溶解力______，则容易造成漆膜粗糙，不平滑，影响漆膜光泽。

A. 弱；　B. 差；　C. 好；　D. 强。

35. 溶剂的挥发率，即溶剂的挥发速度，它对涂料的成膜______影响很大。

A. 成活；　B. 干燥；　C. 质量；　D. 固化。

36. 当溶剂挥发时，蒸气散发到空气中，随着温度的升高，空间溶剂蒸气的浓度逐渐增高，当遇有明火时，就有火光闪出，但随即熄灭。这个温度称为______。闪点越低，越不安全。

A. 火点；　B. 亮点；　C. 明点；　D. 闪点。

37. 溶剂闪点在60℃以上的是非易燃品；闪点在25～60℃之间叫______。在闪点范围内，禁止与明火接触。

A. 可燃性；　B. 可烧性；　C. 易燃性；　D. 不安全性。

38. 溶剂按其挥发______可分为高沸点、中沸点和低沸点。

A. 快；　B. 速度；　C. 慢；　D. 快慢。

39. 双戊烯溶剂可防止针孔、缩边，并增强漆膜光泽。由于它本身能抗氧化，加入桐油中，能防止结皮，另外能使漆很好地分散，故可用在短油度醇酸漆中，防止贮存时______。

A. 结皮；　B. 干结；　C. 胶化；　D. 固化。

40. 双戊烯溶剂由于其挥发较慢，故在溶剂中的用量一般控制在______%即可。

A. 12；　　B. 13；　　C. 14；　　D. 15。

41. 石油溶剂是由石油分馏而制得。它们的______主要是链状碳氢化合物，含有烷族烃、烯族烃和饱和环烷族烃，其溶解力依次增强。

A. 组成；　　B. 种类；　　C. 品种；　　D. 结构。

42. 在分馏石油时，依其沸点的不同而将其分成为几种不同的产品。沸点小于80℃的这一段产品称为石油醚，挥发极快，只用来提取香精；80～150℃的一段产品称为汽油；______℃这一段馏出物叫松香水；馏程比松香水高的叫煤油。

A. 140～200；　　B. 150～204；　　C. 160～250；　　D. 170～300。

43. 200号溶剂汽油，即松香水，它的沸点和挥发速度都与松节油相似。它能够溶解松香衍生物、改性酚醛树脂。它的最大______是毒性较小，这是其他常用溶剂所不能比拟的。

A. 特性；　　B. 优点；　　C. 特点；　　D. 长处。

44. 芳香烃溶剂中的苯的闪点更低，只有______℃至7℃，极易着火，必须密封，小心贮藏。

A. 0；　　B. －5；　　C. －10；　　D. －12。

45. 芳香烃溶剂中的苯，其溶解力______，为天然干性油（聚合油或氧化油）、树脂（包括松香衍生物、达麦、改性酚醛、长油或短油醇酸、脲醛、氧茚树脂、各种沥青、乙基纤维素等）的强溶剂。

A. 大；　　B. 小；　　C. 差；　　D. 强。

46. 芳香烃溶剂中的甲苯沸点为______℃，挥发速度仅次于苯，溶解性能与苯相似。

A. 105.5；　　B. 110.7；　　C. 115.5；　　D. 125.6。

47. 芳香烃溶剂中的二甲苯挥发比甲苯慢，沸点为______℃，毒性比苯小，溶解力略次于甲苯，挥发快慢适中，可代替松香水，用于短度醇酸、酚醛，脲醛树脂中常与其他溶剂合用，作为醇酸氨基、硝基、过氯乙烯、丙烯酸等涂料的稀释剂。

A. 133.1；　　B. 136.1；　　C. 139.1；　　D. 142.1。

48. 酯类溶剂是低碳的有机酸和醇的结合物，和酮、醇、醚等相同，溶解力很______，能溶解硝酸纤维素和各种人造树脂，是纤维漆中的主要溶剂。

A. 差；　　B. 弱；　　C. 好；　　D. 强。

49. 乙酸丁酯是无色透明而具有香蕉味的液体，闪点为______℃，毒性小，能溶解硝酸纤维和各种人造树脂。

A. 21～25；　　B. 25～29；　　C. 29～33；　　D. 33～37。

50. 丙酮是无色透明的液体，能和______以任何比例混合，与大量的甲苯混合而不浑，溶解力强，使漆液粘度明显降低。

A. 苯；　　B. 水；　　C. 二甲苯；　　D. 油。

51. 环己酮可溶解纤维、过氯乙烯树脂等。性质稳定，不易挥发，为高沸点强溶剂，同其他溶剂混合使用，可改善漆膜的流平性，使漆膜平滑光亮，并可防止喷漆发______，防止漆膜有气泡。

A. 粉；　　B. 红；　　C. 白；　　D. 灰。

52. 醇类溶剂是一种有很大极性的有机溶剂，分子内含有羟基，能同水混合。对涂料的溶解力差，一般仅能溶解______或缩丁醛树脂。

A. 酯胶清漆； B. 清油； C. 酚醛清漆； D. 虫胶。

53. 乙醇、俗称酒精，易吸潮，不能单独溶解硝酸纤维。但与酯类、酮类溶剂混合后，则可同______一样，溶解同等数量的硝酸纤维。

A. 溶剂； B. 漆； C. 酯类； D. 酮类。

54. 丁醇挥发速度较慢，常与乙醇、异丙醇合用，用于硝基漆，可使漆膜平滑、光亮，防止发______，并能消除针孔、桔皮、气泡等缺陷。

A. 粉； B. 白； C. 黑； D. 灰。

55. 丁醇能溶解凝结的颜料浆，防止涂料______，它还可降低短油醇酸漆的粘度，又可作为氨基树脂漆的溶剂。

A. 硬化； B. 干结； C. 胶化； D. 凝固。

56. 醇醚溶剂是挥发慢的高沸点溶剂，可用于硝基漆、环氧漆、聚胺酯漆和乳胶漆中，其中乙二醇丁醚为最好的防白剂，能使硝基漆提高流平性和光泽，效果最好，而用量最少，为稀释剂的______。

A. 2％～7％； B. 3％～8％； C. 4％～9％； D. 5％～10％。

57. 硝基化物类溶剂能溶解硝化棉、硝酸纤维和氯乙烯乙酸乙烯共聚树酯，有较强的溶解力，可用于油基漆、酚醛漆、硝基漆中，因其颜色深，易变______，故不用于白色或浅色漆中。

A. 黄； B. 绿； C. 青； D. 灰。

58. 在涂料生产与施工中常用的辅助材料有催干剂、增韧剂、分散剂、固化剂、消泡剂、防沉剂、防结皮剂、防浮色发花剂、防霉剂等。其中以催干剂和增韧剂的______最为广泛。

A. 使用； B. 用途 C. 应用； D. 采用。

59. 催干剂虽然在漆中用量很少，但对漆层的氧化和聚合等______都有相当效果。特别是在冬季施工的情况下，由于涂料干燥慢，经常要停工待干，还会使涂膜表面被灰尘沾污，降低涂料的保护和美观作用，影响涂膜的质量。

A. 物理作用； B. 生化作用； C. 化学作用； D. 凝聚作用。

60. 铅催干剂主要起促进聚合作用，促进涂膜的表面和内层同时干燥，所以催干剂作用比较均匀，且可达到涂膜的深处。其用量一般为含油量的______。

A. 0.2％～1.7％； B. 0.3％～1.8％； C. 0.4％～1.9％； D. 0.5％～2％。

61. 钴催干剂主要起促进氧化反应。如果用量过多，就会形成涂膜表面干而内部不干，甚至引起皱皮等缺陷。因此用量要少，不单独使用，一般最大用量为含油量的______％，常与铝、锰等催干剂混合使用。

A. 0.13； B. 0.4； C. 0.5； D. 0.6。

62. 锰催干剂既能促进聚合又能促进氧化，常用于一般油漆中，常与其他催干剂混合使用，单独使用量为含油量的______％。

A. 0.11； B. 0.12； C. 0.13； D. 0.14。

63. 锌催干剂为辅助催干剂，一般不单独使用。与钴催干剂混合使用，可避免皱皮，与铝催干剂混合使用可防止沉淀。一般用量为含油量的______％。

A. 0.13；　　B. 0.14；　　C. 0.15；　　D. 0.16。

64. 在施工中一般不必补加催干剂。在冬季施工或较冷的天气施工，涂料的贮存时间又过久，干燥性减退时，可适当补加一定数量的催干剂，以调节油漆______。

A. 成膜性能；　　B. 固化性能；　　C. 成活性能；　　D. 干燥性能。

65. 增韧剂在漆中的用量一般为树脂量的______%，但有些增韧剂会给漆膜带来一定的影响，如降低抗强力，降低耐水、耐碱、耐酸、抗溶剂性及抗油性等。所以在使用增韧剂时，必须严格选用。

A. 10；　　B. 11；　　C. 12；　　D. 13。

66. 由于增韧剂不干性油不能溶解硝酸纤维素，油分子太大，遇高温时从漆膜中析出，因而失去软化的能力，而且容易______，所以不宜在白漆中使用。

A. 泛绿；　　B. 泛黄；　　C. 泛灰；　　D. 泛青。

67. 增韧剂天然蜡能溶于松节油、煤焦系溶剂和石油系溶剂，与植物油及松香、酚醛、醇酸等树脂______，能作溶剂树脂漆的增韧剂。

A. 混合；　　B. 结合；　　C. 融合；　　D. 溶解。

68. 增韧剂单体化合物氯化联苯，含氯量在______%以下的为液体，可以在漆内应用，降低纤维漆的易燃性，含氯量越高，防止燃烧的效力越大。

A. 35；　　B. 40；　　C. 45；　　D. 50。

69. 增韧剂单体化合物氯化石蜡，含氯量高，不会燃烧，不会氧化，与树脂融合性较好，抗酸碱性、抗醇性极强，耐候性优良，一般用于聚氯乙烯、树脂、橡胶、纤维脂等。氯化石蜡含氯为______%。

A. 40；　　B. 50；　　C. 60；　　D. 70。

70. 增韧剂单体化合物磷酸酯有抗燃性，挥发性低，绝缘性高，与大部分树脂相溶性较好，但使用在涂料中会______，见光会分解。不溶于水，可与溶剂以任何比例混合，可溶解硝酸纤维。

A. 泛白；　　B. 泛黄；　　C. 泛绿；　　D. 泛灰。

71. 增韧剂单体化合物苯二甲酸酯，无毒、无色、无味透明油状粘稠液体，不溶于水，具有溶解硝酸纤维的能力，与大部分树脂能很好地______。

A. 混合；　　B. 结合；　　C. 混融；　　D. 融合。

72. 增韧剂单体化合物己二酸二辛酯，大量使用在乙烯树脂中，有突出的抗低温开裂性及抗高温紫外线的性能，且不使涂料______。

A. 变灰；　　B. 变黄；　　C. 变绿；　　D. 变色。

73. 聚合高分子化合物，干性油、半干性油或不干性油改性的苯二甲酸甘油或季戊四醇醇酸树脂，常在脲醛或三聚氯胺树脂漆中用作______。

A. 增韧剂；　　B. 增强剂；　　C. 防腐剂；　　D. 防霉剂。

74. 制造漆时的研磨工序是一个复杂的分散过程，色漆配方组成又彼此不同，在选择分散剂的种类、使用数量以及加料______中一定通过试验慎重对待。常用的有烷酸锌、卵磷酯等。

A. 过程中；　　B. 顺序；　　C. 配方中；　　D. 程序。

75. 涂料的成膜______有的是因溶剂挥发而成膜，有的是常温或加热条件下干结而成膜，还有些则要在施工中加入一些酸、胺或有机过氧化物与成膜物质起化学反应才能固化成膜。这些酸、胺有机氧化物就是固化剂。

A. 原因；　　B. 方法；　　C. 原理；　　D. 过程。

76. 为了缓和沉淀现象，除增加漆液粘度外，通常在制造涂料时加入防沉剂，改进______在涂料中的悬浮性能。

A. 填料；　　B. 染料；　　C. 彩色；　　D. 颜料。

77. 由于色漆中所用颜料的密度和粒径大小不同，因此在漆膜______过程中颜料沉降速度不同。密度大、颗粒粗的颜料沉降较快，所以当涂膜干燥后所呈现的颜色已不是原配方所需的颜色，而是颗粒细、密度小的颜色成为整个色彩的主要颜料。

A. 固化；　　B. 生化；　　C. 化学反应；　　D. 干燥。

78. 漆膜中的有机物（如糖类、淀粉、纤维素、保护胶等物质）在湿热条件下______霉菌生长，会破坏涂膜并影响美观。霉菌生长的分泌物还会腐蚀底材。所以，在潮湿和亚热带地区使用的涂料，需要加入一定量的防霉剂，才能使涂膜的寿命延长。

A. 促使；　　B. 很适应；　　C. 提供；　　D. 很适合。

79. 高效低毒、稳定性好的防霉剂有相当的防霉______。常用的有五氯酚、醋酸苯汞、喹啉铜、环烷酸锌等。

A. 效率；　　B. 措施；　　C. 效果；　　D. 方法。

80. 酯胶清漆是由干性油和甘油松香加热熬炼后，加入______号溶剂汽油或松节油调配制成的中、长油度清漆，其漆膜光亮、耐水性较好。

A. 350；　　B. 300；　　C. 250；　　D. 200。

81. 酚醛清漆的耐水性比酯胶清漆好，但容易______，主要用于普通、中级家具罩光和色漆表面罩光。

A. 泛黄；　　B. 泛青；　　C. 泛灰；　　D. 泛白。

82. 过氯乙烯木器清漆是由过氯乙烯树脂、松香改性酚醛树脂、蓖麻油松香改性醇酸树脂等分别加入______、稳定剂、酯、酮、苯类溶剂制成。

A. 防腐剂；　　B. 增韧剂；　　C. 防污剂；　　D. 增强剂。

83. 硝基木器清漆是由硝化棉、醇酸树脂、改性松香、______酯、酮、醇、苯类溶剂组成。漆膜具有很好的光泽。

A. 增强剂；　　B. 防毒剂；　　C. 增韧剂；　　D. 防污剂。

84. 硝基内用清漆是由低粘度硝化棉、甘油、松香酯、不干性醇酸、树脂、______、酯、醇、苯等溶剂组成。漆膜干燥快，有较好的光泽。

A. 防污剂；　　B. 增强剂；　　C. 防腐剂；　　D. 增韧剂。

85. 丙烯酸木器漆主要成膜物质是甲基丙烯酸不饱和聚酯和甲基丙烯酸酯改性醇酸树脂，使用时按规定______混合，可在常温下固化。

A. 比例；　　B. 数量；　　C. 数字；　　D. 要求。

86. 聚胺酯清漆有甲、乙两个组分：甲组分由羟基聚酯和甲苯二异氨酸酯的预聚物______；乙组分是由精制蓖麻油、甘油松香与邻苯二甲酸酐缩聚而成的羟基树脂。

A. 组合；　　B. 组成；　　C. 结合；　　D. 合成。

87. 各色过氯乙烯防腐漆，具有优良的耐酸、耐碱、耐化学性。常用于化工机械、管道、建筑五金、木材及水泥表面的涂饰，以防止酸碱等化学药品及有害气体的______。

A. 侵害；　　B. 污染；　　C. 侵蚀；　　D. 危害。

88. 各色环氧磁漆是由环氧树脂色浆与乙二胺双组分按比例混合而成。其附着力、耐油耐碱、抗潮性能很好，______大型化工设备、贮槽、贮管、管道内外壁涂饰，也可用于混凝土表面。

A. 不可用于；　　B. 可用于；　　C. 不适用于；　　D. 适用于。

89. 常用内外墙涂料乳胶漆涂膜透气性好，它的涂膜是气空式的，内部水分容易蒸发，因而可以在______%含水率的墙面上施工。

A. 15；　　B. 16；　　C. 17；　　D. 18。

90. 由于乳胶漆具有优良性能，因而非常______作内墙面装饰，其装饰效果可以与无光漆相媲美。

A. 能；　　B. 适宜；　　C. 可用；　　D. 适合。

91. 醋酸乙烯乳胶漆是由醋酸乙烯共聚乳液加入颜料、填充料及各种助剂，经过研磨或______而制成的一种乳液涂料。

A. 分开处理；　　B. 松散处理；　　C. 分散处理；　　D. 宽松处理。

92. SB 12-31 苯丙乳液漆，它以水作______，具有干燥快、无毒、不燃等优点，施工方便，可采用刷涂、滚涂、喷涂等方法进行操作。

A. 稀释剂；　　B. 松散介质；　　C. 媒体介质；　　D. 分散介质。

93. 丙烯酸酯乳胶漆施工方便，可采用喷涂、刷涂、滚涂等方法进行，施工温度应在______℃以上，头道漆干燥时间为 2～6h，二道漆干燥时间为 24h。

A. 4；　　B. 10；　　C. 15；　　D. 20。

94. 仿瓷涂料主要用于建筑物的内墙面，如厨房、餐厅、卫生间、浴室以及恒温车间等的墙面、地面。特别______铸铁、浴缸、水泥地面、玻璃钢制品表面，还能涂饰高级家具等。

A. 使用在；　　B. 适用于；　　C. 不能用在；　　D. 用在。

95. 仿瓷涂料由 A、B 两个组分组成，A 组分和 B 组分的常规比例为______，但也可按被涂物的要求配制，B 组分分量多，涂膜硬度高，反之涂膜柔韧性好。

A. 1∶0.1～0.4；　　B. 1∶0.2～0.5；　　C. 1∶0.3～0.6；　　D. 1∶0.4～0.7。

96. 仿瓷涂料施工前必须将被涂物基层表面的油污、凸疤、尘土等清理干净，并要求基层干燥平整，施工墙面含水率一般控制在______%以下，不平整的被涂基层，必须用腻子批刮填平。

A. 5；　　B. 6；　　C. 7；　　D. 8。

97. 芳香烃及氯烃也都是丙烯酸树脂涂料的较好的溶剂。溶剂的用量为______，为了改善涂料的性能，还可以加入少量的其他助剂，如偶联剂、紫外线吸收剂等。

A. 50%～60%；　　B. 60%～70%；　　C. 70%～80%；　　D. 40%～50%。

98. 氯化橡胶外墙涂料常用的溶剂有二甲苯、______号煤焦溶剂，有时也可加入一些 200 号汽油，以降低对于底层涂膜的溶解作用，从而增进涂刷性与重涂性。

A. 150；　　B. 200；　　C. 250；　　D. 300。

99. 水乳型环氧树脂涂料是 E-44 环氧树脂配以乳化剂、增稠剂、水，通过高速机械搅拌分散为稳定性好的环氧乳液，再与颜料、填充料配制而成的厚聚涂料（A组分），再以______与之混合均匀制得。

A. 分散剂（B组分）；　　B. 防晒剂（B组分）；
C. 固化剂（B组分）；　　D. 增强剂（B组分）。

100. 水乳型环氧树脂外墙涂料喷涂时，为了防止涂料飞溅于其他饰面而污染，对门窗等部位必须用塑料薄膜或其他材料______，如有污染应及时用湿布抹净。

A. 复盖；　B. 遮盖；　C. 掩盖；　D. 遮挡。

101. 涂料的主要成膜物质又称胶粘剂，它是构成涂料的______，涂料产品的分类就是以此为依据，主要成膜物质的质量和性能直接影响到涂膜的质量，而成膜物质又分油料和树脂两大类。

A. 基础；　B. 基本；　C. 根基；　D. 基础。

102. 涂料生产厂对树脂与油类的______掌握不严格或在施工中任意调配，则将直接对成活质量产生不良影响。

A. 配合比；　B. 比较；　C. 比例；　D. 对照。

103. 颜料密度、颗粒大小不同及颜料润湿力的不同，或颜料不纯，杂质较多，因而使颜色上浮，这些都是导致涂膜发花的______。

A. 结果；　B. 条件；　C. 因素；　D. 原因。

104. 涂料中辅助成膜物质主要是溶剂、催干剂、固化剂等。因催干剂或溶剂选用不当会影响成活______。

A. 条件；　B. 因素；　C. 原因；　D. 质量。

105. 涂料的合理配套，要求彼此之间有一定的结合力，底层涂料又不会被面层涂料咬起。因此，底层涂料应选择坚硬、耐久性好的，它既经得起上层涂料的溶解，又要与上层涂料有较好的______，这也是确保成活质量的关键。

A. 附着力；　B. 结合力；　C. 粘结力；　D. 凝聚力。

106. 油漆涂膜出现流坠，主要是涂料______，涂层过厚；有沟、槽形的零件也易于积漆溢流。

A. 稀度过大；　B. 粘度过大；　C. 胶性过大；　D. 稠度过大。

107. 油漆涂膜出现流坠的主要原因是，施工环境______，涂料干燥性太差。

A. 温度过高；　B. 湿度太大；　C. 温度过低；　D. 潮汽太大。

108. 防治油漆涂膜出现流坠的措施是，涂刷前预先处理好物体表面的凹凸不平之处，凸鼓处铲磨平整，凹陷处用腻子抹平，较大的孔洞分多次抹平整。对转角、凹槽要______。

A. 溜平；　B. 理顺；　C. 刮平；　D. 回理。

109. 防治油漆涂膜出现流坠的措施是，施工环境温度和湿度要选择适当。最适宜的施工环境温度为______，相对湿度为50%～75%。

A. 15%～25%；　B. 16%～26%；　C. 17%～27%；　D. 18%～28%。

110. 油漆涂膜出现慢干和反粘的主要原因是，被涂物面不______，物面或底漆上有蜡质、油脂、盐、碱类等污染物。

A. 干净；　B. 清洁；　C. 光洁；　D. 洁净。

111. 油漆涂膜出现慢干和反粘的主要原因是，漆膜太厚，氧化作用限于表面，使内层长期没有______。

A. 干硬；　　B. 硬化；　　C. 干燥；　　D. 干结。

112. 油漆涂膜出现慢干和反粘的主要原因是，木材潮湿，木材本身有木质素，还含有油脂、树脂、单宁、色素、氮化合物等，这些物质会与涂料作用______反粘现象。

A. 会造成；　　B. 会出现；　　C. 表现；　　D. 产生。

113. 油漆涂膜出现慢干和反粘的主要原因是，旧漆膜上附着大气污染物（硫化物、氧化物），涂在旧漆膜上干燥很慢，甚至不干。住宅厨房的门窗尤为______。

A. 突出；　　B. 厉害；　　C. 严重；　　D. 重要。

114. 油漆涂膜表面出现慢干和反粘的主要原因是，催干剂使用______数量过多或不足，涂料贮存过久，催干剂被颜料吸收而失效，造成涂膜不干燥。

A. 不合适；　　B. 不适当；　　C. 不合理；　　D. 不恰当。

115. 防治漆膜慢干和反粘的措施是，底漆干透后，再涂面漆，两遍相隔不少于______h。

A. 4；　　B. 8；　　C. 24；　　D. 12。

116. 防治漆膜慢干和反粘的措施是，对旧漆膜应进行打磨及______，对大气污染的旧漆膜用石灰水清洗（50kg 水加消石灰 3～4kg），有污垢的部位还要用刷子刷一刷，油污多时，可用汽油清洗。基层可用虫胶漆、血料涂刷隔离。

A. 干净处理；　　B. 洁净处理；　　C. 光洁处理；　　D. 清洁处理。

117. 漆膜出现泛白主要是湿度过大，空气中相对湿度超过______%时，由于涂装后漆膜中溶剂的挥发与空气对流，水分积聚在漆膜中形成白雾状。

A. 80；　　B. 85；　　C. 75；　　D. 90。

118. 漆膜出现泛白主要原因是溶剂______，低沸点稀料较多，或稀料内含有水分。

A. 选拔不当；　　B. 选用不当；　　C. 择用不当；　　D. 选择不当。

119. 漆膜粗糙的原因主要是，涂料在制造过程中研磨不够，颜料过粗，分散性不好，用油______等都会产生漆膜粗糙。

A. 不够；　　B. 太少；　　C. 不足；　　D. 量少。

120. 漆膜粗糙产生的原因主要是涂料调制搅拌不均匀，过筛不细致，杂质污物______漆料中；调配漆料时产生的气泡在漆液内未经散开即施工。

A. 加入；　　B. 混合；　　C. 掺入；　　D. 混入。

121. 漆膜粗糙产生的原因主要是施工环境______，空气中有灰尘，刮风时将砂粒等飘落于漆料中，或粘在未干的漆膜上。

A. 不清洁；　　B. 不干净；　　C. 不洁净；　　D. 不光洁。

122. 预防漆膜粗糙措施是，当发现底漆膜粗糙时，应先进行______，再涂刷面漆。并适当调整涂料的挥发性。

A. 打磨后；　　B. 处理后；　　C. 磨平后；　　D. 擦拭后。

123. 漆膜出现粉化的主要原因是强烈的日光曝晒，水、霜、冰、雪的______。

A. 侵害；　　B. 腐蚀；　　C. 侵蚀；　　D. 风化。

124. 防治漆膜粉化的措施，根据要求选择耐候性好、防水性好的涂料，如长油度醇酸漆或丙烯酸漆，漆膜______，可延长使用期。

A. 较坚固； B. 较稳固； C. 较坚硬； D. 较稳定。

125. 漆膜出现钉孔的主要原因，施工粗糙，腻子层不光滑，未涂底漆或______，就急于喷面漆。硝基漆比其他漆尤为突出。

A. 2 道底漆； B. 3 道底漆； C. 4 道底漆； D. 1 道底漆。

126. 漆膜出现气泡的主要原因，基层腻子未完全______，凝在腻子中的水分受热蒸发。

A. 干净； B. 干燥； C. 固化； D. 干结。

127. 防治漆膜发笑的措施，对污染______发笑，可用稀释剂、肥皂等洗洁剂对发笑部位进行擦拭，以消除基层污物。

A. 发起的； B. 造成的； C. 引起的； D. 产生的。

128. 漆膜出现渗色的主要原因，在涂刷时，遇到木材上有染色剂或木质含有染料颜色未被______。

A. 掩盖； B. 覆盖； C. 遮盖； D. 封闭。

129. 漆膜出现渗色产生的主要原因，是油性涂料被基层水泥砂浆中的______析出物腐蚀。

A. 碱性； B. 盐； C. 酸性； D. 金属。

130. 防治漆膜渗色措施，事先涂虫胶清漆或血料封闭染色剂，或采用______的颜色漆。

A. 相配套； B. 相适应； C. 相配合； D. 相适合。

131. 腻子翻皮的主要原因是腻子刮得过厚，基层______，且胶性不足。

A. 清洁； B. 光洁； C. 较干燥； D. 干净。

132. 防治腻子翻皮，在调制腻子时，加入适量的胶液，不宜过稠，但也不宜过稀，以使用______为准。

A. 顺手； B. 方法； C. 合适； D. 方便。

133. 预防腻子翻皮的措施，当发现翻皮的腻子时应清除干净，找出翻皮的原因，采取______措施后，再批刮腻子。

A. 相应的； B. 合适的； C. 相当的； D. 恰当的。

134. 漆膜出现咬色的原因，主要是混凝土基层的钢筋、预埋铁件等物未处理，或未刷防锈漆，或未被虫胶______。

A. 覆盖； B. 封闭； C. 掩盖； D. 遮盖。

135. 防治漆膜咬色的措施，当基层有油漆、色粉笔印等时，应用铲刀或擦布______。

A. 打扫干净； B. 清洗干净； C. 清除干净； D. 清扫干净。

136. 漆膜出现反碱的主要原因，基层含碱成分较高，又由于长期的潮湿造成碱质的沉结和外析，而未进行______。

A. 掩盖处理； B. 覆盖处理； C. 遮盖处理； D. 封闭处理。

137. 防治漆膜反碱措施，严格______稠化剂（如羧甲基纤维素）的用量，可适当增加一些六偏磷酸钠来促凝，以减少反碱变色。

A. 控制使用； B. 适当使用； C. 合理使用； D. 严禁使用。

138. 防治漆膜起皮措施，如混凝土或抹灰基层表面烟熏、油污严重，需先用水清洗1遍，再用血料液加水泥涂刷1遍，配合比为血料：水泥＝______，并适当加水稀释，但用水量不得超过10%。

A. 60：40；　　B. 70：30；　　C. 80：20；　　D. 90：10。

139. 防治漆膜起皮措施，对于已起皮的粉饰，应将起皮部分______，找出基层上影响起皮的原因，处理后修补腻子，涂刷面层。

A. 打扫干净；　　B. 擦拭干净；　　C. 铲除干净；　　D. 用抹布抹干净。

140. 水性涂料工程涂膜表面粗糙的原因，是因为混凝土或抹灰基层表面太______，施工环境温度较高，使涂料的水分挥发过快。

A. 平滑；　　B. 固化；　　C. 平整；　　D. 干燥。

141. 水性涂料工程防治涂膜表面粗糙措施，喷浆气压应控制在______MPa，喷枪距基层表面不超过300mm，防止喷浆在未到达基层表面时已干结而形成小颗粒。

A. 1.5；　　B. 1.6；　　C. 1.7；　　D. 1.8。

142. 预防乳胶涂料产生流挂的措施是，施工环境的温度应保持在10℃以上，湿度应小于______%。

A. 81；　　B. 80；　　C. 82；　　D. 83。

143. 乳胶涂料涂膜发花的原因是颜色______或密度相差过大，在涂刷或辊涂施工时，在刷、辊方向上产生条纹状色差，即有浮色产生。

A. 分布不好；　　B. 散开不好；　　C. 分散不好；　　D. 分开不好。

144. 乳胶涂料涂膜发花的原因，是基层表面粗糙度不同，对所施涂料吸收；基层碱性过大，也易造成色泽______脚手架遮挡部位在重新喷或刷涂料时，涂布量及涂布色调可能与大面积的刷涂不同，也会造成色泽不均。

A. 不一样；　　B. 不平衡；　　C. 不一致；　　D. 不均匀。

145. 防治乳胶涂料涂膜发花措施______乳胶涂料的粘度，如果粘度过低，浮色现象严重；粘度偏高时，即使密度相差较大，颜色也会减少分层的倾向。

A. 适当提高；　　B. 适当减少；　　C. 适当增加；　　D. 适当调配。

146. 防治乳胶涂料涂膜发花措施，即在施工时应力求均匀，严格按照______进行。涂膜不宜过厚，涂膜越厚，越易出现浮色发花现象。

A. 操作方法；　　B. 操作规程；　　C. 操作顺序；　　D. 操作步骤。

147. 防治乳胶涂料涂膜发花的措施，即被脚手架遮挡的部位在重新喷涂或刷涂时，要认真操作，涂布量不要少于规定的______，且尽量使用同一批涂料，以确保整体饰面颜色的一致。

A. 数字；　　B. 数目；　　C. 数量；　　D. 质量。

148. 在裱糊壁纸过程中，垂直是保证裱糊质量的______，它直接影响整个裱糊面的美观，尤其是对花的壁纸影响就更大，故在施工中应引起足够的重视。

A. 基本规定；　　B. 起码要求；　　C. 基本尺度；　　D. 基本要求。

149. 在裱糊壁纸过程中壁纸出现不垂直现象，其原因壁纸选用不严格，花饰与纸边______，又未经处理就裱糊。

A. 不平行；　　B. 未对齐；　　C. 不垂直；　　D. 未对正。

150. 防治壁纸裱糊不垂直的措施，当裱糊第二张壁纸与第一张壁纸的拼接时，可采用______时，应注意拼缝的紧密性和花纹的对称，及时进行修整。

A. 边对边法； B. 接缝法； C. 齐缝法； D. 对缝法。

151. 防治壁纸裱糊不垂直的措施，当裱糊第二张壁纸与第一张壁纸的拼接时，可采用搭缝法，对于一般无花纹的壁纸，应注意使壁纸间的拼缝重叠______ mm，而对于有花纹的壁纸，可使两张壁纸花纹重叠，对花准确后，在准备拼缝的部位用钢尺将重叠处压实，由上而下一刀裁割，将切去的余纸撕掉。

A. 5～10； B. 10～20； C. 20～30； D. 30～40。

152. 壁纸裱糊时花饰不对称，其原因是在裱糊时由于多次拉粘，造成壁纸的自然______，使壁纸花饰无法对称。

A. 延长； B. 延续； C. 拉伸； D. 延伸。

153. 壁纸裱糊时，出现离缝，产生的原因主要是胶液被______吸收，使壁纸粘贴不牢，干燥后形成离缝。

A. 基层； B. 底层； C. 基础； D. 面层。

154. 壁纸裱糊时，出现离缝，其主要原因是在裁割时，由于裁刀和______等问题使边缘不直、不挺，出现亏纸现象。

A. 操作能力； B. 操作技能； C. 操作技术； D. 操作技巧。

155. 防治壁纸裱糊出现离缝的措施，当裁割壁纸时，必须掌握尺寸，下刀前应______尺寸有无出入。尺边压紧壁纸后不得再移动，刀刃贴紧尺边一气呵成，中间不得停顿或变换操刀角度，手劲要均匀。

A. 审核； B. 审查； C. 复核； D. 检查。

156. 防治壁纸裱糊出现离缝的措施，即在粘贴第二张壁纸时，必须与第一张壁纸靠紧，争取无缝隙，在赶压壁纸底的胶液时，由拼缝处横向往外赶压胶液和气泡，______使壁纸对好接缝后不再移动。如果已出现移动，则要及时赶压回原位。

A. 保险； B. 保持； C. 确保； D. 保证。

157. 防止壁纸裱糊时出现离缝的措施，对离缝或亏纸轻微的壁纸墙面，可用与壁纸颜色______的乳胶漆点描在缝隙内，漆膜干燥后一般不易显露。较严重的部位，可用相同的壁纸补贴好，不使有痕迹。

A. 相同； B. 同样； C. 相似； D. 类似。

158. 壁纸裱糊出现翘边的原因，阳角处裹角壁纸少于______ mm，受干燥收缩的作用而翘边。

A. 4； B. 5； C. 6； D. 7。

159. 壁纸裱糊出现翘边的原因，阴角处重叠______或有空鼓，如胶粘剂粘性小也易翘边。

A. 搭接； B. 接缝； C. 拼接； D. 盖缝。

160. 防止壁纸裱糊后出现翘边的措施，应将基层表面灰尘、油污______，在腻子批刮后，打磨平整，并用稀释的108胶涂喷1遍，待封底胶干燥后才可以进行刷胶裱糊。

A. 铲除干净； B. 打扫干净； C. 擦拭干净； D. 清理干净。

161. 防治壁纸裱糊出现翘边的措施，当壁纸上墙后，应注意垂直和接缝密合，用橡胶皮刮板或钢皮刮板轻轻推刮，______要横向外推，顺序刮平压实，将多余的粘结剂压出来，并及时用湿毛巾或棉丝将余液擦干净。

A. 垂直拼缝处；　B. 水平接缝处；　C. 垂直接缝处；　D. 水平拼缝处。

162. 防止壁纸裱糊出现翘边的措施，在阴角壁纸搭缝时，应先裱糊压在里面的壁纸，再用粘性较大的胶液粘贴面层壁纸；搭接面应根据阴角垂直度而定，搭接宽度一般为3～5mm，纸边搭在______，并且保持垂直无毛边。

A. 阴暗处；　B. 阴角处；　C. 不明显处；　D. 阳角处。

163. 防止壁纸裱糊时出现翘边的措施，应严禁在阳角外甩缝。壁纸裹过阳角要不小于______mm。包角壁纸必须使用粘结性较强的胶液，要压实、压平，边口上下垂直，无空鼓。

A. 30；　B. 40；　C. 50；　D. 60。

164. 编制施工组织设计的______是在分析主客观因素的前提下，把各方面的力量和有利条件周密地组织协调起来，有计划地按标准的设计方案进行施工，以保证工程高质量、高速度、低消耗、安全地建成。

A. 要求；　B. 目标；　C. 任务；　D. 目的。

165. 施工______一般包括分部分项的施工方法，施工段的划分，工程施工的顺序和流水作业的安排及施工机械的选择和质量安全技术措施。

A. 方案；　B. 方针；　C. 方法；　D. 安排。

166. 绘制施工现场______，根据划分的施工阶段分别绘制各阶段的施工场布图，要求绘制地下、立体结构、装饰三个施工阶段的现场布置图，对于一些小工程可以不分施工阶段，只绘制总体场布图。

A. 阶段图；　B. 布置图；　C. 平面图；　D. 安排图。

167. 一般的______还有以下内容：单位工程开工报告表；木门窗或其他种类门窗的加工表；混凝土预制构件加工表；其他加工工件的分类表；编制方案的必要说明；季节性施工技术的组织措施等。

A. 施工管理；　B. 施工措施；　C. 施工方案；　D. 施工组织设计。

168. 班组管理的好坏直接关系到企业的产量、效率与______，在很大程度上决定着企业的兴衰。在进一步深化市场经济的今天，做好班组管理工作尤为重要。

A. 产品质量；　B. 质量名望；　C. 产品优劣；　D. 质量信誉。

169. 只有加强班组______，才能为整个企业管理奠定坚实基础，提高企业管理的整体水平。

A. 管理；　B. 建设；　C. 学习；　D. 安全。

170. 建设一个团结合作的班委______。一般来说，班委领导集体由班长、工会小组长、党（团）小组长及宣传员、质量检查员、安全员、材料员、定额考勤员和生活员组成。

A. 领导班子；　B. 领导集体；　C. 领导集团；　D. 领导核心。

171. 班组施工作业计划采用______，在规定的工期内，发动班组每个成员，详细了解所分派的任务，使分派给每个人的任务都能在规定的计划日期内按质、按量完成。

A. 定期安排法；　B. 定期施工法；　C. 定期计划法；　D. 定期任务法。

172. 国务院颁发的“三大______”即《工厂安全卫生规程》、《建筑安装工程安全技术规程》、《工人职员伤亡事故报告规程》。

A. 规定； B. 规章； C. 制度； D. 规程。

173. 国务院颁发的“五项______”即关于安全生产责任制；关于安全技术措施；关于安全生产教育；关于安全生产定期检查；关于伤亡事故的调查处理。

A. 规定； B. 要求； C. 制度； D. 规程。

174. 班组安全管理制度，班组安全生产责任制是规定班组长和全体班组操作人员在施工生产过程中应负安全责任的一种______。

A. 要求； B. 制度； C. 规定； D. 做法。

175. 班组长的安全责任，要认真贯彻执行有关安全生产的方针、法规和各项制度，对本班组工人在______的安全和健康负责。

A. 作业中； B. 操作中； C. 施工中； D. 劳动中。

176. 班组长的安全责任是认真执行______，和安全员一起开展对本班组范围内的安全检查，发现问题及时报告有关领导的同时，积极解决，消除隐患。

A. 值班制度； B. 交接班制度； C. 检查制度； D. 交换班制度。

177. 操作人员要做到“三懂”，即懂设备性能、懂质量标准、懂技术______。

A. 规范； B. 要求； C. 规定； D. 措施。

178. 班组的质量检查制度，即班组______，主要包括班组自检、班组互检和交接检查3种方式。

A. 质量标准； B. 质量检查； C. 质量措施； D. 质量要求。

179. 全面质量管理简称TQC，T为全面，Q为______，C管理。TQC是保证企业优质、高效、低耗，取得良好经济效益的一种科学管理方法。

A. 数量； B. 分量； C. 质量； D. 标准。

180. 质量管理小组即QC小组，是以保证、提高与改进工程质量、工作质量和服务质量为______，围绕施工现场中存在的问题，由班组工人自愿组织、主动开展质量管理活动的小组。

A. 标准； B. 目标； C. 宗旨； D. 目的。

181. 限额领料单的______一般由材料定额员负责，根据验收合格的任务书，计算出材料的应用量，与实际耗用量对比，结算出盈余或超用量，作为奖罚依据。

A. 结算； B. 算账； C. 结账； D. 合算。

182. 班组工具员的职责，领发料要有手续，班组领到材料后要认真______、验收和进行外观检查，并分类保管。由于涂料及溶剂、稀释剂都属于危险易燃品，应特别注意防火安全。

A. 登记； B. 计量； C. 检查； D. 记账。

183. 班组工具管理制度，班组应______责任心强、专业知识丰富、工作热情高的工人担任工具员，协助班组长做好工具的领、发、保管工作。

A. 推荐； B. 指定； C. 推选； D. 指派。

184. 班组经济核算是以______为单位，对生产中的消耗和成果进行核算。班组经济核算是落实经济责任制的基础，是促进提高经济效益的重要手段，是贯彻按劳分配原则的依据，是培养工人主人翁意识的重要途径。

A. 企业；　　B. 个人；　　C. 小组；　　D. 班组。

185. 班组经济活动______是根据班组经济核算资料和计划与本工种其他班组和上期经济核算情况进行对比。在此基础上可以查明完成或未完成计划的原因，总结材料消耗、降低成本、生产管理、文明施工等方面的经验，采取措施，进一步挖掘内部潜力，力求取得最大的经济效益。

A. 分析；　　B. 分解；　　C. 总结；　　D. 分配。

186. 班组经济活动分析的主要形式进行专题分析，即针对班组在生产经营活动中的产量、质量、消耗等方面带有______的问题，通过比较详细的调查，汇总必要的资料和信息，进行分析研究，寻找解决办法，找出改进措施。

A. 普遍性；　　B. 共性；　　C. 特殊性；　　D. 一般性。

187. 班组经济活动分析的______，主要有排列问题、搜集资料、对比分析和提出措施4个步骤。

A. 顺序；　　B. 序列；　　C. 程序；　　D. 秩序。

二、选择题答案

1. A	2. B	3. C	4. D	5. A	6. B	7. C	8. D	9. A
10. B	11. C	12. D	13. A	14. B	15. C	16. D	17. A	18. B
19. C	20. D	21. A	22. B	23. C	24. D	25. A	26. B	27. C
28. D	29. A	30. B	31. C	32. D	33. A	34. B	35. C	36. D
37. A	38. B	39. C	40. D	41. A	42. B	43. C	44. D	45. A
46. B	47. C	48. D	49. A	50. B	51. C	52. D	53. A	54. B
55. C	56. D	57. A	58. B	59. C	60. D	61. A	62. B	63. C
64. D	65. A	66. B	67. C	68. D	69. A	70. B	71. C	72. D
73. A	74. B	75. C	76. D	77. A	78. B	79. C	80. D	81. A
82. B	83. C	84. D	85. A	86. B	87. C	88. D	89. A	90. B
91. C	92. D	93. A	94. B	95. C	96. D	97. A	98. B	99. C
100. D	101. A	102. A	103. C	104. D	105. A	106. B	107. C	108. D
109. A	110. B	111. C	112. D	113. A	114. B	115. C	116. D	117. A
118. B	119. C	120. D	121. A	122. B	123. C	124. D	125. A	126. B
127. C	128. D	129. A	130. B	131. C	132. D	133. A	134. B	135. C
136. D	137. A	138. B	139. C	140. D	141. A	142. B	143. C	144. D
145. A	146. B	147. C	148. D	149. A	150. B	151. C	152. D	153. A
154. B	155. C	156. D	157. A	158. B	159. C	160. D	161. A	162. B
163. C	164. D	165. A	166. B	167. C	168. D	169. A	170. B	171. C
172. D	173. A	174. B	175. C	176. D	177. A	178. B	179. C	180. D
181. A	182. B	183. C	184. D	185. A	186. B	187. C		

第四节　中级油漆工知识考核简答题

一、简答题试题

1. 建筑工程施工图上的图线画法有什么要求？
2. 建筑工程图样中尺寸怎样组成的？
3. 直线段尺寸如何标注？
4. 圆与圆弧尺寸如何标注？
5. 角度尺寸如何标注？
6. 比例注写的位置应选在什么地方？
7. 在施工图中如何表示定位轴线？
8. 怎样进行标高注写？
9. 标高有哪些分类？
10. 建筑总平面图的识读方法与步骤是什么？
11. 建筑平面图的识读方法与步骤是什么？
12. 建筑立面图的识读方法与步骤是什么？
13. 建筑剖面图的识读方法与步骤是什么？
14. 墙身详图的识读方法和步骤是什么？
15. 油漆装饰工程用工计算的依据是什么？
16. 计算工程量的一般方法和步骤有哪些？
17. 应用劳动用工定额需注意哪些问题？
18. 什么是劳动时间定额？
19. 什么是劳动产量定额？
20. 材料定额管理的计算方法是什么？
21. 玻璃钢的性能特点有哪些？
22. 选择玻璃钢胶料配合比应注意哪些问题？
23. 地面玻璃钢整体构造内容和作用有哪些？
24. 玻璃钢墙板边缘处理有哪些方式？
25. 玻璃钢地面、墙面的基层如何处理？
26. 玻璃钢地面、墙面的施涂工艺流有哪些？
27. 不论采用间断法或连续法进行粘贴玻璃布均要注意哪两点？
28. 玻璃钢地面、墙面施涂工艺的质量检查与成品验收标准是什么？
29. 建筑涂料应具有哪些性能？
30. 防火涂料具有哪些特性功能？
31. 绝缘油漆的性能有哪些？
32. 过氯乙烯涂料金属面施涂工艺基层处理方法是什么？
33. 过氯乙烯涂料金属面施涂工艺，如何打蜡抛光？

34. 过氯乙烯涂料施工应注意哪些事项？
35. 过氯乙烯涂料抹灰面施涂工艺流程有哪些？
36. 过氯乙烯涂料金属面施涂工艺流程有哪些？
37. 钢结构防火涂料施涂工艺如何进行喷涂？
38. 聚胺酯防水涂料施工注意事项有哪些？
39. 丙烯酸防水涂料施工应注意哪些事项？
40. 玻璃的种类有哪些？
41. 平板玻璃具有哪些性能？
42. 什么是玻璃的喷砂？
43. 3mm 厚的小尺寸平板玻璃手工磨砂方法是什么？
44. 玻璃磨砂操作应注意哪些事项？
45. 玻璃钻孔操作应注意哪些事项？
46. 玻璃开槽操作应注意哪些事项？
47. 玻璃化学蚀刻操作应注意哪些事项？
48. 裁割异形玻璃和美术图案玻璃操作应注意哪些事项？
49. 安装铝合金框、扇玻璃操作应注意哪些事项？
50. 安装铝合金框扇质量要求是什么？
51. 虫胶漆底水色模拟法操作工艺流程有哪些？
52. 虫胶漆底水色模拟法工艺施工，基层如何处理？
53. 氯偏水色模拟法操作工艺流程有哪些？
54. 氯偏水色模拟法施工，若面积较大如何处理？
55. 油漆底油色模拟法如何刷油色？
56. 油漆底油色模拟法操作工艺流程有哪些？
57. 怎样笔绘消色大理石纹？
58. 笔绘消色大理石纹操作工艺流程有哪些？
59. 木纹或石纹模糊的防治方法有哪些？
60. 画宽、窄、纵横油线和粉线（包括平身线）工艺操作应注意哪些事项？
61. 墙面无光漆涂刷的方法是什么？
62. 墙面无光漆的施工工艺操作流程是什么？
63. 墙面无光漆施工质量要求是什么？
64. 石膏拉毛操作工艺流程有哪些？
65. 怎样进行美术工艺制品拉毛？
66. 石膏拉毛施涂工艺质量标准是什么？
67. 什么是内墙多彩喷涂？
68. 内墙多彩喷涂的施涂工艺流程是什么？
69. 多彩喷涂操作应注意事项是什么？
70. 什么是内、外墙面彩砂喷涂？
71. 内、外墙多彩喷砂工艺流程有哪些？
72. 内、外墙多彩喷砂施工应注意哪些事项？

73. 什么是弹涂装饰工艺?
74. 以水泥为主要基料的弹涂装饰操作工艺流程有哪些?
75. 彩弹装饰工艺操作应注意哪些事项?
76. 什么是滚花装饰工艺?
77. 滚花装饰操作工艺流程有哪些?
78. 墙纸裱糊施工操作工艺流程有哪些?
79. 墙纸裱糊施工，新抹灰面基层的处理方法有哪些?
80. 墙纸裱糊施工时，如何刷胶合剂?
81. 墙纸裱糊施工时，对安装在墙面上的开关、插座等如何处置?
82. 虫胶清漆带浮石粉理平见光施涂操作工艺流程有哪些?
83. 虫胶清漆带浮石粉理平见光施涂工艺，调配各种润粉腻子的比例是多少?
84. 润粉腻子的操作要点有哪些?
85. 虫胶清漆带浮石粉理平见光施涂工艺，怎样进行修色、拼色?
86. 怎样进行虫胶清漆带浮石粉揩涂施工?
87. 虫胶清漆带浮石粉理平见光施涂注意事项是什么?
88. 硝基清漆有什么特点?
89. 硝基清漆理平见光及磨退施涂操作工艺流程有哪些?
90. 怎样使用脱色剂使木材颜色一致?
91. 怎样去除木毛?
92. 揩涂硝基漆时应该注意什么?
93. 硝基清漆理平见光及磨退施涂工艺，手工抛光一般可分哪三个步骤?
94. 光色和物色各有哪些原色?
95. 聚胺酯清漆刷亮与磨退施涂操作工艺流程有哪些?
96. 聚胺酯清漆刷亮与磨退施涂工艺操作应注意哪些事项?
97. 各色聚胺酯磁漆刷亮与磨退施涂操作工艺流程有哪些?
98. 各色聚胺酯磁漆刷亮与磨退施涂工艺，施涂底油的重要作用是什么?
99. 各色聚胺酯磁漆刷亮与磨退施涂操作应注意哪些事项?
100. 丙烯酸木器清漆施涂操作工艺流程有哪些?
101. 硬木地板虫胶清漆打蜡施涂操作工艺流程有哪些?
102. 硬木地板虫胶清漆打蜡施涂操作工艺中，如何施涂底油及打磨?
103. 硬木地板虫胶清漆如何打蜡?
104. 聚胺酯耐磨清漆有哪些特点?
105. 硬木地板聚胺酯耐磨清漆施涂操作工艺流程有哪些?
106. 硬木地板聚胺酯耐磨清漆施涂工艺，如何涂刷底油?
107. 木地板烫蜡法工艺有哪些流程?
108. 如何进行木地板浇蜡烫蜡?
109. 烫蜡木地板的质量要求是什么?
110. 广漆的正常干燥过程是什么?
111. 油色底广漆面施涂工艺流程有哪些?

112. 油色底广漆面施涂时如何刷油色？
113. 油色底广漆面施涂工艺，如何嵌批腻子？
114. 油漆底、广漆面施涂工艺如何刷豆腐底色？
115. 豆腐底两道广漆面施涂工艺流程有哪些？
116. 以氧化铁颜料作原料如何进行水色的调配？
117. 油色的调配方法是什么？
118. 编制施工方案的目的是什么？
119. 施工组织设计的内容是什么？
120. 简述施工方案的编制内容？
121. 班组管理的主要内容是什么？
122. 班组施工作业计划编制方法是什么？
123. 抓好班组施工作业计划的管理应如何做好哪几方面工作？
124. 国务院颁发的劳动保护“三大规程”和“五项规定”的内容是什么？
125. 班组职工应遵守的纪律和规章制度有哪些？
126. 班组质量管理操作人员主要有哪些职责？
127. 班组现场材料如何管理？
128. 班组经济活动分析的主要形式有哪些？
129. 油漆涂料工程出现流坠产生的原因有哪些？
130. 油漆涂料工程防止出现流坠的方法有哪些？
131. 油漆涂料工程出现慢干和反粘的原因是什么？
132. 油漆涂料工程防止出现慢干和反粘的方法有哪些？
133. 油漆涂料工程出现泛白的原因是什么？
134. 油漆涂料工程防止出现泛白的方法有哪些？
135. 油漆涂料工程出现漆膜粗糙的原因是什么？
136. 油漆涂料工程防止出现漆膜粗糙的方法有哪些？
137. 油漆涂料工程出现起泡的原因是什么？
138. 油漆涂料工程防止出现起泡的方法有哪些？
139. 油漆涂料工程出现失光的原因是什么？
140. 油漆涂料工程防止出现失光的方法有哪些？
141. 油漆涂料工程出现渗色的原因是什么？

二、简答题答案

1. 图线的画法应符合国标规定要求：

1）点划线第一线段的长度大致相等，为 10～20mm，线段间距应保持一致，约为 3mm，点划线的首、末两端应为线段；

2）虚线线段应保持长短一致，为 4～6mm，线段之间间距约为 1.5mm；

3）波浪线以及折断线中的断裂处的折线可徒手画出；

4）各种图线的衔接或相交处应画成线段，而不应是空隙。

2. 建筑工程图样中尺寸的组成：

1）尺寸界线：尺寸界线是表示图形尺寸范围的界限线，用细实线绘制，有时可利用定位轴线、中心线或图形的轮廓线来代替；

2）尺寸线：表示图形尺寸度量方向的线，用细实线绘制，不能利用任何图线代替尺寸线；

3）尺寸起止符号：在尺寸线与尺寸界线的相交处必须画上尺寸起止符号，尺寸起止符号一般用中粗斜短线绘制，其倾斜方向应与尺寸界线顺时针 45°角，长度宜为 2～3mm；

4）尺寸数字：尺寸大小是以数字来表示，其计量一般以“mm”为单位，在图中可不于注明。

3. 直线段尺寸的标注：

1）尺寸界线：应垂直于被标注的直线段，对最外边的尺寸界线应接近图形的所注部分，中间的尺寸界线可画得稍短些。

2）尺寸线位置：必须与标注的线段平行，大尺寸要标在小尺寸的外边。尺寸线的位置与图形的轮廓线不能靠得太近，两条平行的尺寸线间距约为 7mm。

3）尺寸起止符号：应采用 45°斜短线表示。

4）尺寸数字：标注位置应在尺寸线的中部上方。当尺寸界线距离较密时，最外边的尺寸数字可以标注在尺寸界线外侧；中部的尺寸数字，可与相邻的尺寸数字在尺寸线的上、下错开标注，必要时可以用线引出标注。

4. 圆与圆弧尺寸的标注：

1）尺寸界线：是以圆及圆弧的轮廓线代替；

2）尺寸线和尺寸起止符号：尺寸线应过圆心，尺寸线的起止符号采用箭头符号和圆心表示；

3）尺寸数字：圆与圆弧的尺寸数字是以直径和半径的长度来标注的，在尺寸数字前面均应加注“D”和“R”代号（或用 ϕ 表示直径代号）。

5. 角度尺寸的标注：

1）尺寸界线：它一般是以角度的两边来代替的；

2）尺寸线、尺寸起止符号及尺寸数字：尺寸线是以角顶点为圆心所作的圆弧线；尺寸起止符号一律采用箭头符号表示；尺寸数字用角度来计量，其单位为度、分、秒（即°、′、″），并应水平注写。

6. 比例注写的位置：当一张图样中只用一种比例时，应注写在标题栏的比例一项内；如一张图样中有几个图形并各自选用不同比例时，其比例应分别标注在它们的分图名右下侧。

7. 定位轴线是确定建筑物或构筑物各个组成部分的平面位置的重要依据。在施工图中，凡承重墙、柱子、大梁或屋架等主要承重构件应画上轴线来确定其位置。对于非承重的隔墙次要承重构件等，则有时用分轴线，有时也可由注明其与附近轴线的有关尺寸来确定。

轴线用细点划线表示，末端用圆圈（圆圈直径为 8mm），圈内注明编号，在水平方向的编号采用阿拉伯数字，由左向右依次注写；在垂直方向上的编号，采用大写拉丁字母由下向上顺序注写。其中 I、Q、Z 三个字母不得用为轴线编号。轴线编号一般标注在图面的下方及左侧。

8. 标高标注：

1）在标高注写时，其标高符号的尖端表示所注标高的位置，在横线处注明标高值；

2）标高的数值，以“m”为单位，在一般图中其值取至小数点后3位，在总平面图上取到小数点后2位；

3）对于标高的基准面处应注写成±0.000；凡比零点标高低的其注写数字前应加注“－”号，如－2.000，－0.300；比零点标高高的其数值前不加注“＋”号。如4.200、3.300。

9. 标高分类：

1）按标高基准面的选定情况分：

①绝对标高：根据我国规定，凡以青岛的黄海平均海平面作为标高的基准面而引出的标高均称为绝对标高。

②相对标高：凡标高基准面（即±0.000水平面）是根据工程需要而各自选定的，这类标高称为相对标高。在一般建筑中，大都是取底层室内地面作为相对标高的基准面。

2）按标高所注的部位分：

①建筑标高：它是标注在建筑物的装饰面层处的标高；

②结构标高：它是标注在建筑结构部位（如梁底、板底处）的标高。

10. 建筑总平面图的识读方法与步骤：

1）了解工程名称；

2）了解图样的比例；

3）阅读设计说明。

除了用图形表达外，在建筑总平面图中还对下列事项用文字加以说明：

①建筑总平面图绘制依据和工程情况的说明；

②建筑物位置确定的有关事项；

③关于总体标高以及水准引测点的说明；

④补充图例的说明等。

11. 建筑平面图的识读方法与步骤：

1）了解图名：建筑平面图的图名，一般是按其所表明的层间的层数来称呼，如底层建筑平面图、二层建筑平面图；

2）阅读与熟悉有关图例；

3）了解建筑物的平面布置和朝向；

4）了解建筑平面图上的各部分尺寸；

5）了解建筑中各组成部分的标高情况；

6）了解门窗的位置和编号；

7）了解建筑剖面图的剖切位置；

8）了解楼梯的布置等情况；

9）了解室内装饰的要求。

12. 建筑立面图的识读方法与步骤：

1）了解图名：建筑立面图的图名称呼有两种情况：一是按立面图所表明的朝向来称

呼，如东立面图、南立面图……；二是按立面图中建筑两端的定位轴线编号来称呼，如①—⑨轴立面图、(A)—(E)轴立面图……；

2）了解建筑物的外形和墙上构造物情况；

3）了解建筑物外部装饰及所用材料情况；

4）了解建筑物外墙面上的门窗情况；

5）了解建筑物立面各部分的竖向尺寸和标高情况。

13. 建筑剖面图的识读方法与步骤：

1）了解图名：建筑剖面图的图名是按照它们的剖视编号来称呼的，如I—I剖面图；

2）了解建筑物的构造和组合；

3）了解建筑物室内的装饰和设备等情况；

4）了解建筑物的各部位的尺寸和标高情况。

14. 墙身详图的识读方法和步骤

识读墙身详图时，首先应找到详图所表示的建筑部位，应与平面图、剖面图或立面图对应来看。

看图时要由下向上或由上向下逐个节点识读：

1）了解墙身的防水、防潮做法；

2）了解立面装饰要求；

3）了解门窗洞口的高度、上下皮高度、立口的位置；

4）了解室内各层地面、吊顶、屋顶等的标高及构造做法；

5）了解各层梁板等构件的位置及其与墙身的关系。

15. 油漆工程中用工计算的依据有以下几点：

1）建筑工程施工图及其说明；

2）图样会审中有关油漆装饰内容的会议纪要及技术联系单、签证单；

3）建筑装饰工程施工验收规范；

4）建筑装饰工程质量验收评定标准；

5）全国建筑安装统一劳动定额或省市颁布的劳动定额；

6）全国建筑安装统一材料耗用定额或各省市颁布的材料耗用定额。

16. 计算工程量的一般方法和步骤：

1）根据施工图样计算出需要装饰的各单项实物工程量。如门、窗、顶棚等的投影面积。

2）图样上无法标注的装饰应到实地测量计算，如玻璃的尺寸、扶手的延伸长度及围径等。

3）对一些新材料、新工艺或特殊的异形装饰物，可在图样会审时，按照设计和用户的要求，参照有关规定，先编制估、预算分析定额，经设计和建设单位认可，作为工程决算时的依据。

4）工程实物量的计算应根据装饰的不同等级、种类、形式、位置等按照施工样纸及图样会审中修改设计联系单，对照工作量计算的有关规定，计算出施工工作量。在计算工作量时，还应对同类工程量的不同项目，正确地套用定额规定的系数，例如，各类门窗在计算时，以门窗的投影面积再乘以规定的系数。

17. 应用劳动用工定额应注意以下几个问题：

1）确定工程项目：劳动定额是按工程部位、分项、分工种工程制定的，使用定额时，必须按施工图样和工艺情况，确定项目名称；

2）确定工程项目的规格和类型：定额本上的工程项目，通常都按项目的规格和类型确定；

3）确定施工方法：由于施工方法的不同，定额水平差异很大，所以定额中很多工程项目都分到了数种施工方法的定额水平，在套用定额时，必须根据实际所使用的施工方法选用定额；

4）了解和核对工作内容：定额册、章、节都说明了工程项目的工作内容，在实际执行中，要把实际施工情况和工作内容详细核对，对不应包括在定额内的工作内容，则应另外处理，当定额内包括的工作内容在施工中不存在时，也要研究，减少工时或另行处理；

5）详细对照定额本上有关项目的规定和附注说明：了解工程量的计算规定，对实际工程量计算过程进行核验。

18. 劳动时间定额就是某种专业、某种技术等级工人小组或个人在合理劳动组织、合理使用材料的条件下，完成单位合格产品所必须的工作时间，包括准备与结束时间、基本生产时间、辅助生产时间、不可避免的中断时间及工人必须的休息时间。时间定额以工日为单位，每一工日按8h计算。其计算公式为：单位产品的时间定额（工日）＝1/每工产量。

19. 劳动产量定额就是在合理的劳动组织、合理使用材料的条件下，某种专业、某种技术等级的工人小组或个人，在单位工日中所应作出的合格产品数量。其计算公式为：每工产量＝1/单位产品的时间定额（工日）。

20. 材料定额管理的计算方法如下：

1）计算材料的耗用定额，以国家和各省市颁布的材料耗用定额为依据；

2）在套用定额时，必须认真复核实物工程量。认真阅读材料耗用定额的总说明和分册说明。正确掌握定额说明及有关事项；

3）在套用材料定额时，必须对照工艺要求（即两遍成活、三遍成活或四遍成活之区别），这样才能做到计算材料耗用正确科学；

4）对一些新材料、新工艺无法套用定额时，可按设计和用户的要求，取得建设单位的同意，编制估算分析定额，作为工程施工材料耗用和决算的依据。

21. 玻璃钢的性能特点有以下几点：

1）它成形性好，可以制作各种结构的预制件；

2）质量轻而强度高，可以在满足设计要求的情况下，大大减轻建筑物的质量；

3）耐腐蚀性强，可以适应有防腐要求的各种设施、设备等的特殊要求；

4）有独特的透光性，可作为防风雨的采光材料；

5）可以用多种方法制成装饰材料等。

22. 选择玻璃钢胶料配合比应注意以下几点：

1）为满足使用要求和保证工程质量，在选择不同的原材料所制的玻璃钢以前，必须充分了解防腐地面、墙面的使用要求和各种树脂的防腐性能及物理力学性能，然后根据使用要求选择合适的品种；

2）由于环氧玻璃钢与水泥制品有较好的附着力，所以常用的几种玻璃钢打底多用环氧树脂，以克服有些玻璃钢品种基层附着力不强的缺点；

3）由于同一品种的树脂质量有优劣，气候情况有差异，所以在正式施工前应作小型试样，以选定稀释剂、固化剂的合理掺入量。一般讲，冬季施工时固化剂宜多用一些，夏季施工时稀释剂宜少用一些。

23. 地面玻璃钢整体构造内容和作用：在水泥砂浆或混凝土面层上做玻璃钢，其施工方法和玻璃钢的整体构造有其特殊的要求，它的基层用多种环氧树脂打底，因环氧树脂与水泥制品面有较好的附着力。再用树脂粘结剂将3层玻璃布现场粘结，它起加强整体性强度的作用。树脂砂浆主要是保护玻璃钢免受机械荷载的冲击及摩擦的破坏，由于干燥收缩后易产生裂缝和小孔，因此在砂浆保护层上还应涂刷面层树脂胶料，以封闭树脂砂浆面层。

24. 玻璃钢墙体边缘处理是为了提高墙板的弯曲刚度及便于墙板之间、墙板与建筑物其他构件之间的连接。

墙板的边缘处理，可分为以下几种方式：

1）将墙板边缘弯曲合拢；

2）将墙板边缘封闭；

3）将墙板边缘嵌入型材；

4）在蜂窝孔里填充树脂。

25. 玻璃钢地面、墙面的基层处理。在水泥砂浆或混凝土基层上做玻璃钢，为保证粘结良好，施工前基层必须干燥，在20mm深度内的含水率不应大于6%；表面浮灰、油污应清除干净，并用配套的稀释剂擦洗1遍。

为使玻璃钢与基层接触严密、粘结牢固，基层的坡度应符合设计要求。阴阳角处应做成圆弧形。基层平整度以2m长直尺检查，允许空隙不应大于5mm。

当基层有小坑、麻点等缺陷时，须用树脂腻子修补。

26. 玻璃钢地面、墙面的施涂工艺流程见图2-1。

基层处理
↓
材料准备
↓
打底及嵌批腻子
↓
衬　布
↓
刷树脂胶底子
↓
抹树脂砂浆
↓
刷面层
↓
养　护

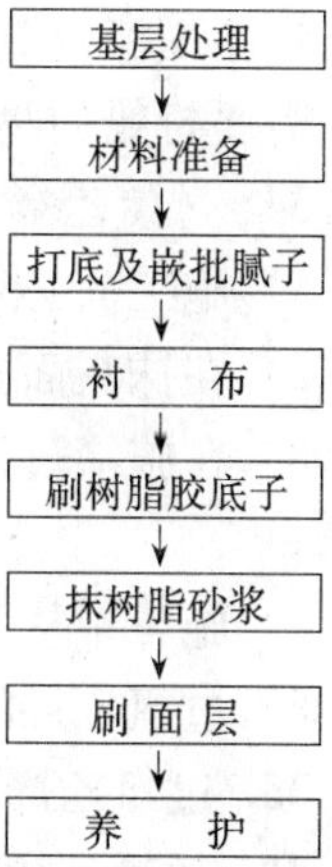

图2-1　玻璃钢地面、墙面的施涂工艺流程

27. 不论采用间断法或连续法进行粘贴玻璃布，均要注意以下两点：

1）最后一层胶料涂刷后需自然固化24h以上，然后进行下道工序的施工；

2）在转角处和管、孔周围，都应把布剪开铺平，并加贴1～2层玻璃布，玻璃布的搭接处要避开拐角部位，层间接缝一定要错开。

28. 玻璃钢地面、墙面施涂工艺的质量检查与成品验收标准如下：

1）玻璃钢面层应平整光滑，色泽均匀。地面面层的平整度以2m长直尺检查，允许空隙不应大于5mm。

2）地面与基层粘结牢固，无空鼓脱层、固化不全和不均匀等现象，表面胶料应无流淌现象。

为了保证铺贴质量，应在每贴一层玻璃布前，检查前一层有无气泡或空鼓脱层现象，如有应及时修补。处理方法是将气泡剪破并用环氧胶料涂满。如气泡过大，应加贴玻璃布。

3）玻璃布应被胶充分浸透，含胶量要均匀，不得出现白点、白面，整个玻璃钢表面应呈胶料的颜色。

29. 建筑涂料应具有以下性能：

一般建筑涂料应用最主要的是使建筑有不同颜色、不同光泽与质感的装饰功能和防止表面碳化、污染并具耐磨性等的保护功能，还有防潮、吸声、明亮等使用功能，除此之外还有特殊性能的、特殊功能的建筑涂料。主要品种有防水涂料、防火涂料、防霉防腐涂料、耐温耐湿涂料、杀虫涂料、防结露涂料、导电涂料、耐酸涂料、防冻涂料、保温隔热涂料等。

30. 防火涂料的含义是当遭受到火灾、温度骤然升高时，防火涂料能迅速膨胀，增加了涂层的厚度，起到防火、吸热、耐热、隔热作用；或者是防火涂层受热分解出阻燃性气体，形成无氧不燃烧层，使火焰减少或熄灭。

31. 绝缘油漆的性能有以下几点：

1）良好的绝缘性：包括漆膜的体积电阻、电击穿强度、电介常数、耐电晕性等性能，这些性能不能由于潮热而有显著降低；

2）良好的耐热性：包括耐热软化性、耐热冲击性和耐热老化性等；

3）干燥性；

4）良好耐化学性：如耐水性、耐油性、耐试剂性、耐溶剂性及耐腐蚀性等；

5）机械性：如耐磨性、耐冲击性等。

32. 过氯乙烯涂料金属面施涂工艺的基层处理。金属面的基层清理好与差直接影响以后的涂刷质量。主要将金属面的铁锈、焊渣、油污等清除干净。除锈的常用方法有手工除锈、机械除锈、化学除锈等。除油污的主要方法有碱液除油、乳化剂除油、有机溶剂除油和磷化处理等。

33. 过氯乙烯涂料金属面施涂工艺，打蜡抛光，一般用过氯乙烯漆涂饰，装饰要求不高，喷涂面漆及罩光后，不需要打蜡抛光，但有些物件需要光滑和光亮度，那就要打蜡抛光。需要打蜡的物件，还得用400号水砂纸打磨呈无光，再擦砂蜡，然后上光蜡。

34. 过氯乙烯涂料施工注意事项：

1）施工面必须干燥，特别是抹灰面施工，含水率应小于8%；

2）在抹灰面施工中，抹灰面不能有起砂现象；

3）在施涂过程中，从底漆直至面漆，下一道漆的施涂必须待上道漆完全干燥后方可进行；

4）施工中从腻子、底漆至面漆必须配套；

5）过氯乙烯涂料的溶剂挥发快、有毒、易燃烧，施工中要注意防护、通风和安全。

35. 过氯乙烯涂料抹灰面施涂工艺流程见图2-2。

36. 过氯乙烯涂料金属面施涂工艺流程见图2-3。

37. 钢结构防火涂料施涂工艺，进行喷涂施工时，环境温度要求在5℃以上，每次喷涂的厚度一般在2～4mm，喷涂的厚度视工程要求而定，每遍喷涂的间隔时间应在4h以上。刚喷好的涂层要避免雨淋，48～96h后才能完全固化干燥。涂料的贮存温度为4～30℃，不可存放在室外，有效贮存期为半年。

图 2-2　过氯乙烯涂料抹灰面施涂工艺流程　　图 2-3　过氯乙烯涂料金属面施涂工艺流程

38. 聚胺酯防水涂料施工注意事项：

1）施工时环境温度不能低于零度，因为温度过低防水涂料粘度增加，使施工操作不便，而且固化速度也会减慢，增加施工时间，影响施工进步；

2）整个施工过程中，必须严防涂膜损坏，若有损坏必须认真修补，绝对保证防水工程质量；

3）整个施工过程中，必须严防烟火，因为防水涂料及溶剂二甲苯均为易燃品；

4）整个施工过程中，空气必须流通，因为焦油或溶剂均有气味且有毒；

5）成品包装，一般甲组分为 16kg/桶，乙组分为 24kg/桶。应按使用说明掌握好配合比。

39. 丙烯酸防水涂料施工应注意以下事项：

1）施涂的外墙必须干燥，含水率在 10%以内，整个墙面无水迹印。表面无疏松、起壳、粉尘、脱膜油迹等。

2）施涂应选择晴天，24h 以内无雨。

3）施涂中从腻子至面层涂料应采用配套成品。如自配腻子，可用有光浮胶漆和大白粉调制。不能用大白粉和纤维素等强度低的原料调制，否则腻子强度太低，会造成涂膜起皮脱落。

4）旧活的返新：对基层一定要清理干净，如原基层涂料与丙烯酸乳胶涂料性质不同，还应涂刷封底涂料，待干后方可施工。

40. 玻璃种类很多，用于建筑工程的玻璃按功能及加工工艺不同可分为：平板玻璃、中空玻璃、钢化玻璃、夹层玻璃、夹丝玻璃、压花玻璃、磨光玻璃、热反射玻璃、玻璃幕墙、吸热玻璃、釉面玻璃等。

41. 平板玻璃主要性能有良好的透光和透视性能，透光率达到 85%左右，能隔音，略具保温性，具有一定的机械强度，但性脆，且紫外线透过率较低。

42. 玻璃的喷砂，是利用高压空气通过喷嘴的细孔时所形成的高速气流，携带金钢砂或石英砂细粒等喷吹到玻璃的表面上，使玻璃表面不断受砂粒冲击，形成毛面。

喷砂面的组织结构取决于气流的速度以及所携带砂粒的大小与形状，细砂粒可冲击摩擦玻璃表面形成微细组织，粗砂粒则能加快喷砂面的侵蚀速度。喷砂主要应用于玻璃表面磨砂以及玻璃仪器商标的打印。

43. 3mm 厚的小尺寸平板玻璃手工磨砂方法：将金钢砂均匀铺在玻璃表面，将另一块玻璃覆盖其上，金钢砂隔在两玻璃中间，双手平稳压实上面的玻璃，用弧形旋转的方法来回研磨即可。

44. 玻璃磨砂操作的注意事项如下：

1）手工磨砂时，用力要均匀、适当，速度放慢，避免玻璃压裂或缺角；

2）手工磨砂应从四周边角向中间进行；

3）玻璃统磨后，应检验，如有透明处，作记号后再进行补磨；

4）磨砂玻璃的堆放应使毛面相叠，且大小分类，不得平放。

45. 玻璃钻孔操作注意事项如下：

1）钻孔工作台应放平垫实，不得移动；

2）在玻璃画好圆心的位置，用手按住金钢钻用力转几下，使玻璃上留下一个稍凹的圆心，保证洞眼位置不偏移；

3）钻孔加工时，应加金钢砂并随时加水或煤油冷却；

4）起钻和快钻出时，进给力应缓慢而均匀。

46. 玻璃开槽操作注意事项如下：

1）开槽时，画线要正确；

2）机械开槽时为了防止金钢砂和玻璃屑飞溅，操作时应戴防护眼镜；

3）规格不同的玻璃开槽时，应分类堆放。

47. 玻璃化学蚀刻操作注意事项如下：

1）配好的溶液和原液要贴上标签；

2）涂蜡必须厚薄均匀；

3）操作过程中，应注意氢氟酸溶液外溢，要戴防毒手套；

4）雕刻字体和花纹时，保证笔画正确。

48. 裁割异形玻璃和美术图案玻璃操作注意事项如下：

1）异形玻璃安装在木框、扇上，钉钉子时，钉帽要靠紧玻璃，钉身不得靠着玻璃，以免损坏玻璃；

2）钢丝卡子不得露在油灰表面，如卡子脚过长应先轧短，使长度适当；

3）应选择可塑性良好的油灰，自行配制时，严禁使用非干性油材料，油灰油性较大时，可适当添加一些粉质填料；

4）安装彩色玻璃时，应用带颜色的油灰嵌填；

5）压花玻璃的花纹应选择一致。

49. 安装铝合金框、扇玻璃操作注意事项如下：

1）型号橡胶条的长度应比玻璃周长 20mm 左右。框扇阴角转弯处橡胶条塞嵌应做到内断外不断。

2）框扇的定位垫块设在玻璃宽度的 1～4 处，垫块宽度大于玻璃厚度，长度不宜大于 35mm。垫块可采用硬塑料制作，不得用木质垫块。

3）塑料管隔片的距离为 300mm，一边不少于 2 块。

4）固定框扇的安装必须两人配合操作。

50. 安装铝合金框扇的质量要求如下：

1）采用密封胶封缝，必须填充密实，表面平整光滑，不得有凹凸和间断等缺陷。

2）铝合金框扇周围不得被密封胶污染。

3）型号橡胶条阴角转弯处，应达到阴角无空隙，不脱落。

51. 虫胶漆底水色模拟法操作工艺流程见图 2-4。

52. 虫胶漆底水色模拟法施工基层处理，将物面上的胶漆、油渍、锈迹、砂浆、浮灰等污浊物清除干净（旧家具必须刮除起壳的涂膜，用碱水洗去污垢，再用清水洗净），用 1∶6 虫胶清漆或头抄清油通刷一遍，作封底用，同时增加与腻子的附着力。

53. 氯偏水色模拟法操作工艺流程见图 2-5。

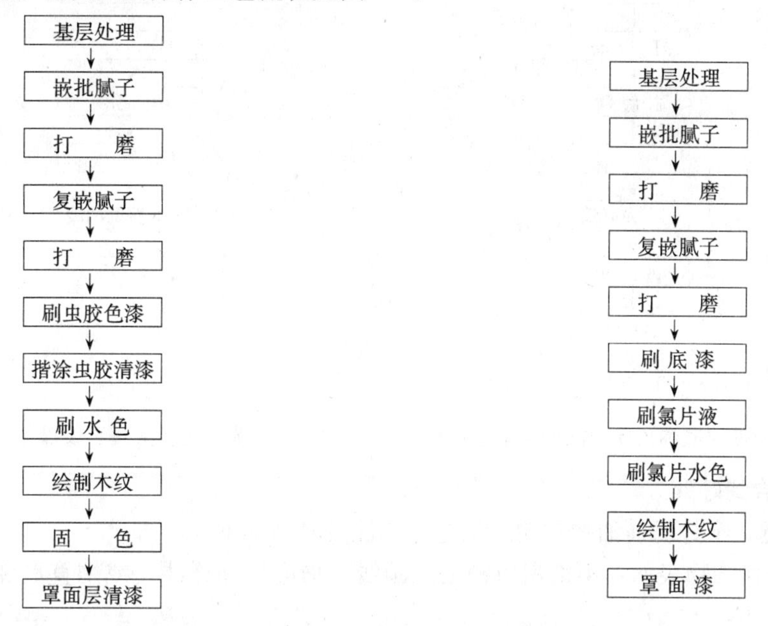

图 2-4　虫胶漆底水色模拟法操作工艺流程　　图 2-5　氯偏水色模拟法操作工艺流程

54. 氯偏水色模拟法施工，墙面的面积较大，为便于绘制木纹，可将大的面积分成若干等分，其间用 10mm 的分隔带隔开，待以后每格内的木纹绘制好后，再用油笔蘸墨法将 10mm 的分隔带涂成黑色。用分隔带既解决了大面积上绘制木纹的困难，又使饰后物面增加木质感和立体感。

55. 油漆底油色模拟法刷油色，水曲柳木纹的油色可按松香水∶熟桐油∶酚醛清漆∶氧化铁黄∶哈巴粉＝150∶10∶140∶5∶1 的比例配制，冬期加上适量催干剂。颜色应事先用松香水充分浸泡后才能调色。配好的油色用 120 目铜箩过滤，待半光亮漆干燥后，经轻磨，除去颗粒，揩抹干净后用底纹笔均匀地薄薄地刷在工作面上。

56. 油漆底油色模拟法操作工艺流程见图 2-6。

57. 笔绘消色大理石纹，在白色油性调和漆尚未干燥前，用漆刷蘸上浅灰色调和漆，参照真大理石样品花纹，在白色调和漆上刷出模拟石纹，随后用油画笔蘸黑色调和漆点刷黑色线纹，最后用 80mm 油画笔轻轻掸刷，形成黑白灰三色相间错落有致的大理石纹。

58. 笔绘消色大理石纹操作工艺流程见图 2-7。

59. 木纹或石纹模糊是因为色浆施涂过厚，色浆中胶量过多。其防治方法如下：

1）刷水色或油色一定要薄。

2）减少化学浆糊的用量。

3）掸刷时注意色浆的干燥速度，发现色浆过湿时可稍等片刻，待色浆稍干再掸刷。

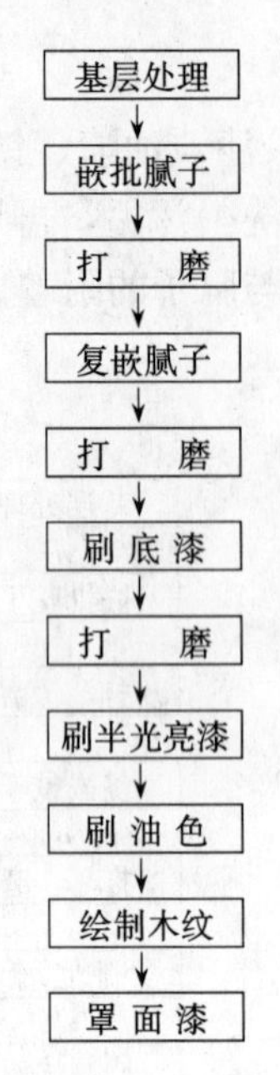

图 2-6　油漆底油色模拟法操作工艺流程

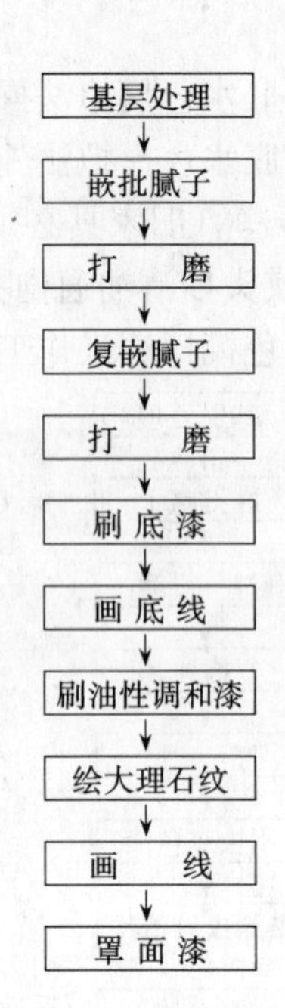

图 2-7　笔绘消色大理石纹操作工艺流程

掸刷用力要恰到好处。

60. 画宽、窄、纵横油线和粉线工艺操作注意事项如下：

1）在任何饰物表面，不论用何种工具画线，均应先弹样线，或用直尺和铅笔、水彩笔画框线；

2）画线时应注意力集中，执笔应牢而稳，用力均匀，轻重一致，运笔应匀速移动，每一笔应一气呵成，每段颜色应一致，不显接头痕迹；

3）根据线条粗细、宽窄，选择大小合适的画线笔、刷，并根据各种笔、刷的特性，运用恰当的画线方法；

4）涂料稠度要适当，使画的线条不流坠、不露底、不皱皮、不混色，在画下线时尤其应注意不能发生流坠；

5）画线要选择着色和遮盖力强的涂料，色彩应与饰面的颜色协调。

61. 墙面无光漆涂刷的方法，采用不脱毛的排笔，涂刷的手法一般是：一铺、二横均、三理通拔直。

一铺，就是将无光漆先铺于应涂刷的墙面，每排笔的长度一般不超过 50cm，每次铺不超过 3 排笔，每排笔的间距 5cm 左右。

二横均，即将铺的涂料，用排笔横刷，使其涂布均匀。

三理通拔直，即用排笔按第一种铺的手势将横过的涂面，上、下理通拔直。排笔上下运动涂刷时要实而轻。过重易起刷纹，过分飘轻易出现漏刷而未达到理通拔直的要求。

62. 墙面无光漆的施工工艺操作流程见图 2-8。

63. 墙面无光漆施工质量要求如下：

1）成活后整个墙面颜色均匀一致，色泽明快、柔和；

2）不漏刷、不露底、不露缕光，无笔花；

3）清洁整齐，门窗、挂镜线、地坪不污染；

4）表面平整，无凹陷，无刷纹和接痕，无排笔毛。

64. 石膏拉毛操作工艺流程见图2-9。

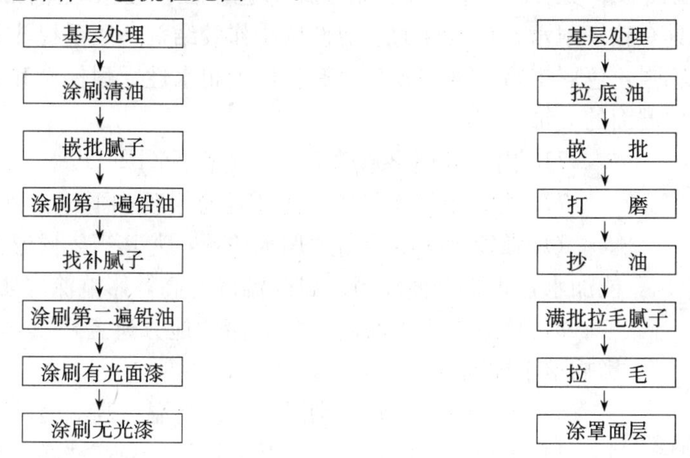

图2-8　墙面无光漆施工工艺操作流程　　图2-9　石膏拉毛操作工艺流程

65. 美术工艺制品拉毛，属小面积拉毛，一般可用丝瓜筋作为拉毛工具，所用腻子以纯油石膏腻子较为合适。操作时可在批刮平整的物面上涂敷拉毛腻子，用丝瓜筋拍拉，等到拉毛层开始收水但尚未干硬时用刮刀或翘将毛头轻轻压平，使其呈平凹凸状，完全干燥后再进行罩面处理。该工艺富有艺术性，产品美观典雅，装饰效果好，尤其适用于艺术镜框的装饰。

66. 石膏拉毛施涂工艺质量标准如下：

1）拉毛和顺平整、毛头粗细均匀；

2）无明显接缝，周边整齐清洁；

3）无流坠、裂缝，颜色一致。

67. 内墙多彩喷涂，内墙多彩涂料由磁漆相和水相两大部分组成。其中磁漆相包括有硝化棉、树脂及颜料；水相有水和甲基纤维素。将不同颜色的磁漆相分散在水中，互相混合而不相容，外观呈现出各种不同颜色的小颗料，成为一种新型的多彩涂料，喷涂到墙面上形成一层多色彩的涂膜。

68. 内墙多彩喷涂的施涂工艺流程见图2-10。

基层处理 → 嵌批腻子 → 刷低度涂料 → 刷中度涂料 → 喷面层涂料

图2-10　内墙多彩喷涂的施涂工艺流程

69. 多彩喷涂操作注意事项如下：

1）基层墙面要干燥，含水率不能超过8%。

2）基层必须平整光洁，平整度误差不得超过2mm；阴阳角要方正垂直。

3）基层抹灰质量要好，粘结牢固，不得有脱层、空鼓、洞缝等缺陷。

4）批刮腻子要平整牢固，不得有明显的接缝。

5）喷涂时气压要稳，喷距、喷点均匀，保证涂层花饰一致。

6）喷涂面层涂料前要将一切不需喷涂的部位用纸遮盖严实。此项工作一定要认真仔细，切不可为图省事而马虎，否则会后患无穷，影响喷涂的整体效果。

7）喷涂完毕后要对质量进行检查，发现缺陷要及时修整、修喷。喷好的饰面要注意保护、避免碰坏和污损。

8）喷枪及附件要及时清洗干净。

70. 内、外墙面彩砂喷涂，它采用了高温烧结彩色砂粒，彩色陶瓷粒或天然带色石屑作为骨料，加入具有较好耐水、耐候性的水溶性树脂作胶结剂，用手提斗式喷枪喷涂到物面上，使涂层质感强，色彩丰富，强度较高，有良好的耐水性、耐候性和吸声性能，适用于内、外墙面，顶棚面的装饰。

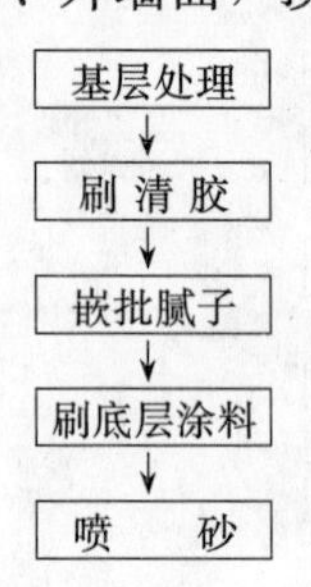

图 2-11　内、外墙多彩喷砂工艺流程

71. 内、外墙多彩喷砂工艺流程见图 2-11。

72. 内、外墙多彩喷砂施工注意事项如下：

1）彩砂涂料不能随意加水稀释，尤其当气候温度较低时，更不能加水，否则会使涂料的成膜温度升高，影响涂层质量；

2）喷涂前要将饰面不需喷涂的地方遮盖严实，以免造成麻烦，影响整个饰面的装饰效果；

3）天气情况不好，刮风下雨或高温、高湿时，不宜喷涂；

4）喷涂结束后要将管道及喷枪用稀释剂洗净，以免造成阻塞。

73. 弹涂装饰工艺是一项装饰新技术，主要工作原理是通过手动式电动弹涂机具内的弹力棒以离心力将各种色浆弹射到装饰面上。该工艺可根据弹涂料的不同稠度和调节弹涂机的不同转速，弹出点、线、条、块等不等形状，故称弹涂装饰工艺。

该工艺又可对各种弹出的形状进行压抹，各种颜色和形状的弹点交错复弹，使之形成层次交错、互相衬托、视觉舒适、美观大方的装饰面。它适用于建筑工程的内、外墙、顶棚及其他部位的装饰，具有良好的质感和装饰效果。

74. 以水泥为基料的弹涂装饰操作工艺流程见图 2-12。

75. 彩弹装饰工艺操作注意事项如下：

1）所用的基料系水溶性物资涂料，故平均气温低于 5℃时不能施工，否则应采取保温措施；

2）彩弹所用的涂料均系酸、碱性物质，故不准用黑色金属做的容器盛装；

3）彩弹饰面必须在木装修、水电、风管等安装完成以后才能进行施工，以免污染或损坏彩弹饰面；

4）为保持花纹和色泽一致，在同一视线下以同一人操作为宜，在上、下排架子交接处要注意接头，不应留下明显的接槎；

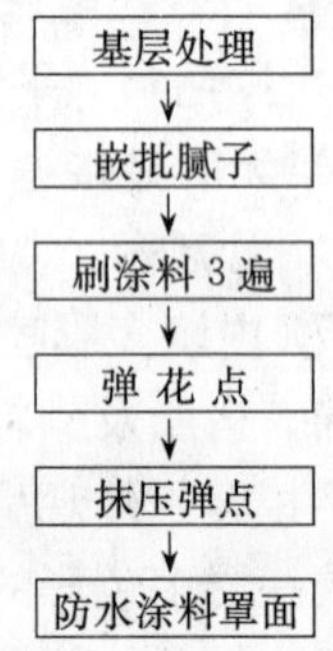

图 2-12　以水泥为基料的弹涂装饰操作工艺流程

5）每一种色料用好以后要保留一些，以备交工时局部修补用；

6）如用户对色泽及品种方面有特殊要求，可先做小样后再施工；

7）电动弹涂机使用前应检查机壳接地是否可靠，以确保操作安全。

76. 滚花装饰工艺是利用滚花工具在已涂刷好的内墙面涂层上滚涂出各种图案花纹的一种装饰方法。其操作容易、简便，施工速度快，工效高，降低成本，与弹涂工艺相配合，其装饰效果可与墙纸和墙布相媲美。

77. 滚花装饰操作工艺流程见图 2-13。

78. 墙纸裱糊施工操作工艺流程见图 2-14。

79. 墙纸裱糊施工，新抹灰面的基层处理如下：

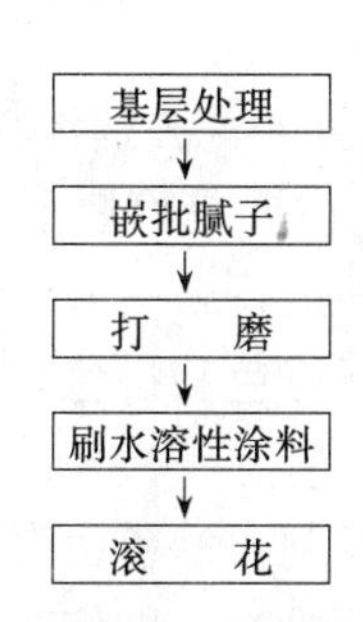

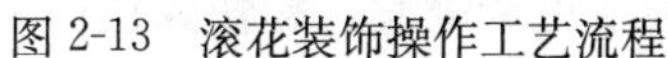

图 2-13　滚花装饰操作工艺流程

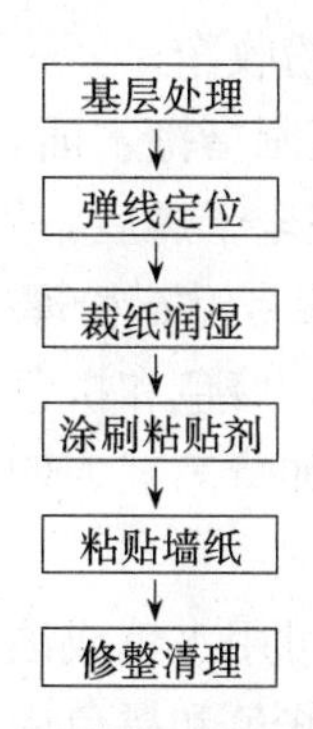

图 2-14　墙纸裱糊施工操作工艺流程

1）用砂纸轻磨抹灰面，在清除砂浆等沾污物的同时将凸出物全部清除干净；

2）调制水石膏腻子，将凹陷、孔洞、裂缝处嵌实补平；

3）用胶粉腻子将整个墙满批 1 遍，阴角和阳角一定要嵌平、刮直；

4）用旧砂纸打磨墙面，注意阴角、阳角的打磨，要求砂磨平直，如有缺损应及时修补；

5）刷清胶，即用 107 胶与 4～5 倍的水调制成稀薄胶液，用排笔统刷 1 遍。

以上基层处理方法同样适用于三合板基层和石膏基层。

80. 墙纸裱糊施工，刷胶合剂用滚筒或刷子将胶合剂均匀地涂布于墙面，不要遗漏。墙纸一般不再涂胶液，粘贴时的墙纸表面比较清洁，但涂布在墙上的胶液一般应配制稠些，否则会影响墙纸的粘贴牢度。涂布胶合剂，一次以一幅宽为宜，略大于幅宽，涂一幅贴一幅。

81. 墙纸裱糊施工时，安装在墙面上的开关、插座等，能拆的应先将其拆卸，墙纸裱糊好后再安装，以提高裱糊质量；不能拆卸的，应先测出开关在墙纸上的准确位置，用剪刀剪出一个叉字形（X 字形应对角方向，中心对准开关中心），使墙纸粘贴时开关通过 X 字孔露出纸面，墙纸贴好后，再对孔边作裁剪处理。

82. 虫胶清漆带浮石粉理平见光施涂操作工艺流程见图 2-15。

83. 虫胶清漆带浮石粉理平见光施涂工艺，调配各种润粉腻子的比例如下：

1）水粉为　水∶老粉∶颜料＝30∶70∶适量。

2）胶粉为　水∶胶(用龙须菜熬制的成品)∶老粉∶颜料＝25∶15∶60∶适量。

3）油粉为　熟桐油∶松香水∶老粉∶颜料＝4∶26∶70∶适量。

84. 润粉腻子的操作要点如下：

1）揩涂工具以竹绒为佳；

2）用竹绒蘸粉浆用横圈的方法均匀地涂敷于物面，使浆粉料充分地填实于棕眼；

3）待浆粉略有收干时用竹绒或精棉纱头将多余的粉

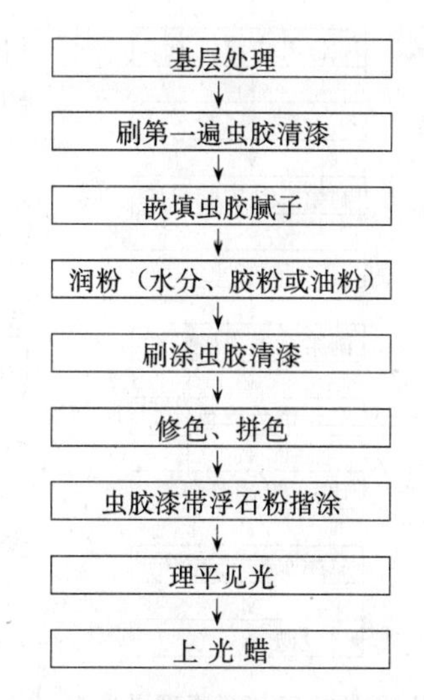

图 2-15　虫胶清漆带浮石粉理平见光施涂操作工艺流程

料及阴角处的积粉收净；

4）用手掌绕圈揩擦木面，使浆粉填实棕眼；

5）待浆粉完全干燥后，用1号旧木砂纸在物面上轻轻打磨，去掉浮粉，掸扫干净。

85. 虫胶清漆带浮石粉理平见光施涂工艺，修色和拼色主要是将腻子疤和异样色块修拼成统一的颜色。修色和拼色应与前面施涂虫胶清漆时穿插进行，一般讲修色和拼色处理早些效果较佳，如待第三、四遍虫胶清漆施涂完成后再进行修色和拼色，易产生混浊和浮色现象。

修色和拼色可用水色或油色。水色由猪血＋颜料＋水调制，酒色由稀虫胶清漆＋颜料调制。一般讲在修色和拼色中用水色比酒色为好。因水色干燥慢，即使颜色拼不准可揩掉重做。

86. 虫胶清漆带浮石粉揩涂是用细布包老棉花制成的棉花团。揩擦时，将棉花团在漆液内浸吸受漆，然后轻拧一下，顺木纹揩几遍，接着用大拇指蘸浮石粉将其均匀地粘附于棉花团的底面上，用五指紧压棉花团，有规则地顺木纹绕涂几转，再行圈涂，使浮石粉进入棕眼。如此每蘸一次浮石粉，就在棉花团底部粘附一次。如遇较大的物面，可用手抓浮石粉将其均匀地撒于物面再行揩涂，这样来回重复，直到棕眼饱满，涂面平整、拔直、理通、均匀一致。

87. 虫胶清漆带浮石粉理平见光施涂时应注意以下事项：

1）揩涂时，浮石粉不宜用得过多，以防揩成混色；

2）浅色家具不能用深色虫胶清漆揩涂，以免将颜色揩深揩花；

3）揩涂时要待前一遍涂层干燥后再进行。

4）揩涂时吸漆均匀，手腕要灵活，用力要均匀；

5）在潮湿气候施工时，要关闭门窗或提高室内温度以防泛白，如采取措施后仍有泛白应停止施工。

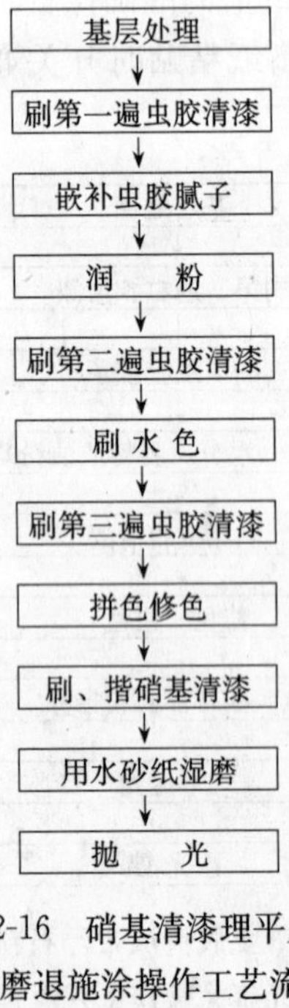

88. 硝基清漆的特点：俗称蜡光，是以硝化棉为主要成膜物质的一种挥发性涂料。硝基清漆的漆膜坚硬耐磨，易抛光打蜡，使漆膜显得丰满、平整、光滑。硝基清漆的干燥速度快，施工时涂层不易被灰尘污染，有利于提高表面质量。

89. 硝基清漆理平见光及磨退施涂操作工艺流程见图2-16。

基层处理
↓
刷第一遍虫胶清漆
↓
嵌补虫胶腻子
↓
润　粉
↓
刷第二遍虫胶清漆
↓
刷 水 色
↓
刷第三遍虫胶清漆
↓
拼色修色
↓
刷、揩硝基清漆
↓
用水砂纸湿磨
↓
抛　光

图2-16　硝基清漆理平见光及磨退施涂操作工艺流程

90. 脱色，有些木材遇到水及其他物质会变颜色，有的木面上有色斑，造成物面上颜色不均，影响美观，需要在涂刷油漆前用脱色剂对木面进行局部脱色处理，使物面上颜色均匀一致。

使用脱色剂，只需将剂液刷到需要脱色的原木材表面，经过20～30min后木材就会变白，然后用清水将脱色剂洗净即可。常用的脱色剂为双氧水与氨水的混合液，其配合比（质量比）为：双氧水（30％的浓度）：氨水（25％浓度）：水＝1：0.2：1。

一般情况下木材不进行脱色处理，只有当涂饰高级透明油漆时才需要对木材进行局部脱色处理。

91. 去除木毛可用湿法，用干净毛巾或纱布蘸温水揩擦白皮表面，管孔中的木毛吸水膨胀竖起，待干后通过打磨将其磨除。

另外可用火燎法，用喷灯或用排笔在白坯面上刷1道酒精，随即用火点着，木毛经火燎变得脆硬，便于打磨。用火燎法时切记加强防范，以免事故发生。

92. 揩涂硝基漆时，应注意以下几点：

1）每次揩涂不允许原地多次往复，以免损坏下面未干透的涂膜，造成咬起底层；

2）移动棉花球团切忌中途停顿，否则会溶解下面的漆膜；

3）用力要一致，手腕要灵活，站位要适当；

4）当揩涂最后一遍时，应适当减少圈涂和横涂的次数，增加直涂的次数，棉花球团蘸漆量也要少些；

5）最后4～5次揩涂所用的棉花球团要改用细布包裹，此时的硝基漆要调得稀些，而揩涂时压力要大而均匀，要理平、拔直，直到漆膜光亮丰满、理平见光；

6）为保证硝基漆的施工质量，操作场地必须保持清洁，并尽量避免在潮湿天气或寒冷天施工，防止泛白。

93. 手工抛光一般分以下3个步骤：

1）擦砂蜡：用精回丝蘸砂蜡，顺木纹方向来回擦拭，直到表面显出光泽。要注意不能在一个局部地方擦拭时间过长，以免因摩擦产生过高热量使漆膜软化受损。

2）擦煤油：当漆膜表面擦出光泽时，用回丝将残留的砂蜡揩净，再用另一团回丝蘸上少许煤油顺相同方向反复揩擦，直至透亮。最后用干净精回丝揩净。

3）抹上光蜡：用清洁精回丝涂抹上光蜡，随即用清洁精回丝揩擦，此时漆膜会变得光亮如镜。

94. 光色的原色为红、绿、青混合近于白；物色的原色为红、黄、青混合近于黑。

95. 聚胺酯清漆刷亮与磨退施涂操作工艺流程见图2-17。

96. 聚胺酯清漆刷亮与磨退施涂操作应注意以下几点：

1）聚胺酯清漆的施工作业条件应具备：抹灰工程已基本完成；木制品的制作和安装质量符合要求；作业现场干净，空气流通。

2）木门窗和楼梯硬木扶手等木材必须干燥，含水率不得大于10%，否则涂膜容易产生咬色、脱皮和由于木材变形而产生的相应疵病。

3）涂刷聚胺酯清漆时的空气湿度不能太大，相对湿度应在70%以下，否则会出现泛白，影响质量。

4）打磨木门窗和楼梯扶手浮粉应随手清扫干净。施涂楼梯扶手涂料时，滴落在踏步上的油漆应随手用香蕉水揩擦干净。涂料施涂后未干透时，严禁用手触摸。

97. 各色聚胺酯磁漆刷亮与磨退施涂操作工艺流程见图2-18。

98. 各色聚胺酯磁漆刷亮与磨退施涂工艺，基层处理后，可用醇酸清漆∶松香水＝1∶2.5涂刷底油1遍。该底油较稀薄，故能渗透进木材内部，起到防止木材受潮变形，增强防腐作用，并使后道的嵌批腻子及施涂聚胺酯磁漆能很好地与底层粘结。同时还能起到封底作用。因此，不能疏忽大意产生漏刷、流淌。必须引起高度重视。

99. 各色聚胺酯磁漆刷亮与磨退施涂操作注意事项如下：

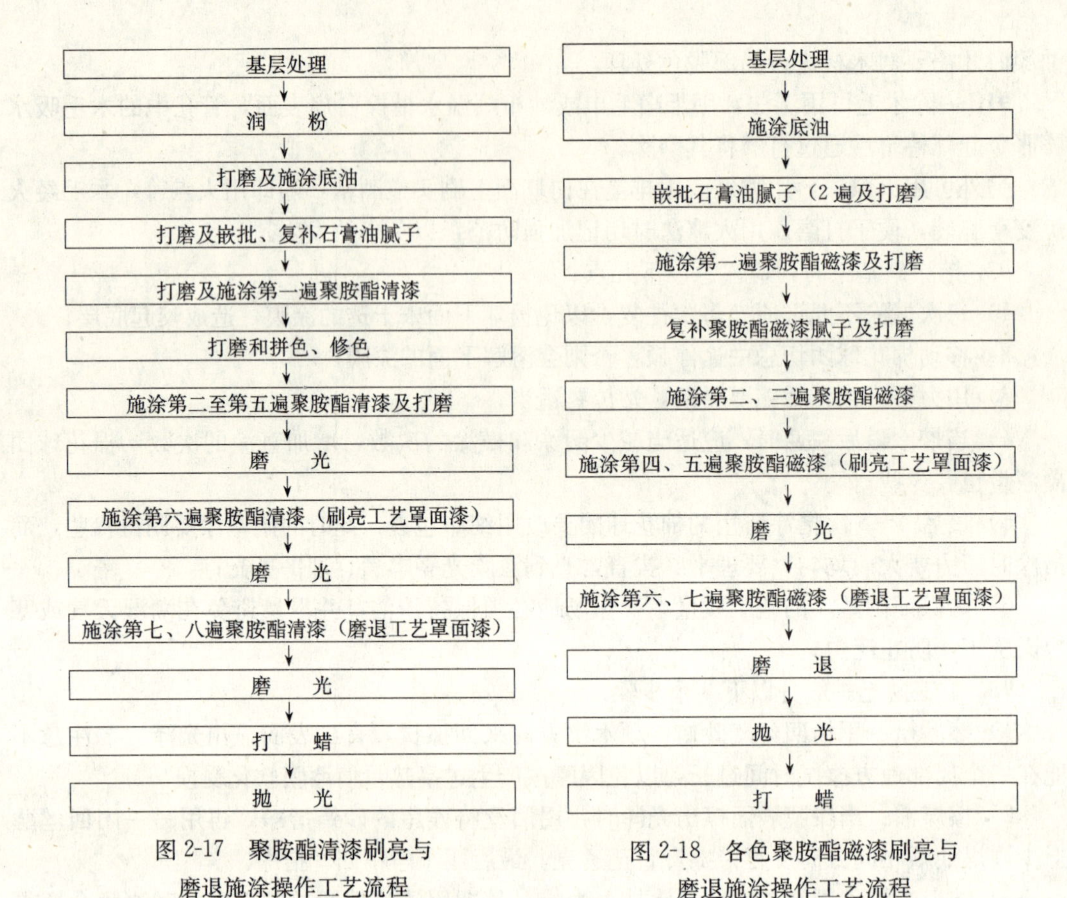

图 2-17　聚胺酯清漆刷亮与磨退施涂操作工艺流程

图 2-18　各色聚胺酯磁漆刷亮与磨退施涂操作工艺流程

1）使用各色聚胺酯磁漆时，必须按规定的配合比来调配，并应注意在不同的施工操作或环境气候条件下，适当调整甲、乙组分的用量。调配时，甲、乙组分混合后，应充分搅拌均匀，需要静置15～20min，待小泡消失后才能使用。同时要正确估算用量、避免浪费。

2）涂刷要均匀，宜薄不宜厚，每次施涂、打磨后，都要清理干净，并用湿抹布揩抹干净，待水渍干后才能进行下道工序操作。

3）施工时湿度不能太大，否则易产生泛白失光。

4）施工后要注意成品保护。

100. 丙烯酸木器清漆施涂操作工艺流程见图2-19。

101. 硬木地板虫胶清漆打蜡施涂操作工艺流程见图2-20。

102. 硬木地板虫胶清漆打蜡施涂工艺，施涂底油及打磨。底油可用熟桐油∶松香水＝1∶2调配而成。施涂时，先踢脚线，后地板大面。地板施涂应先从房间内角开始，按操作顺序退向门

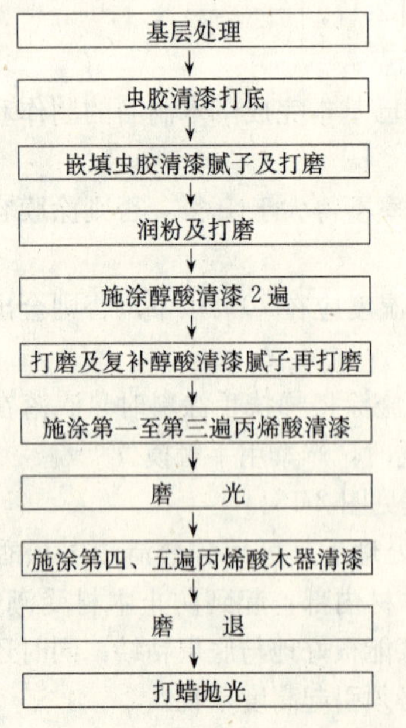

图 2-19　丙烯酸木器清漆施涂操作工艺流程

口。干燥后用1号木砂纸顺木纹打磨掸扫干净。

103. 硬木地板虫胶清漆打蜡，就是待最后一遍揩涂的虫胶清漆干透后可上地板蜡。用纱布或白色状布将油蜡包住，在地板表面全部满揩涂1遍，上蜡必须做到不漏揩，要求薄而均匀，揩涂时要使油蜡往棕眼内渗透，待蜡干后揩擦。

打蜡有两种方法。手工法：用精棉纱头或柔软粗布往返揩擦。对大面积地板可用蜡刷拖擦，这样反复进行2～3次，直至表面起光发亮。机械法：用打蜡机打蜡，则更能达到省工省力和光亮滑溜，确保质量。

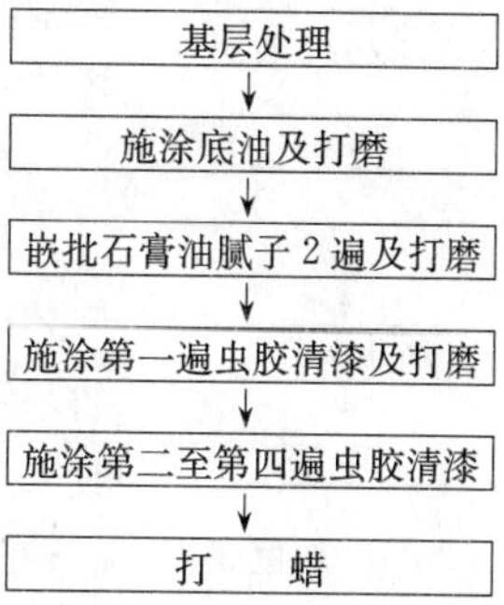

基层处理
施涂底油及打磨
嵌批石膏油腻子2遍及打磨
施涂第一遍虫胶清漆及打磨
施涂第二至第四遍虫胶清漆
打　蜡

图2-20　硬木地板虫胶清漆打蜡施涂操作工艺流程

104. 聚胺酯耐磨清漆属单组分空气固化型涂料，它不需要增添其他辅助材料就能在空气中自行固化。聚胺酯耐磨清漆是一种多功能的高级涂料，其涂膜光亮，坚硬，具有优良的耐磨、耐酸、耐碱、耐水性能，也具有良好的装饰和保护功能。适用于木材、水泥制品、金属等表面的保护涂层。

基层处理
施涂底油及打磨
嵌批石膏油腻子2遍及打磨
施涂耐磨清漆2～3遍及打磨
上蜡及打磨

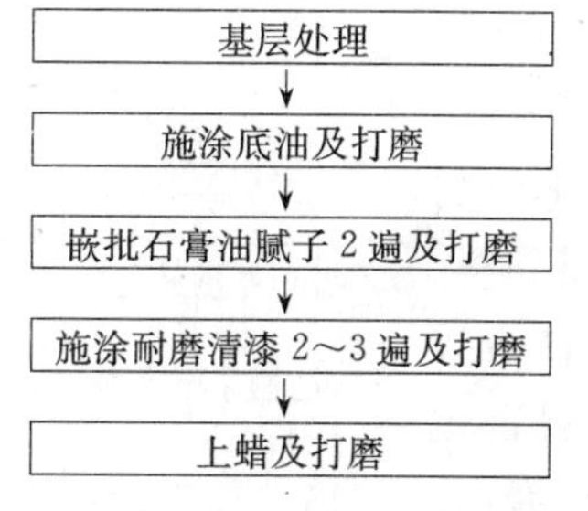

图2-21　硬木地板聚胺酯耐磨清漆施涂操作工艺流程

105. 硬木地板聚胺酯耐磨清漆施涂操作工艺流程见图2-21。

106. 硬木地板聚胺酯耐磨清漆施涂工艺，涂刷底油俗称抄清油，底油自己配制。用熟桐油∶松香水∶催干剂＝1∶2.5～3∶适量。也可用酚醛清漆和醇酸清漆调制。油基清漆∶松香水＝1∶2。前者的底油适用于面层做油基清漆。后者的底油既适用于面层做油基清漆也适用于面层做单组分的聚胺酯改性油涂料（如高级耐磨涂料）。它们以二甲苯作为稀释剂。

在涂刷底油时，应先涂踢脚板，后涂刷地板，从房间的内角开始从门口退出，刷底油一定要刷均匀、刷透、无遗漏。

107. 木地板烫蜡法工艺流程见图2-22。

108. 木地板浇蜡烫蜡。

1）用勺子均匀地将蜡液浇于地板表面，用钢皮批板刮平，同时用煤油喷灯烫蜡，可边烫边刮，使蜡液充分地渗入木面和缝隙中，达到木面渗蜡均匀一致，木缝饱满。在使用喷灯时，喷灯与木面应保持一定距离均速运动，使蜡液充分渗入木面，但要防止烘焦木面。如遇到木刺燃烧，应及时用湿布将其熄灭。

2）复烫：烘烫第一遍蜡后，须再从头烘烫第二遍，如发现凹陷处，应加蜡补平，第二遍完成后用铲刀清除表面余蜡。

清理基层
材料准备
敷　蜡
烫　蜡
擦蜡抛光

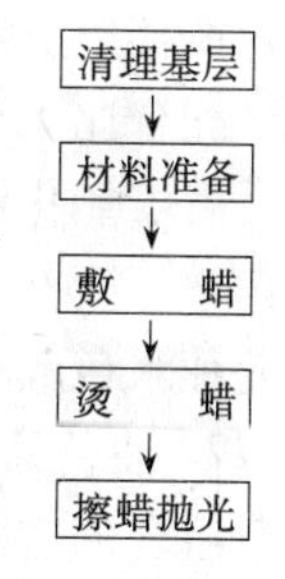

图2-22　木地板烫蜡法工艺流程

109. 烫蜡木地板的质量要求：

1）木纹清晰，无明显的砂痕和污渍。

2）蜡面平整，无明显凹陷。

3）木面无堆积的蜡质。

4）木地板面光色柔和。

110. 广漆的正常干燥过程是，涂刷后在6～8h内触指不粘即表面干燥；12～24h漆

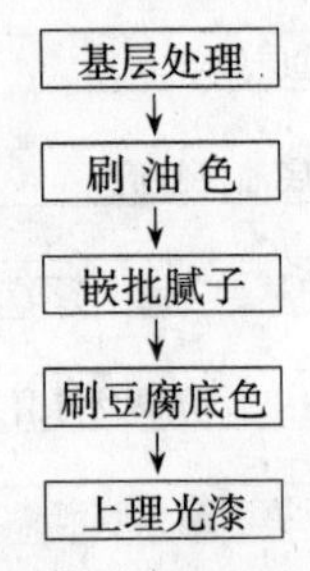

图 2-23 油色底广漆面施涂工艺流程

膜基本干燥，1 星期内手摸有滑爽感，则说明漆膜完全干燥（也叫脱峰），2 个月后才可使用。

111. 油色底广漆面施涂工艺流程见图 2-23。

112. 油色底广漆面施涂工艺，刷油色，油色是由熟桐油（光油）与 200 号溶剂汽油以 1∶1.5 加色配成。在没有光油的情况下，可用油基清漆或酚醛清漆与 200 号溶剂汽油以 1∶0.5 加色配成。加色一般采用油溶性染料、各色厚漆或氧化铁系颜料，调成后用80～100 目铜筛过滤即可涂刷。将整个木面均匀地染色 1 遍，要求顺木纹理通拔直，着色均匀。

113. 嵌批腻子，首先调拌稠硬油腻子，将大洞、缝等缺陷处先行填嵌，干燥后略磨一下，再用稀稠适中的腻子满批刮 1 遍。对于棕眼较粗的木材要批刮 2 遍，力求表面平整，待腻子干燥后，用 1 号木砂纸打磨光滑。除尘后，如表面不够光滑、平整，可再满批腻子 1 遍。干后再用 1 号木砂纸砂磨、除尘。批嵌腻子时要收拾干净，不留残余腻子，否则难以砂磨清净，也不得漏批漏刮。

114. 刷豆腐底色　用鲜嫩豆腐加适量染料和少量生猪血经调配而成。配色可用酸性染料（如酸性大红、酸性橙等）用开水溶解后再与豆腐、生猪血一起搅拌，用 80～100 目筛子过滤，使豆腐染料、血料充分分散混合成均匀的色浆，用漆刷进行刷涂。色浆太稠可掺加适量清水稀释，刷涂必须均匀、顺木纹理通拔直不漏、不挂。色浆干燥后，用 0 号旧木砂纸轻轻磨去色层颗粒，但不得磨穿、磨白。刷豆腐底色的目的，主要是对木基层染色，保证上漆后色泽一致。

115. 豆腐底 2 道广漆面施涂工艺流程见图 2-24。

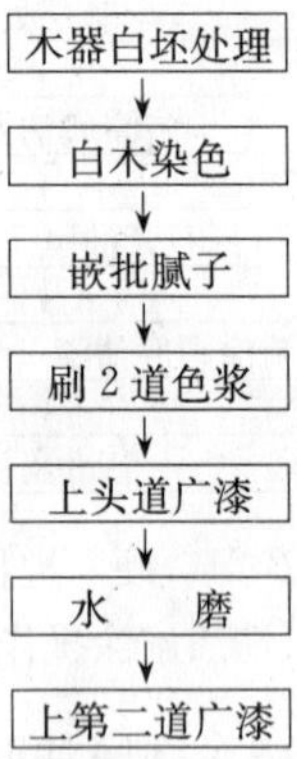

木器白坯处理
↓
白木染色
↓
嵌批腻子
↓
刷 2 道色浆
↓
上头道广漆
↓
水　磨
↓
上第二道广漆

图 2-24 豆腐底 2 道广漆面施涂工艺流程

116. 以氧化铁颜料（氧化铁黄、氧化铁红等）作原料进行水色的调配。首先将颜料用开水泡开，使之全部溶解，然后加入适量的墨汁，搅拌成所需要的颜色，再加入皮胶水或血料水，经过滤即可使用。配合比大致是：水∶皮胶水∶氧化铁颜料＝60%～70%∶10%～20%∶10%～20%。由于氧化铁颜料施涂后物面上会留有粉层，加入皮胶、血料水的目的是为了增加附着力。

此种水色颜料易沉淀，所以在使用时应经常搅拌，才能使涂色一致。

117. 油色的调配：将全部用量的清油加 2/3 用量的松香水，调成混合稀释料，再根据颜色组合的主次，将主色铅油称量好，倒入少量稀释料充分拌合均匀，然后再加副色、次色铅油依次逐渐加到主色铅油中调拌均匀，直到配成要求的颜色，然后再把全部混合稀释料加入，搅拌后再将熟桐油、催干剂分别加入并搅拌均匀，用 100 目铜丝箩过滤，除去杂质，最后将剩下的松香水全部掺入铅油内，充分搅拌均匀，即为油色。

118. 编制施工方案的目的是在分析主客观因素的前提下，把各方面的力量和有利条件周密地组织协调起来，有计划的按标准的设计方案进行施工，以保证工程高质量、高速度、低消耗、安全地建成。

119. 施工组织设计的内容为：选择合理的施工方案，制定施工进度计划，规划施工平面布置，组织物资和机具供应，安排劳动力计划，拟定降低成本技术措施和保证工程质量及安全施工技术措施。

120. 施工方案的编制内容有以下几条：

1）绘制施工现场布置图；

2）划分施工阶段；

3）确定施工顺序；

4）选择施工方法和施工机械；

5）编制施工进度计划；

6）制定主要施工技术措施；

7）编制劳动力计划；

8）编制材料供应计划；

9）编制机具使用计划。

121. 班组管理的主要内容有以下几点：

1）组织生产活动，完成生产任务；

2）抓好技术、质量、安全；

3）抓好劳动工资和生活的管理；

4）加强工具设备、材料管理，搞好文明施工；

5）落实岗位责任制，做好经济核算工作，努力提高工作效率和经济效益。

6）做好政治思想工作，加强民主管理。

122. 班组施工作业计划编制方法如下：

1）平衡分析法：合理组织安排劳动力，使人与人、人与机械设备之间取得最优化配合，保证施工质量，提高施工效率和加快施工进度；

2）随机派工法：班组承接某项任务后，根据任务的大小及劳动强度的大小等，派出完全能按质、按时完成任务的组员去执行；

3）定期计划法：在规定的工期内，发动班组每个成员，详细了解所分派的任务，使分派给每个人的任务都能在规定的计划日期内按质、按量完成。

123. 抓好班组施工作业计划的管理应做好以下几方面工作：

1）抓好班组的综合进度控制，加强协调和调度；

2）班组长在抓生产调度的同时，要监督、检查组员做好机械设备的保养工作，以保证机械设备的良好运转和施工的顺利进行；

3）在施工中一旦发生不安全事故、质量事故和机械设备事故，应认真分析原因，限期整改，采取有效的补救措施，尽快恢复施工。

124. 国务院颁发的劳动保护“三大规程”和“五项规定”的内容如下：

1）“三大规程”即《工厂安全卫生规程》、《建筑安装工程安全技术规程》和《工人职员伤亡事故报告规程》；

2）“五项规定”即关于安全生产责任制；关于安全技术措施；关于安全生产教育；关于安全生产定期检查；关于伤亡事故的调查处理。

125. 班组职工应遵守以下纪律和规章制度：

1）施工前，操作人员必须检查工作环境的安全状况；

2）进入现场必须戴好安全帽，从事高空作业要系好安全带；

3）工作中禁止擅自挪动和乱拆安全防护设施，严禁冒险作业；

4）严禁随意由高处往下扔材料、工具等；

5）工作时要集中精力，不准与他人闲谈、打闹和嬉戏，不准酒后操作。

126. 操作人员主要有如下职责：

1）牢固树立“质量第一”的思想；

2）做到“三懂”，即懂设备性能、懂质量标准、懂技术规范；

3）爱护并节约原材料，合理利用工具；

4）严把质量关，不合格的材料不使用，不合格工序不交接，不合格工艺不采用，不合格工程不交工。

127. 班组现场材料管理应做好以下4条：

1）领发料要有手续，班组领到材料后要认真计量、验收和进行外观检查，并分类保管。由于涂料及溶剂、稀释剂都属于危险易燃品，应特别注意防火安全；

2）搞好材料的配制和运输管理；

3）使用时要精打细算，控制好厚度和尺寸，杜绝浪费；

4）任务完成后，实行消耗量核算，余料退库，做到工完、料尽、场清。

128. 班组经济活动分析主要有以下几种形式：

1）按日分析：即班组工人对自己当天的生产情况和存在问题进行分析，通常在班后进行。这种形式灵活、机动，针对性强，见效快，是班组经济活动分析最简便的形式。

2）定期分析：即按周、旬、月、季或一项工程施工告一段落时进行经济活动分析。

3）综合分析：即对班组经济活动进行全面地、系统地分析和研究。

4）专题分析：即针对班组在生产经营活动中的产量、质量、消耗等方面带有共性的问题，通过比较详细地调查，汇总必要的资料和信息，进行分析研究，寻找解决办法，找出改进措施。这种形式能够比较集中地解决带有根本性的关键问题。

129. 油漆涂料工程出现流坠产生的原因主要有以下几点：

1）刷漆时，涂漆过多而又未涂刷均匀；刷毛太软，漆液又稠，涂不开，易造成流坠。

2）涂料粘度过大，涂层过厚；有沟、槽形的零件也易于积漆溢流；

3）施工环境温度低，涂料干燥性太差；

4）使用稀释剂挥发太慢，油漆流动性太大，容易发生流坠。

130. 油漆涂料工程防治出现流坠的方法有以下6条：

1）选用优良的油漆材料和合适的稀释材料。

2）涂刷前，把物体表面的油、水等清除干净。

3）涂刷前，预先处理好物体表面的凹凸不平之处，凸鼓处铲磨平整，凹陷处用腻子抹平，较大的孔洞分多次抹平整。对转角、凹槽要回理。

4）施工环境温度和湿度要选择适当。最适宜的施工环境是温度为15～25℃、相对湿度为50％～75％。

5）选用适宜的油漆粘度。油漆的粘度与温度有关，温度高时，粘度就小些，一般采用喷涂方法时粘度要小，采用刷涂的方法粘度可大些。

6）漆刷蘸漆一次不要太多，漆液稀刷毛要软，漆液稠刷毛宜短硬，刷涂厚薄要适当，刷涂要均匀，最后收理好。

131. 油漆涂料工程出现慢干和反粘的原因有以下几点：

1）底漆未干透而过早涂上面漆，甚至面漆干燥也不正常，影响内层干燥，延长干燥时间，造成漆膜发粘。

2）被涂物面不清洁，物面或底漆上有蜡质、油脂、盐、碱类等污染物。

3）漆膜太厚，氧化作用限于表面，使内层长期没有干燥。

4）木材潮湿，木材本身有木质素，还会有油脂、树脂、单宁、色素、氮化合物等，这些物质会与涂料作用产生反粘现象。

5）旧漆膜上附着大气污染物（硫化物、氧化物），涂在旧漆膜上干燥很慢，甚至不干。住宅厨房的门窗尤为突出。

6）天气太冷或空气不流通，使氧化速度降低，漆膜的干燥时间延长。

7）催干剂使用不当，数量过多或不足，涂料贮存过久，催干剂被颜料吸收而失效，造成漆膜不干燥。

8）涂料贮存过久或密封不佳，涂料中溶剂已挥发而胶化，性质已起变化。如果使用这种涂料，虽加入稀释剂后能够进行涂饰，但漆膜不易干燥或容易回粘。

132. 油漆涂料工程防治出现慢干和反粘的方法有以下几点：

1）底漆干透后，再涂面漆，两遍相隔不少于24h。

2）涂漆前将涂件表面处理干净，木材面应干燥，对木材上松脂节疤处理干净后用虫胶清漆封闭。

3）涂料粘度要适中，漆膜宜薄，每层漆要干透，根据使用环境，选用相应的涂料。

4）旧漆膜应进行打磨及清洁处理，对大气污染的旧漆膜用石灰水清洗（50kg水加消石灰3～4kg），有污垢的部位还要用刷子刷一刷，油污多时，可用汽油清洗。基层可用虫胶清漆、血料涂刷隔离。

5）天气骤冷时，不要急于涂漆，应先在漆内加入适量催干剂并充分搅拌均匀待用，再做漆膜干燥试验，待完全干燥后再涂漆。

6）水泥砂浆面潮湿不能涂油漆。

7）注意产品的时效。

133. 油漆涂料工程出现泛白的原因如下：

1）湿度过大，空气中相对温度超过80%时，由于涂装后漆膜中溶剂的挥发与空气对流，水分积聚在漆膜中形成白雾状；

2）喷涂设备中有较多的水分凝聚，在喷涂时水分进入漆中；

3）溶剂选用不当，低沸点稀料较多，或稀料内含有水分。

134. 油漆涂料工程防止出现泛白的方法如下：

1）施涂挥发性漆时，如施工环境湿度较大，可将涂料经低温预热后喷涂，或加入相应的防潮剂来预防，湿度实在太大应停止涂刷；

2）喷涂设备中的凝聚水分必须彻底清除干净，检查油水分离器的可靠性；

3）低沸点稀料内可加防潮剂，稀料内含有水分应更换；

4）提高施工空间温度，用热辐射法提高涂面温度。

135. 油漆涂料工程出现漆膜粗糙的原因如下：

1）涂料在制造过程中，研磨不够，颜料过粗，分散性不好，用油不足等都会产生漆膜粗糙；

2）涂料贮存过久，造成树脂凝聚；

3）涂料调制搅拌不均匀，过筛不细致，杂质污物混入漆料中；调配漆料时产生的气泡在漆液内未经散开即施工；

4）误将两种以上不同性质的漆混合；

5）施工环境不清洁，空气中有灰尘，刮风时将砂粒等飘落于漆料中，或粘在未干的漆膜上；

6）涂刷油漆前，物体表面打磨不光滑，灰尘、砂粒未清除干净；

7）施工温度过高，涂膜干燥快。

136. 油漆涂料工程防治出现漆膜粗糙的方法如下：

1）选用优良涂料。贮存时间长的、材料性能不明的涂料，应作样板试验后再使用。

2）涂料必须调制搅拌均匀，并过筛将混入的杂质除净，等待气泡散开后再使用。

3）对于型号不同、性能不同的涂料，即使颜色相同也严禁混合使用，只有相同性质的涂料才可混合在一起。

4）在刮风或有灰尘的场所不得进行施工；刚涂刷完的油漆应防止尘土污染。

5）涂饰前，基层凹凸不平处应刮抹腻子，并打磨光滑，擦去粉尘后再涂刷油漆。

6）当发现底漆膜粗糙时，应先进行处理后再涂刷面漆。并适当调整涂料的挥发性。

7）容器和涂刷工具必须洁净。

137. 油漆涂料工程出现起泡的原因如下：

1）涂刷物面潮湿，木材本身含有芳香油或松脂的挥发产生起泡；

2）基层腻子未完全干燥，凝在腻子中的水分受热蒸发；

3）被涂物面的基层污物处理不净，面层涂料的附着力不强；

4）助溶剂用量过低，表面成膜过快，使气泡中的气体不易排出。

138. 油漆涂料工程预防起泡的方法如下：

1）在潮湿及经常接触水的部位涂饰油漆时，应选用水性涂料。

2）含水率较高的木材，混凝土和水泥砂浆等基层上不要涂饰油漆。木材含有芳香油或松脂囊时，应将松脂囊挖除并涂刷虫胶漆后再做底漆。使用油性腻子时，须待腻子干透后再刷油漆。

3）基层清理必须洁净，当基层有潮汽或底漆上有水时，必须将水擦净，待潮汽散干后再刷油漆。

4）涂料粘度不宜太大，一次不宜涂得太厚，喷涂使用的压缩空气要过滤，防止潮汽进入漆中。

5）如发现有轻微的漆膜起泡，则必须将漆膜干透并用水砂纸打磨平整后，再补面漆。而较严重的漆膜起泡，必须将漆膜铲除干净，使基层干透，并针对起泡原因进行处理，然后再涂油漆。

139. 油漆涂料工程出现失光的原因如下：

1）油漆内加入过多的稀释剂或掺入不干性稀释剂；

2）上漆后遇到大量烟熏和有害气体的附吸或天冷水蒸气凝聚于漆膜表面；

3）基层处理不当，油渍、脂渍未除净；

4）底漆及腻子未干透，或底层未处理好，吸收面层光泽；

5）油漆本身耐候性差，经日光曝晒失光。

140. 油漆涂料工程防止出现失光的方法如下：

1）基层表面要光滑，腻子疤要吸足油量，填光漆应达到要求。

2）冬季施工场地，必须堵塞冷风袭击或选择适当的施工场地，加入适量催干剂。对干性较差的油性面漆不宜在晚间施工。

3）选择与施工条件和环境相适应的涂刷材料。

141. 油漆涂料工程出现渗色的原因如下：

1）喷涂硝基漆时，溶剂的溶解力强，下层底漆有时透过面漆，使上层原来的颜色被污染，如底层漆为红色漆，而上层涂其他浅色漆，红色浮渗，使白漆变粉红，黄色漆变桔红；

2）涂漆时，遇到木材上有染色剂或木质含有染料颜色未被封闭；

3）油性涂料被基层水泥砂浆中的碱性析出物腐蚀；

4）油漆中使用颜料不当。

第五节　中级油漆工知识考核计算题

一、计算题试题

1. 某工程内墙需象牙底可可面涂料，它由白乳胶漆涂料、氧化铁粉、清水组成，配合比为89.8：0.2：9.9，现配制153kg这种涂料，需各种用料多少？

2. 某校宿舍单玻璃窗15个，高1500mm，宽900mm，需涂浅色涂料，内外分色系数为1.05，如用工定额为1.29工日/10m^2，需多少工日？

3. 某车间4扇大门，高3.6m，宽1.8m，需施涂浅色调和漆，如材料消耗定额为23.4kg/100m^2，问需调和漆多少？

4. 某住宅木地面施涂浅色调和漆，现有调和漆4.69kg，定额为9.3kg/100m^2，工程量系数为1.05，问能施涂多少平方米？

5. 某工程塑料墙纸裱糊，需2.5%的纤维素水溶液547kg，现仓库只有8.6%纤维素水溶液，问需要这种纤维素水溶液多少公斤？

6. 玻璃计算是以厚2mm、面积10m^2为标准箱，其重量为49kg，现有面积475m^2、厚5mm玻璃（增加系数为3.5），问重量是多少？

7. 某工程门窗需涂刷乳黄色调和漆，面积369.7m^2，用量为160g/m^2，如施涂需多少调和漆涂料？

8. 某旅馆有78扇玻纱窗，规格为1.2×1.5（m^2），工程量系数3.0，调和漆涂料定额23.4kg/100m^2，问需多少调和漆涂料？

9. 计算100m^2单层木玻璃窗涂刷调和漆，3遍成活，二面线分色。其需用多少工日？

定额说明：1）3遍成活每10m^2用工1.62工日；

2）内外分色乘以1.11系数；

3）内外分色为浅色乘以1.05系数。

二、计算题答案

1. 解：设清水为 9.9x，则

$$89.8x+0.2x+9.9x=153$$
$$x=1.53$$

需白乳胶漆涂料 89.8×1.53＝137.5kg

氧化铁粉 0.2×1.53＝0.31kg

清水 9.9×1.53＝15.17kg

答：需要乳胶漆涂料 137.5kg，氧化铁粉 0.31kg，清水 15.17kg。

2. 解：15×1.5×0.9×1.05＝21.27m^2

21.27×1.29/10＝2.74≈3

答：需要 3 个工日。

3. 解：4×3.6×1.8＝25.92m^2

25.92×23.4/100＝6.07kg

答：需浅色调和漆 6.07kg。

4. 解：（4.69×100）÷（1.05×9.3）＝48m^2

答：能施涂 48m^2。

5. 解：547×2.5％＝13.68kg

13.68÷8.6％＝159.02kg

答：需纤维素水溶液 159.02kg。

6. 解：475×3.5÷10＝166.25

166.25×49＝8146.25kg

答：重量为 8146.25kg。

7. 解：369.7×160＝59152g

59152×（1/1000）＝59.152kg

答：需 59.152kg 调和漆涂料。

8. 解：1.2×1.5×78×3.0＝4212m^2

4212×23.4÷100＝98.57kg

答：需调和漆涂料 98.57kg。

9. 解：需用工日 100÷10×1.6×1.11×1.05

＝18.648 工日

第六节　中级油漆工技能考核试题

一、调配样板色技能考核

1. 材料、工具准备

1）材料：白水性涂料；水性颜料：红、黄、蓝黑；油性颜料：红、黄、蓝黑；松香水；回丝、砂纸等。

2）工具：批刮板、漆刷、回丝、小漆桶等。

2. 操作内容

小三合板 2 块，1 块刷涂水色，1 块刷涂油色，按照老师已调配好的样板色板配制，

3. 操作程序要点

1）打磨做色板的三合板。

2）批嵌腻子：调配水性涂料的色板，揩抹水老粉腻子；调配油性涂料的色板，批刮油石膏腻子。

3）打磨清理灰尘，刷底层涂料。

4）按样板色自行配制涂料。

5）刷涂配制好的涂料 1～2 遍，待其自然干燥。

4. 考核内容及评分标准（见表 2-1）

考核内容及评分标准 **表 2-1**

序号	考核要求	标准得分	实际得分	评 分 标 准
1	能正确分析样板色的色素组成，并能依次分析出主、次、辅色	40		1. 完全达到考核要求，得 40 分； 2. 只能正确分析色素组成，扣 10 分； 3. 只能部分辨析色素组成，扣 20 分
2	调配颜色的正确性，（以干后目测方法进行，目测分 0.5m 以内，1m、2m 三个等级	60		1. 在 0.5m 以内目测配色一致，得满分； 2. 在 1m 处目测颜色基本一致，扣 15 分； 3. 在 2m 处目测色深基本一致，扣 30 分

学员姓名　　　　　　　　　　　　　　　　年　　月　　日　　教师签名　　总分

二、硝基清漆理平见光施涂工艺技能考核

1. 材料、工具

1）材料：老粉、化学浆糊、颜料（氧化铁黄、氧化铁红、哈巴粉、黄钠粉、黑钠粉）、硝基清漆、香蕉水、虫胶液、酒精、砂蜡、煤油、上光蜡、0 号及 1 号砂纸、300～400 号水砂纸和肥皂等。

2）工具：腻子刮板、12～16 管羊毛排笔、纱布、棉花团、回丝、小揩羊毛笔、50mm 漆刷、小塑料桶、揩布等。

2. 操作内容和数量

内容：在三合板面上刷硝基清漆。

本项技能训练考核如有条件可结合生产实际进行，在新制木家具（如办公桌）表面涂刷硝基清漆，操作数量按实油漆面积计算。

3. 时间要求

根据国家或地方劳动定额。如工作面较少，可按每道工序所耗用的时间累计计算。

4. 操作程序要点

1）用1号新砂纸包木块顺木纹打磨木面。

2）刷第一遍虫胶清漆时，注意不要来回多理刷，做到不漏、不挂、无泡眼。虫胶清漆干后用旧砂纸将物面打磨平整光滑，扫清灰尘。

3）用旧砂纸将物面打磨平整，扫净灰尘。

4）润粉：最后一遍要用清洁回丝将物面揩擦干净，使木纹清晰显露，等润粉干后用旧砂纸轻磨，扫去灰尘。

5）刷第二遍虫胶清漆。

6）刷水色。

7）刷第三遍虫胶清漆。

8）刷、揩硝基清漆。先用排笔刷2～4遍硝基清漆，然后用棉花团揩圈、理30～50遍，直至平整光亮。

9）上油蜡擦光。

5. 考核内容及评分标准（见表2-2）

考核内容及评分标准　　表2-2

序号	考核项目	考核时间	考核要求	标准得分	实际得分	评分标准
1	白木头磨砂皮	按国家或地方劳动定额核算所做工件的耗用时间	1　全磨倒楞角，平面无刨痕； 2. 做好落手清	8		1. 楞不磨，扣2分； 2. 有刨痕，扣3分；有横磨，扣1分； 3. 不做落手清，扣1分
2	刷虫胶清漆磨砂皮		1. 不漏、不挂不过楞无刨痕； 2. 磨砂皮； 3. 落手清	5		1. 有一项“不”达不到要求，扣1分； 2. 不磨，扣1分； 3. 不做落手清，扣1分
3	嵌批打磨配润粉		1. 润粉加色适当； 2. 嵌洞缝要密实； 3. 磨砂皮	5		1. 嵌不密实，扣3分； 2. 漏嵌，扣4分； 3. 磨不清，扣2分； 4. 加色不适当，扣2分
4	润粉		1. 润粉和顺不遗漏； 2. 落手清	8		1. 润粉遗漏，扣4分； 2. 揩不干净，扣3分； 3. 不做落手清，扣1分
5	刷虫胶清漆		1. 不漏、不挂、不过楞，无刨痕； 2. 磨砂皮； 3. 落手清	6		1. 有一项“不”达不到要求，扣1分； 2. 不磨，扣1分； 3. 有笔毛，扣1分； 4. 不做落手清，扣1分
6	刷颜色		颜色均匀，木纹清晰	8		1. 颜色不均匀，扣8分； 2. 基本均匀得，5分； 3. 木纹混浊不清，扣8分
			正确调配好样板颜色	10		1. 正确，得10分； 2. 接近，得6分；基本接近，得4分； 3. 过深或过淡，扣7分

续表

序号	考核项目	考核时间	考核要求	标准得分	实际得分	评分标准
7	刷虫胶清漆水修拼颜色	按国家或地方劳动定额核算所做工件的耗用时间	1. 不漏、不挂、不过楞、无刨痕； 2. 修、拼颜色均匀一致； 3. 全磨不能磨穿，无排笔毛； 4. 落手清	12		1. 有一项“不”达不到要求，扣1分； 2. 修拼色仍有不一致，扣1分； 3. 不磨，扣2分； 4. 有排笔毛，扣2分； 5. 虫胶清漆刷花，扣8分； 6. 不做落手清，扣1分
8	刷揩蜡克		1. 正确掌握蜡克稠度及揩涂方法； 2. 不漏、不挂、无刨痕、无云浪	8		有1项不达标，扣2分
			1. 揩擦蜡克用力均匀，漆膜丰满，平整光滑； 2. 木纹清、棕眼平	26		1. 有1处揩擦蜡克漆膜脱落、翻起，扣10分，基本及格得12分； 2. 棕眼不平，扣10分； 3. 平面揩擦不平，扣6分
9	上油蜡		表面平整光滑	4		1. 达到要求，满分； 2. 基本合格，得2分
			合格	100		

学员 姓名 年 月 日 教师签名 总分

三、聚胺酯清漆磨退施涂工艺技能考核

1. 材料、工具

1）材料：老粉、石膏粉、颜料、聚胺酯清漆、二甲苯、砂蜡、煤油、上光蜡、0～1号木砂纸、300～400号水砂纸等。

2）工具：腻子刮板、12～16管羊毛排笔、回丝、漆刷、揩布、小桶等。

2. 操作内容和数量

可根据实际情况，选择由三合板制作的木制家具、门、扶手等。

3. 时间要求

根据国家或地方劳动定额，如工作量较少，可按每道工序所耗用的时间累计计算。

4. 操作顺序要点

1）用1号木砂纸打磨木面至光滑、平整。

2）润粉并收净。

3）施涂底油，可用聚胺酯清漆经稀释后涂刷1遍。

4）打磨及批、嵌石膏油腻子。

5）刷第一遍聚胺酯清漆。

6）打磨、拼色、修色。

7）施涂第二遍至第五遍聚胺酯清漆，每遍涂刷后都应用砂纸打磨。

8）打磨倒光。

9）擦砂蜡至光。

10）上油蜡。

5. 考核内容及评分标准（见表2-3）

考核内容及评分标准　　**表2-3**

序号	考核项目	考核要求	标准得分	实际得分	评分标准
1	基层处理	1. 全磨倒楞角，平整、光滑、无刨痕； 2. 做好落手清	5		1. 不倒楞角，扣1分； 2. 有横砂痕，扣5分； 3. 不做落手清，扣1分
2	润粉、批嵌腻子	1. 润粉均匀收净； 2. 无批嵌腻子疤痕； 3. 无腻子多余堆积	5		1. 润粉不收净，扣4分； 2. 有腻子疤及多余堆积处扣1分
3	刷底漆	均匀一致无漏刷	6		漏刷，1处扣1分
4	拼、修色	色泽均匀一致，无明显修色、拼色疤痕	21		拼色一致，得满分；基本一致，扣3分；较差，扣6分
5	刷2～5遍聚胺酯清漆	不漏刷、不挂、不过楞、无刨痕、无刷痕	18		漏刷1处，扣1分；流挂过楞1处，扣1分；有泡痕和刷痕，扣2分
6	砂磨倒光	物面全部磨倒光，表面平整、显示光	25		达到要求得满分、有磨穿1处，扣3分；有明显砂纹扣5分
7	擦砂蜡	物面光亮一致，无砂痕	16		1. 达到要求，得满分； 2. 光亮不一致，扣5分； 3. 有砂痕1处，扣2分
8	擦油蜡	物面光滑、平整、无油蜡痕迹	4		有油蜡痕迹1处，扣2分
	合计		100		

学员姓名　　　　年　月　日　　　　教师签名　　　　总分

四、旧墙面上石膏拉毛技能考核

1. 材料、工具

1）材料：熟石膏粉、老粉、化学浆糊、光油、松香水等。

2）工具：调拌板、76mm铲刀、钢皮刮板、橡皮刮板、刮刀、漆刷、拉毛刷。

2. 操作内容和数量

1）操作内容：选择刷有水性涂料的旧纸筋墙面，按提供的样板进行石膏拉毛。

2）操作数量：每人$2m^2$，如工作量较少，可按每道工序所耗用的时间累计计算。

3. 操作程序要点

1）墙面基层处理：在旧墙面上刷上水，然后用铲刀将软化的涂料铲除刮净。缝隙松动处必须处理，石灰胀泡、煤屑粗粒及稻草筋等应挑剔干净。用硬扫帚清扫墙面，清除刮下来的垃圾。

2）刷底油：按正确的配合比配制底油，用76mm漆刷或16mm管笔将底油刷在墙面上，洞、缝处刷足。

3）嵌批及打磨：用较稠的胶油老粉石膏腻子批墙面，洞缝处要密实，高低不平处要嵌批平整。待腻子干燥后用 $1\frac{1}{2}$ 号砂纸磨平，掸净灰尘，然后用钢皮刮板满批墙面 2～3 遍，每遍干燥后都需打磨平整，清理墙面。

4）抄油：将调制好的抄油在嵌批平整的墙面上涂刷 2 遍，要求操作程序正确、不漏、不挂、不皱皮。

5）调配、批刮拉毛腻子：按规定的配合比调配胶油老粉石膏腻子，然后根据样板毛头大小确定拉毛厚度，将腻子涂敷在饰面上，要求厚薄一致、平整和顺。

6）拉毛：依照样板花纹用拉毛刷拉毛。要求毛头大小一致，无明显拉缝。

7）罩面：等拉毛层完全干后，先刷 1 遍清油，最后刷 1 遍面漆，或涂刷 1～2 遍水性涂料。

4. 考核内容及评分标准（表 2-4）

考核内容及评分标准　　表 2-4

序号	考核项目	考核时间	考核要求	标准得分	实际得分	评分标准
1	基层处理	按国家和地方劳动定额核算所做工作量的耗用时间	1. 先刷水后起底，清水过净后，石灰墙面用工具铲刮干净	5		起底或工具铲除基本干净，得 5 分；不干净，得 3 分
			2. 勒缝松动处处理，无石灰胀泡和煤屑粗粒，稻草粗筋和稻草壳	5		不勒缝或松动不处理处，扣 4 分；胀泡、粗粒、粗筋、壳等有 1 项，扣 3 分
			3. 画镜线，做窗台口、门档、踢脚、地墙等落手清	2		有 1 项没达到，扣 1 分
2	抄清油		1. 调配清油适当； 2. 洞缝要刷足	5		有 1 项没达到，扣 2 分
3	嵌批		1. 拌嵌批腻子适当，正确掌握软硬度； 2. 嵌洞缝要密实，高低处嵌平整； 3. 嵌批和顺； 4. 无瘪潭、平整和顺； 5. 操作顺序上手落手，姿势正确	14		1. 拌得过硬或过软，扣 2 分；有硬块，扣 1 分； 2. 嵌不密实，扣 1 分，高低处嵌不平整，扣 1 分，漏嵌扣 1 分； 3. 有野胶油面，扣 1 分，有严重野胶油，扣 3 分； 4. 有 1 项，扣 1 分； 5. 熟练得 3 分；基本熟练，得 2 分；僵硬，扣 2 分
4	磨砂皮		砂纸选择正确，姿势正确，落手清	3		有 1 项没达到，扣 1 分
5	抄油		操作顺序正确，不漏不挂、不过楞、不皱皮	5		顺序正确，得 3 分；有 1 项不正确，扣 1 分
6	腻子拌拉毛		拌拉毛腻子适当，正确掌握软硬度	25		基本及格，得 9 分；有石膏粒子，扣 7 分；若有支油、过硬、过烂、胀煞现象，全扣
7	满批		平整和顺，厚度均匀	11		满批和顺，厚度均匀，得 11 分；基本合格，得 7 分
8	拉毛		先上后下按样板花纹拉毛均匀一致	25		分为 4 点，花纹不均匀有 1 点，扣 6 分；基本正确，得 4 分；依次类推
合计				100		

学员姓名　　　　年　月　日　　　教师签字　　　　总分

五、虫胶漆底水色模拟水曲柳木纹技能考核

1. 材料、工具

1）材料：钛白粉或铅粉、氧化铁黄粉、哈巴粉、墨汁、化学浆糊、$0\sim\frac{1}{2}$号木砂纸、360～400号水砂纸、肥皂、虫胶漆片、95%浓度酒精、煤油、抛光膏、上光蜡、清蜡水、香蕉水。

2）工具。63mm漆刷、铲刀、钢皮刮板、8～12管排笔2支、125mm底纹笔、16管掸刷用排笔、棉花球、砂头、毛巾、斜形橡皮、齿形橡皮。

2. 操作内容和数量

1）内容：在纤维板上根据实习教师提供的样板，用虫胶色漆底色模拟法进行仿制水曲柳木纹。

2）数量：每人$2m^2$。

3. 时间要求

根据国家或地方劳动定额，如工作面较少，可按每道工序所耗用的时间累计计算。

4. 操作程序要点

1）将纤维板面清理干净，通刷1遍虫胶清漆，浓度（1∶6）。

2）在猪血腻子中加入适量的石膏粉嵌批纤维板面，干后批刮腻子2～3遍。每次批刮的腻子不宜过厚，一般掌握在1～2mm的范围内。批刮腻子时刮板与物面呈倾斜50°～60°。每遍腻子批刮后，用砂纸打磨平整，头遍打磨用$1\frac{1}{2}$号砂纸，以后逐步变细，发现物面有缺陷不平处应补嵌，以平整光滑为准。

3）用排笔将调理好的虫胶色漆在物面上涂刷2～3遍，每遍干后用细砂纸轻轻打磨平整。

4）揩涂1∶5浓度的虫胶清漆2～3遍。

5）调配淡水曲柳木纹水色，用底纹笔刷水色。

6）用斜形橡皮画树心部位，齿形橡皮仿制年轮线。

7）用16管排笔掸刷木纹。

8）修色：如水色干后颜色欠深，可用底纹笔蘸水色薄薄地涂刷1遍。

9）刷1～2遍虫胶清漆固色。

10）做清漆面层。

要使仿制木纹达到理想效果，操作者除了要有好的构思和具备熟练技能外，尚要注意施工环境。一般以阴天施工较为理想，气温在5～28℃之间，南风天气上午施工最好。如气温超过30℃时，应考虑人工降温措施，最简单的办法是用湿布揩拭工作面，以降低工作面的温度。

5. 考核内容及评分标准（见表2-5）

考核内容及评分标准 **表 2-5**

序号	考核项目	考核时间	考核要求	标准得分	实际得分	评分标准
1	基层处理	按国家或地方劳动定额核算所做工作量的耗用时间	磨砂纸倒楞掸清灰尘	5		磨砂纸不倒楞，扣 7 分；落手清不做，扣 3 分
2	嵌批打磨		嵌批平整光滑磨砂纸	5		嵌批不平整光滑，扣 6 分；磨砂纸不光滑和顺，扣 4 分
3	配制底色		正确调配好样板颜色，色泽均匀一致	30		颜色一致，得 10 分；接近，得 8 分；基本接近，得 6 分；过淡或过深，扣 10 分；色泽均匀一致，得 10 分；基本均匀，得 6 分；不均匀，扣 10 分
4	配颜料拉木纹		正确调配好样板颜色按照样板拉好木纹	50		颜色一致，得 15 分，接近，得 12 分；基本接近，得 9 分；过淡或过深，扣 15 分；与样板颜色一致，得 35 分，接近，得 21 分；不像样板木纹，扣 35 分
5	刷虫胶清漆		刷虫胶清漆至平光、光滑和顺、均匀一致	10		
合计				100	注：考核面积为 $2m^2$ 左右	

学员姓名　　　　　年　　月　　日　　　　　教师签名　　　　　　总分

第三章 高级油漆工考核试题

第一节 高级油漆工知识考核判断题

一、判断题试题

1. 按照总目录检查图样是否齐全，图样编号与图是否相符，标准图是否齐全。 （ ）

2. 看设计总说明，了解建筑概况、技术要求等。一般顺序先看建筑平面图、建筑立面图和剖面图，再看总平面图，并对该建筑的结构方式和构造有初步认识。 （ ）

3. 随着生产实践经验的增长，看图能力的提高，综合对照建筑图和结构图，看尺寸上有无矛盾，构造上是否合理，施工工序搭接上是否可行等等。 （ ）

4. 建筑物中各层楼梯的布置和构造等情况不一定相同，为此，每一层都要画出它们的平面图，对于相同的各层楼梯平面可用一个标准层平面图表示。 （ ）

5. 楼梯的剖面图是楼梯平面剖面图的简称。 （ ）

6. 玻璃幕墙上部节点详图，它主要表示玻璃幕墙上部与女儿墙的节点构造做法以及屋面防水、泛水等构造措施。 （ ）

7. 建筑装饰工作图，点与线构成了种种形象，表达了形体的曲直、大小、轮廓、光影、材质，以至形体与形体的相应关系。各种点线的图像有其自身的含义。 （ ）

8. 局部纯粹装饰，指以宣传为目的的装饰，它包括室外某些部分的装饰，如门面、艺术广告灯箱、霓红灯等等。 （ ）

9. 宣传装饰是指室内的观赏性公共间的装饰，包括门厅、过廊、梯间、花格和室内、庭院等。这种装饰虽无多大实用价值，但为表现建筑物的等级，往往为室内装饰的重点和中心。 （ ）

10. 室内装饰俯视平面图，表示房间的平面结构形式、平面形状及长宽尺寸。（ ）

11. 室内装饰俯视平面图，表示门窗位置的平面尺寸、门窗的开启方向及墙柱的断面形状及尺寸。 （ ）

12. 装饰俯视平面图的图线，如粗实线主要表示次要部分的轮廓，如墙的护角线、踢脚线和轻质隔墙等。 （ ）

13. 装饰俯视平面图的中实线主要表示结构部分，如墙、柱断面的轮廓线。 （ ）

14. 装饰俯视平面图的中虚线主要表示没有剖切到的窗台、墙洞、吊起的家具、设施、门窗开启方向及指示线等所有不可见的轮廓线。 （ ）

15. 装饰俯视平面图的细实线主要表示引出线、尺寸标注线。 （ ）

16. 镜像视图所显示的图像其纵横轴线排列与俯视图完全相同，只是所表现的图像是顶棚。为了引起读图时的注意，在标注图名“顶棚平面图”时，其中包括“镜像”两字，这就让人们知道，这是顶棚平面图。（　）

17. 室内装饰立面图反映的是平面的空间关系，是一些项目具体位置的空间关系。装饰中的立面图，从本质上讲就是建筑装饰中室内剖面图，只是表现的重点不同而已。

（　）

18. 室内装饰立面图，表示房间围护结构的构造形式，如顶棚、墙面等。（　）

19. 室内装饰立面图，表示房间内的嵌入项目，如壁柜、壁炉、家具、设施如何靠墙以及它们之间的关系等。（　）

20. 立面装饰图的粗实线表示图示家具、设施的轮廓线嵌入项目的可见部分。如是不可见线，可用粗实线。（　）

21. 立面装饰图的中实线表示引出线、尺寸标注线。（　）

22. 立面装饰图的细实线表示房间的轮廓线、剖切的顶棚、墙面、地面。（　）

23. 对建筑装饰平面图、立面图所采用的比例比较小，图像的显示也比较概括，细部做法当然应表达和交待得一清二楚，因此在装饰施工图中就要补充许多详图，才能具体地付诸实施。（　）

24. 在技术准备工作中，施工图会审是一项主要内容。通过图纸会审能够按照设计图样的要求顺利地进行施工，建造出符合设计要求的最终建筑产品。（　）

25. 图样会审的作用是，能够在拟建工程开工之前，使从事建筑监理、施工技术和经营管理的工程技术人员充分地了解和掌握设计图样的设计意图、结构与构造特点和技术要求；建设业主单位对设计和实际使用功能的要求是否一致。（　）

26. 图样会审的作用：审查设计图样与说明书在内容上是否一致，以及设计图样与其各组成部分之间有无矛盾和错误。（　）

27. 图样会审的作用：审查建筑总平面图与其他结构图在几何尺寸、坐标、标高、说明等方面是否一致，技术要求是否正确。（　）

28. 图样会审的作用：明确建设、设计、监理、施工等单位之间的协作、配合关系，以及设计单位、监理单位、建设单位可以提供的便利条件。（　）

29. 建设单位收到拟建工程的设计图样和有关技术文件后，应尽快地组织有关人员自审图样，写出自审图样的记录。（　）

30. 会审一般由建设单位主持，由设计单位、监理单位和施工单位参加，四方进行设计图样的会审。（　）

31. 图样会审的要点是看建筑、结构、设备安装、装修之间有无矛盾。（　）

32. 图样会审的要点是看图样说明是否齐全、清楚、明确，与图样表达内容有无矛盾。（　）

33. 图样会审的要点是看实现新技术项目、特殊工程、复杂设备的技术可能性和必要性，是否有一定的技术措施来满足工期和质量要求。（　）

34. 图样会审的要点看专业图之间、专业图内的各图之间、图与表之间的规格、标号、材质、数量、坐标、标高等重要数据是否一致，是否有错、漏、缺等情况。（　）

35. 山西应县佛官寺释迦塔建于西汉时期，是目前国内尚存的唯一古木塔。（　）

36. 山西五台山佛光寺大殿，是我国现存唐代最大的木建筑。（　　）

37. 几千年的实践证明，建筑和社会的生产方式、生活方式有着密切的联系，与社会的科学技术水平、文化艺术特征有着密切的联系，它像一面镜子一样反映出人类社会生活的物质水平和精神面貌，反映出它所在的那个时代。（　　）

38. 建筑体型和立面的形式往往与建筑用途相统一。建筑的体型反映了建筑结构的组成，不同类型的建筑物外部形象也不相同。（　　）

39. 建筑空间处理，房间的不同空间尺度，不仅能给人以体量大小的印象，而且能给人以一定的艺术感觉。室内空间的尺度应当符合人的视觉习惯和房间的使用特点。（　　）

40. 顶棚的处理，室内顶棚处于建筑空间的上部，透视感十分强烈，根据建筑功能和艺术处理，除一般的平顶棚外，有时可以改变房间局部顶棚的高度来形成对比效果，以突出主要空间。（　　）

41. 顶棚的宽窄变化给空间不同的感觉，宽顶棚给空间以开阔、自如的感觉，同时也能产生压重的气氛，而窄空间则能建立一种亲切、温暖的感觉，顶棚的不同变化与艺术照明的结合又能给整个空间增加感染力。（　　）

42. 不同的使用功能和空间，对楼、地面的材料、花纹、图案和色彩有不同的选择要求。（　　）

43. 设计者将墙组合成各种几何图形的空间，结合功能需要，墙面上的门窗、台板、窗帘盒和挂镜线等都增添了墙面的艺术性，采用不同材料组成一幅既富有变化，又具有浪漫色彩的画面，以丰富环境。（　　）

44. 色彩能表现人的心理反应。如采用暖色调则给人以冷静、安详而沉默的感觉；若采用冷色调，给人以开朗、热情、欢快或积极的感觉。（　　）

45. 色彩能调节室内光线的强弱。如高明度反射率大，室内较亮；低明度反射率较小，室内较暗。故室内曝光太多太强时，可以采用反射率较低的色彩。而当室内曝光不太够时，则采用反射率较高的色彩。（　　）

46. 只有当色彩形成一定的调子时，才能产生意境，表现思想，传达感情，给人以美的感染和享受。（　　）

47. 把花和草置于阳光下，我们就会感到花的绿和草的红，把它们放入暗室后，花和草的色彩就消失了。（　　）

48. 若把花和草这两种颜色放在烛光下观察，我们就会发现花的红色中特别明显地有橙色的倾向，草的绿色变得倾向于灰色了。（　　）

49. 人们为了研究色，就有了以光为对象的生物学领域、以眼睛为对象的物理学领域和以精神为对象的心理学领域等。（　　）

50. 作为设计要素的色，有时需从物理学方面研究色的表现方法，有时需从心理学方面研究色的效果，有时需从生理学方面研究色的可见情况。（　　）

51. 光的来源相当多，总的来说，不外乎两大类：一类是自然光；另一类是人造光。现代色彩学以阳光为标准发光体，以此为基础解释光色现象。（　　）

52. 英国科学家牛顿把太阳光经棱镜透射后形成的光带划分为红、橙、黄、绿、青、蓝、紫七色。因此，今天的色彩学都以这七种颜色为标准色。（　　）

53. 法国科学家祥夫鲁尔和裴乐得认为蓝色不过是青、紫之间的一种色，光色应划分

为红、橙、黄、绿、青、紫六种。他们的见解被色学界所接受。因此，今天的色彩学都以这六种颜色为标准色。（ ）

54. 太阳发出的光照在物面上，被反射的光决定物体的颜色。例如：红布吸收橙、黄、绿、青、紫等色光，反射了红色光，因而使我们辨认为红色。（ ）

55. 早在几百年前，伟大的发明家富兰克林就得出了“不同颜色的布吸热程度不同”的结论，他说在炎热的夏天穿戴颜色深的衣帽，会使人感到凉爽，因为颜色浅的布其吸热能力大大高于颜色较深的布。（ ）

56. 一般情况下，暖光使物体的受光部色彩变暖，冷光使受光部色彩变冷。物体受光部的色彩通常是光源色和固有色的间色。（如阳光下的红旗，其受光部变暖，色彩倾向于朱、橙，暗部则向紫色靠拢，相对变冷）。（ ）

57. 经考古发现，我国在西周已发展到严整的四合院建筑。（ ）

58. 北京的故宫经元、明、清三朝建设、重建、改建，形成了目前的格局。（ ）

59. 古罗马的建筑材料中最突出的是火山灰作灰浆和天然混凝土。（ ）

60. 环境色虽没有光源色那么强，但它引起物体色彩的变化却更复杂，甚至能改变固有色三色相。（ ）

61. 物体的暗部除了环境色，还有和亮部色彩对比而产生的三补色，有时还有次光源色（因其光源强度次于亮部光源，如无光，故称次光源色），因此，暗部三色彩，往往是物体色彩变化最大、最复杂的部分。（ ）

62. 由于物体和环境颜色不同，给予人的视觉感应也不同，或者误大，或者误小。（ ）

63. 视觉对物体的膨胀和收缩感主要取决于明度，明度越高，膨胀感越强，明度越低收缩感越强，一般地讲，暖色具有收缩感，冷色具有膨胀感。（ ）

64. 实验表明，色彩的膨胀范围大约为实际面积的4%左右，所以在室内色彩的设计中，可以利用色彩这一性质来改善空间效果，如空间过大时可以适当采用收缩色（即冷色），以减弱空间的空旷感。当空间过小时，则可采用膨胀色（即暖色）以减弱其压抑感。（ ）

65. 由于物体的颜色不同，给人的视觉重量感也不同，物体对人的视觉轻重感，也取决于色彩的明度，明度高的显得重，明度低的显得轻。（ ）

66. 色彩可以给人的视觉感应是近感或远感，从这个意义上讲，色彩可分为前进色和后退色。所谓前进色，是指物体和人的视觉感应距离误近的颜色；所谓后退色，是指物体和人的视觉感应误远的颜色。（ ）

67. 色彩的距离还与明度有关，明度越高越具“后退感”，明度越低越具“前进感”，根据这个原理，在实际工作中，我们可以利用色彩的距离感应，来改变和调节室内的空间效果。（ ）

68. 由于色彩具有明显的生理效果和心理效果，能直接影响人们的生活、生产、工作和学习，因此在考虑室内色彩时，应首先考虑功能上的要求，并力求体现与功能相适应的品格和特点。（ ）

69. 学校的教室常用黑色或深绿色的黑板，白色、草绿和浅黄色的墙面，其基本出发点是有利于保护学生的视力和集中学生的注意力，创造成明快、雅致的环境，使教室成为

有利于教学，有利于学生身心健康的场所。 （ ）

70. 利用色彩来改善空间效果作用也是显著的。比如有一个门厅，净高只有2.6m，一般说是比较低矮的，但是如果采用明度较高的色彩，用白色顶棚、乳白色的墙纸（最好采用垂直线条花纹）、浅深色的地面，这样就会使整个大厅减少压抑感。 （ ）

71. 色彩的种类少，虽容易处理，但易显得杂乱。色彩的种类多，虽富于变化，但可能显得单调，这就要解决色彩的构图问题。 （ ）

72. 要充分发挥色彩的美化作用，正确处理色调的配置、协调与对比、统一与变化、主景与背景、基调与点缀等各种关系。 （ ）

73. 色彩关系中的基调很像乐曲中的主旋律，它体现内部空间的功能与性格，在创造特定的气氛和意境中发挥主导作用。基调外的其他色彩也同样不可缺少，但总的来说，它只起丰富、润色、烘托、陪衬的作用。 （ ）

74. 室内装饰的色彩基调是由面积较小及人们不太注意的色块所决定的。一般地说，地面、墙面、顶棚、窗帘等都能构成室内色彩的基调。 （ ）

75. 色彩的基调具有强烈的感染力，在十分丰富的色彩体系中，如何使它们有主有从、有强有弱，重要的在于能否把它们统一在一个基调中。 （ ）

76. 确定色彩的基调对于搞好室内装饰是至关重要的，可以这样说，没有色彩的基调，室内色彩装饰就没有特点，没有风格，室内的色彩也就难以达到理想的意境。（ ）

77. 为了取得既有统一又有变化的效果，小面积的色块不宜采用过分鲜艳的色彩。大面积的色块则宜适当提高明度和彩度。 （ ）

78. 在进行色彩设计中，一定要弄清它们之间的关系，使所有色彩部件构成一个层次清楚、主次分明、彼此衬托的有机体。 （ ）

79. 室内装饰的平衡感，在于室内色彩的起伏变化要有规律性，使人感到和谐而不乱，有节奏而不平俗。实践证明，恰当处理好主次、层次和各种陈设、书画的布局，都能产生符合实际功能的效果，所谓“屋雅不在大”也就是这个道理。 （ ）

80. 在某些油脂涂料品种中，有时可能会由于温度低而使化学反应停顿，但溶剂却仍可挥发。待温度达到化学反应要求时，溶剂已经部分或全部挥发，涂料的流动性大为降低或全部丧失，涂膜的致密性也受到一定的影响，会出现早期老化，严重影响使用寿命。

（ ）

81. 温度过低时，有些油脂涂料品种虽然仍会缓慢成膜干燥，但挥发物凝聚于膜面，形成细小露珠，一般讲，涂膜干燥后不会出现失光现象。 （ ）

82. 对不溶性涂料，在施工中低于它的最低温度线或造成冰冻，也不会使整个涂膜层破坏。 （ ）

83. 温度低，涂料变稠，涂刷困难，涂层难以均匀，影响质量。 （ ）

84. 在交变温度作用下，涂膜老化更为明显，这是由于交链过程伴随着聚化物分子链的破坏过程，出现了温度应力的往复变化，造成涂膜开裂等疵病。 （ ）

85. 温度过高，物理一化学变化急剧，成膜过快，加之涂饰不均匀，涂膜中的干缩应力来不及调整平衡，从而出现大量裂纹，使涂膜遭受破坏。 （ ）

86. 温度过低，涂料黏稠度大，会造成涂刷粗糙，搭接明显等疵病。 （ ）

87. 相对湿度过高或过低，对涂料涂装后的涂膜都会带来很多影响，如硝基涂料和乙

醇类涂料，当相对湿度过高时，在涂装后，涂膜易产生咬底病态。（ ）

88. 在涂装大漆时，相对湿度必须低一些，否则会造成涂膜不干或慢干。（ ）

89. 在湿热的施工环境中，涂膜容易吸水膨胀，涂膜吸水后，可使其中的水溶性物质溶解出来，当受光线（特别是紫外线）照射时，溶解出来的水溶性物质会部分地失去，从而造成涂膜结构的破坏。（ ）

90. 在涂料施工中由于环境湿度过大，一方面在施涂中容易裹入较多的水分，另一方面特别是某些油性和树脂类涂料，多具有一定的吸湿能力，再加上溶剂挥发时发生的对流，使更多的水分吸附于涂膜表面，造成涂膜发白、失光。（ ）

91. 在涂料施工中由于环境湿度过大，待温度升高时，留在涂膜中的溶剂、水分，会使涂膜膨胀，严重影响涂膜的强度、附着力等。容易产生早期粉化等疵病。（ ）

92. 在涂料施工中，对大多数溶剂型涂料品种而言，环境的相对湿度不能大于80%，某些品种的相对湿度可略大些，但也不能超过90%。（ ）

93. 涂料施工自然干燥受施工温度、湿度的限制大，特别是受气候的影响较大，应特别注意时日的选择。自然干燥适用一切常温干燥的涂料，在室外主要是选择有利涂料施工的天气。根据天气，安排好施工进度，以达到理想的涂装要求。（ ）

94. 固化剂催干，适用于自然干燥的固化型涂料，如胺固化环氧树脂、双组分聚胺酯漆等。（ ）

95. 对于聚胺酯类的双组分涂料，应按比例配制，因为甲组分过多易引起干燥成膜迟缓、强度降低。乙组分过多会使涂料成膜后，涂膜变脆，且易早期老化等疵病。（ ）

96. 加温干燥是在施工温度降到临界点以下，或潮湿天气产生涂膜泛白，而且是在工程施工进度要求快的情况下所采取的一种方法。在形式上有提高室温或对涂膜照射进行加温两种手段。（ ）

97. 提高室温主要是利用热源对整个有限的施工环境加温以达到施工的要求，在北方可利用采暖系统来提高室温。在条件允许的范围内也可利用电热器、碘钨灯加温，但采用此类方法，必须有可靠的防火安全保障，否则不得采用。（ ）

98. 涂料施工中对温度、湿度的调整时，施工空间温度以控制在10～35℃为宜。（ ）

99. 涂料施工中，提高室内湿度的方法，可封门闭户，在热源上置入敞开口的盛水容器，让容器中的水变为蒸汽，散布于室内。（ ）

100. 木材用于建筑，已有悠久的历史，尽管我国森林资源短缺，目前木材仍是一种重要的建筑材料，尤其用于建筑装饰，具有其他材料不可比拟的艺术效果。（ ）

101. 树种不同，木质素结构不同，它的含水率也不同，一般含水量为12%～30%，多的可达200%以上。（ ）

102. 木材的吸湿性是木材的不利性质，它影响木材的物理力学性质。因此，采取适当措施减少木材的吸湿是十分重要的。（ ）

103. 金属材料与其他建筑材料相比较具有较高的强度，能承受较大的弹性变形与塑性变形，能熔铸各种制品和轧制各种型材，被广泛地用于建筑工程。（ ）

104. 世界是由物质组成，那么物质是由什么构成的呢？研究证明，构成物质的微粒可以是分子、原子或离子。有些物质是由分子构成的，还有一些物质是由原子直接构成

的。例如汞是由分子构成的，铁是许多铁原子构成的。（ ）

105. 无机化合物简称无机物，是指碳氢化合物及其衍生物。组成无机物的元素，除主要的碳氢元素外，通常还有氢、氧、磷等。（ ）

106. 有机化合物简称有机物。一般指分子组成里不含碳元素的物质，如水（H_2O）、食盐（NaCl）、硫酸（H_2SO_4）等。而像二氧化碳（CO_2）、一氧化碳（CO）等少数物质，虽含有碳元素，但它们的组成和性质与无机化合物很相近，一向把它们作为无机物看待。（ ）

107. 有机物的特点是易燃烧，熔点、沸点低，易挥发，大多数难溶于水，易溶于有机溶剂。涂料中的成膜物质以及溶剂基本上属于有机物。（ ）

108. 低分子球状结构的涂膜是由直链型或支链型大分子（如硝酸纤维）与许多非转化型的合成树脂（如过氯乙烯、聚丙烯等）组成的，这类漆膜因分子间彼此相互交织，联系紧密，因此弹性、耐磨性、耐水性和耐热性等均高于其他高分子结构的涂膜。（ ）

109. 线型分子结构的涂膜属于体型网状分子结构的涂膜有聚酯、丙烯酸、聚胺酯等涂料的涂膜。各个分子之间由许多侧链紧密连接起来。由于这些牢固的侧链存在，所以这类涂膜的耐水、耐候、耐热、耐寒、耐磨、耐化学性能等都比其他分子结构的涂膜高得多。（ ）

110. 立体型网状分子结构的涂膜是由大量球形或类似球形的低分子（如虫胶、松香衍生物等）组成。这些涂膜对木材的附着力尚好，但因分子之间的联系微弱，所以耐磨性很差，弹性差，大多数不耐水、不耐热、不能抵抗大气的侵入。（ ）

111. 不饱和脂肪酸的分子中含有双键，双键愈多，不饱和度愈大，油料干性愈大。（ ）

112. 油脂是天然产物，用榨油或浸出方法从植物种子里提出油料。因此油里常带进一些杂质，含量虽然不多，但有时会影响干率及颜色等。油漆用油需要精制。（ ）

113. 松香外观为透明玻璃状脆性物质。颜色由浅黄色到黑色，有特殊的气味，不溶于水，能溶于乙醇、乙醚、丙酮、苯、二硫化碳、松节油、油类和碱溶液。（ ）

114. 合成树脂中的过氯乙烯树脂是由聚氯乙烯经过氯化处理的产物，由于加氯作用的结果，使制出的过氯乙烯树脂在性能上较聚氯乙烯树脂大大改进，尤其是在有机溶剂中的溶解性及涂膜附着力方面有所提高，从而使其在油漆中得到广泛应用。（ ）

115. 氧化聚合型涂料，该涂料必须加固化剂才能固化成膜，它的成膜过程是在固化剂存在的条件下进行的，固化剂是它的聚合条件。（ ）

116. 固化剂固化型涂料，该类涂料遇酸后才聚合成高分子涂膜，因此说酸是它的聚合条件。故储存时应注意离酸源远些。（ ）

117. 酸固型涂料（或称烘烤聚合型），该类型涂料又称高分子物溶液，其成膜方式通常在施工后，在常温下靠溶剂挥发便可干燥成膜。（ ）

118. 挥发型涂料，它干燥成膜是在常温下进行的。干燥过程中，必须接触空气才聚合成高分子膜。（ ）

119. 挥发型涂料本身就是高分子物，而氧化型涂料、固化型涂料、酸固化型涂料其本身不具备高分子型，当外界条件合适时转化为高分子涂膜。（ ）

120. 固化剂固化型涂料，它的固化成膜是依靠固化剂进行的，因此成膜是靠固化剂

中的活性元素或活性基团与成膜物中的官能团发生化学反应，交联而固化成连续完整的高分子膜。（　）

121. 涂料中用溶剂是为了降低成膜物质的粘度，以便于施工时得到均匀的涂层，而施工后须全部从涂膜中挥发掉而无残余。（　）

122. 涂料用溶剂一般选用由低沸点、中沸点的溶剂及助溶剂和稀释剂等组成，这些溶剂必须完全互溶。（　）

123. 由于挥发型涂料本身就是高聚物，即成膜物，用一般溶剂来溶解涂料效果较好，但用强溶剂（即混合溶剂）作稀料会损害涂膜质量。（　）

124. 在确定溶剂组成比例时，除了考虑到溶剂对树脂的溶解能力、毒性、闪点、经济性等因素外，还要注意到溶剂的沸点高低及挥发性。（　）

125. 挥发型涂料用的溶剂挥发速度要控制在一定的范围内，若挥发太快，会引起粘度增加太快，这样会使涂膜产生针孔、桔皮等弊病。（　）

126. 挥发性涂料施工温度不宜太高，一般以5～15℃为宜。（　）

127. 水溶性涂料是本身能溶于水，而在成膜以后又能耐水的一种涂料。（　）

128. 合成树脂之所以能溶于水，是由于在聚合物（树脂）的分子链上含有一定数量的强亲水性基因。（　）

129. 生漆在常温下属于固化聚合成膜。（　）

130. 不溶于粘合剂（或称成膜物质）中的有色矿物或有机物质即称为颜料。（　）

131. 检验颜色的优劣，主要检验颜料的颜色、密度、分散度、吸油量、着色力、遮盖力、含水量、耐候性、纯度、水溶性盐、酸碱度等项目。（　）

132. 着色力是该颜料与另一种颜料混合后形成颜色的强弱能力。这种特性对于混合颜料的配制具有一定的重要性。决定着色力的主要因素是颜料的吸油量。（　）

133. 有色基漆材料耐候性的好坏取决于吸收紫外线的能力，也可添加一些以减少对光有敏感作用的材料，如采用锑、铝、铅、钛化合物来处理铅络黄；钛白粉用锌、铝和硅的氧化处理后，脱粉和耐候性就可以得到改进。（　）

134. 锌钡白是白色材料中最好的一种。它具有很强的遮盖力和着色力，对大气中的氧、硫化氢、三氧化硫、氨等都是稳定的。除了氢氟酸和硫酸外，它不与其他有机或无机酸碱和盐的溶液反应，耐酸性好，没有毒性。（　）

135. 钛白粉又名立德粉，由硫化锌和硫酸钡溶液相互作用而成的等分子化合物，立德粉的质量好坏，取决于锌钡中的硫化锌含量多少。随着硫化锌的含量增加，颜料的遮盖力就增强。（　）

136. 炭黑，它的遮盖力和着色力都很好。对光和大气的作用很稳定，它能溶于各种稀酸，加入油漆中能增加漆膜的机械强度，多数用于底漆。（　）

137. 铁黑，是由烃类经过酸裂化而得到炭黑，具有非常高的遮盖力、着色力、耐光性，它是通用的黑色颜料。（　）

138. 铅铬黄，是铬酸铅、或铬酸铅与硫酸铅的混合物。它的颜色随铬酸铅的增加而黄相变大，具有橙红色相的铅铬橙。具有较高的遮盖力、着色力和良好的耐大气性。

（　）

139. 镉红是硫酸镉和硒化镉的固体溶液，色光随硒化镉的含量变化而定。具有耐酸、

耐光等优良性能。常用于油漆、搪瓷和玻璃工业。 ( )

140. 铁蓝分青光、红光、青红光等品种。着色力很强，遮盖力不强，耐光性良好，耐碱性很差。大量用于油漆、油墨的制造中。 ( )

141. 钛青铬绿是铅铬黄和铁蓝用沉淀法制成的绿色颜料，它遮盖力很强，耐光性很好。 ( )

142. 铅铬绿是一种由钛青蓝和铅铬黄制成的绿色颜料，遮盖力和耐光性都良好。 ( )

143. 银粉是铝粉的俗称，颗粒呈平滑的鳞片状，遮盖力好，有极好的抗红外线和紫外线的性能。铝粉与漆基中的脂肪酸反应，会失去光泽和漂浮性。铝粉不能和酸值高的漆料共同使用。 ( )

144. 染料能溶解于水、油和溶剂中，它具有色彩艳丽、透明度强、渗透性好、附着力强等优点。 ( )

145. 碱性染料溶解于水，微溶于乙醇，其特性是着色力好、透明度强、渗透性好、色泽鲜明，是透明涂饰工艺中的良好着色颜料。 ( )

146. 酸性染料是含有氨基能成盐的染料，溶于水和乙醇中。 ( )

147. 能溶于油脂、有机溶剂而不溶于水的染料称之为油溶性染料，它具有色彩艳丽、透明度好等优点。 ( )

148. 能溶于乙醇或其他类似的有机溶剂而不溶于水的染料称之为醇溶性染料。 ( )

149. 水包油型（O/W）多彩涂料，分散介质是油性的。在此分散介质中，将着色水性分散相分散成不连续的分散物。 ( )

150. 油包水型多彩涂料，在水溶性的分散介质中，将带色的有机溶剂瓷漆分散成可用肉眼识别大小的不连续的分散物。 ( )

151. 幻彩涂料以变幻奇特的质感及艳丽多变的色彩，为人们展现一种全新感受的装饰效果。它具有图案变幻多姿、造型丰富多彩、色彩艳丽多变的特点。 ( )

152. 溶液型硅丙树脂单组分仿瓷涂料主要由有机硅改性丙烯酸合成树脂为主要成膜物质，加以金红石型钛白粉、滑石粉、分散剂、助剂、醋酸丁酯、二甲苯等混合制成。 ( )

153. 植绒涂料的粘结剂为乳胶，其中最常用的是含有交联单体的聚丙烯酸酯乳液，具有优良的耐水性、耐洗涤性。粘结剂是由丙烯酸酯系共聚物、消泡剂、增塑剂、增稠剂及其他添加剂等混合而成。 ( )

154. 墙壁上进行静电植绒施工，植绒喷头与墙面保持一定距离，视绒毛喷射情况，调节喷头与被植绒面距离，植绒完毕后待植绒面自然干燥。 ( )

155. 涂料产品向油性化、高固体化和有溶剂化方向发展，逐步以油溶性涂料代替有毒、有害、污染空气和环境的无机溶剂涂料，使油性涂料接近、达到或超过无机溶剂涂料的性能和要求。 ( )

156. 具有优良耐候性的油溶性树脂涂料，如丙烯酸改性有机硅外墙涂料。该涂料使用寿命可达 10～15 年，可常温固化，也可湿固化，施工方便，但比较国际水平还有一定的差距。 ( )

157. 超耐候性外墙涂料在一些发达国家已试制成功，如新型氟树脂涂料，该涂料性能优越，应用于高层建筑外墙，是外墙涂料品种中的佼佼者。（　）

158. 推广新材料的科学程序，在大面积推广使用时，操作过程中应严格执行工艺设计标准，并有完整的施工日记，施工完毕，应进行严格的质量检查和建立跟踪观察档案，以不断地总结完善。（　）

159. 推广新材料的科学程序，应选择适当的场所，进行小面积试验，记录每道工序试验中出现的问题及解决的方法。总结归纳后列出每道工序的施工标准。编制出整个涂刷工艺过程的标准，作为最终的施工工艺设计。（　）

160. 装饰涂料原材料"浑浊"防治方法，首先用沸水加温法，在95℃以上使水分析出，贮存地应干燥，温度在35℃左右；其次是选择合适的助剂。（　）

161. 装饰原材料出现"沉淀"的防治方法，首先定期将涂料桶倒置；其次加入适量稀释剂，使用时经常搅拌。（　）

162. 装饰原材料出现"结皮"的防治方法，首先应封盖严密，用后在漆面洒少量稀释剂，并用牛皮纸封盖；其次放置时一定须严密封盖。（　）

163. 装饰原材料出现"变色"的防治方法，首先应将虫胶清漆放入铁桶内封盖严密；其次溶剂使用后，必须封盖严密，以防空气中的水汽混合；再次随调随用，选择碱性的胶结剂。（　）

164. 涂料在施工中出现"流挂"，主要是刷漆时，刷毛太软，漆液太稠。（　）

165. 涂料在施工中出现"流挂"的防治方法，漆液粘度要适中，气压（10～15）×10^5Pa，距离工作件约20cm，不可多次重叠喷涂。（　）

166. 涂料在施工中出现"发笑"，主要原因是底层涂料内掺有不干性稀料和污染物，未等涂层干透就涂刷面漆所致。（　）

167. 涂料在施工中出现"发笑"的防治方法，可用溶剂汽油等有机物溶剂洗涤、抹干，也可用水砂纸带肥皂水打磨至无光，方可进行涂刷，即无"发笑"的疵病。（　）

168. 涂料在施工中出现"咬底"的防治方法，涂层必须充分干燥，为防止咬起，第一道漆应先涂厚厚的一层，待干燥后再刷涂或喷涂面漆。（　）

169. 涂料在施工中出现"咬底"的防治方法，应在底漆上涂两道虫胶液，以封闭底漆，再涂强溶剂涂料。（　）

170. 涂料在施工中出现"露底"，主要是因为油漆中颜料成分不足，粒子过粗或颜料沉淀未经充分搅拌就使用。（　）

171. 涂料在施工中出现"露底"，主要是因为底漆颜色深，面漆颜色浅。（　）

172. 防治涂料在施工中出现"露底"的方法，配制底漆时的颜色，要比面漆的颜色深半色。（　）

173. 涂料在施工中出现"起粒"，主要是因为涂漆工具不清洁，漆刷内含有灰尘颗粒、干燥碎漆皮等杂质，涂刷时杂质随漆带出。（　）

174. 防治涂料在施工中出现"起粒"的方法，硝基漆最好用专用喷枪，如用油性漆喷枪喷硝基漆，必须先将喷枪洗干净。（　）

175. 涂料在施工中出现"针孔"，主要是因为底涂层本身有麻点、针孔。例如，腻子填刮后出现的针孔，最后没有将这些小孔刮浆填实，这些在腻子面上的小孔内有空气或灰

尘，当喷或刷涂料时，立即会形成针孔。 ( )

176. 涂料在施工中出现“针孔”，主要原因是油漆中掺入了过量的稀释剂后挥发过快造成的。 ( )

177. 涂料在施工中出现“发笑”，主要原因是在木器家具较湿的表面上涂饰，或者木材本身含有挥发性松脂，经涂料涂饰后，由于日晒等原因，水分和松脂从内向外蒸发，气体膨胀而形成大小不等的泡形。 ( )

178. 装饰涂料原材料出现浑浊，主要是溶剂使用后没有封盖严密，与空气中的水分混合所造成的。 ( )

179. 涂料原材料出现沉淀，主要原因氧化成膜涂料加入钴锰催干剂量过多，放置时间过长。 ( )

180. 防治涂料在施工中出现“针孔”，木材应干燥，特别是涂刷水性染料后，应让其充分干燥后再进行涂刷面层涂料。 ( )

181. 涂料在成膜后出现“返粘”，主要因为水泥砂浆、混凝土制件的碱质使油性漆皂化而软化。 ( )

182. 防治涂料在成膜后出现“返粘”，应对有碱性的物面基层作封闭处理。 ( )

183. 涂膜干燥不良的主要原因是被涂基层有残存的蜡质、油污等污染物。 ( )

184. 涂料在成膜后出现涂膜干燥不良，其原因是通风不足，湿度高，主要是湿汽影响涂膜从空气中吸收氧气，使其没有充分氧化成膜。 ( )

185. 涂膜干燥不良，主要是在施工中吸附有害气体，造成涂料不能充分氧化成膜。 ( )

186. 涂膜干燥不良，主要是稀释剂选用不当。 ( )

187. 涂料在成膜后出现“渗色”，防治的方法是基层面沾有油脂污染物时必须清除干净，或对污染的基层作封闭处理。 ( )

188. 涂料在成膜后出现“渗色”，主要的防治办法是稀释剂必须配套使用。 ( )

189. 涂料在成膜后出现“返粘”，主要的防治办法是在施工中预防有害气体的吸附。特别是在冬季施工中，不宜用未安装通风管的煤气炉来提高室温。 ( )

190. 涂料在成膜后出现“裂纹”，主要是因为基层涂料未干透就涂刷面漆。 ( )

191. 涂料在成膜后出现“裂纹”，主要是因为虫胶漆内的松香含量过多，涂膜性脆易开裂。 ( )

192. 防治涂料成膜后出现“裂纹”，底、面层涂料必须配套。 ( )

193. 防治涂料在成膜后出现“渗色”，涂刷后物件应放置于通风、干燥处。 ( )

194. 涂料在成膜后出现“渗色”，主要原因是面漆色浅，底漆色深，面漆中的溶剂对基层底漆有溶解作用从而造成的渗色。 ( )

195. 涂料在成膜后出现“渗色”，主要原因是底漆没有干透就涂刷面漆而造成渗色。 ( )

196. 防治涂料在成膜后出现“渗色”，底漆应比面漆浅一成，涂刷时应薄而均匀。 ( )

197. 防治涂料在成膜后出现“渗色”，对易透色和渗色的钉眼、松节及颜色较深的基层应作封底处理。 ( )

198. 防治涂料在成膜后出现“失光”，要使底漆充分干燥，对一些慢干的涂料可适当加入催干剂。（　）

199. 涂料在成膜后出现“裂纹”，主要原因是油性涂料中催干剂加入不当或快多，造成面层涂膜表面过快氧化成膜，而内部没干透。（　）

200. 涂料在成膜后出现“皱皮”，主要原因是涂膜过稠过厚，涂刷不均，流淌处引起皱皮。（　）

201. 涂料在成膜后出现“皱皮”，其主要原因是干性快和干性慢的油漆混合使用，也会引起皱皮。（　）

202. 涂料在成膜后出现“皱皮”，其主要原因是油漆中加入过量的稀释剂和失效的催干剂。（　）

203. 涂料在成膜后出现“皱皮”，其主要原因是油漆成膜过程中遇到烟熏和水汽吸附。（　）

204. 涂料在成膜后出现“失光”，其主要原因是基层涂料封闭性差，光油被吸收。（　）

205. 涂料在成膜后出现“失光”，其主要原因是油漆本身质量差或贮存时间过长。（　）

206. 防治涂料成膜后出现“失光”，加入的稀释剂应适量，催干剂应有效。（　）

207. 防治涂料在成膜后出现“失光”，在白天和晚上温差和湿度较大的季节，用光漆涂刷面层时，在下午三四点钟后应停止施工。（　）

208. 防治涂料在成膜后出现“皱皮”，油漆质量差，可加入适量的清漆。（　）

209. 防治涂料在成膜后出现“失光”，应调整涂料的稠度，选用合适的涂刷工具。（　）

210. 苯是在涂料中常用的有机溶剂，当温度超过28℃时即自燃，当空气中苯的含量达到1.4%～8%时，遇明火还会发生爆炸。（　）

211. 在短时间吸入高苯浓度气体可引起急性苯中毒。中毒者表现为头痛、头晕、恶心、呕吐、抽搐、昏迷等中枢神经系统麻醉病状。（　）

212. 预防苯中毒措施，施工现场应保持通风。在比较封闭的室内施工时应安装换气设备，使空气中的苯含量低于40mg/m^3。（　）

213. 预防苯中毒措施，饮食前应洗手，每天工作完毕应淋浴，清除皮肤上的沾污物。（　）

214. 预防铅中毒措施，在打磨防锈涂料和含铅较重的基层涂料时，必须戴好口罩，以防铅质吸入体内。（　）

215. 预防铅中毒措施，在用干粉原料配制防锈涂料和含铅基层涂料时，应戴好防毒口罩，以防有毒粉料吸入。（　）

216. 空气中的汽油气体含量达1.3%～6%时，遇到明火会爆炸。因为汽油用量多，易被人们所忽视，经常有人把它当作清洗剂来清洗手和身体的沾污处，其毒性也较大。（　）

217. 生漆过敏可用热水洗烫患处，切勿用冷水或温的开水清洗。（　）

218. 生漆中毒主要是直接或间接地通过皮肤和呼吸道接触而产生。（　）

219. 按照我国有关部门的规定，凡是闪点在25℃以下的液体都属于易燃液体。（　）

220. 所谓闪点是指涂料中溶剂的蒸汽和空气的混合物与火接触而初次发生蓝色火焰的闪光时的温度。（　）

221. 自燃点是不用外来火焰而自行着火的温度。（　）

222. 溶剂的闪点和自燃点高，使用时就比较安全，低则比较危险。（　）

223. 200号溶剂汽油、丁醇、环己酮、苯烯、丙烯酸丁酯、松香水等，它们的闪点在28.1～45℃，属三级易燃液体。（　）

224. 使用甲醛之类的易燃溶剂，在开溶剂桶时，严禁使用铁器进行敲击，以防发生火花引燃甲醛蒸气，造成火灾或爆炸的事故。（　）

225. 在施工现场的临时库房或配料间应有防火安全标志，严禁吸烟及动用明火。（　）

226. 施工现场应注意通风，溶剂或含有涂料的纱头、棉花团、破布等材料应及时处理掉，乱丢乱堆会自燃，引起火灾。要落实防火责任制。（　）

227. 贮存涂料的危险品库房，必须离其他建筑物20m以上，必须配备灭火机、砂箱等消防设备。（　）

228. 木门窗的制作安装标准，木门窗的接榫必须平整，窗框的标准槽必须平整，框槽接口呈45°，对角线误差在5mm以内。（　）

229. 木地板应牢固结实，无松动、空鼓、翘边、翘角现象，无"通天缝"。（　）

230. 大漆的漆膜是由漆酚所形成的，它呈高分子立体网状结构，涂刷在物体表面不但坚硬和富有光泽，而且具有较突出的耐久、耐磨、耐油、耐溶剂、耐水、耐潮、绝缘、耐化学介质等优异的性能，还有较高的装饰性。（　）

231. 大漆涂刷在木器、竹器等非金属材料表面，它的粘结力非常牢固，而在钢铁等金属表面的结合力却较差。（　）

232. 在大漆内加入等量的瓷粉等填充料，它的粘结力则有较大的改善，其粘结力比未加填充料的可提高10倍以上。（　）

233. 大漆可以直接当涂料使用，也可以经过加工或者改性后制出涂饰所需要的某些性能优良又无毒的涂料来。（　）

234. 大漆的毒性大，施工时容易发生漆中毒，引起皮炎，如不小心还会使皮肤溃烂。（　）

235. 现在造漆厂生产的精制生漆大大优于传统的方法，它不但质量稳定，而且用科学的方法消除了漆中对人体有害的物质——"漆毒"。（　）

236. 广漆的配方根据气候条件和生漆的优劣而定。当气候温度和潮湿度或生漆质量较好时，它的配方为生漆∶坯油＝55∶45。（　）

237. 揩漆类，如生漆干燥快，揩涂困难，则可适当加入虫胶漆，以降低生漆的干燥速度，利于操作。（　）

238. "母水"即生漆内一种极小的黄白色或黑色似沙粒状物，搅动漆液，使其流动时与"米心"相拌，灵活圆滑，可自成明显线路。（　）

239. 根据大漆特有的酸香味，用辨别气味的方法就可以判断出漆的好坏或新鲜与否。（　）

二、判断题答案

1. ✓　2. ×　3. ✓　4. ✓　5. ×　6. ✓　7. ✓　8. ×　9. ×
10. ✓　11. ✓　12. ×　13. ×　14. ✓　15. ✓　16. ✓　17. ×　18. ✓
19. ✓　20. ×　21. ×　22. ×　23. ✓　24. ✓　25. ✓　26. ✓　27. ✓
28. ×　29. ×　30. ×　31. ✓　32. ✓　33. ✓　34. ✓　35. ×　36. ✓
37. ✓　38. ×　39. ✓　40. ✓　41. ×　42. ✓　43. ✓　44. ×　45. ✓
46. ✓　47. ×　48. ✓　49. ×　50. ✓　51. ✓　52. ×　53. ✓　54. ✓
55. ×　56. ✓　57. ✓　58. ✓　59. ✓　60. ×　61. ×　62. ✓　63. ×
64. ✓　65. ×　66. ✓　67. ×　68. ✓　69. ✓　70. ✓　71. ×　72. ✓
73. ✓　74. ×　75. ✓　76. ✓　77. ×　78. ✓　79. ✓　80. ✓　81. ×
82. ×　83. ✓　84. ✓　85. ✓　86. ✓　87. ×　88. ×　89. ✓　90. ✓
91. ✓　92. ×　93. ✓　94. ✓　95. ×　96. ✓　97. ✓　98. ×　99. ✓
100. ✓　101. ×　102. ✓　103. ✓　104. ×　105. ×　106. ×　107. ✓　108. ×
109. ×　110. ×　111. ✓　112. ✓　113. ✓　114. ✓　115. ×　116. ×　117. ×
118. ×　119. ✓　120. ✓　121. ✓　122. ✓　123. ×　124. ✓　125. ✓　126. ×
127. ✓　128. ✓　129. ×　130. ✓　131. ✓　132. ×　133. ✓　134. ×　135. ×
136. ×　137. ×　138. ✓　139. ✓　140. ✓　141. ×　142. ×　143. ✓　144. ✓
145. ×　146. ×　147. ✓　148. ✓　149. ×　150. ×　151. ✓　152. ✓　153. ✓
154. ✓　155. ×　156. ×　157. ✓　158. ✓　159. ✓　160. ×　161. ✓　162. ✓
163. ×　164. ✓　165. ×　166. ×　167. ✓　168. ×　169. ✓　170. ✓　171. ✓
172. ×　173. ✓　174. ✓　175. ✓　176. ×　177. ×　178. ×　179. ×　180. ✓
181. ✓　182. ✓　183. ✓　184. ×　185. ✓　186. ✓　187. ×　188. ×　189. ×
190. ✓　191. ✓　192. ✓　193. ×　194. ✓　195. ✓　196. ✓　197. ✓　198. ×
199. ×　200. ✓　201. ✓　202. ×　203. ×　204. ✓　205. ✓　206. ✓　207. ✓
208. ×　209. ×　210. ×　211. ✓　212. ✓　213. ×　214. ✓　215. ✓　216. ✓
217. ×　218. ✓　219. ×　220. ✓　221. ✓　222. ✓　223. ×　224. ✓　225. ✓
226. ✓　227. ×　228. ×　229. ✓　230. ✓　231. ✓　232. ×　233. ✓　234. ✓
235. ✓　236. ×　237. ×　238. ×　239. ✓

第二节　高级油漆工知识考核填空题

一、填空题试题

1. 识读图样必须首先了解它的______、______、______和有关符号等知识。
2. 建筑工程图的内容较多，专业性很强。就本工种而言主要涉及______。
3. 识读图样必须循序进行，即应按照图样编排次序的先后分类进行，且不得操之过急，应由______，______逐步加深理解。

4. 一套工程图样，总是由不同专业工种和表达不同内容的图样综合组成，它们之间有着______，故看图时必须注意______，以防差错和遗漏。

5. 工程图样设计后，在施工中会经常遇到各种情况，随之会有修改，故在识读图样中要注意______和______等补充说明内容，否则就会发生差错。

6. 拿到一套图样后先看______，了解建筑面积、造价、建设项目、建设单位、设计单位、各专业图样总张数等。

7. 在图样全部看完之后，还要按不同工种有关的施工部位，将图样再细读。对油漆工序要对着房屋的装饰部位如______等图样进行细读。

8. 楼梯平面图是采用略高于______，并在______作水平剖切______而形成的投影图。

9. 建筑装饰图是装饰人员的______，其中表达最初意想的是______图，有表现装饰效果的是______。

10. 室内装饰的性质可以分为______和______两大类。具体地说，又可以分为下面四个方面：______、______、______、______。

11. 室内装饰重点是俯视平面图，因为平面图清楚地表示了______。

12. 在装饰施工图中总离不开材料的选择，为了表示材料的质感，在图标中作了一些______及室内设备的标注法。

13. 不同的图例要______，不得混淆不清。凡同类材料不同品种使用同一图例时，应在图上______。

14. 室内图例的绘制，应遵循一条原则，就是图例要按照______，以简单概括的方式画出所示物体的______力求形似，又不求多用笔墨，必要时可结合______说明，这对室内装饰设计就很简便了，工作效率提高了，室内使用图例制作的作用也就不言而喻了。

15. 实体装饰，指依附于建筑物的不动装饰部位，如______装饰等等。这种装饰基本上与建筑物的寿命同步，所以应使用耐久性好的材料。

16. 宣传装饰，指以宣传为目的的装饰，它包括室外某些部分的装饰，如______、______、______等等。

17. 仰视平面图与俯视平面图虽然表面上是接地面与顶棚的不同，但其上下轴线______。仰视平面图的横向轴线排列是与俯视平面图______，而其纵向轴线的排列______，因此容易看错。

18. 室内装饰立面展开图的展示法，首先是用______把连续的墙面外轮廓线和面与面转角的阴角线示出，然后用______、______作主次区别于墙面上的正投影图像。同时还必须看清图的两端和墙角处的下方所标注的与平面图相一致的轴线编号和标注的各种尺寸数据、标高、详图索引号、引出线上的文字注说、材料图例等等。

19. 在建筑室内设计图中是以______为依据，一般以______进行放大，这就成为室内设计图或室内装饰的操作图了，不过其图示内容更为具体化。

20. 一个工程项目的施工按其阶段可分为______、______、______、______四个阶段。

21. 在施工准备工作阶段按其性质及内容通常包括______、______、______、______和______。

22. 通过会审发现设计图样中______，使其改正在施工开始之前，为拟建工程的施工提供一份准确的设计图样。

23. 图样会审的重点是审查拟建工程的地点、建筑总平面图同国家、城市或地区规划______，以及建筑物或构筑物的设计功能和使用要求是否符合______、______及______的要求。

24. 图样会审的重点是审查设计图样是否完整、齐全，以及设计图样和资料是否符合国家有关______。

25. 施工单位收到拟建工程的设计图样和有关技术文件后，应尽快地组织有关的工程技术人员自审图样，写出自审图样的记录。自审图样的记录应包括对______和对______，在会审前提交设计和建设单位。

26. 会审一般由建设单位主持，由设计单位和施工单位参加。最后在统一认识的基础上，对所探讨的问题逐一地做好记录，形成《图样会审纪要》，由建设单位正式行文，参加单位共同会签、盖章，作为与设计文件同时使用的技术文件和______的依据，以及建设单位与施工单位进行______的依据。

27. 图样会审的要点是审查设计计算的______是否符合实际情况，施工时有无足够的稳定性，对安全施工有无影响；______有无问题，结构抗震性能如何，以及建筑物或构筑物与地下建筑物或构筑物、管线之间有无矛盾。

28. 古希腊创造了3种"柱式"——____________，此外还有"人像柱"。

29. 我国______在世界建筑史中构成了一个独立、完美体系，从个体建筑到城市布局，都有一套完整的做法和制度。

30. 随着社会的不断发展，房屋早已超出了一般居住范围，建筑类型______，建筑技术______，建筑的形象发生着巨大变化，建筑事业______。

31. 室内空间的尺度应当符合人的视觉习惯和房间的使用特点。一般来说，宽而高的房间使人感到______，宽而低的房间使人感到______，窄而高的房间使人感到拘谨。

32. 色彩能给人们一定的______，它是艺术装饰的重要______，恰当运用，能达到理想的环境效果，增强建筑的功能性。

33. 色彩能满足视觉美感。比如墙面上颜色的搭配是和谐的，我们会觉得很美，情绪会因此而受到影响，逐渐松弛，感到______；反之会使人感到______。

34. 色彩是光线作用于______的结果，是物体对光线的______、______而产生的。

35. 从油漆工艺来讲，最重要的应该从建筑物的______、______、______等角度出发，发现色的调和美化功能，达到最佳的环境效果、视觉效果和心理效果。

36. 现代色彩学以阳光为标准发光体，以此为基础解释光色现象。太阳发出的______由多种色光组成。法国科学家祥夫鲁尔和裴乐得认为蓝色不过是青、紫之间的一种色，光色应划分为______、______、______、______、______、______六种。他们的见解被色学界所接受。因此，今天的色彩学都以这六种颜色为标准色。

37. 物体的颜色要依靠光来显示，但光和物的颜色并不是一回事。光色的原色为______，混合近于白，而物色的原色为______，混合近于黑。

38. 不同颜色的物体，其反射光的能力______，一般情况下，色彩的明度越高，反射能力______。反之则______。

39. 研究色彩的吸热能力和反射能力，对改善______，提高有限______效能，节约能源以及对人们的______等，都有很重要的现实意义。

40. ______是形成色彩关系的三个要素。三者结合起来，相互作用，形成一个和谐统一的______。因此，我们观察与研究任何色彩现象，都必须以这三个要素为依据，加以全面考虑。

41. 所谓“固有色”是指在正常光线下（如太阳光、普通灯光等），看到的有主导地位的色彩，如红衣服、白墙等。“固有色”一般在______强，______弱，反光弱的粗糙物体“固有色”强。

42. 光源______，在物体上引起的色彩变化也各异。光源色越强，对固有色的影响______，甚至可以完全改变固有色。光滑物体高光部分则是光源色的______。

43. 物体周围环境的色彩由于光的反射，作用到物体上，因而引起物体的色彩变化，这种色彩称为环境色。这种变化通常反映在物体的______，以及受光部的______。

44. 我们运用色彩来______，使自然环境和造物达到______，这就是我们研究不同颜色对生活的主体______人和各种感应，使我们在色彩的处理中达到理想的效果。

45. 造物总处在一定的环境中，造物与周围环境相互混杂，可相互地协调、混合、反射或排斥，它影响人们的______，使物体大小、近远、形状等发生这样或那样的变化，这种变化称为______。

46. 人们看到______自然地产生一种温暖感，久而久之，一看到______也会相应地产生暖感；而海水、月亮常给予人一种凉爽的感觉，于是人们看到______也会产生凉爽感。

47. 色彩的温度感不仅与大自然密切相关，而且也是人们习惯的反映。在十二色相中我们把从红到黄称之为______，从绿到紫称为______，白、黑、灰、金、银不属于暖色也不属于冷色，称为______。

48. 由于物体和环境颜色不同，给予人的视觉感应也不同，或者误大，或者误小。误大的在色彩中属______，误小的在色彩中属______。

49. 正确地运用色彩的重量感，可以使色彩的平面和空间______、______。例如在室内装饰中采用______的色彩配制，可以起到稳定的视觉效果。

50. 色彩的距离与色相有关。实验表明，按光色排列从前进到后退的秩序是：黄、橙、红、绿、青、紫。因此可以把______列为前进色，______列为后退色。

51. 色彩对人的心理感应主要表现在它______，不同的颜色可以引起人的情绪的不同变化，这种变化就是色彩对人的心理感应。因此，在油漆施工中应充分考虑______对人的心理感应。

52. 改善空间效果，除了借助于色彩的物理效果外，还可以用______。以走廊为例，走廊高而短时，可以通过______使之显得低而长；走廊低而长时，可用______来增加高度或以减弱压抑感。

53. 在处理色彩的基调和配置中要______，不但考虑室内的______，而且还要和周围的环境______。

54. 定好基调是装饰中处理好色彩间______的基础。但是，只有统一而无变化，仍然达不到理想的效果。

55. 室内装饰中各部分的色彩关系是十分复杂的，相互联系又相互制约的，从整体看，墙面、地面、顶棚等可以成______的背景；从局部看，写字台、沙发又可以成为______的背景。

56. 室内装饰的色彩______要注意体现稳定感和平衡感，一般情况下低明度低彩度的色彩以及无彩色就具有这种特点，______的色彩关系具有稳定感，因此在一般情况下，总是采用颜色______的顶棚和颜色______的地面。

57. 在涂料施工中，无论是溶剂型涂料还是水溶性涂料，环境对______有着相当大的影响，特别是______的影响尤为普遍和显著，也是涂料施工中经常遇到的问题，必须给予足够的重视。

58. 温度过低在溶剂型涂料中会引起涂膜______，致使灰尘沾于涂膜，干燥后______。

59. 由于温度低，涂料中的基本粒子活性减弱，涂料中的______减缓，即使随着时间的延长，涂膜也会硬结，但它的______、______也会大大降低。有的还会因干燥缓慢，受基层酸、碱渗蚀，造成严重咬色现象产生。

60. 温度低，涂料变稠，涂刷困难，涂层难于均匀，影响质量。实践证明，一般油性涂料施工的温度不得低于______℃；高级混色油性涂料不得低于______℃；清漆不得低于______℃；水性涂料不得低于______℃。

61. 温度高过一定的______，也会损害漆膜质量。特别在______施工中应引起重视。

62. 氧化聚合型及挥发型涂料，在过高的温度下，涂膜表面迅速成膜，使表面下的涂层被封闭而难于氧化聚合成膜，于是便会引起______、______。

63. 各种涂料由于成分不同，成膜材料和粘结剂的分子结构不同，因而对于______也是不同的。

64. 湿、温、光对涂膜的共同作用，连同氧的作用，是涂膜______、______的重要原因之一。了解这一点，对我们正确地选择涂料______要求，是相当重要的。

65. 由于各种涂料的性质不同，在涂料施工过程中的______、时间、温度、湿度的要求也不同，为了确保质量，就必须根据涂料的不同性质，合理调整______。

66. 涂料施工干燥方法，在室内主要是保持______，特别对氧化聚合型涂料，由于其干燥硬结较慢，白天应注意自然通风，晚上如遇雨天和湿度较大、温度较低的天气，应______，以防水汽吸附，影响涂膜质量。

67. 涂料施工干燥方法，催干剂可以加速干燥，适用于______。催干剂的加入量应根据气候条件及原漆的干燥条件而定，一般为漆重的______，最多不得超过______，用量超过限度会起反作用，并造成种种疵病。

68. 室内湿度的调整，包括有两个方面的含义，一是当室内湿度过高，有损于涂料涂层的______，应该降低其相对湿度；二是当室内湿度较低，不利于某些涂料的______，应该提高相对湿度。

69. 在涂料工程施工中，室内潮湿的主要原因是：______、______、______中所含的大量水分不断蒸发出来，充斥于室内。降低室内湿度主要方法有：自然干燥、______、______、放置吸湿材料（如新鲜生石灰等），使之长期保持干燥。

70. 室内温度与湿度的调整，提高室内湿度，当室内湿度较低时，可______，在地面乃至四壁______，使之蒸发，借以提高室内湿度。

71. 室外涂料工程冬季施工技术措施，可根据具体气候条件决定。当气温不太低时，可采用______、选择______、______的日子，集中人力，迅速涂饰。

72. 涂料加温的冬季施工技术措施，即将涂料略加稀释，并用______，加热时应不断搅动，使之加热均匀，然后迅速涂饰，随即用板状______或______等照射，使之干燥。

73. 木材是一种______物质。它对水有很强的吸附性能。木材对水分的自然吸收和排出主要决定于周围大气的______。

74. 木材具有显著的______。当木材从潮湿状态到纤维饱和时，其尺寸______。继续干燥，即当细胞壁中吸附水蒸发时，则导致体积______。反之，干燥木材吸湿时，体积将______，直至含水率达到纤维饱和点为止。

75. 在常用的建筑业用材中通常分为针叶树、阔叶树和______三大类。

76. 根据涂膜的分子结构，涂膜分为三类，即______、线型分子结构的涂膜和立体型网状分子结构的涂膜。

77. 属于立体型网状分子结构的涂膜有______、______、______等涂料的涂膜。各个分子之间由许多______。由于这些牢固的侧链存在，所以这类涂膜的耐水、耐候、耐热、耐寒、耐磨、耐化学性能等都比其他分子结构的涂膜高得多。

78. 脂肪酸是油脂的______部分，在室温下为油状液体或固体；无色或白色；比水______；不溶于水。有______和不饱和脂肪酸两大类。

79. 树脂是非结晶形半固体或固体______，分子量一般较大。多数可溶于______，如醇、酯、酮等，一般不溶于水。将它溶在有机溶剂中，并涂在物体表面上，在溶剂挥发后，能够形成一层______。油漆用树脂作为成膜物质就是利用树脂的这个性质。

80. 油漆用的树脂从______可分为：来源于自然界的天然树脂、用天然高分子化合物加工制得的人造树脂及用化工原料合成的合成树脂三类。现在油漆中使用的树脂品种，以第一类为最多，而且在不断发展。

81. 过氯乙烯树脂的氯含量在______之间，应用于制造油漆，具有优良的耐化学性能，防水、防霉、______均很好，是目前以合成材料为主要成膜物质的新型挥发性涂料之一。

82. 普通油漆涂料一般是指油脂漆类；有机化学油漆涂料指的是高分子树脂涂料，两者间的互相反应明显地表现在油的“______”上。

83. 一般在油脂漆、醇酸漆以及干性油改性的一些合成树脂类的漆膜，未经______之前，一旦与面漆中强溶剂相遇，底层漆膜就会被溶解而______，影响底漆与物面的附着力。

84. 底、面漆不配套。如油漆底漆对金属表面有一定的附着力，但不能与______、______等配套，因这种底漆干燥后经受不起强溶剂的作用而产生______。

85. 在配套选择时必须注意其相容性，对硝基漆可采用______底漆或______底漆，对过氯乙烯则应用______底漆，填嵌时也不能用油性腻子，应改用______腻子。

86. 目前使用的涂料品种很多，按成膜过程机理有氧化聚合型涂料，它干燥成膜是在常温下进行的。干燥过程中，必须______才聚合成高分子膜。常用的油基性涂料就属此类，因此当使用这类涂料时应当特别注意，当不使用时必须把______盖严，否则易起皮。

87. 按成膜过程机理有固化剂固化型涂料：该类涂料必须加固化剂才能固化成膜，它的成膜过程是在固化剂______进行，固化剂是它的聚合条件。

88. 溶剂挥发型涂料在干燥成膜过程中，成膜物质分子结构______化学变化，当溶剂______产生一层连续完整涂膜，属于这类成膜方式的涂料有______等。

89. 同一种溶剂在同一条件下用于不同种类的挥发涂料，则会有不同的______。如溶剂挥发性好的硝基涂料，在常温下仅数十分钟即干燥。而过氯乙烯涂料，由于过氯乙烯树脂本身有______的特性，故溶剂释放性差，需 2～3h 才能干燥。

90. 生漆的成膜机理是缩合聚合成膜，由于当温度达 70℃以上时，漆酶就______，所以在隔绝空气高温条件下的烘烤干燥成膜，是以______的缩合反应和______的聚合反应为主形成的。

91. 颜料是微细的固体粉末，用于制造______，颜料不仅能起调色作用，还能起遮盖、提高机械强度、附着力、防腐、______等作用。

92. 酸性、碱性染料的性质基本相似，均可溶解于______，但在实际操作过程中，酸性染料善于______亲融，以酸性染料作水色具有色彩鲜艳、透明度高、着色力强、渗透性好、附着牢固等优点。碱性染料善于______亲融，具有透明度高、着色力好等优点。

93. 合成树脂乳胶涂料是一种优良的______，各种涂料的性能和适用范围也不尽相同，但它们的共同点都是以______，易施工作业，无污染。在室内外装饰中被广泛使用。

94. 苯丙乳胶涂料具有良好的______、耐碱性、抗粉化性和抗污染性，可制成有光、半光、无光涂料。即可内用也可外用，但一般以______，是我国外墙涂料的主要品种。

95. 多彩涂料是一种新型的装饰涂料。它造型新颖、主体感强、色彩繁多，用喷涂的方法，______将装饰面涂装成彩色。

96. 简易识别多彩涂料的质量，首先检查上层水液______。如果水液严重混浊或带有颜色，这说明多彩粒子有渗色或混色，粒子中的溶剂有______，稳定性差。

97. 简易识别多彩涂料的质量，检查上层水液中是否有漂浮物。如果个别粒子悬浮物属正常范围，但漂浮物______，造成上、下部均有粒子而中间为水层的现象，则属______。如有漂浮物，表面易产生结皮，给施工带来障碍，也影响最终装饰效果。

98. 在幻彩涂料的施工中，封闭底层、中间涂层和面层涂料______。底涂和中涂可用______的方法。面层涂料可单一使用，也可______使用。施工方法有喷、刷、滚、刮、印等。

99. 溶液型树脂仿瓷涂料的主要成膜物质是______，它由______的双组分聚胺酯树脂或双组分丙烯酸—聚胺酯树脂或单组分有机硅改性丙烯酸树脂等加以______而配制成的瓷白、淡蓝、奶黄、粉红等多种颜色的涂料。

100. 水溶型树脂仿瓷涂料的主要成膜物质为水溶性______，加入颜料、填料、增稠剂、成膜助剂、增硬剂等配制而成。其涂膜质感细腻、高雅，饰面外观______，用手触摸有平滑感，可制成不同颜色的涂料。

101. 将绒面涂料和植绒涂料用于建筑装饰是近几年发展起来的一项装饰工艺，它具有______的装饰效果，它色彩丰富，具有______等特点，适用于宾馆、商店、居室和高级娱乐场所的装饰。

102. 绒面涂料在建筑物上装饰以______，而在建筑材料上施工可以用______等多种方法。绒面涂料的成品一般粘度较高，不同的施工方法有不同的粘度要求，施工时可用

______进行适当的调整。

103. 植绒涂料是利用静电电场的静电感应原理，将纤维绒毛通过______而形成的饰面涂料。它手感柔和，有一定的立体感，植绒后的墙面像铺上了一层富丽堂皇的壁毯，豪华舒适，并且有______，所以更适用于局部室内装潢或用于有特殊要求的环境中，造价比绒面涂料高。

104. 清油或清漆加入催干剂（特别是铅催干剂），遇水和潮湿，低温催干剂______。

105. 涂料在施工前出现沉淀，主要原因：一是填充料______，存放时间过长；二是稀释剂______，涂料粘度下降。

106. 涂料在施工前出现结皮的主要原因：一是桶盖不严密，与______；二是氧化成膜涂料加入______，放置时间长。

107. 涂料在施工前出现变色的主要原因是：一是虫胶清漆放入______中；二是加入已水解的溶剂；三是金粉、银粉与调制的清漆发生______。

108. 硝基漆溶剂中的真溶剂、助溶剂和稀释剂的______，溶剂挥发______，稀释剂挥发______，剩下的稀释剂不能溶解硝化棉时，硝化棉析出，使漆膜浑浊泛白。

109. 施工环境潮湿，空气中相对湿度超过80%，在溶剂挥发过程中，水汽浮于______。泛白特别容易出现在______的施工中。

110. 硝基漆和虫胶漆施工应在______进行，当达不到要求时，可用人工的方法提高______。

111. 在涂料施工中为防止出现泛白，可在硝基漆中加入适量的______，或加入______等沸点高的溶剂。

112. 在涂料施工中为防止出现泛白，可在虫胶漆中加入______的香蕉水，或加______的松香粉。涂刷也可用碘钨灯加温。

113. 清漆、红丹漆、聚胺酯漆、环氧漆的涂膜上出现发笑，主要原因是这类漆对底涂层的______，使之很难形成一层均匀的薄膜层，而收缩成清珠状。

114. 如在涂料涂刷中发现有发笑现象应立即停刷，用______汽油先行擦净，再用纱布包消石灰拍涂物面，掸扫干净，然后涂上1～2遍______即可避免。

115. 涂料在涂刷过程中出现发笑，应用漂土加水清洗，再用湿麂皮擦干，待完全干燥后______。对于聚胺酯漆因遇水泡而出现的收缩，可用加少量______的办法来解决。

116. 底漆与面漆______，底漆承受不了面漆中的______而被溶解。例如底漆是油性调和漆、酚醛漆或醇酸漆等，而面漆用硝基漆、过氯乙烯或______等，即能产生咬底现象。

117. 短油度与长油度也有咬底现象。例如短油度醇酸漆涂饰于一般油脂漆表面作面漆，因油脂漆的溶剂是______，而短油度醇酸漆的溶剂是______，因此被咬起。

118. 在涂料施工中，为防止出现咬底现象，底面漆必须______使用，并选用______的漆料和稀释剂。

119. 涂料在施工中出现露底现象，主要原因是底漆色______，面漆色______。

120. 为防止涂料在施工中出现露底现象，对配好的涂料应做小样试验，检查是否有良好的______。对于自配的发色油，使用时要随时______，不使其沉淀。

121. 为防止涂料在施工中出现露底现象，配制底漆时的颜色，要比面漆的颜色______。

122. 在涂料施工中出现颗粒状病态，造成漆膜表面不光洁和粗糙，其主要原因是施工环境______，尘埃落于漆面。

123. 在涂料施工中，出现颗粒状病态，造成漆膜表面不光洁和粗糙，其主要原因是喷枪______，用喷过油性漆的喷具喷涂硝基漆时______将漆皮咬起成渣而带入漆中。

124. 为防止涂料在施工中出现起粒现象，在施工前应______，工件应______。

125. 为防止涂料在施工中出现起粒现象，涂漆前应检查刷子，如有______，用刮具铲除漆刷内______。

126. 涂膜表面出现气泡及小圆形孔的病态，其主要原因是，油漆______，漆中含有水分，加入溶剂量______，涂饰漆膜太薄，促使挥发太快，内部水分包含在内。

127. 涂膜表面出现气泡及小圆孔的病态，其主要原因是，在配漆和施工中，很有可能将______带入涂料中，混入涂料中的______就形成许多气泡。

128. 为防止涂料在施工中出现针孔现象，涂料在配制中，溶剂不能加入过多，配制后将涂料______，让浮于漆液表面的______，让泡形逸散，消失后再涂刷。

129. 为防止涂料在施工中出现针孔现象，底涂层填腻子不可马虎了事，将针孔用稀腻子刮涂______。在木器上，进行着色填孔时，棕眼内腻子填实饱满，______。

130. 涂料成膜后又软化，带有粘着性的现象，其主要原因是，涂料在配方中采用了______。在干性油中掺有鱼油等半干性油或不干性油的油类。

131. 涂料成膜后又软化，带有粘着性的现象，其主要原因是，干燥后通风不足，湿度高。主要是湿汽影响______，使其没有充分氧化成膜。

132. 防止涂料成膜后出返粘现象，应______涂料品种，在配方中不能用______的溶剂和油类。

133. 防止涂料成膜后出现返粘现象，应______施工环境，使作业场所______。

134. 涂料成膜后固化不良，或未形成坚硬的固化涂膜有粘结现象，其原因是干燥剂______或催干剂加入______。

135. 涂料成膜后固化不良，或未形成坚硬的固化涂膜有粘结现象，其原因在施工中吸附______，造成涂膜不能充分______成膜。

136. 为防治涂膜干燥不良，催干剂的掺入量不能______。

137. 在固化的涂膜上出现丝状或龟裂状裂纹，其原因是基层和面层涂料______，面层涂料的______大于基层。

138. 在固化的涂膜上出现丝状或龟裂状裂纹，其原因是涂刷后的物件放置在______的地方或在阳光下暴晒。

139. 为防止在固化的涂膜上出现丝状或龟裂状裂纹，应严格控制涂层______，底层涂料必须______方能刷面漆。

140. 从基层的涂料、钉锈、树节的松脂等透过漆面而形成面色局部变化，其原因是对基层的钉眼、松节______。

141. 涂料干燥后，涂膜面层出现波纹状收缩，其主要原因用桐油调制的涂料，由于______而引起皱皮。

142. 涂料干燥后，涂膜面层出现刷纹，其主要原因是，油漆内______太少，底层吸收性较强；涂料过稠，刷毛______。

143. 防止涂料干燥后涂膜面层出现刷纹，应调整油漆中的______和稀释剂，如在涂刷无光漆面层时，可加适量______，以降低稀释剂的挥发速度。

144. 在涂料施工中所用的有机溶剂和其他原料______是易燃、有毒、有害、有腐蚀性的物质。无论在涂料生产、加工配制和施工中对安全生产和身体健康都有许多不利因素，长期接触一些有害物质，将其吸入体内，会产生不同程度的______现象。

145. 苯中毒途径，主要是______和人体与苯溶剂______所致。

146. 预防苯中毒的方法是，施工场所应保持通风。在比较封闭的室内施工时应安装换气设备，使空气中的苯含量低于______。

147. 铅中毒途径，主要是在这类涂料干燥后进行打磨时，形成的粉末通过______，也可通过口腔和食物进入体内以及______进入到血液里。

148. 预防铅中毒措施：在操作场地应注意通风，使铅尘控制在______范围内。

149. 生漆是我国特有的传统天然树脂涂料，它的主要成分是漆酚，对人体有______，但它聚合成膜后毒性会局部______。

150. 预防生漆中毒措施，操作人员在施工前应戴好______，尽量减少皮肤裸露部位。切忌用手______。

151. 在以有机溶剂为稀释剂的各种各类涂料中，绝大部分不但有毒、有害，而且还有一定的______，了解它的______，对做好安全生产是很有意义的。

152. 易燃液体的特性是极易挥发，有高度流动散发性、______。不少易燃液体还具有毒性，同时具有高度易燃性、______。

153. 易燃溶剂绝大部分是______，如苯、甲苯、二甲苯、丙酮、乙醇、醋酸乙酯等，它们闪点都在28℃以下，属一级易燃液体。甲苯的闪点为4.4℃，是溶剂中闪点较低的一种，遇明火或高温很容易发生燃烧，燃烧时______。

154. 涂料和溶剂应______。各种涂料、溶剂的存放处于涂饰场地______、______、______。

155. 贮存涂料的库房或场地必须远离火源，不受太阳曝晒，要安全照明，______，室内温度控制在______以内，夏天温度升高时应采取______措施。

156. 木工向油漆工交出工作面时的交接鉴定主要是对一切______制品，包括______、______和其他______的交接鉴定。

157. 木门窗的制作安装标准，目测整个木门窗的平面______。对胶合板制品的内门如做清水活时，木质颜色应______，无明显色差，无明显刨痕、锤痕，不允许脱皮，不允许刨穿______。

158. 抹灰工向油漆工交出工作面时的交接鉴定。抹灰工程的面层，不得有______。各抹灰层之间及抹灰层与基体之间应______，不得有脱层、空鼓等缺陷，抹灰分格缝的宽度和深度必须______，表面光滑、无砂眼，不得有错缝、缺棱掉角等现象。

159. 大漆即天然漆，又称国漆、土漆。在使用中可分为纯大漆和精制漆。大漆是从漆树中采割提取，经过______和其他物质即为纯大漆。而______是生漆经过加工熬炼处理后的产物。

160. 经大漆涂刷后的漆器，它的耐久性一般可以使用______，有的上百年仍______，

______。所以大漆的漆膜有独特的耐久性和耐腐蚀性，这是其他涂料所不能及的。

161. 大漆的不足之处是，不耐强碱及______。

162. 大漆的不足之处是，漆膜干燥条件苛刻，不但要有______，而且要求______。

163. 生漆根据产地和性质不同，一般可分为：毛坝漆、大木漆、小木漆、______四种。

164. 退光漆是由优质______精制而成，它______而无杂色，干燥性、流平性好，成膜后漆膜坚韧，具有良好的抗水性、抗潮性、抗热性、耐磨、耐久及耐化学腐蚀等优良性能。

165. 广漆是用优质______调制而成，调配后呈茶褐色，成膜后带______，其涂膜透明、丰满、光亮。

166. 生漆的质量优劣，是生漆的涂饰工艺及______优劣关键，并与漆树的漆种、生长地区的自然条件、______等因素有着密切的关系。

167. 生漆中含有"米心"、"沙路"和"母水"的为优质漆。"米心"即生漆中所含有的一种白色颗粒，______，拨动后破碎成白色的线条状，搅动频繁即消失，存放几天后则______。

168. 品质上等的生漆，______，弹性很大，且粘附在搅拌工具上的漆液______，流速均匀，漆液消失快，反之较差。

169. 生漆有浓厚漆树的清香味或自然酸香味的是好漆。一般大木漆以______为佳；小木漆以有______为佳；毛坝漆以有______为佳。

170. 如果生漆中掺有杂物，煎时泡沫不息，盘底有沉淀物。如掺有硝则______；掺有糖类或淀粉则______；掺有油类则______，并且浓烟甚大；掺有水分则煎后______；凡掺有杂物煎时必有强烈的杂味冲鼻，此即可认为劣质漆。

171. 生漆鉴别纸试法，将漆液滴于纸上______，烧时无爆炸响声者是______，有爆炸响声或难以烧着者一般是掺有______。

172. 制备大漆采用煮漆法，将生漆静置分层后，______倒入容器中，再把容器置于水锅中加温蒸煮，边煮边搅拌，使漆液中的水分蒸发，直至漆液中______为止，然后过滤去渣。再静置分层，倾出上层漆液过滤，反复数次即可。

173. 大漆磨退，白木处理，首先应除掉______，木刺翘槎等，应用锋利小刀或斜錾切除削平。为防止大缝和裂缝缩胀，应下竹钉，______，以便两者粘结牢固。

174. 大漆磨退，批头道漆灰，也称头道灰，将漆灰腻子先涂布于台面，再用长刮尺从台面一端刮向另一端。刮涂时以______为准，低处映灰，一刮到底，______。

175. 大漆磨退当批三道漆灰时，批刮要做到"一摊"、"二横"、"半起灰"，也就是说一手灰在______；二横是在一手灰摊平的基础上再往______；半起灰即是高处______，低处______，进一步刮平收净的意思。

176. 大漆磨退，在进行上头道退光漆的操作方法是，用短毛漆刷蘸取退光漆敷于物面，随后用劲推赶均匀，涂刷时以______，不论大面或小面都要______，这样反复多次，使漆液达到全面均匀。然后用牛角翘将漆刷内的余漆刮净，再以台面长度轻理拨直出边，侧边也同样操作。

177. 大漆磨退，在进行破子工序时，即涂刷二道退光漆之后，必须用______水砂纸蘸取皂水将露在______，这些颗粒表干内不干，或者尚未干透，经磨破表皮后让其充分干燥。

178. 大漆磨退抛光，即经水磨退光后，随即上______，用柔软无杂质的棉织品或精白纱头，也可用纱布包纱头蘸蜡在漆面上用力擦拭，直至______，再以洁净棉织品收清。

179. 硝基清漆俗称腊光，是以硝化棉为主要成膜物质的一种______涂料。硝基清漆的漆膜坚硬耐磨，易______，使漆膜显得丰满、平整、光滑。硝基清漆的干燥______，施工时涂层不易被灰尘污染，有利于表面质量。

180. 硝基清漆磨退施工工艺是一种______工艺，用它来涂饰木面不仅能______，而且能使它的纹理更加清晰、美观。

181. 硝基清漆磨退施工，首先清理基层，将木面上的灰尘弹去，刮掉墨线、铅笔线及残留胶液。一般的残迹之类可用玻璃轻轻刮掉。白坯表面的油污可用______，然后用清水洗净碱液。经过上述处理后，用 1 号砂纸干磨木面。打磨时，可将砂纸包着木块，______依次全磨。

182. 有些木材遇到水及其他物质会变颜色，有的木面上有色斑，造成______，影响美观，需要在涂刷油漆前用______处理，使物面颜色均匀一致。

183. 去除木毛可用湿法，湿法是用______揩擦白坯表面，管孔中的木毛吸水膨胀竖起，待干后通过打磨将其磨除。

184. 硝基清漆磨退施工，刷头道虫胶清漆的一个重要作用是______。白坯表面有了这层封闭的漆膜，可降低______的能力，减少______，为下道工序打好基础。

185. 润粉是为了填平管孔和物面着色。通过润粉这道工序，可以使木面______，也可调节木面______，使饰面的颜色符合指定的色彩。

186. 硝基清漆磨退施工，刷第二道虫胶清漆的浓度为______，刷漆时要顺着木纹方向由______依次往复涂刷均匀，不出现______，榫眼垂直相交处无明显刷痕，不能留下刷毛。漆膜干后要用旧砂纸轻轻打磨一遍，注意楞角及线条处不能砂白。

187. 大面积刷水色时，先用排笔或漆刷将水色涂满到物面上，然后______，再______轻轻收刷均匀，不许有______现象。

188. 经过润粉和刷水色，物面上会出现局部颜色不均的毛病，其中一方面由于木材______可能有差异，另一方面涂刷______也会造成色差。色差需要调整，修整色差这道工序称为拼色。

189. 硝基清漆磨退施工，刷涂硝基清漆，在打磨光洁的漆膜上用排笔涂刷 3～4 遍的硝基清漆。刷漆用排笔不能脱毛。硝基清漆挥发性极快，如发现有漏刷，不要忙着去补，可在刷______补刷。垂直涂刷时，排笔蘸漆要______，以免产生流挂，对脱毛要及时清除，刷下一道漆应待______再进行。

190. 硝基清漆磨退施涂工艺，当揩涂最后一遍时，应适当减少圈涂和横涂的次数，增加______，棉球团蘸漆量也______。最后 4～5 次揩涂所用的棉球团要改用______，此时的硝基清漆要调得______，而揩涂时的压力要大而均匀、理平、拔直，直到漆膜光亮丰满。

191. 为保证硝基清漆的施工质量，操作场地必须保持______，并尽量避免在______施工，防止泛白。

192. 硝基清漆磨退施涂工艺，用水砂纸湿磨，是为了提高漆膜的______，经过再抛光，使漆膜具有______。

193. 硝基清漆磨退施涂工艺，湿磨时可加少量肥皂水砂磨，因肥皂水______，能减少______，保持砂纸的______，效果也比较好。

194. 红木是产于热带地区的一种优质、贵重的木材，其木质坚韧结实、光滑细腻，木体沉重，原木呈______色。

195. 用大漆涂饰的红木制品，具有漆膜薄而均匀，漆膜坚硬耐磨、______、______、光滑细腻、光泽柔和等特点，同时用大漆涂饰的红木制品还具有独特的耐腐蚀、耐霉蛀、耐酸碱、______等优良的性能，其使用寿命可长达______，故有家具魁首之称，是我国特有的传统工艺之一。

196. 由于真红木逐渐稀少，大多用______代替，或用木材显红色、木质坚硬、细腻的______、______、______等做仿红木揩漆工艺。

197. 红木揩漆施工，基层处理用 0 号木砂纸将红木制品表面______，对小面积或雕刻花纹的凹凸处及线脚等部位，也要打磨______。

198. 红木揩漆施工，满批第一遍生漆石膏腻子，生漆石膏腻子是由______调拌而成。大平面满批时要“______”对洞缝等缺陷处要______。

199. 红木揩漆施工，揩漆即揩生漆，揩漆时，大面积用牛角翘挑蘸生漆满批于被涂物面，用牛尾漆刷抄涂均匀，再用漆刷反复______。

200. 红木揩漆施工，满批第三遍生漆石膏腻子，物件经揩漆后应放入窨房，______、______也可不放入窨房，使其自干。待生漆干燥后，再满批第三遍生漆石膏腻子，此遍腻子比上遍腻子可______。

201. 红木揩漆施工，待第三遍腻子干燥后，用巧叶干打磨，使用前应将巧叶干______，然后在红木制品表面______，直至表面光滑、细腻为止，并揩抹干净。

202. 花梨木揩漆施工，白坯处理，花梨木材质本身______色，白坯处理时用 $1\frac{1}{2}$ 号木砂纸将胶迹等打磨干净，然后用______一遍，使物件表面的木刺翘起，再用 1 号木砂纸打磨去刺，打磨后要求表面______。

203. 花梨木揩漆施工，花梨木揩漆的第一遍上色，又可称为上“______”（简称矾水），它是将苏木、五信子、无花果、菱壳、绿矾（硫酸亚铁）、铁末子等用水______而成。第一遍上色施涂干燥后，再揩漆。

204. 花梨木揩漆施工，第二遍上色，又可称为上“______”。它是由碱性品红和碱性品汞用______而成，第二遍上色施涂干燥后，再揩漆。

205. 由于红木出产少，价格昂贵，所以在生漆揩漆工艺中，常将木质较好的______，通过上色、揩漆等操作，将其表面涂饰成具有光滑细腻、光泽柔和、颜色黑红相透的______。

206. 杂木仿红木揩漆时，要根据揩涂的对象和要求，采取不同的______。如家具等揩漆的质量要求高，操作时应严格按照______，而房屋建筑中揩漆质量要求则可______，揩漆遍数可视具体情况和要求______。

207. 杂木仿红木揩漆施工，第一遍上色，为了增强颜料的附着力可加适量的______

调配色浆，所以遇具体情况时应灵活掌握各种材料的用量，并要求以揩漆后色泽均匀、红黑相透，______为原则。

208. 杂木仿红木揩漆施工，满批第一遍生漆石膏腻子，腻子调配应根据选用材料的______确定其配合比。一般杂木仿红木揩漆腻子的质量配合比约为生漆：熟石膏粉：氧化铁黑：酸性大红上色水=______。

209. 杂木仿红木揩漆施工，揩漆（2～4遍），在做仿红木揩漆时，为使做好的漆光亮，在生漆中可加入______，一般为______也可根据生漆的质量和施工的天气作______。

210. 旧红木修饰翻新操作工艺较新红木家具涂饰要简单一些，一般都是在原来的基础上______即可，但也有较为陈旧的家具，则需要进行______等多种处理。

211. 旧红木家具修饰翻新施工，不作色、单罩光、揩漆。这是一种极为简单的修饰操作方法，由于这种红木色物面底子较为均匀，色泽良好，因而，只需在原来的基础上作______，以增强光泽即可，操作时尽可能不损坏物面，以免______。

212. 旧红木家具修饰翻新施工，出白、新做方法，适用于较为陈旧的红木色家具，______，即上半边颜色还尚好，而下半边已退色。在这种情况下，必须______，洗刷净物面，重新涂刷。

213. 揩涂生漆，可根据气候与生漆材料质量的好坏，在生漆内加少许______，以减慢生漆的干燥速度，便于操作，同时还可以增加______。

214. 旧杂木仿红木制品重新揩漆返修出新时，由于原表面已经上色和嵌批有色生漆石膏腻子，操作时应注意腻子和上色水的______，切忌因颜料掺量过多，造成______。

215. 红木揩漆的第一道生漆是增加生漆的______，由于底面是水色，因而在涂揩前必须将生漆______或尽量采用水分少的生漆。

216. 红木揩漆涂揩的生漆必须选用______涂料为好，在允许的条件下应选择______进行操作。如梅雨季节。

217. 使用绸缎作墙面装饰，大多用于______的客房、接待室、餐厅、办公室等。由于绸缎的价格较贵，______，______，故而运用并不普遍。

218. 绸缎裱糊施工，粘结剂调配时，为了进一步提高108胶的粘贴强度，在108胶中掺加______，粘结剂黏度大时可掺加______稀释。

219. 绸缎裱糊施工，绸缎加工使之达到______，且有一定骨性的裱糊材料。在绸缎加工中有上浆和褙衬两种方法。上浆适用于质地______，褙衬适用于质地______。

220. 绸缎裱糊施工，绸缎的上浆加工，首先要缩水才能上浆。绸缎有一定的缩胀率，其幅宽方向收缩率在______左右，幅长收缩率在______左右，故必须通过缩水。

221. 绸缎裱糊施工，绸缎的上浆加工熨烫。刮浆后，用电吹风将刮浆面稍许收干，以不粘为宜，______，然后用500V电熨斗进行烫干、烫平。先熨烫背面，再熨烫正面。熨烫是加工的______，影响着加工的操作和质量。

222. 绸缎裱糊施工，挂垂线，绸缎粘贴时，首先要找出贴______，一般从房间的内角一侧开始，在第一幅的边沿处，用线锤______，用木直尺、彩笔划出垂直笔痕，以作为垂直标志。

223. 绸缎裱糊施工，当绸缎上墙时，第一幅上墙从不明显的______，从左到右，上墙一般以两人上下配合操作，一人站立于高凳，用两手将绸缎上端______；另一人立于地面，用______，按垂线上下对齐，粘贴刮平。

224. 扫青、扫绿施工工艺主要应用于______的匾、额、楹联和有些老字号商店的招牌。它与______工艺经常交叉使用。

225. 扫青、扫绿施工，首先基层制作 。可根据要求和视匾额的木材材质而定。在基层制作中通常有“______”和“清水地”施工工艺等。无论采用何种工艺，对须扫青（扫绿）的刻、堆完毕的字必须______。

226. 扫青、扫绿施工工艺，当刷好第二道光油后，待油______，就可将事先准备好的______颜料放到80目铜箩筛中，把箩筛置于填油后的字体上方，轻轻摆动箩筛，使颜料粉均匀撒落，沾附于油面上，自然地填满字体。

227. 扫青、扫绿施工，对匾、牌面层即地的做法，应将做好的字用纸蒙住，然后再做。如无特殊要求，材料的性质又相同，做字时的基层清理、批嵌腻子和填第一道光油______。对“清水地”的匾额，应______，以免颜料污染面层，影响美观。

228. 目前市场上出售的贴金材料是铜箔或铝箔，铜箔是黄方，铝箔是白方，是以铜、铝材料压制成像竹衣一样的薄膜，涂装在金脚上，然后涂上______，色如黄金，光亮夺目，可与金箔媲美，但它是______。

二、填空题答案

1. 分类、编排次序、图样索引方法
2. 建筑施工图和结构施工图
3. 整体到局部，从粗到细
4. 密切的联系……相互配合加强对照
5. 设计修改图样；设计变更备忘录
6. 总目录
7. 顶棚、内墙面、接地面、门窗、楼梯栏杆及扶手
8. 地面或楼面处；窗户处；向下投影
9. 特有语言；徒手草图；绘画图（效果图）
10. 固定装饰；活动装饰；实体装饰；设计装饰；纯粹装饰；宣传装饰
11. 室内空间的整体布置
12. 材料图例的规定
13. 清楚可辨；附加必要的说明
14. 相应的比例；轮廓线；附加文字
15. 壁画、壁饰、花格、门芯
16. 门面、艺术广告灯箱、霓虹灯
17. 却是相对应的；相一致的；却与之相反
18. 粗实线；中、细实线
19. 建筑图；1∶5～1∶20
20. 施工准备、土建施工、设备安装、交工验收
21. 技术准备、物质准备、劳动组织准备、施工现场准备；施工场外准备

22. 存在的问题和差错
23. 是否一致；卫生、防水及美化城市方面
24. 工程建设的设计、施工方面的方针和政策
25. 设计图样的疑问；设计图样的有关建议
26. 指导施工；工程结算
27. 假定条件和采用的处理方法；地基处理和基础设计
28. 陶立克、爱奥尼克、阿林斯
29. 古代建筑
30. 日益丰富；不断提高；日新月异
31. 冷漠；压抑
32. 刺激和美的感觉；表现手段
33. 平和或温馨；严肃或烦躁
34. 物体；反射、透视和吸收
35. 造型、环境、用途和协调性
36. 白光；红、橙、黄、绿、青、紫
37. 红、绿、青；红、黄、青
38. 也不同；越强；越弱
39. 环境；室内空间的；身体健康
40. 固有色、光源色、环境色；色彩整体
41. 柔和的光线下；微弱光线和强光下
42. 颜色不同；越大；直接反射
43. 暗部；两侧
44. 美化生活；和谐的美
45. 视感效果；视感的物理效应
46. 太阳和火时；红色、橙色和黄色；青、蓝、绿
47. 暖色；冷色；中性色
48. 膨胀色；收缩色
49. 关系平衡、协调和稳定；上轻下重
50. 黄、橙、红；绿、青、紫
51. 影响和刺激人的情绪；色彩
52. 色彩划分；水平划分；垂直划分
53. 因地制宜；功能；相和谐
54. 相互关系统一协调
55. 家具、陈设和人物；台灯、盆花
56. 设计中；上轻下重；较浅；较深
57. 成膜质量；温度和湿度
58. 干燥迟缓；表面不光洁
59. 溶剂挥发和氧化反应；强度、粘结力
60. 0；5；8；5

61. 限度；夏季露天
62. 起皱、鼓胀以至起壳
63. 最低和最高温度的要求
64. 老化、破坏；品种及施工中注意环境的温湿度
65. 干燥方法；温度、湿度
66. 室内的通风；关闭通风口
67. 油基漆类；1％～3％；5％
68. 施工质量时，干燥时
69. 墙体、楼地面、顶棚及抹灰层；人工通风干燥、加热干燥
70. 封门闭户；浇水
71. 化学干燥法；晴朗、无风
72. 热水加温；红外线辐射器；远红外线辐射板
73. 亲水性；温度与湿度
74. 湿胀干缩性；不改变；收缩；膨胀
75. 杂树
76. 低分子球状结构的涂膜
77. 聚酯、丙烯酸、聚胺酯；侧链紧密连接起来
78. 主要组成；轻；饱和
79. 有机物质；有机溶剂；连续的固体薄膜
80. 来源
81. 64％～65％；防燃烧性
82. “咬底”
83. 高度氧化和聚合成膜；咬起
84. 硝基漆、过氯乙烯漆；咬起
85. 铁红环氧酯；铁红醇酸；过氯乙烯；过氯乙烯
86. 接触空气；桶
87. 存在的条件下；聚合条件
88. 无显著；完全挥发后；硝化纤维素涂料、过氯乙烯涂料、丙烯酸涂料、虫胶涂料
89. 挥发速度；拘留溶剂
90. 失去活性；不吸氧；不吸氧
91. 油漆和配色；抗有害光波
92. 水和酒色；同水；同酒
93. 涂料品系；水为稀释剂
94. 耐候性、耐水性；外用为主
95. 可一次性
96. 是否清澈；迁移现象
97. 较多甚至有一定厚度；质量欠佳
98. 必须配套；刷涂和滚涂；套色配合
99. 溶液型树脂；常温交联固化的；颜料、溶剂、助剂

100. 聚乙烯醇；似瓷釉
101. 高雅、豪华、柔软、美观；无毒、无味、优良的耐久性、吸音、隔热
102. 喷涂为主；滚涂、静电喷涂、刷涂；稀释的方法
103. 静电植绒技术；吸音、保暖及防潮性
104. 析出
105. 颗粒粗；加入太多
106. 空气接触；钴锰催干剂量多
107. 铁制容器；酸蚀作用
108. 配比不当；速度快；速度慢
109. 漆面；硝基漆和虫胶漆
110. 干燥环境；室内温度
111. 防潮剂；丁醇、丁酯、戊酯
112. 5%；2%～3%
113. 湿润欠佳
114. 200 号溶剂；虫胶漆封闭
115. 重涂；丁醇
116. 不配套（即性能不一）；强溶剂作用；聚胺酯
117. 松香水；二甲苯
118. 配套；合适
119. 深；浅
120. 遮盖力；搅拌
121. 浅半色
122. 不清洁
123. 不清洁；溶剂
124. 打扫场地；揩抹干净
125. 杂质；脏物
126. 配制不当；过多
127. 空气；空气
128. 静置一定时间；水分挥发
129. 饱满平整；不显全眼或半眼
130. 挥发性很差的溶剂或干燥性差的油类
131. 涂膜从空气中吸收氧气
132. 更换；干燥性差
133. 改善；干燥通风
134. 失效；过量
135. 有害气体；氧化
136. 过量（即 5%以内）
137. 不配套；收缩强度
138. 温度过高

139. 厚度；干透
140. 未作封闭处理
141. 干燥慢
142. 油分；太硬
143. 含油量；精煤油
144. 绝大部分；急性和慢性中毒
145. 呼吸道吸入；直接接触
146. $40mg/m^3$
147. 呼吸道而吸入肺部；皮肤伤口
148. $0.05mg/m^3$
149. 高度的过敏作用和一定的刺激性；消失
150. 防护用品；直接接触
151. 腐蚀性以及易燃的化学危险品；性能及特点
152. 受热膨胀性；易爆性
153. 有机溶剂；发生光亮而带烟的火焰
154. 分库贮存；严禁火种、严禁吸烟、严禁使用明火
155. 通风良好；30℃；降温
156. 木装修；木门窗、木地板；细木制品
157. 光滑平整；均匀一致；面层薄皮
158. 灰尘和裂缝；粘结牢固；均匀一致
159. 净化除去杂质；精制漆
160. 几十年；光亮如新，色彩经久不变
161. 强氧化剂
162. 合适的气温（15℃～30℃）；较高的湿度（80%～85%）
163. 油籽漆
164. 纯生漆经绞滤、脱水；颜色特黑
165. 生漆与坯油；红褐色
166. 涂装干燥后产品质量；割漆时间及树龄大小
167. 形如碎米似的结晶体的黏稠物；又恢复原状
168. 丝条细长；厚薄均匀一致
169. 酸香味者；微清香者；柔和芳香味者
170. 沉淀于盘底；糊盘四周；花泡不息；净漆质量过低
171. 放在火上烧；较纯的生漆；杂质的漆
172. 把上层漆液；不冒水蒸气
173. 油污等一切脏物；竹钉应涂上生漆
174. 台面高处；不显波形
175. 1m 长度内摊平；横向往返摊；刮灰；映灰
176. 纵横交叉反复推刷；斜刷、横刷、竖理
177. 400；漆膜表面的颗粒磨破

178. 砂蜡或绿油；发热起光
179. 挥发性；抛光打蜡；速度快
180. 透明涂饰；保留木材原有的特征
181. 布团蘸肥皂水或碱水擦洗；顺木纹方向
182. 物面上颜色不均；脱色剂对材料进行局部脱色
183. 干净毛巾或纱布蘸温水
184. 封闭底面；木材吸收水分；纹理表面保留的填孔料
185. 平整；颜色的差异
186. 1∶4；上至下、由左到右、由里到外；漏刷、流挂、过楞、泡痕
187. 漆刷横理；顺木纹方向；刷痕，不准有流挂、过楞
188. 本身的色泽；技术欠佳
189. 下一道漆时；适量；上道漆干燥后
190. 直涂的次数；要少些；细布包裹；稀些
191. 清洁；潮湿天气或寒冷天气
192. 平整度、光洁度；镜面般的光泽
193. 润滑性好；漆尘的粘附；锋利
194. 深沉红
195. 色泽均匀、纹理清晰；耐高温；几百年之久
196. 花梨木；柚木、榉木、赛红木
197. 打磨光滑；平整和光滑
198. 纯生漆加熟石膏粉和水；“一摊、二横、三收”；嵌批坚实
199. 横竖刷理均匀
200. 气候潮湿、湿度大时；略稀
201. 浸水还潮；来回打磨
202. 略呈浅红；酒精涂刷；平整、光滑
203. “苏木水”；溶解熬炼
204. “品红水”；沸水溶解
205. 硬木制品；仿红木制品
206. 揩漆方法；工艺要求；适当放宽；适当调整
207. 嫩豆腐；近似红木
208. 质量、气候、温、湿度及各地对色彩的习惯；43∶34∶5∶18
209. 适量配油（即熟桐油）；3∶1；适当调整
210. 罩光；作色、出白
211. 罩光处理；掉色
212. 上下颜色不均匀；全面出白（即脱漆）
213. 纯熟豆油；漆膜的光亮度
214. 颜料掺量应适量；颜色太深
215. 附着力；脱水
216. 优质上品；气候较适应时

217. 高级宾馆；施工较复杂，工艺要求高

218. 10％～20％聚醋酸乙烯溶液；5％～10％清水

219. 不易胀缩；较厚的绸缎；较薄的绸缎

220. 0.5％～1％；1％

221. 用一块干布作衬；关键

222. 第一幅的位置；挂好垂直线

223. 阴角开始；两角抓至墙面上端；两手抓住绸缎中间

224. 古建筑装饰；贴金和扫蒙金石

225. 单批灰、一麻五灰、三道油；清理整洁

226. 基本流平后；佛青（或洋绿）

227. 可同时做；先做地后作字

228. 广漆渐渐转色；假金而不是真金

第三节　高级油漆工知识考核选择题

一、选择题试题

1. 油漆工的______主要分两个方面：一是施工方案的编制；二是施工管理的实施。

A. 施工组织管理；　B. 施工工艺；　C. 施工操作要点；　D. 施工技术要求。

2. 编制______是进行科学管理和施工的前提条件。

A. 施工计划；　B. 施工方案；　C. 施工安排；　D. 施工要求。

3. 施工______的编制必须以工程项目的整体计划为依据。与其他工种密切配合为基础来制定。

A. 劳动力计划；　B. 材料供应计划；

C. 进度计划；　D. 机具设备使用计划。

4. 涂料品种的选用，颜色、外观和漆膜机械强度应满足______，并在使用过程中耐久、稳定，耐使用环境介质的侵蚀。

A. 施工要求；　B. 技术要求；　C. 甲方要求；　D. 设计要求。

5. 涂料品种的选用，对被涂表面应具有优良的______，在多层油漆中各涂层间的配套应良好。同时，还应注意涂料与被涂物面之间的配套关系。

A. 附着力；　B. 粘结力；　C. 依附性；　D. 结合力。

6. ______应根据油漆的物理性能、施工性能和被涂物的类型、形状、涂装条件以及设备状况来选择。

A. 涂装方式；　B. 涂装方法；　C. 涂装档次；　D. 涂装工艺。

7. ______应根据被涂物的外观装饰性的程度、涂膜性能等要求来规定。

A. 涂饰技术；　B. 涂饰方法；　C. 涂装工艺；　D. 涂饰方式。

8. 材料供应计划是对施工的不同阶段、不同项目所需的材料采购，确定仓储数量，自配材料调制，组织供应和运输，以保证项目所需材料供应的______。

A. 字据；　　B. 条件；　　C. 标准；　　D. 依据。

9. ______是根据已确定的施工工艺、施工方法和施工进度的需要来进行编制。

A. 机具设备使用计划；　　B. 劳动力计划；

C. 材料供应计划；　　D. 施工技术措施。

10. 施工组织管理的______贯穿于整个施工任务的全过程，它包括施工技术交底；施工任务单签发；限额领料；施工日志；质量评定；施工技术档案管理等。

A. 实验；　　B. 实施；　　C. 实行；　　D. 实践。

11. 技术交底的______一级，是工长向班组的交底工作。

A. 最中层；　　B. 最高层；　　C. 最基层；　　D. 最底层。

12. 工长向班组交底时，要结合具体______，贯彻落实技术要求，并指导班组明确关键部位的质量要求、操作要点及注意事项，制定保证质量、安全的技术措施以及工程任务的计划安排等。

A. 施工任务；　　B. 施工部位；　　C. 施工工艺；　　D. 操作部位。

13. 班组______施工任务单，是实行计划管理与定额管理的重要方法。

A. 执行；　　B. 实施；　　C. 实行；　　D. 落实。

14. 通过施工任务单，可以有效地把______与各项定额贯彻到工人班组中去，使施工作业计划与定额要求真正为工人群众所掌握，从而有利于贯彻按劳分配的方针，调动广大群众的积极性，提高劳动生产率和按时完成计划。

A. 作业计划；　　B. 国家计划；　　C. 生产计划；　　D. 施工计划。

15. 施工任务单又是在工人班组中实行______、综合奖励制度的原始凭证，也是工程统计的基础。

A. 工资管理；　　B. 浮动工资；　　C. 计件工资；　　D. 固定工资。

16. 限额领料是施工企业基层管理工作之一，它与施工任务单一样，直接关系到本企业的______。

A. 经营成果；　　B. 经营管理；　　C. 经营好坏；　　D. 经营效果。

17. 工长签发限额领料单时，应先计算出______。再按施工具体条件，查材料消耗定额本上相应的材料消耗定额，用工程量乘以相应各种材料的消耗定额，即得出各种材料的用量。

A. 工程量；　　B. 工作量；　　C. 作业量；　　D. 施工量。

18. 如果按核定数量领完后，任务尚未完成，需增加数量时，需由工长写明追领材料原因、追领材料的规格和数量，经______同意后才能领取。

A. 材料员审批；　　B. 队长审批；　　C. 主管副队长审批；D. 领导审批。

19. 施工日志是施工阶段有关______方面的记录。因此从工程开工时，就应由工长进行记录，直到工程竣工。

A. 施工管理；　　B. 施工计划；　　C. 施工技术；　　D. 施工安排。

20. 建筑工程的______与评定，按分项工程、分部工程、单位工程三级进行。

A. 质量检查；　　B. 质量评定；　　C. 质量验收；　　D. 质量检验。

21. 分部工程是按建筑物的______划分的。例如门窗及装修工程、装饰工程、主体工程、屋面及防水工程等。

A. 主要部位；　B. 次要部位；　C. 重要部位；　D. 核心部位。

22. 有允许偏差的项目，其抽查的点（处）数中，有______%及其以上达到质量标准的要求者，应评为合格。

A. 70；　B. 80；　C. 85；　D. 90。

23. 在合格基础上，有允许偏差的项目，其抽查的点（处）数中，有______%及其以上达到质量标准要求者，应评为优良。

A. 80；　B. 85；　C. 90；　D. 95。

24. 分部工程中，有______%及其以上分项工程的质量评为优良，且无加固补强者，则该分部工程的质量应评为优良。

A. 80；　B. 70；　C. 60；　D. 50。

25. 施工单位必须从工程______，就应建立工程技术档案、汇集、整理有关资料，并贯穿于整个施工过程，直到工程交工验收后结束。

A. 准备开始；　B. 进场开始；　C. 施工开始；　D. 内业开始。

26. 调配各色涂料是按照涂料______颜色来进行的。

A. 涂层；　B. 样板；　C. 设计；　D. 标准。

27. 涂料稠度的调配，因贮藏或气候原因，造成涂料稠度过大时，应在涂料中掺入适量的稀释剂，使其稠度降至符合______。

A. 工艺要求；　B. 涂刷要求；　C. 施工要求；　D. 操作要求。

28. 稀释剂必须与涂料______，不能滥用，以免造成质量事故。如虫胶清漆须用乙醇，而硝基漆则要用香蕉水。

A. 同厂出品；　B. 匹配使用；　C. 同一种类；　D. 配套使用。

29. 各种颜料、填料加入成膜物质中，不仅遮盖了被涂表面的缺点，并赋予工件表面以美丽的色彩，同时亦显著地改变了所得涂膜的物理化学______。

A. 性能；　B. 性质；　C. 性格；　D. 本质。

30. 涂水色的目的是为了改变木材面原有的______，使之达到理想颜色的要求。

A. 色彩；　B. 颜色；　C. 染色；　D. 彩色。

31. 施涂酒色还能起______，目前在木器家具施涂硝基清漆时普通应用酒色。

A. 封锁作用；　B. 遮盖作用；　C. 封闭作用；　D. 掩盖作用。

32. 酒色的配合比要按照样板的色泽灵活掌握。虫胶酒色的配合比例一般为碱性颜料或醇溶性染料以______比例浸入（虫胶：酒精）的溶液中，使其充分溶解后拌匀即可。

A. 0.4～0.5：1；　B. 0.3～0.4：1；　C. 0.2～0.3：1；　D. 0.1～0.2：1。

33. 油色所选用的颜料一般是氧化铁系列的，耐晒性好，不易退色。其参考配合比为铅油：熟桐油：松香水：清油：催干剂＝______。

A. 7：1.1：8：1：0.7；　B. 7：8：1.1：1：0.7；

C. 7：1.1：8：0.7：1；　D. 7：8：1.1：0.7：1。

34. 虫胶清漆活的染色，当染第一道色时虫胶的含量可少一些，颜色比理想的浅______左右，这样一旦一遍染色不均匀可复二遍。

A. 一成；　B. 三成；　C. 二成；　D. 浅一些。

35. 高级硝基清漆活的染色和修色，可采用清水活。清水活一般不须______，工艺要求以原木色为准，只须对有色差的板块进行拼色和有色差的腻子疤修色一致即可。

A. 着色；　　B. 带色；　　C. 染色；　　D. 上色。

36. 高级硝基清漆活的染色，可采用染色活。对染色活，从染色的______讲，有直接将基层打磨光滑后在白坯上直接染色的工艺，也有在白坯基层经腻子抹揩后进行染色的。

A. 流程；　　B. 次序；　　C. 过程；　　D. 程序。

37. 高级硝基清漆活的染色和修色，填补腻子，用虫胶清漆调制的腻子，将木面上的钉眼、洞、缝填补平整。填补时应将腻子______洞孔面，以填满洞孔为宜。

A. 高于；　　B. 分次填满；　　C. 低于；　　D. 填实。

38. 高级硝基清漆活的染色和修色，刷头遍虫胶漆时，所用的虫胶漆以淡一些为宜，虫胶与酒精的比例为______。涂刷时要快速均匀，防止搭接痕的产生。

A. 1∶3～4；　　B. 1∶5～6；　　C. 1∶6～7；　　D. 1∶4～5。

39. 做棕眼是利用木材的自然棕孔，做出与木基面颜色______的一种装饰工艺，增强装饰面的视觉美感。

A. 不相似　　B. 相似；　　C. 不相同；　　D. 相同。

40. 做棕眼染色，用水和水溶性颜料调配成染料，经滤纸或细纱过滤。在染料中______不溶于水的矿物质颜料和胶汁，否则在染色中易填入棕眼。

A. 可以加入；　　B. 能加入；　　C. 不可以加入；　　D. 不能加入。

41. 做有色棕眼，在虫胶清漆干后，即可做有色棕眼，填棕眼的材料以胶粉腻子为好。其配合比为：龙须菜胶∶老粉∶颜料＝______∶适量。

A. 20∶80；　　B. 30∶70；　　C. 40∶60；　　D. 50∶50。

42. 做有色棕眼，最后刷虫胶清漆一遍，涂刷这遍虫胶清漆应视实际要求而定。若是浅色棕眼，应用______虫胶清漆涂刷，这样可以保持棕眼原有的颜色。

A. 透明青色；　　B. 白色；　　C. 粉白色；　　D. 灰色。

43. 清漆面旧家具的修饰翻新，在染色、拼色时，若是整个物面满批腻子的，可整体染色______。在染色时应慎防刷痕，顺木纹理通拔直，待干后对不均匀的色块进行拼色和修色。

A. 4遍；　　B. 3遍；　　C. 1遍；　　D. 2遍。

44. 清漆面旧家具的修饰翻新，当涂面层清漆时，可视实际要求涂1～3遍清漆，但要注意面层涂料要与原旧家具的基层涂料的性质______。

A. 不相同；　　B. 相同；　　C. 不相近；　　D. 相近。

45. 在旧漆膜上涂刷虫胶清漆作隔离之用，不宜过浓过厚，以免降低面层涂料的______。

A. 附着力；　　B. 掩盖力；　　C. 粘结力；　　D. 遮盖力。

46. 色彩佛青的配制，用前先除硝，然后徐徐加入胶液，随之搅拌，使佛青与胶液混合，再逐渐加胶液，搅成糊状，再______即可。

A. 不加水拌匀；　　B. 加水拌匀；　　C. 不加胶拌匀；　　D. 加胶拌匀。

47. 色彩二青的配制，将调好的佛青再兑入调好的______，搅拌均匀，涂于板上，比原来佛青浅一个色阶，即为二青。

A. 浅绿；　　B. 浅蓝；　　C. 白粉；　　D. 灰粉。

48. 晕色三青的配制，将调好的二青，再加入______，搅拌均匀，比二青浅一个色阶，即为三青。

A. 浅蓝色粉； B. 灰色粉； C. 浅绿色粉； D. 白色粉。

49. 小色粉紫的配制，银朱加佛青、______，即为粉紫。

A. 白色粉； B. 浅蓝色粉； C. 灰色粉； D. 浅绿色粉。

50. 色彩配制，夏天炎热，每天应将备用的胶液熬开一二次，以防变质发臭。冬季配沥粉材料，应在胶水内加适当______，以防凝固。

A. 黄酒； B. 白酒； C. 啤酒； D. 红酒。

51. 色彩配制，在各道颜色落色时，应逐层适当减少______，以防第一道色发生混淆剥落现象。

A. 染料； B. 颜料； C. 胶量； D. 油料。

52. 彩画易于______，应在成画后罩光油一道，罩油时应注意有些颜色会变深。对当日用不完的已入胶的颜料，为防止变质发黑，必须每天将剩余的颜料出胶，次日用时再兑入胶液。

A. 侵蚀部位； B. 风吹部位； C. 日晒部位； D. 雨淋部位。

53. 色彩配制时，注意各种颜料的合理调配，钛白系白色颜料易风化变黄，用时应注意保管。银朱、樟丹______与白垩粉合用，因易变黑。

A. 不宜； B. 不可； C. 不应； D. 不得。

54. 枋心藻头绘龙者，名为金龙和玺；绘龙凤者，名为______。

A. 楞草和玺； B. 龙凤和玺； C. 莲草和玺； D. 龙草和玺。

55. 旋子彩画因花纹多旋纹而得名。按______而分，有金线大点金、石碾玉、金琢墨石碾玉、墨线大点金、金线小点金、雅伍墨、雄黄玉等。

A. 用铜量多少； B. 用铝量多少； C. 用金量多少； D. 用银量多少。

56. 苏式彩画起源于______，因而得名。苏式彩画有金琢墨苏式彩画、金线苏式彩画、黄线苏式彩画、海漫苏式彩画和玺加苏式彩画、金线大点金和苏式彩画等多种形式。

A. 杭州； B. 扬州； C. 西湖； D. 苏州。

57. 斗拱彩画是根据大木彩画来决定的，一般有如下做法：如彩画为金琢墨石碾玉、金龙、龙凤和玺等，则斗拱边多采用沥粉贴金，刷青绿______色。

A. 拉晕； B. 不拉晕； C. 拉白粉； D. 不拉白粉。

58. 斗拱彩画如金线大点金、龙草和玺等，则斗拱边不沥粉、平金边。如彩画为雅伍墨、雄黄玉等，则斗拱边不沥粉、不贴金、抹黑边、刷青绿______。

A. 拉晕色； B. 拉白粉； C. 不拉晕色； D. 不拉白粉。

59. 建筑彩画木基层的处理，首先斩砍见木，用小斧子砍出垂直于木纹的斧痕，痕深______mm，相互间隔2mm左右，使之与麻灰有较好的附着力。

A. 1～1.3； B. 1～1.4； C. 1～1.5； D. 1～1.6。

60. 建筑彩画木基层处理，如遇木材表面______，应用钉子钉牢或去掉。如遇木头局部腐朽，应先予以剜除、修补，以免留下隐患。

A. 开裂； B. 起皱； C. 鼓起； D. 起皮。

61. 建筑彩画木基层处理，木缝中如只嵌腻子，由于木材湿胀干缩时，随着裂缝的变动，缝内腻子容易挤出或脱落，影响整个油漆质量，其解决的办法是先在木缝内______竹钉和竹片以阻止其胀缩。

A. 打入；　　B. 填入；　　C. 塞入；　　D. 放入。

62. 建筑彩画木基层处理，下竹钉。制作竹钉可根据木缝大小和缝深而定，下钉的顺序是先两端后中间，击钉楔入用力要均匀，两钉之间相距约______mm。

A. 14；　　B. 15；　　C. 16；　　D. 17。

63. 建筑彩画木基层处理，为使木基层与油灰有良好的粘结力，需要涂刷1道由乳化桐油（油满）、血料与水调成的油浆，其配合比为油满∶血料∶水＝______。

A. 1∶20∶4；　　B. 20∶1∶1；　　C. 1∶1∶20；　　D. 1∶20∶1。

64. 建筑彩画水泥制件的基层处理，由于水泥制件含有______和水分，会严重影响油漆涂层的质量，发生变色、起泡、脱皮和碱性物质皂化、腐蚀等现象。

A. 盐性物质；　　B. 酸性物质；　　C. 酸碱物质；　　D. 碱性物质。

65. 一麻五灰施工，使麻时，首先进行开头浆，将油满和血料按______的比例调成粘结浆，涂于扫荡灰上，其厚度以浸透丝麻为度，不宜过厚。

A. 1∶1.5；　　B. 1∶1.6；　　C. 1∶1.7；　　D. 1∶1.8。

66. 一麻五灰施工，使麻时要进行轧麻，轧麻的______是将粘上去的麻压实，使麻浸透在粘结浆中。先从阴角边沿开始，后轧大面两侧。依次轧压3～4遍，将散浮在粘结浆上的麻丝逐渐轧压密实，浆渗透麻丝面上。刮去多余浆汁。

A. 用途；　　B. 目的；　　C. 做法；　　D. 方法。

67. 一麻五灰施工，使麻时，当进行潲生（刷2遍粘结剂），将油满与血料按______的比例调匀，涂刷于经过轧麻工序的物面上，厚度以不露干麻为度，不宜过厚。

A. 1∶0.5；　　B. 1∶0.9；　　C. 1∶1；　　D. 1∶2。

68. 一麻五灰施工，使麻潲生后，随即用麻压子将麻翻松（不要全翻），使尚存的部分干麻全部浮上油，然后再次______，并将余浆挤出，以防干后发生鼓胀现象。

A. 压好；　　B. 压顺；　　C. 轧麻；　　D. 压实。

69. 一麻五灰施工，当进行批细灰时，细灰用更细的油灰加入少量的光油和水调成，批刮厚度不得超过______mm，对于平面饰面，细灰用平板钢片批刮，做柱子要用大制灰板裹圆刮平。

A. 2；　　B. 3；　　C. 4；　　D. 5。

70. 一麻五灰施工，使麻时，应离开地面、柱顶面、八字墙______mm，以防麻丝与之接触而顺潮腐烂，影响质量。

A. 2～4；　　B. 3～5；　　C. 4～6；　　D. 5～7。

71. 乳化桐油（油满）的配制，油满是由面粉、石灰水、熟桐油按______的比例配制而成。

A. 1.3∶3∶1；　　B. 3∶1.3∶1；　　C. 1∶1.3∶3；　　D. 1∶3∶1.3。

72. 做斗拱地仗时，应按______的顺序操作，以免碰坏已上去的油灰。梁枋作三道灰时，调料应加小粒灰。捉椽鞅时，以铁板填灰刮直，使鞅内油灰饱满。

A. 由上而下；　　B. 由外向里；　　C. 由下而上；　　D. 由里向外。

73. 三道油施工，满刮细腻子，以血料、水、老粉的______的比例调成腻子，用铁板满刮1道，往复刮压密实，要随时清理，以防接头重复。

A. 3∶1∶6；　　B. 3∶6∶1；　　C. 6∶1∶3；　　D. 1∶3∶6。

74. 建筑彩画起谱子时应以______大额枋为准，其余挑檐桁、下额枋均依据大额枋五大线尺寸，上、下箍头线必须在一条垂直线上。

A. 次间；　　B. 明间；　　C. 稍间；　　D. 阴间。

75. 彩画部位生油地干后，以______磨之，再用水布擦净，用尺子找出横和竖中线，以粉笔画出，以名为“分中”，再以谱子中线对准构件中线摊实，以粉袋循谱子拍打，使构件上透印出花纹粉迹，谓之“打谱子”。

A. 木砂纸；　　B. 水砂纸；　　C. 细砂纸；　　D. 粗砂纸。

76. 包黄胶，单粉条和双粉条，多数要贴金箔，所以在贴金之前，要包一道黄胶______金箔的光亮，可避免因金箔有砂眼和绽口露出“地”来。

A. 陪衬；　　B. 衬托；　　C. 显要；　　D. 托衬。

77. 压老，一切颜色都描绘完毕后，用最深的颜色，如黑烟子、砂绿、佛青、深紫、沉香色等，在各色的最深处的一边，用画笔润一下以使花纹______，这叫“压老”。

A. 突出；　　B. 更明亮；　　C. 显要；　　D. 更鲜艳。

78. 检查修补。彩画成活后需认真进行检查，有无遗漏、弄脏之处，然后用原色修补整齐，再______打扫干净，这些工作称为“打点找补”。

A. 自左往右；　　B. 自上而下；　　C. 自右往左；　　D. 自下而上。

79. 扫青（扫绿）后间隔______h左右，翻转匾、牌，把字体上及四周多余的颜料粉倒在干净的白纸上，收集起来还可以再用。剩下少量浮粉，拿小型干毛笔或底纹笔轻掸字面及周围，将浮粉清理干净。

A. 4；　　B. 8；　　C. 12；　　D. 24。

80. 目前市场上有一种涤纶闪光片的新型材料可代替佛青或洋绿，涤纶闪光片有金色、紫红色、青色、绿色等多种色彩，用它______的字闪闪发光，效果不错。

A. 装潢；　　B. 装修；　　C. 装裱；　　D. 装饰。

81. 金箔有库金和大赤金两种，库金质量较好，色泽经久不变。库金的含金量一般为______%。

A. 99；　　B. 95；　　C. 90；　　D. 85。

82. 金箔的规格有：100mm×100mm、50mm×50mm、93.3mm×93.3mm、______mm等多种。

A. 80×80；　　B. 83.3×83.3；　　C. 70×70；　　D. 60×60。

83. 金箔每10张为1贴，每10贴为1把，每10把为1具，即每1具为1000张。以50mm×50mm金箔为例，每10000张金箔的耗金量为______g。

A. 42.5；　　B. 52.5；　　C. 62.5；　　D. 72.5。

84. 过金即把金箔固定在裹金纸的一面。过金的______是让金箔稳定地吸附于一面纸上，这样在贴金过程中可防止“飞金”。

A. 作用；　　B. 用途；　　C. 方法；　　D. 目的。

85. 行金底油（刷金胶油），涂布于贴金处，油质要好，涂布宽窄要一致，厚薄要均匀、不流挂、不皱皮，彩画贴金宜涂______行金底油（金胶油），框线、云盘线、套环等贴金，均涂1道金胶油（　　）。

A. 2道；　B. 1道；　C. 3道；　D. 4道。

86. 贴金施工，最后一道工序罩油，扣油干后，通刷1遍清油（金上着油，谓之罩油）。清油罩与不罩，以______要求而定。

A. 甲方；　B. 设计；　C. 质量标准；　D. 工艺。

87. 泥金施工，就是将打好的金粉用______调和成可以用笔来描画的颜料。传统的方法是用蛋清加白芨（中药材）研碎，经过滤后加入金粉调和而成。其成品金光夺目，美丽异常。适用于室内装饰。

A. 胶粘剂；　B. 凝结剂；　C. 粘结剂；　D. 结合剂。

88. 贴金或扫金的部位应______帐子（用布制成，名为"金帐子"），以防风将金箔吹走。

A. 包上；　B. 盖上；　C. 挡上；　D. 围上。

89. 金底油配好后应作______，观察油膜干燥性能，选择最佳贴金时间。

A. 试样；　B. 试验；　C. 试件；　D. 检验。

90. 贴金______要严，搭口应尽量小，以免浪费。

A. 接缝；　B. 对缝；　C. 连缝；　D. 搭缝。

91. 对容易______的贴金处，宜罩清油，使金箔增强耐久性，罩清油须待金胶底完全干燥后进行。

A. 摩擦；　B. 接触；　C. 碰擦；　D. 碰撞。

92. 在沥粉操作中，粉条的粗细是根据______线条的需要来确定的，一般有大、中、小三种规格。

A. 图稿；　B. 图形；　C. 起谱子；　D. 图案。

93. 沥粉操作中，大粉条粗______mm左右，也有用双粉管的，一粗一细，又称文武线。用作粗线条，如彩画中的五大线（箍头线、盒子线、皮条线、岔口线、枋心线等）。

A. 5；　B. 6；　C. 7；　D. 8。

94. 在沥粉操作中，中粉条粗______mm左右，用于图案的轮廓线。

A. 2；　B. 3；　C. 4；　D. 5。

95. 在沥粉操作中，小粉条粗为______mm，用于图案的细部。

A. 1～3；　B. 3～4；　C. 1～2；　D. 2～3。

96. 在沥粉操作中，遇到特细的线条，用以下方法可以完成：用______或钛白粉加双生粉熟桐油拌成面团状，用木锤敲打揉和，然后用小木棒将其擀成龙须面条状使用。

A. 铜粉；　B. 银粉；　C. 金粉；　D. 铅粉。

97. 沥粉材料的配制，采用骨胶老粉料，按老粉∶骨胶∶化学浆糊∶清水＝______的比例配制成糊状料。

A. 10∶2∶1∶4；　B. 10∶4∶1∶2；

C. 10∶4∶2∶1；　D. 10∶2∶4∶1。

98. 沥粉材料配制，采用乳胶漆老粉料，按老粉∶乳胶漆∶化学浆糊∶白胶＝______的比例配制。

A. 10∶0.5∶5∶15；　B. 10∶5∶15∶0.5；

C. 10∶0.5∶15∶5；　D. 10∶15∶5∶0.5。

99. 沥粉材料的配制，采用乳胶漆老粉料的操作方法：将乳胶漆和化学浆糊调匀，逐渐倒入老粉搅拌均匀，再经______目铜箩筛过滤，试样后待用。乳胶漆配制的沥粉料操作方便，粉条颜色较白。

A. 100； B. 80； C. 60； D. 70。

100. 打谱就是透过谱子上的针孔，使用色粉袋将______拍印在工作面上。

A. 图例； B. 图形； C. 图谱； D. 图案。

101. 现代建筑物内外的大型独幅彩画和装饰壁画一般很少见到对称图案，它的起稿类似中国画中的勾勒的笔法，将______的主要轮廓和次要轮廓按沥粉工艺要求直接画到经过处理的物面上就可以了。

A. 描绘物； B. 大幅彩画； C. 仿照物； D. 大幅壁画。

102. 沥粉，将配制好的沥粉料装入沥粉袋内，用细绳扎紧袋口，就可以进行沥粉______了。沥粉袋装料多少，视操作者手掌及握力大小而定。采用骨胶料沥粉应置备热水桶，以便随时加热胶料，方便操作。

A. 喷洒； B. 操作； C. 涂抹； D. 施工。

103. 沥粉时，左手托住粉管尖端，管嘴斜贴工作面，与物面约成______°角，右手握沥粉袋，掌心加力捏粉袋，使挤出的粉料沿着图案纹线成粉条状贴在物面上。

A. 45； B. 135； C. 60； D. 90。

104. 沥粉施工的最后一道工序罩面涂料。粉条干燥后，用砂纸轻轻打磨，并将扣边线拉齐，掸去灰尘，有缺损应及时修补完整，然后根据要求在工作面上刷上______无光漆或乳胶漆。

A. 3遍； B. 4遍； C. 1遍； D. 2遍。

105. 退晕所用的颜料按______不同可分为水性颜料、油性颜料、矿物颜料三种。

A. 材料； B. 性质； C. 种类； D. 化学成分。

106. 退晕所用的水性颜料一般采用浓缩______颜料，适用于乳胶漆基层的物面。

A. 广告画； B. 宣传画； C. 时事画； D. 新闻画。

107. 退晕所用油性颜料采用______颜料，适用于以油漆作为底色的物面。

A. 水画； B. 油画； C. 彩画； D. 国画。

108. 退晕所用矿物颜料是将广胶与颜料调和（铅粉、银朱、铬青、砂绿等）。传统彩画工艺以______为主，但广胶容易变质，调成的颜料在一二天内就会变黑，夏天还会发霉，必须有专人负责掌握用胶，而且用胶量受季节变化的影响，施工较麻烦。

A. 合成染料； B. 油性颜料；

C. 矿物颜料； D. 水性颜料。

109. 在各色原颜料中加入______，调配成各种较浅的颜色，其中比原色略浅的称为二色，更浅的称晕色。

A. 灰色颜料； B. 青色颜料；

C. 蓝色颜料； D. 白色颜料。

110. 群青中加入调制好的______，搅拌均匀即成。调好的二青要经过色板试色，要求比原青浅1个色阶。

A. 太白粉； B. 太亚粉； C. 银粉； D. 铝粉。

111. 上色退晕，在刷到涂料的沥粉图案上时，将配好的各色青色或绿色色浆用油画笔由深至浅逐层涂刷在物面的需要部位，不等干燥用油画笔蘸清水或松香水飘刷于各阶颜色的______，使青色逐步变淡。退三色晕时，二色居中。

A. 衔接处； B. 结合处； C. 色差处； D. 搭接处。

112. 退晕工艺刷底色，图案着色完毕，物面上未上色部位按______要求刷上底色，底色要求刷实、刷匀。

A. 甲方； B. 工艺； C. 设计； D. 图稿。

113. 退晕工艺勾白线，底色干后，凡有晕色的地方，靠金线要画1道白线，俗称拉大粉。白线的宽度为晕色的______，其作用是可以使各色之间更加协调，层次更加丰富，贴金的边线整齐。

A. 2/5； B. 2/3； C. 1/4； D. 1/3。

114. 配制退晕颜色应根据物面用料量______配成。

A. 1次； B. 2次； C. 3次； D. 4次。

115. 退晕操作时在直线部位可以用______拉直线晕色；曲线晕色应自然圆顺。

A. 比例尺； B. 直尺； C. 公尺； D. 角尺。

116. 退晕操作，色浆按______要求涂刷，不可混淆。

A. 施工； B. 甲方； C. 设计； D. 工艺。

117. 用于裱糊的绸缎分作两大类，一类是素缎，它的颜色和花式比较______，质地也较薄；一类是锦缎，色彩较重，艳丽多彩，花样丰富，质地较厚。

A. 典雅； B. 高雅； C. 雅致； D. 素雅。

118. 绸缎裱糊所用浆糊的调配，其主要成活比例为面粉∶冷水∶沸水∶苯酚（或明矾）＝______。

A. 1∶1.4∶5.4∶0.01； B. 1∶0.01∶1.4∶5.4；

C. 1∶5.4∶1.4∶0.01； D. 1∶0.01∶5.4∶1.4。

119. 绸缎裱糊所用粘结剂调配，108胶是粘结各种墙纸、布的主要材料。为了进一步提高108胶的粘贴强度，在107胶中掺加______聚醋酸乙烯溶液，粘结剂粘度大时可掺加5%～10%清水稀释。

A. 5%～15%； B. 10%～20%；

C. 15%～25%； D. 20%～30%。

120. 绸缎也有一定的缩胀率，其幅宽方向收缩率为______，幅长收缩率在1%左右，故必须通过缩小。

A. 0.3%～0.8%； B. 0.4%～0.9%；

C. 0.5%～1%； D. 0.6%～1.1%。

121. 绸缎裱糊，绸缎上浆加工开幅时，首先要计算绸缎每幅的长度尺寸，如绸缎的花纹图案零乱不规则时，粘贴时可不对花，开幅时能节约用料，每幅放长______。

A. 4%～5%； B. 3%～4%；

C. 1%～2%； D. 2%～3%。

122. 绸缎裱糊，开幅如需对花的绸缎，花纹图案又大时，开幅裁剪时，______放长一朵花型或一个图案，然后计算出被贴墙面的用幅数量。对门窗等多角处也应计算准确，同时开幅。

A. 必须；　　B. 应该；　　C. 可以；　　D. 不必。

123. 绸缎的两侧边，都有一条5mm左右的无花纹图案边条，为了对齐花纹图案，在______之后，以钢直尺压住边条，用美工刀沿着钢直尺边口将边条划去。

A. 开幅；　　B. 烫熨；　　C. 缩水；　　D. 整理。

124. 绸缎的褙衬加工，当采用纸衬时，大多为宣纸或牛皮纸，工艺复杂，技术要求高，已______采用。现有的衬纸大多为墙纸生产用的成品衬纸。

A. 普遍；　　B. 较少；　　C. 很少；　　D. 禁止。

125. 绸缎的褙衬加工，当采用布衬时，现大多选用______。

A. 白细布；　　B. 白粗布；　　C. 灰纱布；　　D. 白纱布。

126. 绸缎褙布，将开好幅的纱布，在胶中浸透（胶液用108胶：聚醋酸乙烯胶：水，其配比为______），提取时略挤一下，含胶不宜过多，否则易透出绸缎正面。

A. 10：3：4；　　B. 10：4：3；

C. 4：3：10；　　D. 4：10：3。

127. 绸缎褙布，将布用胶浸透后平展于浆好的绸缎背面，用塑料刮板将布刮平、刮实，多余的浆料应收净。用电吹风将______吹干，再用电熨斗将反、正两面熨烫平伏、挺括，裁边后备用。

A. 纸面；　　B. 布面；　　C. 胶面；　　D. 绸缎面。

128. 绸缎褙纸，先将开好幅的成品纸基进行湿水，如纸质较薄可用排笔刷水，湿水后让其静置______ min。将纸基平展于操作台上，刷上胶粘剂，应涂刷均匀，多少以不透绸缎为宜。

A. 3；　　B. 5；　　C. 10；　　D. 15。

129. 绸缎裱糊墙面基层处理，抹灰面必须干燥。用铲刀将基层表面仔细铲刮1遍。铲除杂质、灰尘、石灰块胀起的凸疤等，抹灰面如有油污，要用______等洗擦干净。洞缝内的灰土要掸掉扫清。

A. 二甲苯；　　B. 甲苯；

C. 碱水；　　D. 200号汽油溶剂。

130. 绸缎裱糊墙面基层处理干净后，用稀薄的______满刷一遍。涂刷要均匀，不流挂。

A. 清油；　　B. 桐油；　　C. 清胶；　　D. 铅油。

131. 绸缎裱糊墙面基层处理，批嵌腻子，底胶或清油干后，拌成______的胶油腻子（用原配制好的腻子加入适量的石灰粉）将洞缝先行填补。对不垂直的阴阳角或大面积的凹处应用木刮尺刮直刮平，修整至达到要求。

A. 较稠；　　B. 较硬；　　C. 较稀；　　D. 较软。

132. 绸缎裱糊墙面基层处理，批刮头道腻子，待粗刮腻子干后用胶油腻子______，如有局部低洼处要随手抹平。大面积批刮时，不显批刮痕印，不留残余腻子。头道腻子批刮，应使墙面基本达到平整。

A. 重点刮1遍　　B. 局部刮1遍；

C. 满刮1遍；　　D. 全面刮1遍。

133. 绸缎裱糊墙面基层处理，批刮 2 道腻子。头道腻子干后，用 1 号木砂纸粗打 1 遍后，批刮 2 道腻子。待二道腻子干后，用______砂纸包木块，将整个墙面打磨平整，掸净灰尘。

A. 0 号；　B. $1\frac{1}{2}$号；　C. 00 号；　D. 1 号。

134. 绸缎裱糊墙面基层处理，完毕后刷清胶 1 遍，其用料为 108 胶∶聚醋酸乙烯胶液∶水的比例为______，配成的胶液将整个墙面通刷一遍。待干后方可裱糊绸缎。

A. 10∶3∶5；　B. 10∶5∶3；

C. 3∶5∶10；　D. 5∶3∶10。

135. 裱糊绸缎刷水胶，即在绸缎的背面用排笔刷一层薄薄的水胶，其比例为可用粘结剂再加______%的水配制。涂刷时应注意刷匀、刷到、不漏刷，涂刷松紧一致，宜少不宜多。

A. 40；　B. 50；　C. 60；　D. 70。

136. 裱糊绸缎，刷水胶后的绸缎，应静置______ min 后上墙，使其受潮后胀开松软，粘贴干燥后，自行绷紧平整。

A. 1～3；　B. 3～5；　C. 5～10；　D. 10～20。

137. 红木揩涂基层处理，满批第一遍生漆石膏腻子，对雕刻花纹凹凸处或线脚处，可用______或短毛旧漆刷蘸腻子满涂均匀，并用老棉絮或旧毛巾揩擦洁净。

A. 油画笔；　B. 底纹笔；

C. 排笔；　D. 牛尾抄漆刷。

138. 红木制品满批生漆腻子后，可让其在室内自然干燥，有条件的最好能放入专用不通风的窨房内干燥，室温控制在______℃左右，相对湿度宜 80%左右，干燥时间约 24h。

A. 25；　B. 30；　C. 35；　D. 45。

139. 红木揩漆用______横圈竖揩，面积较小的角落处，可用绸布或汗衫布包竹片通揩角落。最后顺木纹揩擦理通，揩纹要细腻。

A. 新棉絮；　B. 老棉絮；

C. 新棉花；　D. 老棉花。

140. 红木揩漆在一般情况下，揩漆的遍数为______遍，才能达到漆膜均匀、光滑细腻、色泽均匀、光泽柔和，并具有古朴、典雅的涂饰效果。

A. 1～2；　B. 2～4；　C. 3～4；　D. 4～5。

141. 花莉木揩漆施工。待腻子干燥后，先用 320～360 号铁砂纸打磨，待基本平整后揩抹干净，然后再用______号木砂纸打磨平整并掸净。

A. 1；　B. 00；　C. 0；　D. $1\frac{1}{2}$。

142. 一般杂木仿红木揩漆腻子的质量配合比约为生漆∶熟石膏粉∶氧化铁黑∶酸性大红上色水＝______。

A. 34∶43∶18∶5；　B. 43∶34∶18∶5；

C. 34∶43∶5∶18；　D. 43∶34∶5∶18。

143. 生漆石膏腻子调制方法，先将熟石膏粉放在______的拌板上，中间留成涡形，把生漆倒入涡形处与熟石膏粉拌和，然后将少量的熟石膏粉放在拌板边角，加入上色水，再和漆、石膏粉混合后加入氧化铁黑拌匀。

A. 洁净；　　B. 光滑；　　C. 干净；　　D. 专用。

144. 杂木仿红木揩漆施工，待生漆石膏腻子干燥后，用______号木砂纸顺木纹打磨平整，打磨时不能磨伤底色，不能磨出白楞角，磨后应掸净。

A. 00；　　B. 0；　　C. 1；　　D. $1\frac{1}{2}$。

145. 杂木仿红木揩漆施工，第二遍上色。第二遍的上色材料为酸性大红加元色（黑色）粉，加______搅拌溶解后施涂于物面表面，施涂要均匀，不得漏涂。

A. 开水；　　B. 凉水；　　C. 沸水；　　D. 清水。

146. 杂木仿红木揩漆时，为使做好的漆光亮，在生漆中可加入适量的配油（即熟桐油）一般为______，也可根据生漆的质量和施工的天气作适当调整。

A. 6∶1；　　B. 5∶1；　　C. 4∶1；　　D. 3∶1。

147. 旧红木家具修饰翻新，从修补颜色至色漆修补，每一道工序都是______，直至色泽一致，依顺序进行。待拼色完成，全面揩擦生漆。

A. 由浅入深；　　B. 由深入浅；

C. 从左到右；　　D. 从右到左。

148. 为陈旧红木家具全面出白必须采用硫酸洗刷法进行脱漆，其质量配合比按硫酸∶清水＝______的比例配制稀硫酸溶液。

A. 0.2∶1；　　B. 0.15∶1；

C. 1∶0.2；　　D. 1∶0.15。

149. 为使陈旧红木家具全面出白，可______上的漆膜用砂纸打磨掉，略微去掉表面漆膜后，再用刨具刨光出白。楞角、边缘处可用碎玻璃刮之。用砂纸打磨，经出白的物面犹如新家具一般。

A. 将旧漆；　　B. 将表面；

C. 将物面；　　D. 将基层。

150. 揩漆主要是靠手掌功夫，涂揩时必须压紧漆刷并依木纹______，依次涂揩，另外还要估计好工作量及涂料的量，生漆多涂敷，以免来不及涂揩，生漆干燥，导致底漆不匀，并造成不必要的浪费。

A. 秩序；　　B. 程序；　　C. 方向；　　D. 顺序。

151. 底层处理中使用的水砂、木砂，要认真辨别它们的______以及在物面上各层次中所起的作用，不论是哪一种打磨，都必须顺着木材的纹理直打磨，决不能横斜乱打磨，特别是透明涂饰工艺，留有横影子会影响物面的美观。

A. 各种型号；　　B. 各种粒度；

C. 各种号数；　　D. 各种粗细。

152. 硝基清漆磨退施工，清理基层时需要进行脱色处理，常用的脱色剂双氧水与氨水的混合液，其配合比（质量比）为：双氧水（质量分数 0.3）∶氨水（质量分数 0.25）∶水＝______。

A. 0.2∶1∶1;　　　　　　　　　　B. 1∶0.2∶1;

C. 2∶1∶2;　　　　　　　　　　　D. 1∶1∶0.2。

153. 一般情况下木材不进行脱色处理，只有当涂饰______透明油漆时才需要对木材进行局部脱色处理。

A. 低级；　　　B. 普通；　　　C. 高级；　　　D. 中级。

154. 木材经过精刨及砂纸打磨后，已获得一定的光洁度，但有些木材经过打磨后会有一些细小的木纤维（木毛）松起，这些木毛一旦吸收水分和其他溶剂，就会______，使木材表面变得粗糙，同时影响下一步着色和染色均匀。对较高级的木装修或木家具油漆，白坯上的木毛应尽量去除干净。

A. 膨胀站起；　　　　　　　　　B. 膨胀立起；

C. 膨胀挺直；　　　　　　　　　D. 膨胀竖起。

155. 硝基清漆磨退施工，刷头道虫胶清漆的浓度可稀些，其质量配合比为虫胶清漆∶酒精=______。

A. 1∶5;　　　B. 1∶6;　　　C. 1∶7;　　　D. 1∶8。

156. 硝基清漆磨退施工，刷头道虫胶清漆要用柔软的排笔，顺着木纹刷，不要______，不要来回多理，以免产生接头印。刷虫胶清漆要做到不漏、不挂、不过楞、无泡眼，注意随手做好清洁工作。

A. 斜刷；　　　B. 横刷；　　　C. 圆圈刷；　　　D. 竖刷。

157. 硝基清漆磨退润粉揩擦时可作______运动。揩擦要做到用力大小一致，将粉揩擦均匀。

A. 斜向；　　　B. 横向；　　　C. 圆状；　　　D. 竖向。

158. 所谓刷水色，是把按照______色泽配制好的染料刷到虫胶漆涂层上。

A. 施工；　　　B. 设计；　　　C. 拟好；　　　D. 样板。

159. 硝基清漆磨退刷第二道虫胶清漆，其浓度为______。刷漆时要顺着木纹方向由上至下、由左至右、由里到外依次往复涂刷均匀。

A. 1∶4;　　　B. 1∶5;　　　C. 1∶6;　　　D. 1∶7。

160. 硝基清漆磨退刷水色，在小面积及边角处刷水色时，可用回丝揩擦均匀。当上色过程中出现颜色______或刷不上色时（即“发笑”），可将漆刷在肥皂上来回摩擦几下，再蘸色水涂刷，即可消除“发笑”现象。

A. 深浅不一；　　　　　　　　　B. 分布不均；

C. 散布不均；　　　　　　　　　D. 涂刷不均。

161. 硝基清漆磨退施工，在打磨光洁的漆膜上用排笔涂刷______遍以上的硝基清漆。刷漆用排笔不能脱毛。

A. 1～2;　　　B. 2～3;　　　C. 3～4;　　　D. 5～6。

162. 硝基清漆磨退，为了使硝基清漆漆膜平整光滑，光用涂刷是不够的，还需要涂刷后进行______次的揩擦。

A. 几百；　　　B. 几次；　　　C. 十几；　　　D. 几十。

163. 硝基清漆磨退施工，揩涂采用圈涂法，用______蘸漆在饰面上作圆形或椭圆形运动，移动方式有顺时针和逆时针两种，一般以逆时针为多。

A. 棉花团；　B. 纸团；　C. 布团；　D. 麻团。

164. 硝基清漆磨退施工，揩涂采用横涂法。用棉花团蘸漆在饰面上作与木纹垂直或倾斜的运动，其移动方式有______和蛇形两种。

A. 方框形；　B. 8字形；　C. 圆形；　D. 三角形。

165. 硝基清漆磨退施工，揩涂采用理涂方法进行，即用棉花团蘸漆______木纹作直线运动，用以消除圈涂和横涂的痕迹，使涂层平整、坚实、光滑。

A. 逆着；　B. 斜着；　C. 顺着；　D. 沿着。

166. 硝基清漆磨退施工，揩涂时，移动棉球团切忌中途停顿，否则会______下面的漆膜。

A. 生化；　B. 破坏；　C. 磨坏；　D. 溶解。

167. 硝基清漆磨退施工，手工进行水砂纸打磨前，先用清水将物面揩湿，涂1遍肥皂水，用______号水砂纸包着木块顺纹打磨，消除漆膜表面的高低不平，磨平棕眼。

A. 400；　B. 360；　C. 340；　D. 320。

168. 硝基清漆磨退工艺，漆膜经过水砂纸湿磨后，会使漆面现出文光，必须经过______这道工序，才能达到光亮。

A. 涂光；　B. 抛光；　C. 揩光；　D. 磨光。

169. 硝基清漆磨退施工擦砂蜡。用回丝蘸砂蜡，顺木纹方向来回擦拭，直到表面显出光泽。要注意不能在一个局部地方擦拭时间______，以免因摩擦产生过高热量使漆膜软化受损。

A. 过快；　B. 过慢；　C. 过长；　D. 过短。

170. 硝基清漆磨退施工擦煤油。擦砂蜡后漆膜表面呈现出______，再用另一团回丝蘸上少许煤油顺着相同方向反复揩擦直至透亮。

A. 闪光后；　B. 光亮后；　C. 亮光后；　D. 光泽后。

171. 大漆的耐温性极强，如在短时间内耐温性达250℃，其长期使用温度应在______℃以下。

A. 150；　B. 160；　C. 170；　D. 180。

172. 大漆的漆膜有独特的______和耐腐蚀性，这是其他涂料所不能及的。

A. 耐寒；　B. 耐久；　C. 耐氧化；　D. 耐高温。

173. 大漆不但漆膜坚硬，而且光泽较高，如加入一定量的坯油则光泽更佳，不管______都没有晦光或发暗的现象。大漆的漆膜随着使用时间的延长，越是擦揩就越是光亮，优胜于其他任何材料。

A. 放在何处；　B. 使用多久；

C. 存放多久；　D. 贮存多少。

174. 大漆本身的漆膜______较深，因此只适宜作红木色、咖啡色、栗色、黑色等深颜色的涂饰，而不宜作浅色涂色。

A. 染色；　B. 色彩；　C. 彩色；　D. 颜色。

175. 大漆施工工艺复杂，保养时间长。用大漆涂饰的家具，一般要等______个月后才能正常使用。

A. 2～3；　B. 3～4；　C. 4～5；　D. 5～6。

二、选择题答案

1. A　2. B　3. C　4. D　5. A　6. B　7. C　8. D　9. A
10. B　11. C　12. D　13. A　14. B　15. C　16. D　17. A　18. B
19. C　20. D　21. A　22. B　23. C　24. D　25. A　26. B　27. C
28. D　29. A　30. B　31. C　32. D　33. A　34. B　35. C　36. D
37. A　38. B　39. C　40. D　41. A　42. B　43. C　44. D　45. A
46. B　47. C　48. D　49. A　50. B　51. C　52. D　53. A　54. B
55. C　56. D　57. A　58. B　59. C　60. D　61. A　62. B　63. C
64. D　65. A　66. B　67. C　68. D　69. A　70. B　71. C　72. D
73. A　74. B　75. C　76. D　77. A　78. B　79. C　80. D　81. A
82. B　83. C　84. D　85. A　86. B　87. C　88. D　89. A　90. B
91. C　92. D　93. A　94. B　95. C　96. D　97. A　98. B　99. C
100. D　101. A　102. B　103. C　104. D　105. A　106. A　107. B　108. C
109. D　110. A　111. B　112. C　113. D　114. A　115. B　116. C　117. D
118. A　119. B　120. C　121. D　122. A　123. B　124. C　125. D　126. A
127. B　128. C　129. D　130. A　131. B　132. C　133. D　134. A　135. B
136. C　137. D　138. A　139. B　140. B　141. C　142. D　143. A　144. B
145. C　146. D　147. A　148. B　149. C　150. D　151. A　152. B　153. C
154. D　155. A　156. B　157. C　158. D　159. A　160. B　161. C　162. D
163. A　164. B　165. C　166. D　167. A　168. B　169. C　170. D　171. A
172. B　173. C　174. D　175. A

第四节　高级油漆工知识考核简答题

一、简答题试题

1. 识读图样的顺序有哪些?
2. 楼梯平面图的识读要点有哪些?
3. 楼梯剖面图的识读要点有哪些?
4. 窗台和窗上口节点详图的识读要点有哪些?
5. 玻璃幕墙上部节点详图的识读要点有哪些?
6. 建筑装饰工作图的词汇归纳为哪几类?
7. 室内装饰施工图的内容分类有哪些?
8. 室内装饰俯视平面图的内容包括哪些?
9. 室内装饰立面图的内容包括哪些?
10. 图样会审有什么作用?

11. 图样会审应注意哪些问题？
12. 中国夏、商、周时期经考古有哪些建筑遗址？
13. 建筑的艺术效果一般通过哪些方式来体现？
14. 建筑艺术通过色彩处理有哪些效果？
15. 主要颜色的反射率各是多少？
16. 形成物体色彩变化的因素有哪些？
17. 色彩对人的视觉的物理感应和心理感应有哪些？
18. 色彩运用的基本方法有哪些？
19. 温度过低会造成涂膜哪些质量问题？
20. 温度过高会造成涂膜哪些质量问题？
21. 涂料施工与湿度有什么关系？
22. 涂料施工采用红外线干燥的设备和方式有哪些？
23. 涂料施工中加温干燥的注意事项有哪些？
24. 涂料施工中如何降低室内湿度？
25. 涂料施工中如何提高室内湿度？
26. 涂料冬季施工，当室外气温较低时，如何采用紫外线固化干燥法施工？
27. 门窗及各种小型构配件涂料工程的冬季施工技术措施有哪些？
28. 木材有哪些种类？
29. 什么是原子？
30. 什么是无机化合物？
31. 什么是有机化合物？
32. 根据涂膜的分子结构，涂膜分为哪 3 类？
33. 适宜在油漆中使用的树脂要具备什么样的性能？
34. 什么是过氯乙烯树脂，其性能有哪些？
35. 涂料按成膜过程机理可分哪几类？
36. 水溶性涂料有哪些优点？
37. 水溶性涂料成膜原理是什么？
38. 生漆的成膜机理是什么？
39. 颜料怎样分类？
40. 检验颜料的优劣主要有哪些项目？
41. 影响颜料遮盖力的因素有哪些？
42. 颜料在基料中的分散过程大致可分为哪 3 个阶段？
43. 染料按它们的性质和用途可分为哪几种？
44. 酸性染料常用的品种有哪些？
45. 纯丙烯酸乳胶涂料有哪些特点？
46. 多彩涂料通常可分为哪 4 种类型？
47. 用哪些简易方法可以识别多彩涂料的质量？
48. 多彩涂料的发展方向是什么？
49. 墙壁上进行静电植绒施工工艺流程有哪些？

50. 墙壁上进行静电植绒施工工艺的注意事项有哪些?
51. 新型氟树脂涂料有什么特点?
52. 推广新材料的科学程序是什么?
53. 推广新技术、新工艺的科学程序是什么?
54. 推广新设备的科学程序是什么?
55. 在涂料装饰工程的施工中，就其质量检验可分为哪几类?
56. 混色油漆工程质量保证项目，质量要求是什么?
57. 混色油漆工程质量基本项目透底、流坠、皱皮，高级油漆质量要求是什么?
58. 清漆工程质量保证项目，高级油漆质量要求是什么?
59. 清漆工程质量基本项目：木纹高级油漆质量要求是什么?
60. 刷喷涂料（水溶性）工程质量保证项目，质量要求是什么?
61. 刷喷涂料（水溶性）工程质量基本项目，“喷点刷纹”，优良品，高级油漆质量要求是什么?
62. 美术刷浆工程质量保证项目，质量要求是什么?
63. 玻璃工程质量“保证项目”，质量要求是什么?
64. 玻璃工程质量基本项目，“油灰填抹”优良品，质量要求是什么?
65. 裱糊工程质量保证项目，质量要求是什么?
66. 裱糊工程质量基本项目，“各幅拼接”，优良品的质量要求是什么?
67. 涂料在施工中出现各种疵病的因素主要有哪些?
68. 涂料在施工前出现浑浊的原因和防治方法是什么?
69. 涂料在施工前出现沉淀的原因和防治方法是什么?
70. 涂料在施工前出现结皮的原因和防治方法是什么?
71. 涂料在施工前出现变色的原因和防治方法是什么?
72. 涂料在施工中出现流挂的原因是什么?
73. 涂料在施工中出现泛白的原因是什么?
74. 涂料在施工中出现发笑的原因是什么?
75. 涂料在施工中出现咬底的原因是什么?
76. 涂料在施工中出现露底的防治方法是什么?
77. 涂料在施工中出现起粒的防治方法是什么?
78. 涂料在施工中出现针孔的防治方法是什么?
79. 涂料在成膜后出现返粘现象，其原因是什么?
80. 涂料在成膜后出现涂膜干燥不良，原因是什么?
81. 涂料在成膜后出现裂纹，原因是什么?
82. 涂料在成膜后出现渗色，原因是什么?
83. 涂料在成膜后出现皱皮的防治方法是什么?
84. 涂料在成膜后出现失光的防治方法是什么?
85. 涂料在成膜后出现刷纹，防治措施有哪些?
86. 苯中毒的途径是什么?
87. 铅中毒的途径是什么?

88. 汽油中毒的途径是什么？
89. 木工向油漆工交出工作面时的交接鉴定内容是什么？
90. 木门窗的制作安装标准是什么？
91. 细木制品标准是什么？
92. 木地板制作安装验收标准是什么？
93. 抹灰面的外观质量应符合哪些规定？
94. 大漆有哪些不足？
95. 退光漆的特点和使用范围是什么？
96. 广漆的配制方法是什么？
97. 大漆磨退操作工艺流程有哪些？
98. 大漆磨退上头道退光漆如何具体操作？
99. 硝基清漆磨退为什么要进行润粉？
100. 揩涂硝基清漆时应注意哪些？
101. 硝基清漆磨退操作工艺流程有哪些？
102. 硝基清漆磨退工艺，手工抛光可分哪 3 个步骤？
103. 硝基清漆磨退施工工艺，高级油漆对色泽有哪些质量要求？
104. 红木揩漆施工工艺流程有哪些？
105. 用大漆涂饰红木制品有什么特点？
106. 红木揩漆施工基层如何处理？
107. 红木揩漆施工如何满批第一遍生漆石膏腻子？
108. 红木揩漆施工如何进行揩漆？
109. 杂木仿红木揩漆施工生漆石膏腻子如何调配？
110. 花梨木揩漆施工工艺流程有哪些？
111. 杂木仿红木揩漆施工工艺流程有哪些？
112. 绸缎裱糊工艺流程有哪些？
113. 绸缎裱糊怎样调配浆糊？
114. 绸缎裱糊怎样调配粘结剂？
115. 绸缎裱糊怎样进行褙衬加工？
116. 绸缎裱糊施工操作应注意哪些事项？
117. 绸缎如何上墙裱糊？
118. 扫青、扫绿施工操作工艺流程有哪些？
119. 如何进行扫青、扫绿？
120. 扫青、扫绿的颜料如何选用？
121. 贴金施工工艺流程有哪些？
122. 贴金施工工艺如何进行“过金”？
123. 贴金施工包黄胶的目的是什么？
124. 贴金施工如何进行？
125. 扫金施工工艺流程有哪些？
126. 怎样进行扫金？

127. 贴金、扫金应注意哪些事项?
128. 沥粉施工工艺流程有哪些?
129. 沥粉施工乳胶漆老粉料如何配制?
130. 退晕工艺流程有哪些?
131. 什么是退晕，退晕所用的颜料有哪些?
132. 退晕施工，如何上色退晕?
133. 退晕施工如何勾白线?
134. 退晕操作应注意哪些事项?
135. 建筑彩画使用哪些材料?
136. 建筑彩画哪些常用颜料需要加工配制?
137. 建筑彩画色彩小色的配制如何进行?
138. 建筑彩画的材料与色彩配制应注意哪些?
139. 我国古建筑彩画怎样用代号来代替颜料?
140. 什么是和玺彩画?
141. 什么是金龙和玺彩画?
142. 什么是龙凤和玺彩画?
143. 什么是龙草和玺彩画?
144. 什么是旋子彩画?
145. 什么是苏式彩画?
146. 什么是天花彩画?
147. 什么是斗拱彩画?
148. 目前有哪几种新式彩画?
149. 建筑彩画木基层处理有哪 4 道工序?
150. 建筑彩画水泥制件的表面如何处理?
151. 一麻五灰操作工艺流程有哪些?
152. 一麻五灰操作工艺，怎样做好扫荡灰（满批灰或叫做批粗灰）?
153. 一麻五灰操作工艺，怎样做好压麻灰?
154. 四道灰操作工艺流程有哪些?
155. 三道灰操作工艺流程有哪些?
156. 二道灰操作工艺流程有哪些?
157. 菱花二道灰操作工艺流程有哪些?
158. 花活二道半灰操作工艺流程有哪些?
159. 混凝土面、抹灰面二道灰地仗处理操作工艺流程有哪些?
160. 三道油操作工艺流程有哪些?
161. 三道油操作工艺应注意哪些事项?
162. 建筑彩画的一般操作工艺流程有哪些?
163. 涂料调配的基本要求是什么?

二、简答题答案

1. 识读图样的顺序，必须循序进行，即应按照图样编排次序的先后分类进行，且不能操之过急，应由整体到局部，从粗到细逐步加深理解。

2. 楼梯平面图的识读要点如下：

1）了解楼梯或楼梯间在建筑中的平面位置及有关轴线的布置；

2）了解楼梯间、斜梯段、楼梯井和休息平台等的平面形式和尺寸，以及楼梯踏步的宽度和踏步数；

3）了解楼梯（间）处的墙、柱、门窗平面位置和尺寸；

4）了解楼梯的走向和栏杆设置及楼梯上下起步的位置；

5）了解楼梯间内的夹层、梯下小间等设施布置；

6）了解楼梯邻近各层楼地面和休息平台面的标高；

7）在底层楼梯平面图中了解楼梯垂直剖面图的剖切位置和剖视投影方向；

8）了解楼梯间各种管道和设施、留孔槽等平面布置情况。

3. 楼梯剖面图的识读要点如下：

1）了解楼梯在竖向和进深方向的有关标高和尺寸；

2）了解楼梯间墙身的轴线间距尺寸以及墙柱结构与楼梯结构的连接；

3）了解梯段、平台、栏杆、扶手、踢脚线等构造情况和用料说明；

4）了解楼梯间内的垃圾井、电表箱、消防箱、门窗口尺寸等情况；

5）了解踏步的宽度和高度及栏杆的高度。

4. 窗台和窗上口节点详图，其识读要点如下：

1）了解窗与墙的位置关系，是与内墙面相平还是居中；

2）了解窗框与墙的固定方法及内外窗台的用料和构造做法；

3）了解内墙保温材料及保温构造做法；

4）了解内外墙饰面材料及做法；

5）了解窗上口窗帘做法。

5. 玻璃幕墙上部节点详图识读要点如下：

1）了解节点详图索引的部位；

2）了解玻璃幕墙上部与屋面交接部位的构造做法；所用材料及玻璃幕墙的固定方法；玻璃幕墙内侧与室内顶棚交接处所用材料和固定方法；

3）了解女儿墙外墙面饰面做法及所用材料；女儿墙上部顶端压顶做法；

4）了解女儿墙与屋面交接处泛水的构造做法；

5）了解屋顶构造层次及屋面防水措施。

6. 建筑装饰工作图的词汇归为如下几类：

1）点与线构成了种种形象，表达了形体的曲直、大小、轮廓、光影、材质，以及形体与形体的相应关系；

2）图示符号是用简略化、规范化、图案化的方式来阐述图的意思；

3）字本来就是语言符号，图采用文字注述是补充图的不足；字可以净化繁杂的图线和替代图所不便表示的地方；

4）色彩不仅用以表达形体的颜色，而且把图表达得更加现实逼真，还可借助色彩以表达图所规定的含义。

7. 室内装饰施工图内容和分类如下：

1）室内装饰内容为以下两点：

①固定装饰：包括室内的墙面、地面、柱子、顶棚、门窗、楼梯、花格等装饰；

②活动装饰：包括卫生器具、各类家具、餐厨用具和各类灯具等的选择和摆设。

2）按装饰的功能可分以下4个方面：

①实体装饰：如壁画、壁饰、花格、门心等装饰；

②设备装饰：如空调系统、卫生系统、视听系统、服务系统等；

③局部纯粹装饰：如门厅、过廊、楼梯间、花格和室内、庭院等；

④宣传装饰：如门面、艺术广告灯箱、霓虹灯等。

8. 室内装饰俯视平面图的内容如下：

1）房间的平面结构形式，平面形状及长宽尺寸；

2）门窗位置的平面尺寸、门窗的开启方向及墙柱的断面形状及尺寸；

3）室内家具设施、工艺品摆设、绿化、地面铺设等平面的具体布置；

4）房间的名称及附加文字说明；

5）装饰俯视平面图的图线表示内容。

9. 室内立面图的内容如下：

1）房间围护结构的构造形式；

2）房间内的嵌入项目，如壁柜、壁炉、家具等；

3）各部位的详细尺寸、图示符号及附加说明；

4）立面装饰图的图线表示内容。

10. 图样会审有以下作用：

1）能够在拟建工程开工之前，使从事建筑监理、施工技术和经营管理的工程技术人员充分地了解和掌握设计图样的设计意图、结构与构造特点和技术要求；建设业主单位核对设计和实际使用功能的要求是否一致；

2）通过会审发现设计图样中存在的问题和差错，使其改正在施工开始之前，为拟建工程的施工提供一份准确的设计图样。

11. 图样会审应注意以下问题：

1）设计假定和构造处理方法是否切实可行，有无足够的稳定性；对安全施工有无影响；

2）基础处理和设计有无问题；

3）建筑、结构、设备安装之间有无矛盾；

4）图样说明是否齐全、清楚、明确；

5）各专业图之间、专业图内以及图表之间的重要数据是否一致；

6）采用新技术、新材料、新工艺的可能性和必要性。

12. 中国夏、商、周时期，即公元前21世纪至公元前400多年，经考古发现，夏代有夯土筑城遗址；商代已形成木架夯土建筑和庭院；至西周已发展到严整的四合院建筑，如陕西岐凤山雏村西周建筑遗址平面图。

13. 建筑的艺术效果一般通过以下方式来体现：

1）体型和立面处理；

2）建筑空间的处理；

3）顶棚的处理；

4）楼、地面的处理；

5）墙面处理；

6）色彩的处理。

14. 建筑艺术通过色彩处理有如下效果：

1）能满足视觉美感；

2）能表现人的心理反应；

3）能调节室内光线的强弱；

4）能调整室内空间。

15. 主要颜色的反射率如下：

1）白色：反射率为84%；

2）乳白色：反射率为70.4%；

3）浅红色：反射率为69.4%；

4）浅绿色：反射率为64.3%；

5）米黄色：反射率为54.1%；

6）深绿色：反射率为9.8%；

7）黑色：反射率为2.9%。

16. 形成物体色彩的变化因素有如下几点：

1）固有色：指在光线下，看到的有主导地位的色彩，如红衣服、白墙；

2）光源色：由于光的照射，引起物体受光部的色相变化；各种光源基本上分为暖光和冷光两大类；

3）环境色：物体周围环境的色彩由于光的反射，作用到物体上，因而引起物体的色彩变化。

17. 色彩对人的视觉物理感应和心理感应表现如下：

1）色彩的物理感应；

①温度感应：人们看到太阳和火时自然地产生一种温暖感，久而久之，一看到红色、橙色和黄色也会相应地产生温暖感，而海水、月光常给予人们一种凉爽的感觉，于是人们看到青、蓝、绿也会产生凉爽感。

②体量感应：如空间过大时可以适当采用收缩色（即冷色），以减弱空间的空旷感。当空间过小时，则可采用膨胀色（即暖色）以减弱其压抑感。

③重量感应：在室内装饰中采用上轻下重的色彩配制，可以起到稳重的视觉效果。

④距离感应：按光色排列从前进到后退的秩序是黄、橙、红、绿、青、紫。因此可以把黄、橙、红列为前进色，绿、青、紫列为后退色。前进色有误近的感觉，后退色有误远的感觉。

2）色彩的心理感应：色彩可影响和刺激人的情绪。不同的颜色，对人有不同的情绪反应。不同场所人们对色彩有不同要求。

18. 色彩运用的基本方法有以下几点：

1）充分考虑功能的要求，并力求体现与功能相适应的品格和特点。以医院为例，色彩要有利于治疗和休养，故常用白色、中性色，这能给人以宁静、柔和与清洁感。

2）符合构图的要求，正确处理色调的配置、协调与对比、统一与变化、主景与背景、基调与点缀等各种关系。

3）统一与变化的关系，所有色彩部件构成一个层次清楚、主次分明，彼此衬托的有机体。

4）稳定和平衡的关系。采用颜色较浅的顶棚和颜色较深的地面。

19. 温度过低会造成涂膜质量问题：

1）在溶剂型涂料中会引起涂膜干燥迟缓；

2）涂料中的基本粒子活性减弱，溶剂挥发和氧化反应减缓；

3）化学反应停顿，流动性降低；

4）挥发物凝聚于膜面，形成细小露珠，致使漆膜表面失光；

5）对不溶性涂料会造成冰冻，使涂膜层遭到破坏；

6）涂料变稠，涂刷困难，涂层难以均匀，影响质量。

20. 温度过高会造成涂膜质量问题：

1）可加快涂膜的交链过程和聚合物分子链的破坏过程；

2）在交变温度作用下，涂膜的老化更为明显，会造成涂膜开裂；

3）氧化聚合型及挥发型涂料，涂膜会迅速成膜，下层被封闭而难以氧化聚合成膜，易引起起皱、鼓胀以至起壳；

4）物理-化学变化急剧，成膜过快，涂膜干缩应力来不及调整平衡，从而出现裂纹；

5）使溶剂挥发过快，会造成涂刷粗糙，搭接明显等疵病。

21. 涂料施工与湿度的关系：

1）相对湿度过高或过低，对涂膜都会带来很多影响。如大漆涂装时相对湿度必须高一些；硝基涂料涂装时；相对湿度要偏低些；

2）在湿热的施工环境中，涂膜容易吸水膨胀，可使水溶性物质溶解出来，当光线照射时，水溶性物质会部分失去，从而造成涂膜结构的破坏；

3）在施工中，环境的相对湿度不宜大于60%，对某些品种也不宜超过80%。

22. 目前应用最广泛的是红外线干燥，其设备和方式如下：

1）红外线灯泡；

2）碘钨灯；

3）电热器；

4）远红外线干燥：远红外线辐射板、立体辐射型长波远红外线干燥器、陶瓷复合远红外线干燥器等。

23. 涂料施工中加温干燥注意事项如下：

1）严禁有机溶剂涂料靠近加热器，不得在操作现场配制材料；

2）采用电热器加热，必须有专人负责；

3）施工空间温度控制在10～15℃；

4）严禁用煤炉等明火加温；

5）必须有健全的防火消防设备和措施。

24. 涂料施工中降低室内湿度的具体方法如下：

1）自然干燥；

2）人工通风干燥；

3）加热干燥，封闭户室，施加热源，提高室温，加速水分蒸发，排出室内的湿汽；

4）关门闭户，放置吸湿材料，如新鲜生石灰等。

25. 涂料施工中提高室内湿度方法如下：

1）封门闭户，在地面乃至四壁浇水，使之蒸发，借以提高室内湿度；

2）封门闭户，通入适量蒸汽，提高室内湿度；

3）封门闭户，在热源上置入敞开口的盛水容器，让容器中的水变为蒸汽，散布室内，提高室内湿度。

26. 施工时，可在室内温度较高的房间里将油漆取出，用稀释剂略加稀释，并用热水（80℃左右为宜）加温，然后在红光灯下加入敏感剂充分搅拌均匀，集中人力，迅速涂布，并随即用聚光高（或低）压水银灯依次“扫描”照射，照射时间不得低于30～60s。

27. 先将其安装妥当，然后再编上号码，再将其拆卸下来，送至事先装备好的房间，采用加热法调整室内温度，进行涂料涂饰及干燥。涂膜彻底干燥后，再装好玻璃，嵌好油灰。待油灰干透后即可“对号入座”，重新安装妥当。

28. 木材的种类，在常用的建筑业用材中通常分为针叶树、阔叶树和杂树三大类。

29. 原子是构成分子的基本单元。在化学反应里，原子是化学变化中的最小微粒。

30. 无机化合物简称无机物，一般指分子组成里不含碳元素的物质，如水（H_2O）、食盐（NaCl）、硫酸（H_2SO_4）等。而像二氧化碳（CO_2）、一氧化碳（CO）等少数物质，虽含有碳元素，但它们的组成和性质与无机化合物很相近，一向把它们作为无机物看待。

31. 有机化合物简称有机物，是指碳氢化合物及其衍生物。组成有机物的元素，除主要的碳氢元素外，通常还有氢、氧、磷等。

32. 根据涂膜的分子结构，涂膜分为3类，即低分子球状结构的涂膜、线型分子结构的涂膜和立体型网状分子结构的涂膜。

33. 适宜在油漆中使用的树脂应具备以下性能：

1）树脂能赋予涂膜以一定的保护与装饰的特性，如光泽、硬度、弹性、耐水性、耐酸性等；

2）多种树脂合用，或树脂与油漆合用，互补性能，树脂要有很好的混溶性；

3）树脂要在溶剂中溶解才能在油漆中使用。

34. 过氯乙烯树脂是由聚氯乙烯经过氯化处理的产物，由于加氯作用的结果，使制出的过氯乙烯树脂在性能上较聚氯乙烯树脂大大改进，尤其是在有机溶剂中溶解性及涂膜附着力方面有所提高，从而使其在油漆中得到广泛应用。

过氯乙烯树脂的氯含量在64%～65%之间，应用于制造油漆具有优良的耐化学品性能，防水、防霉、防燃烧性均很好，是目前以合成材料为主要成膜物质的新型挥发性涂料之一。

35. 目前使用的涂料品种很多，按成膜过程机理大致有以下几类：

1）氧化聚合型涂料，它干燥成膜是在常温下进行的。干燥过程中，必须接触空气才聚合成高分子膜。

2）固化剂固化型涂料，它必须加固化剂才能固化成膜。

3）酸固型涂料，它遇酸后才聚合成高分子涂膜。

4）挥发型涂料，在常温下靠溶剂挥发便可干燥成膜。

36. 水溶性涂料，由于以水作溶剂，因而具有以下优点：

1）水来源易得，净化容易；

2）在施工过程中无火灾危险；

3）无苯类等有机溶剂的毒性气体，保护环境，可节省大量的有机溶剂；

4）涂饰的工具可用水清洗；

5）采用电沉积法涂饰，使涂施工作自动化，效率高于通常采用的喷、刷、流、浸等施工方法；

6）用电沉积法涂出的涂膜质量好，没有厚边、流挂等弊病，工件的棱角、边缘部位的涂膜基本上厚薄一致，狭缝、焊接部位亦能使涂膜均匀。

37. 水溶性涂料成膜原理如下：

1）水溶性涂料是高分子树脂的多羧酸盐或胺盐，成膜过程中，首先是氨的挥发，在加酸固化时，也有胺的衍生物生成；

2）采用电沉积法施涂时，带负电的大分子离子沉积到阳极上，铵离子迁移聚集到另一电极区；

3）在电沉积过程中，带双键的分子一部分吸收了水电解产生的氧，因而使涂膜的干燥速度比采用浸涂的深膜要快；

4）在常温干燥型的水溶性涂料里，可用环烷酸或硝酸钴、铅、锰等催干剂，在常温下干燥成膜；

5）也可通过分子链上固有或外加的活性固化剂交联成膜；

6）也有使用氨、钴铬合物作羧酸型高聚物的交联剂，当树脂里的水和氨在常温下挥发后，酸性高聚物与钴离子可通过离子键交联成膜，常温下可以干燥。

38. 生漆的成膜原理如下：

1）氧化聚合成膜：第一阶段漆酚分子中的两个酚基在有氧的存在及漆液中漆酶的作用下，被氧化成邻醌结构的化合物。第二阶段邻醌类化合物相互氧化聚合成为长链或网状的高分子化合物。第三阶段的氧化聚合反应是在第二阶段的基础上，进一步形成三维空间的网状体型结构的化合物而固化成膜。

2）缩合聚合成膜：当温度达70℃以上时，漆酶就失去了活性，所以在隔绝空气高温条件下的烘烤干燥成膜，是以不吸氧的缩合反应和不吸氧的聚合反应为主形成的。

39. 颜料可作如下分类：

1）从颜料在制漆过程所起的作用分，可分为着色颜料、防锈颜料和体质颜料；

2）从颜料的性质分，又可将颜料分为矿物颜料和有机颜料；

矿物颜料又分为天然颜料和人工合成颜料。

40. 检验颜料的优劣主要检验以下项目：颜色、比重、分散度、吸油量、着色力、遮盖力、含水量、耐候性、纯度、水溶性盐、酸碱度等。

41. 影响颜料遮盖力的因素有如下几点：

1）受颜料和色漆基料折光率的影响，二者折光率相等，显得是透明的，颜料的折光率越大，遮盖力越强，反之即弱；

2）颜料的遮盖力，不仅取决于它的反射光的光量，而且也取决于对照射在它上面的光的吸收能力；

3）颜料的颗粒大小、分散程度影响遮盖力；

4）颜料的晶体结构差异影响遮盖力。

42. 颜料在基料中的分散过程，大致可分为 3 个阶段：

1）润湿：即使颜料颗粒被漆料所润湿；

2）分散：利用手工和机械能，把颜料的聚集体打开；

3）稳定：分散后的颜料，保持良好的分散状态，不重新聚集、漂浮、沉淀等。

43. 染料按它的性质和用途可分为以下几种：碱性染料、碱性嫩黄、碱性橙、碱性品红、碱性艳蓝、碱性绿、碱性棕、碱性紫等。

44. 酸性染料常用的品种有酸性橙、酸性紫红、酸性红、酸性嫩黄、酸性棕、酸性黑、黄钠粉和黑钠粉。

45. 纯丙烯酸乳胶涂料主要有以下特点：

1）是一种性能优异而全面水性涂料；

2）耐水性好，遇碱不易水解，在硬度相同的条件下与聚醋酸乙烯相比，伸长率大；

3）具有较高的原始光泽、优良的保光、保色性及户外耐久性、良好的抗污性、耐碱性及耐擦洗性；

4）可制成有光、半光、平光等各种内、外用乳胶涂料，更适宜温度变化较大的室外涂装使用；

5）但其成本偏高，故多用作高档外墙的装饰。

46. 多彩涂料通常分为以下 4 种类型：

1）水包油型（O/W）：在水溶性的分散介质中，将带色的有机溶剂瓷漆分散成可用肉眼识别大小的不连续分散物；

2）油包水型（W/O）：与水色油型相反，分散介质是油性的。在此分散介质中，将着色水性分散相分散成不连续的分散物；

3）油包油型（O/O）：使油性分散介质有机瓷漆，在分散介质中将不相溶的着色溶胶物分散成不连续的分散物；

4）水包水型（W/W）：在水性分散介质中，将水性着色溶胶物分散成不连续的分散物。

47. 用简易方法识别多彩涂料的质量：

1）首先检查上层水液是否清澈，质量好的上层水液应清澈，基本透明或微有混浊不带颜色。

2）检查上层水液中是否有漂浮物，如果个别粒子悬浮物属正常范围。如有较厚的漂浮物则属质量欠佳，易产生结皮。

3）检查多彩粒子是否独立成形、均匀，粒子边界是否清晰。如果粒子一片模糊，或大小十分不均匀，说明质量欠佳。

48. 多彩涂料发展方向有如下几点：

1）努力开发不同树脂的O/W型多彩涂料，提供更多的花色品种。克服O/W型多彩涂料使用多种有机溶剂所带来的气味、毒性等弊病，保持其优雅、华丽、带有光泽的独特装饰效果。

2）积极开发W/W型无毒、无味、健康型的多彩涂料新品种，不断丰富其装饰效果。

3）开发耐候性好、装饰效果优异、适用于室外，特别是一些屋檐、廊柱等部位装修的外用多彩涂料，以扩大其应用范围。

4）发展多功能多彩涂料，如防水、防火、防潮、防静电等多种功能，以适应不同的装饰要求。

49. 墙壁上进行静电植绒施工工艺流程如图3-1所示。

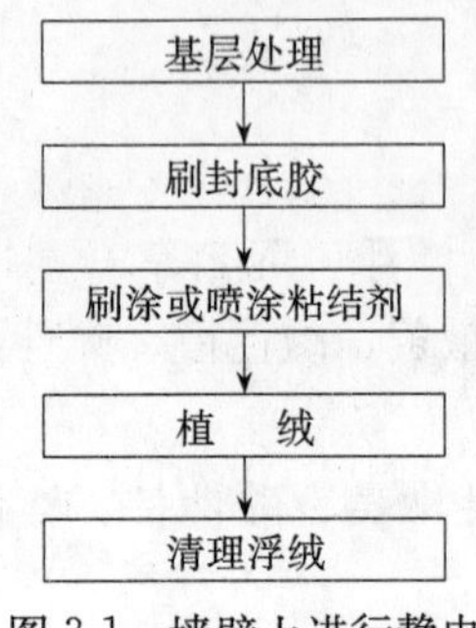

图3-1　墙壁上进行静电植绒施工工艺流程

50. 墙壁上进行静电植绒施工应注意以下事项：

1）粘结剂一定要刷涂均匀，否则会造成植绒饰面厚薄不均，影响装饰效果。

2）在进行植绒前，应进行小面积试验，以确保粘结剂的使用效果及植绒干燥后的质量要求。

3）墙体植绒后，在粘结剂未干前，不能用手触摸或擦碰，以免绒毛粘结不牢，或绒毛被碰倒而产生不均痕迹。

4）植绒干燥后将多余绒毛清理干净时，动作要轻，不可用力过度。

5）绒毛应置于通风、干燥的场所，避免受潮。绒毛受潮后会结块，直接影响植绒的效果和质量。

51. 新型氟树脂涂料有以下特点：

1）耐候性、耐久性好，老化试验表明，使用寿命可达15～20年；

2）耐污染性强，化学稳定性好，雨水冲刷后，涂层如同新刷一样；

3）附着力强，不用底涂可直接涂刷；

4）施工方便，可常温干燥。

52. 推广新材料的科学程序如下：

1）认真阅读新材料说明书，了解和弄清该材料的成分、性能、用途和各项技术标准。掌握使用的方法、要求和注意事项等。同时编制出初步工艺程序。

2）选择适当场所，进行小面积试验，记录每道工序试验中出现的问题及解决的方法。总结归纳后列出每道工序的施工标准。编制出整个涂刷工艺过程的标准，作为最终的施工工艺设计。

3）在大面积推广使用时，操作过程中应严格执行工艺设计标准，并有完整的施工日记，施工完毕，应进行严格地质量检查和建立跟踪观察档案，以不断地总结完善。

53. 推广新技术、新工艺的科学程序如下：

1）认真学习新工艺、新技术的特点和操作程序，掌握其操作过程中的要点，结合本地实际，制定实际计划；

2）通过小面积试验，作好试验过程中的情况记录，掌握第一手资料，修改和完善实施计划；

3）大面积推广前，应对小样试验作科学的鉴定和论证，以确定该项新技术、新工艺在本地区实施和推广的可能性；

4）在大面积推广初期，除严格按设定规范操作外，还收集跟踪观察资料，以不断总结经验，不断提高新技术、新工艺的实际应用水平。

54. 推广新设备的科学程序如下：

1）详读新设备的说明书，了解其技术参数，掌握维护保养和安全操作的有关知识，初步制定操作程序方案；

2）进行试运行和试操作，掌握在实际运用中的特性和要求，修改和完善操作规程；

3）培训操作骨干，使之掌握维护保养和操作的方法及规程；

4）建立新设备使用中的信息反馈档案，不断总结经验。

55. 在涂料装饰工程的施工中，尽管所用材料不胜枚举，操作方法也各有不同，但就其质量检验可分为：混色漆工程、清漆工程、刷喷涂料工程、美术刷浆工程、玻璃安装工程、裱糊装饰工程等几大类。

在工程质量的检验中分为保证项目：是指工程成品中不应出现的疵病；基本项目是根据工程的不同等级又有不同的检验标准。

56. 混色油漆工程质量保证项目，质量要求：不允许出现脱皮、漏刷、失光、反锈。

57. 混色油漆工程质量基本项目“透底、流坠、皱皮”，高级油漆质量要求是大面不允许，小面明显处不允许。

58. 清漆工程质量保证项目，质量要求：不允许脱皮、混浊、漏刷和明显斑迹。

59. 清漆工程质量基本项目“木纹”，高级油漆质量要求：合格品为棕眼刮平，木纹清楚；优良品为棕眼刮平，木纹清晰。

60. 刷喷涂料（水溶性）工程质量保证项目，质量要求：不允许起皮、漏刷（喷）、透底、掉粉。

61. 刷喷涂料（水溶性）工程质量基本项目“喷点刷纹”，优良品，高级油漆质量要求：1m 正视喷点均匀，刷纹通顺。

62. 美术刷浆工程质量保证项目，质量要求：图案、花纹、颜色必须符合设计要求；不允许起皮、透底、漏刷。

63. 玻璃工程质量“保证项目”的内容是裁割尺寸正确，安装平整牢固，无松动现象。

64. 玻璃工程质量基本项目，油灰填抹优良品。质量要求：底灰饱满；油灰与玻璃裁口粘结牢固，边缘与裁口齐平，四角成八字形，表面光滑，无裂缝、麻面和皱皮。

65. 裱糊工程质量保证项目，质量要求：粘贴牢固，无空鼓、翘边、折皱、倒花、错花。

66. 裱糊工程质量基本项目，各幅拼接，优良品，质量要求：横平竖直，图案端正，拼缝隙处图案、花纹吻合，距墙 1.5m 处正视不显拼缝，阴角处搭接顺光，阳角处无接缝。

67. 涂料在施工中出现的各种疵病，主要因素有原料性能、配合使用、操作方法、施工技术、环境气候等，无论哪一方面不符合要求，都可能使涂膜质量受到影响。

68. 涂料在施工前出现浑浊的原因和防治方法分述如下：

1）病态的原因：

①清油或清漆加入催干剂（特别是铅催干剂），遇水和潮湿，低温催干剂析出；

②稀释剂使用不当。

2）预防的方法：

①用沸水加温法，65℃以上使水分析出，贮存地应干燥，温度在20℃左右；

②选择合适的稀释剂。

69. 涂料在施工前出现沉淀的原因和防治方法分述如下：

1）病态原因：

①填充料颗粒粗，存放时间过长；

②稀释剂加入太多，涂料黏度下降。

2）防治方法：

①定期将涂料桶倒置；

②稀释剂加入适量，使用时经常搅拌。

70. 涂料在施工前出现结皮的原因和防治方法分述如下：

1）病态原因：

①桶盖不严密，与空气接触；

②氧化成膜涂料加入钴锰催干剂过多，放置时间长。

2）防治方法：

①封盖严密，用后在漆面洒下少量稀释剂，并用牛皮纸封盖；

②放置时一定要严密封盖。

71. 涂料在施工前出现变色的原因和防治方法分述如下：

1）病态的原因：

①虫胶清漆放入铁制容器中；

②加入已水解的溶剂；

③金粉、银粉与调制的清漆发生酸蚀作用。

2）预防的方法：

①严禁虫胶清漆放入铁制容器中；

②溶剂使用后，必须封盖严密，以防与空气中的水气混合；

③随调随用，选择酸性小的胶结剂（如丙烯酸）。

72. 涂料在施工中出现流挂的原因如下：

1）刷漆时，刷毛太软漆液又稠；

2）喷涂时漆液的黏度太稀，出漆量过大，喷枪移动速度过慢；

3）底层表面太光滑，或漆内油分过重，漆液停留不佳，涂刷后使漆质流动增大而形成；

4）磁性一类漆涂刷时容易产生流挂，原因是这类漆黏度大，不易涂刷均匀而造成流淌；

5）水性涂料内胶质过多或墙面太潮湿，胶多不易干燥，墙面潮湿不吸收，都会造成流挂。

73. 涂料在施工中出现泛白的原因如下：

1）施工环境潮湿，空气中相对湿度超过80%，在溶剂挥发过程中，水汽浮于漆面，此病态特别容易出现在硝基漆和虫胶漆的施工中；

2）硝基漆溶剂中的真溶剂、助溶剂和稀释剂的配比不当，溶剂挥发速度过快，稀释剂挥发速度慢，剩下的稀释剂不能溶解硝化棉时，硝化棉析出，使漆膜浑浊泛白；

3）溶剂的质量不符合要求，纯度不高；

4）被涂物面有碱性污染物。

74. 涂料在施工中出现发笑的原因如下：

1）底层涂料内掺有不干性稀料和污染物（如煤油、柴油），未经消除就涂刷面漆所致；

2）底漆有不干性油脂等粘附物或底漆光泽太大，也会产生此现象；

3）清漆、红丹漆、聚氨酯漆、环氧漆的涂膜上出现发笑，主要原因是这类漆对底涂层的润湿欠佳，使之很难形成一层均匀的薄膜层，而收缩成清珠状。

75. 涂料在施工中出现咬底的原因如下：

1）底漆和面漆不配套（即性能不一），底漆承受不了面漆中的强溶剂作用而被溶解。例如底漆是油性调和漆、酚醛漆或醇酸漆等，而面漆用硝基漆、过氯乙烯或聚胺酯等，即能产生这种现象。

2）短油度与长油度漆也有类似现象。例如，短油度醇酸漆涂饰于一般油脂漆表面作面层，因油脂漆的溶剂是松香水，而短油度醇酸漆的溶剂是二甲苯，因此被咬起。

76. 涂料在施工中出现露底的预防方法如下：

1）配好的涂料应做小样试验，检查是否有良好的遮盖力。对自配的发色油，使用时要随时搅拌，不使其沉淀。

2）配制好的涂料，不得随意掺加稀释剂。

3）配制底漆的颜色，要比面漆的颜色浅半色。

77. 涂料在施工中出现起粒的预防方法如下：

1）施工前打扫场地，工件揩抹干净；

2）涂漆前检查刷子，如有杂质，用刮具铲除漆刷内脏物；

3）细心去漆皮，并将漆过滤；

4）硝基漆（或其他强溶剂挥发型漆）最好用专用喷枪，如用油性漆喷枪喷硝基漆，必须先将喷枪洗干净。

78. 涂料在施工中出现针孔的预防措施是：

1）涂料在配制中，溶剂不能加入过多，配制后将涂料静置一定时间，让浮于漆液表面的水分挥发，让泡形逸散、消失后再涂刷；

2）底涂层填腻子不可马虎了事，将钉孔用稀腻子刮涂饱满平整。在木器上，进行着色填孔时，棕眼内腻子填实饱满，不显全眼或半眼；

3）木材应干燥，特别是涂刷水性染料后，应让其充分干燥后才进行涂刷面层涂料；

4）在涂料中加入适量的消泡剂（如聚酯清漆中加入“桂油”）。

79. 涂料在成膜后出现返粘现象其主要原因如下：

1）涂料在配方中采用了挥发性很差的溶剂或干燥性差的油类。在干性油中掺有鱼油等半干性油或不干性油的油类。

2）干燥后遇风不足，湿度高。主要是湿汽影响涂膜从空气中吸收氧气，使其没有充分氧化成膜。

3）水泥砂浆、混凝土制件的碱质使油性漆皂化而软化。

80. 涂料在成膜后出现涂膜干燥不良，其主要原因如下：

1）干燥剂失效，或催干剂加入过量；

2）被涂基层有残存的蜡质、油污等污染物；

3）稀释剂选用不当；

4）在施工中吸附有害气体，造成不能使涂膜充分氧化成膜。

81. 涂料在成膜后出现裂纹，其原因主要有以下几点：

1）基层和面层涂料不配套，面层涂料的收缩强度大于基层；

2）基层涂料未干透就涂刷面层；

3）涂刷后的物件放置在温度过高的地方或在阳光下曝晒；

4）虫胶漆内的松香含量过多，涂膜性脆易开裂。

82. 涂料在成膜后出现渗色，其主要原因有以下几点：

1）面漆色浅，底漆色深，面漆中的溶剂对基漆有溶解作用造成的渗色；

2）底漆没有干透就涂刷面漆而造成渗色；

3）对基层的钉眼、松节未作封闭处理。

83. 涂料在成膜后出现皱皮，防治措施如下：

1）催干剂选用适当，易皱皮的油漆一般用铅或锌催干剂为宜；

2）涂刷以桐油为基料的涂料，施涂时应做到薄而均匀；

3）一般不宜将长油度和短油度涂料混合使用，如要使用，必须调合均匀，涂刷时做到薄而均匀和避免阳光直晒。

84. 涂料在成膜后出现失光的防治措施如下：

1）加入的稀释剂应适量，催干剂应有效；

2）在白天和晚上温差和湿度较大的季节，用光漆涂刷面层时，在下午三四点钟后应停止施工；

3）油漆质量差，可加入适量的清漆。

85. 涂料在成膜后出现刷纹，防治措施如下：

1）调整油漆中的含油量和稀释剂，如在涂刷无光漆面层时，可加适量精煤油，以降低稀释剂的挥发速度；

2）调整涂料的稠度，选用合适的涂刷工具。

86. 苯中毒途径主要是由呼吸道吸入和人体与苯溶剂直接接触所致。

87. 铅中毒途径主要是在这类涂料干燥后进行打磨时，形成的粉尘通过呼吸道而吸入肺部，也可通过口腔和食物进入体内以及皮肤伤口进入到血液里。

88. 汽油中毒途径是将挥发的气体由呼吸道吸入体内，还有通过皮肤渗入体内。

89. 木工向油漆工交出工作面时的交接鉴定主要是对一切木装修制品，包括木门窗、木地板和其他细木制品的交接鉴定。

90. 木门窗的制作安装标准如下：

1）目测整个木门窗的平面光滑平整。对胶合板制品的内门如做清水活时，木质颜色应均匀一致，无明显色差，无明显刨痕、锤痕，不允许脱胶，不允许刨穿面层薄皮。

2）木门窗的接榫必须平整。窗框的玻璃槽必须平整，框槽接口呈垂直90°，对角线误差在3mm以内。

3）木门窗与边框应垂直整齐，留缝宽度应符合规范要求。

4）木门窗安装必须牢固，框架内侧与墙平齐。

5）小五金安装齐全，符合要求，合叶的安装不能高出木面。

91. 细木制品标准如下：

1）刨光面光滑平整，接头对缝严密整齐，拼角整齐而无高差；

2）木构件整体牢固，无翘裂和松动；

3）高级木工装修，木质颜色均匀一致；

4）钉子的冒头应低于木面。

92. 木地板制作安装标准如下：

1）木地板应平整、光滑、无刨痕、清洁；

2）木地板应牢固结实，无松动、空鼓、翘边、翘角现象，无"通天缝"；

3）钉子冒头应低于木面，不应有露头钉。

93. 抹灰面的外观质量，应符合下列规定：

1）普通抹灰，表面光滑、洁净、接槎平整，无明显凹凸；

2）中级抹灰，表面光滑、洁净、接槎平整，灰线清晰顺直；

3）高级抹灰，表面光滑、洁净、颜色均匀、无抹纹，抹灰平直方正，清晰美观。

94. 大漆的不足之处如下：

1）不耐强碱及强氧化剂；

2）大漆本身的漆膜颜色较深，不宜作浅色涂饰；

3）漆膜干燥条件苛刻，要有合适的气温（15～30℃）和较高的湿度（80%～85%）；

4）施工工艺复杂，保养时间长，一般要有2～3个月才能使用；

5）毒性大，易发生漆中毒，还会使皮肤溃烂。

95. 退光漆是由优质纯生漆经过滤、脱水精制而成。

1）特点：它颜色特黑而无杂色，干燥性、流平性好，成膜后漆膜坚韧，具有良好的抗水性、抗潮性、抗热性、耐磨、耐久及耐化学腐蚀等优良性能。

2）使用范围，如木器、乐器、工艺美术品以及其他装饰或防腐蚀用涂装，但操作工艺复杂，施工期较长。

96. 广漆的配制方法：选择优质生漆，经过严格的数次过滤与脱水后与坯油（桐油熬炼之后即成坯油）混合。其配方根据气候条件和生漆的优劣而定。当气候温度和潮湿度或生漆质量较好时，它的配方为45%生漆，55%坯油。当气候干燥或生漆质量较低劣时，它的配方为55%～60%生漆，40%～45%坯油。

97. 大漆磨退操作工艺流程如图3-2所示。

98. 大漆磨退上头道退光漆具体操作如下：

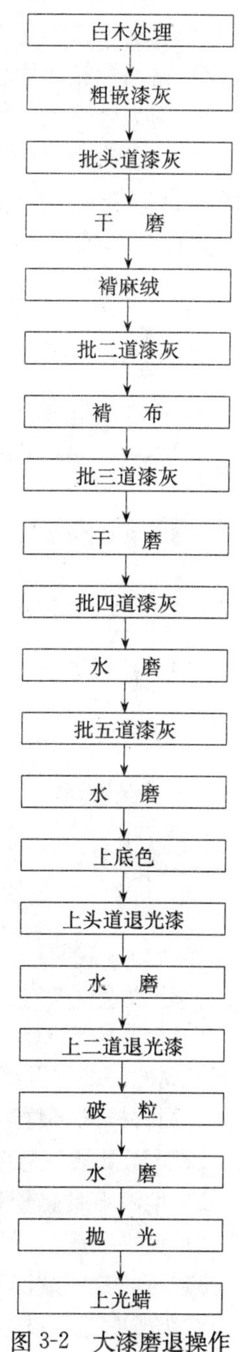

图3-2　大漆磨退操作工艺流程

用短毛漆刷蘸取退光漆敷于物面，随后用劲推赶均匀，涂刷时以纵横交叉反复推刷，不论大面或小面都要斜刷、横刷、竖刷，这样反复多次，使漆液达到全面均匀。然后用牛角翘将漆刷内的余漆刷净，再从台面长度轻理拔直出边，侧面也同样操作。

99. 润粉是为了填平管孔和物面着色。通过润粉这道工序，可以使木面平整，也可调节木面颜色的差异，使饰面的颜色符合指定的色泽。

100. 揩涂硝基清漆时应注意以下几点：

1）每次揩涂不允许原地多次往复，以免损坏下面未干透的漆膜，造成咬起底层；

2）移动棉花团切忌中途停顿，否则会溶解下面的漆膜；

3）用力要一致，用腕要灵活，站位要适当；

4）在揩涂中，如出现明显的凸凹，可用 600 号水砂纸打磨后，揩擦干净，再进行揩涂。

101. 硝基清漆磨退操作工艺流程如图 3-3 所示。

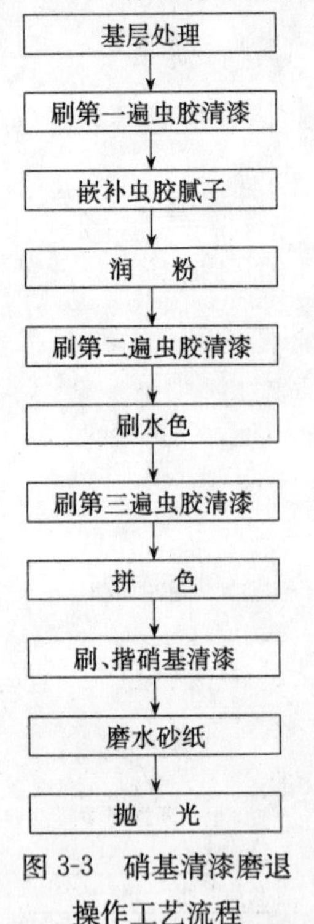

图 3-3　硝基清漆磨退操作工艺流程

102. 硝基清漆磨退工艺，手工抛光可分以下 3 个步骤：

1）擦砂蜡。用回丝蘸砂蜡，顺木纹方向来回擦拭，直到表面显出光泽。要注意不能在一个局部地方擦拭时间过长，以免因摩擦产生过高热量将漆膜软化受损。

2）擦煤油。当漆膜表面擦出光泽后，用回丝将残留的砂蜡揩净，再用另一团回丝蘸上少许煤油顺相同方向反复揩擦，直至透亮。最后用干净回丝揩净。

3）用清洁回丝涂抹上光蜡。随即用清洁回丝揩擦，此时漆膜会变得光亮如镜。

103. 硝基清漆磨退施工工艺，高级油漆对色泽的质量要求是：木纹清晰，棕眼平整；符合样板色，饰面颜色均匀一致，无色差和疤痕；无刷痕和拼色接头；无白楞裹色。

104. 红木揩漆施工工艺流程如图 3-4 所示。

105. 用大漆涂饰的红木制品，具有漆膜薄而均匀，漆膜坚硬耐磨、色泽均匀、纹理清晰、光滑细腻、光泽柔和等特点。同时还具有独特的耐腐蚀、耐霉蛀、耐酸碱、耐高温等优良的性能，其使用寿命可达几百年之久，故有家具魁首之称，是我国特有的传统工艺之一。

106. 红木揩漆施工基层处理，用 0 号木砂纸将红木制品表面打磨光滑，对小面积或雕刻花纹的凹凸处及线脚等部位，也要打磨平整光滑。打磨时可用自制砂纸夹（用竹片削成圆尖的竹棒或将竹片一头劈开长约 80mm），包住或夹住砂纸进行打磨，直至光滑。

107. 满批第一遍生漆石膏腻子：

1）生漆石膏腻子是由纯生漆加熟石膏粉和水调拌而成；

2）大平面满批时要“一摊、二横、三收”，对洞缝等缺陷处要嵌批坚实；

3）对雕刻花纹凹凸处或线脚处，可用牛尾抄漆刷或短毛旧漆刷蘸腻子满涂均匀，并用老棉絮或旧毛巾揩擦洁净；

4）线角处堆积的腻子，用剔脚刀或剔筷挑剔干净。

总之，满批腻子要求批刮完整，收刮洁净，无腻子堆积。

108. 揩漆，即揩生漆：

1）揩漆时，大面积用牛角翘挑蘸生漆满批于被涂物面，用牛尾漆刷抄涂均匀，再用漆刷反复横竖刷理均匀；

2）小面积及线条，直接用牛尾抄漆刷蘸生漆分开点刷，抄涂均匀，并用漆刷反复来回刷理均匀；

3）遇有雕刻花纹装饰的弯头、短小挡料、无法用抄漆刷操作的角落，需用通帚蘸生漆通刷抄涂，再用弯把漆刷理匀；

4）用老棉絮横圈竖揩，面积较小的角落处，可用绸布或汗衫布包竹片通揩角落，最后顺木纹揩擦理通，揩纹要细腻。

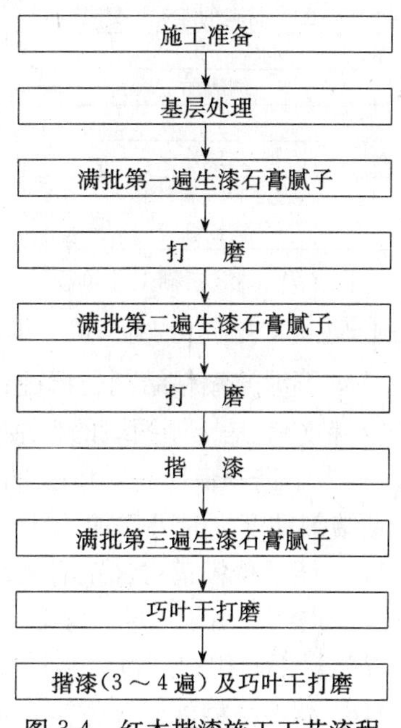

图 3-4　红木揩漆施工工艺流程

109. 腻子调配时，应根据选用材料的质量、气候、温、湿度及各地对色彩的习惯确定其配合比。一般杂木仿红木揩漆腻子的质量配合比约为生漆：熟石膏粉：氧化铁黑：酸性大红上色水（即第一遍上色水）＝43：34：5：18。调制时，先将熟石膏粉放在洁净的拌板上，中间留成涡形，把生漆挑入涡形处与熟石膏粉拌和，然后将少量的熟石膏粉放在拌板边角，加入上色水，再和漆、石膏粉混合后加入氧化铁黑拌匀。

110. 花梨木揩漆施工工艺流程见图 3-5。

111. 杂木仿红木揩漆施工工艺流程如图 3-6。

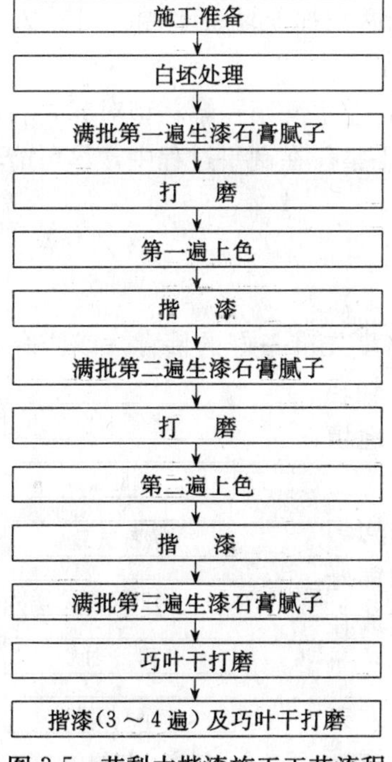

图 3-5　花梨木揩漆施工工艺流程

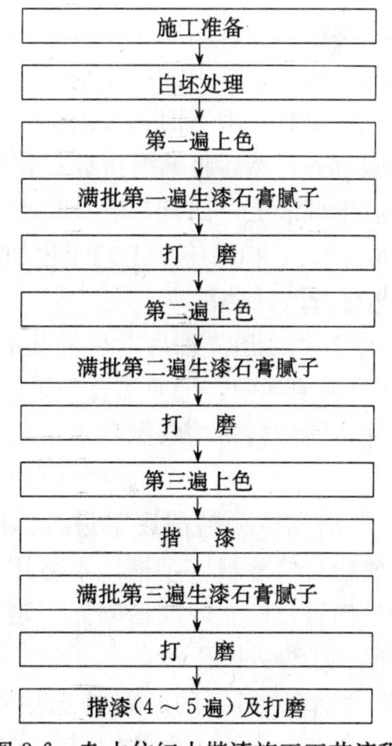

图 3-6　杂木仿红木揩漆施工工艺流程

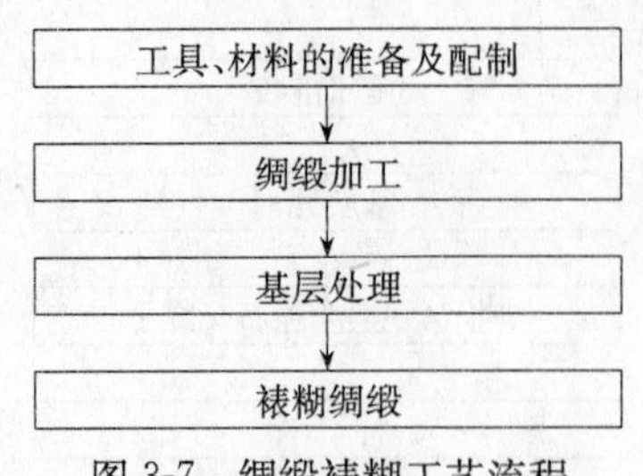

图 3-7　绸缎裱糊工艺流程

112. 绸缎裱糊工艺流程见图 3-7。

113. 绸缎裱糊浆糊调配，浆糊作绸缎加工用。先把标准面粉放入干净的桶内，用冷清水把面粉调拌成均匀的稠黏糊状，然后用 100℃沸水，中速冲入，高速调拌均匀，冷却至 40℃时，加预热好的苯酚或明矾（以防浆糊滋生霉菌），调拌均匀，待冷却后即可使用。面粉：冷水：沸水：苯酚或明矾的比例为 1：1.4：5.4：0.01。

114. 绸缎裱糊粘结剂的调配：

1）粘结剂是裱糊绸缎的粘结材料。108 胶是粘贴各种墙纸、布的主要材料。

2）为了进一步提高 108 胶的粘贴强度，在 108 胶中掺加 10%～20%聚醋酸乙烯溶液，粘结剂粘度大时可掺加 5%～10%清水稀释。

115. 绸缎裱糊褙衬加工有两种，一种是衬纸，一种是衬布。传统的纸衬用纸大多为宣纸或牛皮纸。由于工艺复杂，技术要求较高，已很少采用。现有的衬纸大多为墙纸生产用的成品衬纸。用布褙衬大多选用白纱布。

116. 绸缎裱糊施工操作注意事项：

1）阴角处粘贴要密实、浆平，如由于其他原因而无法粘贴时，应将拼缝改为搭缝，搭缝时，绸缎由受侧光的墙面向阴角的另一面转去；

2）阳角不拼缝，并要包紧、压实、不起皱；

3）粘贴门窗边角处，首先绸缎裁剪要正确无误，粘贴要整齐牢固，做到方楞出角；

4）弹垂线和横线的线条颜色不应太浓，只要隐约可见即可，贴好绸缎后以看不出为准。

117. 绸缎上墙裱糊，第一幅上墙从不明显的阴角开始，从左到右，上墙一般以两人上下配合操作，一人站立于高凳，用两手将绸缎上端两角抓至墙面上端；另一人立于地面，用两手抓住绸缎中间，按垂线上下对齐，粘贴刮平。

贴第二幅时，由下面一人以绸缎的中间花型对齐，左手向第一幅花型对齐，右手向横线与花型对齐，然后将绸缎拼缝对花，再用刮板整理平整。在刮平过程中，尽可能不要将粘贴剂沾于绸缎上，如有，应及时用清水擦掉。

118. 扫青、扫绿施工工艺流程如图 3-8 所示。

119. 扫青、扫绿

1）刷好第二道光油后，待油基本流平后，就可将事先准备好的佛青（或洋绿）颜料放到 80 目铜箩筛中，把箩筛置于填油后的字体上方，轻轻摆动箩筛，使颜料粉均匀撒落，沾附于油面上，自然地填满字体。

2）填油和撒颜料需逐字进行。撒颜料粉要做到均匀一致，使粉自然地填实字槽，不可用手指去按捺。撒铺好后，若是扫青，应立即放在阳光下晒干，若是扫绿应放在室内阴凉、干燥处阴干。

120. 扫青、扫绿的颜料的选用对字的质量有很大关系，以选用遮盖力强、颗粒细腻并带有绒感的佛青或洋绿

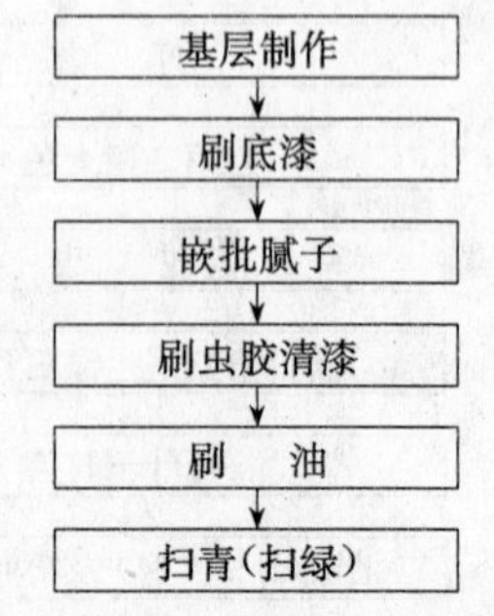

图 3-8　扫青、扫绿施工工艺流程

颜料为佳。目前市场上有一种涤纶闪光片的新型材料可代替佛青或洋绿，涤纶闪光片有金色、紫红色、青色、绿色等多种色彩，用它装饰的字闪闪发光，效果不错。

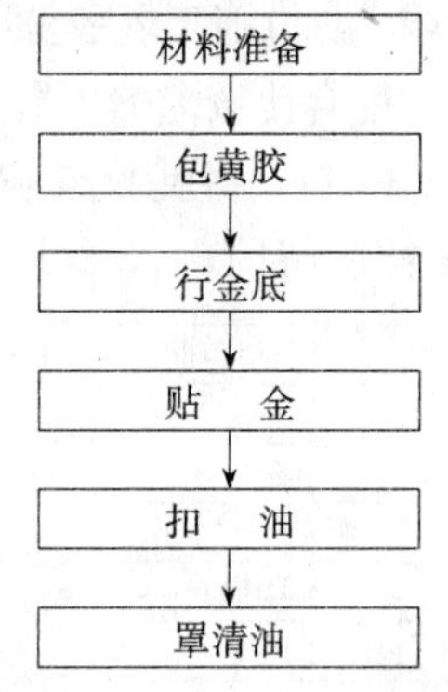

图 3-9　贴金施工工艺流程

121. 贴金施工工艺流程见图 3-9。

122. 过金，即把金箔固定在裹金纸的一面。过金常用方法有两种，一种是过早金，一种是过水金。

1）过早金的方法是，将夹金纸展开一面，用圆形白蜡烛在金箔上轻轻滚动几下，使金箔粘有微量蜡质，再将展开的夹金纸复原盖在金箔上，用手掌在纸上轻压几下，使金箔沾附在夹金纸上，放入瓷盘中盖上小毛巾待用。

2）过水金即将夹有金箔的纸上用小排笔刷上水，然后用刀砖或圆瓦将水吸干，放入盘中待用。

过金的目的是让金箔稳定地吸附于一面纸上，这样在贴金过程中可防止“飞金”。

123. 贴金施工包黄胶，也称打底油，即在贴金的部位刷一道填光油。包黄胶的材料由金胶油加黄色颜料调制而成，材料应配得稀一点。

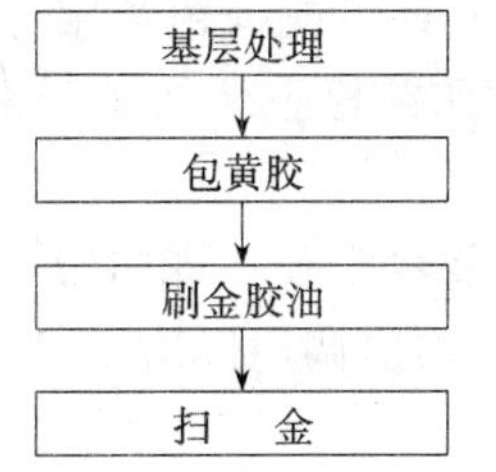

图 3-10　扫金施工工艺流程

包黄胶的目的：一是为贴金衬底色，二是起封闭作用，防止以后涂上去的金底油被吸收，造成金胶油面的黏度不均。黄胶干后用细砂纸轻轻打磨，掸清灰尘。

124. 贴金施工，当金胶油将干未干时，用金夹子（竹片制成）将金箔带纸一起夹起，轻轻粘贴于金胶油上，当某一部位铺金完毕，用扫金笔朝一个方向掸抹，再用棉花球揉压平伏。

125. 扫金施工工艺流程见图 3-10。

126. 扫金，将金箔用金筒子（特制工具）揉成金粉，待金胶油将干未干时，可上金粉，用羊毛笔将金粉扫于金胶漆表面，厚薄均匀一致，再用棉花揉压，使金粉与金胶油粘结牢固，再将浮金粉扫净回收即可。

127. 贴金、扫金应注意以下事项：

1）贴金或扫金的部位应围上帐子，以防风将金箔吹走。

2）金底油配好后应作试样，观察油膜干燥性能，选择最佳贴金时间。漆膜干燥过头，金箔容易破裂，有时会粘不住金箔，出现“飞金”；贴得太早则油膜太嫩，贴上去的金箔容易产生皱纹，金面光泽欠佳，出现“沉金”现象，只有选择最佳时间，才能使饰面金光灿烂。

3）贴金对缝要严，搭口应尽量小，以免浪费。

4）对容易碰擦的贴金处，宜罩清油，使贴金增强耐久性，罩清油须待金胶底完全干燥后进行。

5）贴金应从左到右、自上而下地顺序进行。斗拱应先里后外贴，以免蹭、碰掉金胶油。

128. 沥粉施工工艺流程见图 3-11。

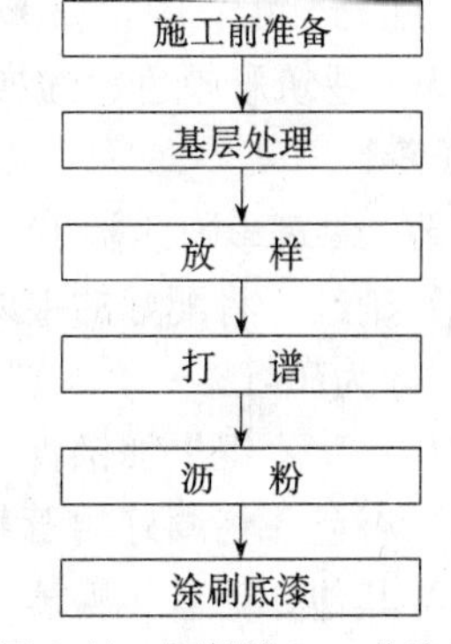

图 3-11　沥粉施工工艺流程

129. 沥粉施工乳胶漆老粉料配制：

1）配合比按老粉：乳胶漆：化学浆糊：白胶＝10：5：15：0.5 的比例配制；

2）配制，将乳胶漆和化学浆糊调匀，逐渐倒入老粉搅拌均匀，再经 60 目铜箩筛过滤，试样后待用；

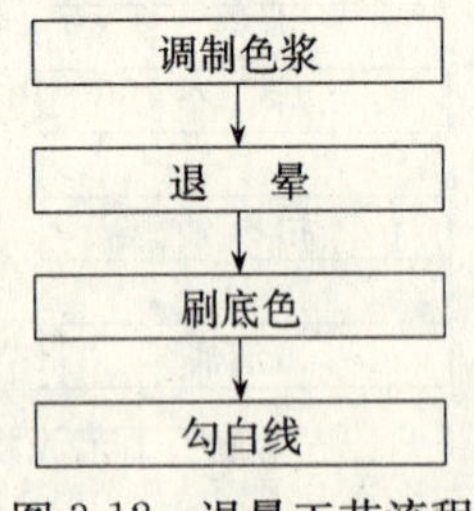

图 3-12　退晕工艺流程

3）乳胶漆配制的沥粉料操作方便，粉条颜色较白。

130. 退晕工艺流程见图 3-12。

131. 所谓退晕，就是使用图案中的色彩逐层由深变浅。经过退晕处理后的图案，层次分明，色彩艳丽。

退晕所用的颜料按材料不同可分为：

1）水性颜料，一般采用浓缩广告画颜料，适用于乳胶漆基层的物面；

2）油性颜料采用油画颜料，适用于以油漆作为底色的物面；

3）矿物颜料是将广胶与颜料调和（如铅粉、银朱、铬青、砂绿等）。

传统彩画工艺以矿物颜料为主，但广胶易变质，一两天内就会变黑，夏天还会发霉，应由专人掌管、使用为宜。

132. 上色退晕，在刷到涂料的沥粉图案上时，将配好的各色青色或绿色色浆用油画笔由深至浅逐层涂刷在物面的需要部位，不等干燥用油画笔蘸清水或松香水飘刷于各阶颜色的结合部，使青色逐步变淡。退三色晕时，二色居中。

133. 退晕施工，勾白线。底色干后，凡有晕色的地方，靠金线要画一道白线，俗称拉大粉。白线的宽度为晕色的 1/3，其作用是可以使各色之间更加协调，层次更加丰富，贴金的边线整齐。

134. 退晕操作应注意以下事项：

1）配制退晕颜色应根据物面用料量一次配成。

2）直线部位可以用直尺拉直线晕色，曲线晕色应自然圆顺。

3）原色、二色或三色同时涂饰，逐面分段进行，退好一部分晕色，再涂刷另一部分，能隔断的尽量隔断。一次涂刷过多容易干燥，来不及退晕。

4）色浆按设计要求涂刷，不可混淆。

135. 建筑彩画使用的材料有：矿物质颜料、植物质颜料、油料、血料、骨胶、兑矾水、砖灰、纤维。建筑彩画的几种配制的材料：如灰油的熬制、油满的配制、各种颜料的加工和配制、粗、中、细灰腻子和沥粉材料的配制等。

136. 建筑彩画色彩的加工配制的颜料有：洋绿、佛青、樟丹、石黄、银朱、黑烟子、红土子等。

137. 建筑彩画色彩小色的配制：

1）硝红：将配好的银朱，再兑入适当白粉，比银朱要浅一个色阶，比粉红要深一个色阶，即为硝红；

2）粉紫：银朱加佛青、白粉，即为粉紫；

3）杏色：将调好的石黄，再兑入一些调好的银朱、佛青，即为杏色；

4）其他：毛蓝、藤黄、桃红、赭石等以及用量小者，均为小色，其配制方法均可直接入胶。

138. 建筑彩画的材料与色彩的配制应注意以下几点：

1）色料加胶液不宜过大，地仗生油必须干透。

2）夏天每日将胶液熬开一两次，冬季胶液内适量加白酒，以防凝固。

3）色料多系矿物质，毒性较重，要采取防毒措施。

4）在各道颜色落色时，应逐层减少胶量。

5）彩画易受雨淋部位，应在成画后，罩光油1道。

6）注意各种颜料的合理调配。银朱、樟丹不宜与白垩粉合用，因易变黑。

139. 我国古建筑彩画用代号来代替颜料：

1）用代号代替颜料的目的是因为彩画用色较多，在把稿谱画到构件上去，为防止错色，必须写上颜色的名字，由于画幅面积小写不下，就用代号来解决这一问题，一直沿用至今；

2）代号为：洋绿六、佛青七、石黄八、紫九、烟子十、查色三、樟丹丹、粉白、银朱工、二绿、三绿用二六、三六来代替，二青、三青用二七、三七来代替。

140. 和玺彩画是清式彩画中的最高级彩画，带有明显的等级观念。就其框线来说由箍头线、皮条主线、藻头主线、岔口线等组成。枋心藻头绘龙者，名为金龙和玺。绘龙凤者，名为龙凤和玺；绘龙和椤草者，名为龙草和玺；绘椤草者，名为椤草和玺；绘莲草者为莲草和玺。如北京故宫"三大殿"（太和殿、中和殿、保和殿）均为金龙和玺，"后三宫"（乾清宫、交泰宫、坤宁宫）和天坛、祈年殿，均为龙凤和玺。所有花纹均贴以金箔，复杂绚丽，金碧辉煌。

141. 金龙和玺是在各部位均以绘龙为主，如枋心内画行龙或二龙戏珠、藻头青色画升龙，宽长者可画升降各一条，如有盒子者为青盒子，内画坐龙或升龙，藻头绿色画降龙，有盒子者为绿盒子，内画坐龙。

142. 龙凤和玺，青地画龙，绿地画凤；压斗枋画工王云，坐斗枋画龙凤；斗拱枋画坐龙或一龙一凤，垫板画龙凤；活箍头用片金两蕃莲，死箍头晕色，拉大粉压老。

143. 龙草和玺，画法基本同金龙、龙凤和玺。但斗拱板画画三宝珠火焰。

144. 旋子彩画因花纹多旋纹而得名。按用金量多少而分，有金线大点金、石碾玉、金琢墨石碾玉、墨线大点金、金线小点金、雅伍墨、雄黄玉等。

145. 苏式彩画起源于苏州，因而得名。苏式彩画有金琢墨苏式彩画、金线苏式彩画、黄线苏式彩画、海漫苏式彩画、和玺加苏式彩画、金线大点金和苏式彩画等多种形式。与和玺彩画、旋子彩画主要不同点在枋心，并且是以檩、垫、枋三者合为一组。

146. 天花彩画可分为软天花和硬天花两种。软天花的做法是以高丽纸用浆糊粘在墙上作画，全部画完后比好尺寸截裁整齐，再行裱糊天花及燕尾，糊好后，再刷支条码开口线（如金线者须包黄胶），然后贴金。

硬天花做法，先将天花板摘下，并编好号码，然后作画，待全部彩画绘制完成后进行安装。

147. 斗拱彩画是根据大木彩画来决定的，一般有如下做法：

1）彩画为金琢墨石碾玉、金龙、龙凤和玺等，则斗拱边多采用沥粉贴金，刷青绿拉晕色；

2）彩画为金钱大点金、龙草和玺等，则斗拱边不沥粉、平金边；

3）彩画为雅伍墨、雄黄玉等，则斗拱边不沥粉、不贴金、抹黑边、刷青绿拉白粉。

148. 新式彩画有沥粉贴金、沥粉不贴金、沥粉刷色、有攒色、着色、退晕等；有带枋心盒子和不带枋心盒子，有带枋心无花纹和不带枋心有花纹等多种做法。

149. 建筑彩画木基层处理一般有4道工序：

1）斩砍见木，痕深1～1.5mm，相互间隔2mm左右，旧活应砍净挠白。起皮应钉牢或去掉，局部腐朽应剜除、修补。

2）撕缝，洞或缝顶应铲扩成V字形。

3）下竹钉，在木缝内打入竹钉，两钉之间相隔约15mm，木钉或竹片表面应涂1层聚醋乙烯乳液。

4）汁浆（表面刷浆）涂刷1道由乳化桐油（油满）、血料与水调成的油浆。其配比油满∶血料∶水＝1∶1∶20。

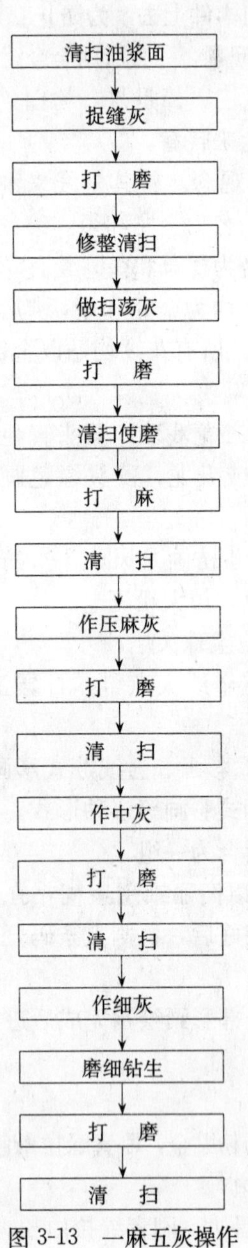

图3-13　一麻五灰操作工艺流程

油浆必须调制均匀，亦不宜过稠，刷浆必须满刷，对洞缝深处也应刷到、刷足，不得有漏刷之处。平面的余浆应及时刮除。

150. 建筑彩画水泥构件的表面处理：

1）新水泥制件一般不可立即进行油漆彩画，须经过几个月的放置期，使水分挥发，盐分固化后才可进行。如果急需进行油漆彩画，可用15%～20%浓度的硫酸锌或氧化锌溶液在表面涂刷几遍，待干燥后，扫除水泥面上的析出物，即可进行彩画施工，也可用稀盐酸或醋酸溶液进行中和处理后，进行油漆彩画施工。

2）对砖墙面或抹灰面的基层处理，可用氟硅酸镁溶液或锌与铝的氟硅酸盐溶液进行中和处理，但处理过程要重复几次，每次间隔为12～24h，处理好后，清除表面的粉质浮粒，即可进行油漆彩画施工。

151. 建筑彩画一麻五灰操作工艺流程见图3-13。

152. 一麻五灰操作工艺，扫荡灰，这是第二道灰，是使麻的基础。作法是一人用橡皮刮板刮涂油灰，接着后面的人用木制灰板将灰刮平刮直，第三人则用平板钢板打找抹灰并整好表面，同时将阴阳角及接头处找补平顺。灰面干后，用铁砂纸包木头块打磨平整，清理干净。

153. 一麻五麻操作工艺，做压麻灰，粘好的麻干后，用砂纸包木块满磨麻面，磨至“断斑”。使麻茸浮起，但不能磨断麻丝，然后扫清物面，用橡皮刮板将灰在麻面上刮涂1层，来回批刮压实，再满批灰，用木灰板刮平，达到直、平、圆顺为至。最后用手板钢片补刮1遍，使灰面均匀挺括。

154. 四道灰操作工艺流程见图3-14。四道灰多用于一般建筑物的下架柱子和上架连檐、瓦口、椽头、博风挂檐等处，较经济，但耐久性较差。

155. 三道灰操作工艺流程见图3-15。多用于不受风吹雨淋的部位，如室内梁枋、室外挑檐桁、椽望、斗拱等处。

156. 找补二道灰操作工艺流程见图3-16。用于旧活个别部位损坏时的局部修补。

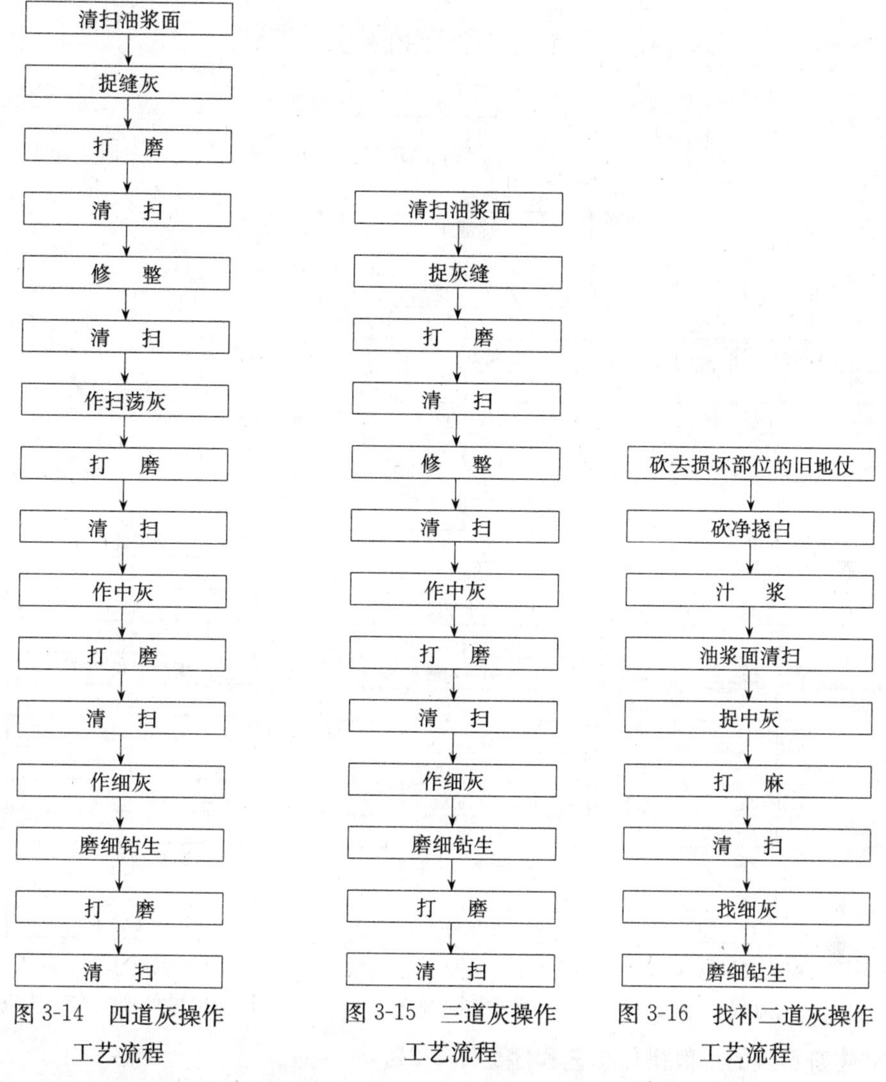

图 3-14　四道灰操作工艺流程

图 3-15　三道灰操作工艺流程

图 3-16　找补二道灰操作工艺流程

157. 菱花二道灰操作工艺流程见图 3-17。用于旧活菱花补修。

158. 花活二道半灰操作工艺流程见图 3-18。用于裙板雕刻花活的油漆修复。

159. 混凝土面、抹灰面二道灰地仗处理操作工艺流程见图 3-19。

160. 三道油操作工艺流程见图 3-20。我国古建筑油漆，除南方有一些大木架上常用黑色退光漆的梁、柱、枋外，其余基本上都是以光油为主，油漆光亮饱满，久不变色。

161. 三道油操作工艺应注意以下事项：

1）操作场地应打扫干净，室外作业，应围上帐子；

2）罩清油时，不宜在天黑前 2～3h 操作，以防入夜不干吸附水汽而失光；不可在雾天操作，受雾侵袭干燥后失光；

3）为防止底层油上出现发笑，可在涂上层油前，在底层油上满涂 1 遍酒精水或用汽油揩抹基层漆面，对出现聚珠现象可用汽油将新涂的油洗掉重擦，若发现较慢，可磨掉重做；

4）椽望油漆，老檐以从左向右为宜，飞檐以从右向左为宜。

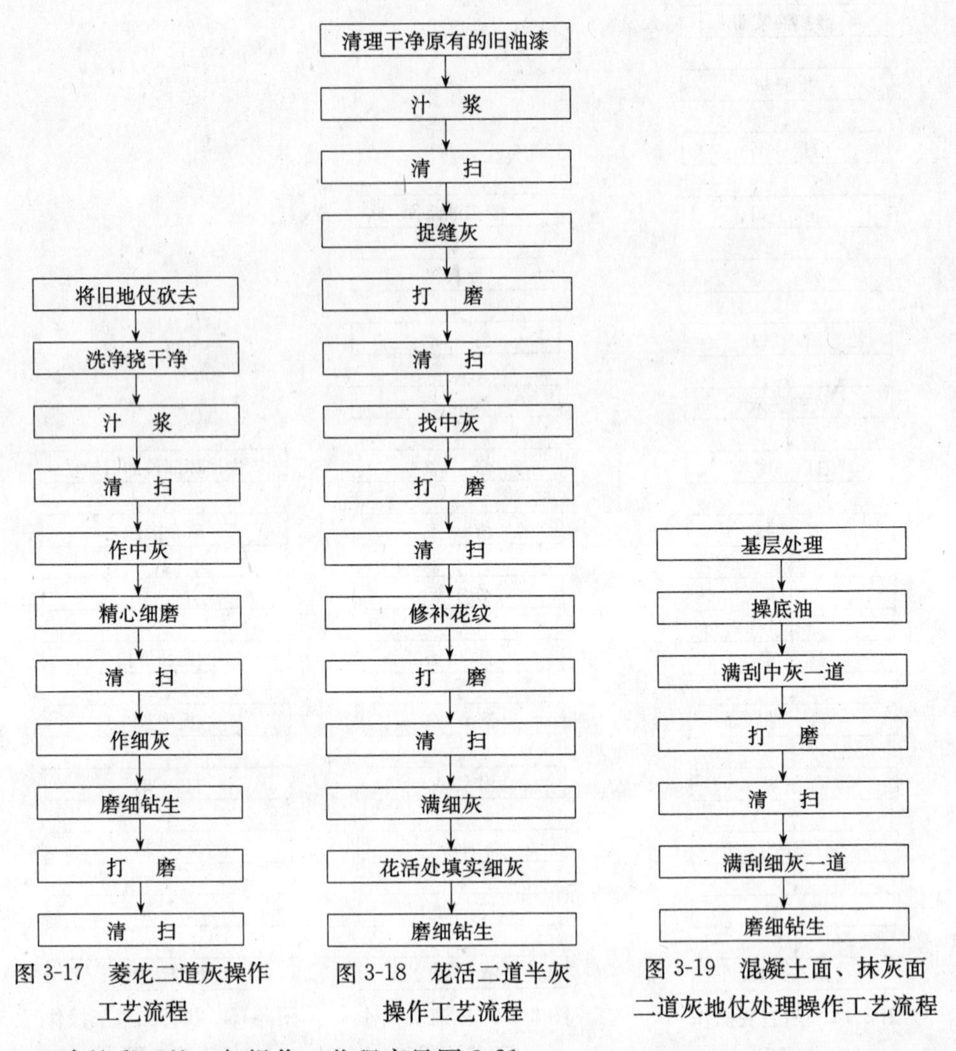

图 3-17 菱花二道灰操作工艺流程

图 3-18 花活二道半灰操作工艺流程

图 3-19 混凝土面、抹灰面二道灰地仗处理操作工艺流程

162. 建筑彩画的一般操作工艺程序见图 3-21。

163. 涂料调配的基本要求如下：

1）原则上只有同一品种和型号范围内，涂料才能在一起进行调配。

2）调配各色涂料是按照涂料样板颜色来进行，先做小样，然后才是配大样的依据。

3）配色过程中把握循序渐进的原则。在配色中以用量大、着色力小的颜色为主，再以着色力较强的颜色为副慢慢地、间断地加入，并不断搅拌，随时观察颜色的变化。

4）加入着色力强的颜色时切忌过量。

5）油性涂料湿时颜色较浅，干后会变深，配色时比样板色要略淡一些，水性涂料则相反。

6）颜色常有不同的色头，如要配正绿色时，一般采用绿头的、黄头的蓝；配紫红色时，应采用红头的蓝和带蓝头的红。

7）调配颜色以简单为原则，以红、黄、蓝、白、黑为基料，能用原色则不用间色，能用间色则不用复色。

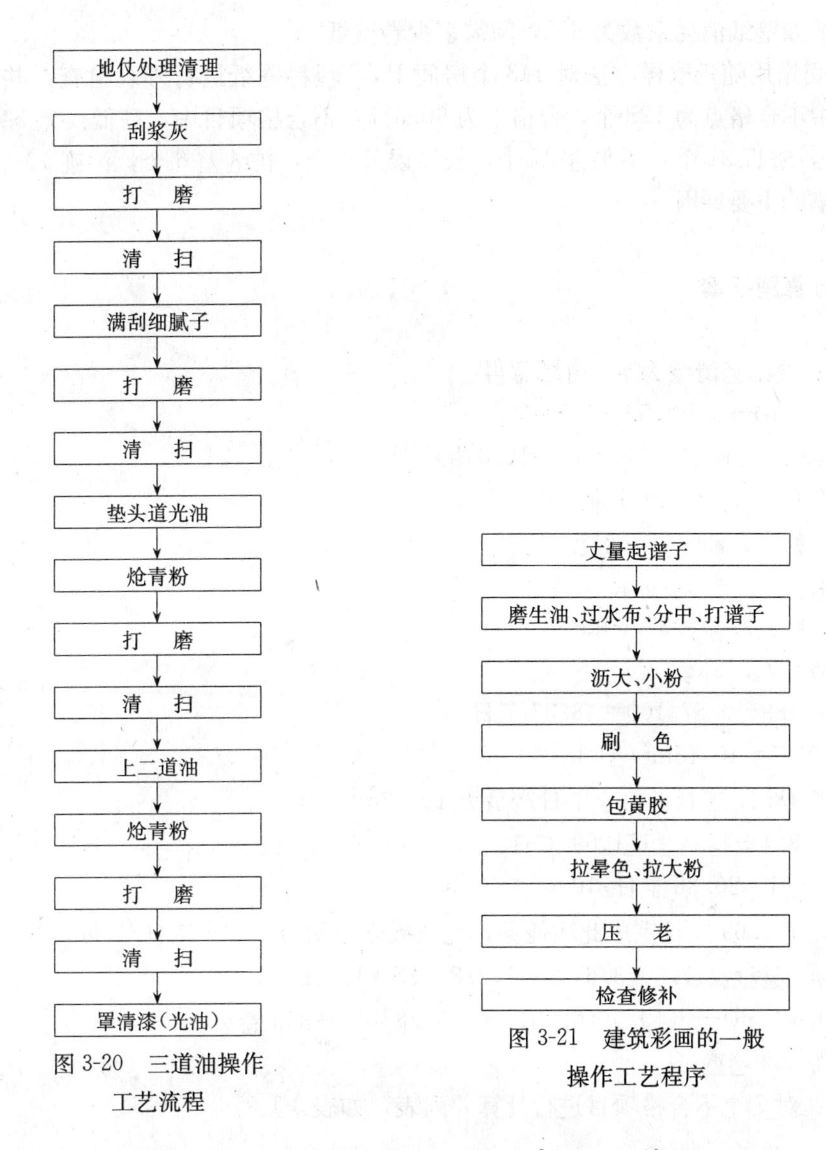

图 3-20　三道油操作工艺流程

图 3-21　建筑彩画的一般操作工艺程序

第五节　高级油漆工知识考核计算题

一、计算题试题

1. 绸缎墙面裱糊所用胶油腻子是由熟石膏粉、老粉、油基清漆、108 胶和水组成，其重量配合比为 3.2∶1.6∶1∶2.5∶5，现需 200kg 胶油腻子，需各种材料多少公斤？

2. 某工程钢窗需安玻璃 $489m^2$，查此项工程定额为 9.87 工日/$100m^2$，问完成此项玻璃安装需要多少工日？每个工日产量为多少？

3. 某工程木门窗刮腻子，刷底油，调和漆涂料两遍，工程量为 $834m^2$，如油漆工对这种施工操作每工日产量为 $4.91m^2$，问需多少工日完成此项施工，操作定额是多少？

4. 某宾馆室内层高 2.8m，长 7.5m，宽 3.6m，共 25 间需用规格 10.5m×0.53m 的

壁纸裱糊，如壁纸消耗系数为8%，问需多少卷壁纸？

5. 某宾馆用随机取样方法对143个房间PVC塑料壁纸进行外观检查，共检查1287个点，其中不合格点为125个，合格率为90.3%，不合格项目中，高低误差34个，空鼓翘边23个，皱折21个，不平直27个，长度误差4个，拼缝差6个，污迹10个。分析造成质量缺陷的主要原因。

二、计算题答案

1. 解：设油基清漆为x　由题意得

$3.2x+1.6x+x+2.5x+5x=200$

$x=15.04kg$

需石膏粉：$3.2x=48.12kg$

老　　粉：$1.6x=20.06kg$

油基清漆：$x=15.04kg$

108　　胶：$2.5x=37.60kg$

水：$5x=75.19kg$

2. 解：489×9.87/100=48.27工日

$100\div9.87=10.13m^2$/工日

答：需48.27工日，每个工日产量为$10.13m^2$

3. 解：834÷4.91=171.69工日

$100\div4.91=20.36$工日/$100m^2$

答：需171.69工日完成此项任务，此项操作定额为20.36工日/$100m^2$。

4. 解：工程量（7.5×3.6）×2×2.8×25=$1554m^2$

壁纸用量1554÷（10.5×0.53）×（1+8%）=302卷

答：需302卷壁纸。

5. 解：对7个不合格项目进行计算并列表，如表3-1。

不合格项目计算　　　　**表3-1**

序号	影响因素	频数	频率（%）	累计频率（%）
1	高级误差	34	27.2	27.2
2	空鼓翘边	23	18.4	45.6
3	皱折	21	16.8	62.4
4	不平直	27	21.6	84
5	长度误差	4	3.2	87.2
6	拼缝差	6	4.8	92
7	有污迹	10	8	100
合计		125		100

从表3-1可以看出，125个不合格点的主要因素是高低误差、空鼓翘边、皱折、不平直4项，如果采取措施解决这4个因素，不合格率就可以减少84%。

第六节 高级油漆工技能考核试题

第一题 硝基清漆磨退工艺技能考核

一、材料、工具

1. 材料：硝基清漆、香蕉水、虫胶清漆、酒精、老粉、化学浆糊、颜料、砂蜡、煤油、上光蜡、0号及1号木砂纸、400～600号水砂纸、肥皂等，并提供成品样板1块。

2. 工具：腻子刮板、12～16管羊毛排笔、纱布、回丝、小楷羊毛笔、50mm漆刷、容器、揩布等。

二、操作内容

在本项工艺考核中，可选用单件的木制家具，有条件的可结合生产实际进行，数量可按实际考核条件而定。采取按实际涂刷面积限额用料。材料配制和整个工艺操作过程要求独立完成。

三、时间要求

根据国家或地方劳动定额，如工作面较少，可按每道工序所耗用的时间累计计算。

四、操作要点

1. 清理和打磨基层，达到清洁光滑。

2. 自行配制各种所用材料。

3. 涂刷第一道虫胶清漆：如木色要求较浅可配制白虫胶清漆涂刷，虫胶清漆以稀一点为宜，要求涂刷均匀。

4. 虫胶清漆干后用旧木砂纸将物面打磨平整光滑，扫净灰尘。

5. 润粉：润粉要均匀，收粉要净，木纹清晰，棕眼饱满。

6. 刷第二遍虫胶清漆：要求薄而均匀。干后用旧木砂纸轻轻打磨1遍，掸净灰尘。

7. 刷水色、修色、拼色：刷水色可视实际要求而定，清水活不必刷水色，只作必要的修色、拼色即可。

8. 刷第三遍虫胶清漆。

9. 刷、揩硝基清漆。先用排笔刷3～5遍硝基清漆，然后用棉球揩、圈、理30～50遍，直至漆面平滑，无棕眼。

10. 用600号水砂纸打磨倒光。

11. 擦砂蜡出光。

12. 上油蜡。

五、考核内容及评分标准见表 3-2。

考核内容及评分标准　　　　表 3-2

序号	考核项目	考核时间	考核要求	标准得分	实际得分	评分标准
1	白木基层处理	按国家或地方劳动定额核算所做工件的耗用时间并限额领料	木面清洁打磨光滑	10		1. 符合要求，得满分； 2. 污迹未清除，扣 1 分； 3. 有横砂纹，扣 1 分，并要求重新打磨
2	材料配制		有序而符合要求	5		视操作情况评分
3	润粉		润粉均匀，棕眼饱满，无余粉	10		1. 符合要求，满分； 2. 润粉不均匀，扣 2 分； 3. 棕眼及钉眼不饱满，1 处扣 1 分； 4. 不允许粉堆积
4	刷虫胶清漆及刷色、修色、拼色		涂刷虫胶清漆薄而均匀，刷色、修色、拼色，达到基色均匀一致	10		1. 符合要求，得满分； 2. 刷虫胶清漆有搭接痕，1 处扣 1 分； 3. 颜色一致，满分；基本一致，扣 3 分
5	刷、揩、圈理硝基清漆		漆面平亮光亮无棕眼、无圈痕	50		1. 符合要求得满分； 2. 如达不到要求酌情扣分
6	打磨倒光，擦砂蜡出光		倒光一致，无砂痕，擦砂蜡出光柔和饱满	10		1. 符合要求得满分； 2. 磨穿 1 处扣 4 分； 3. 出现砂痕扣 4 分； 4. 出光不一致扣 3 分
7	上油蜡		上蜡均匀，除蜡洁净	5		1. 符合要求得满分； 2. 漆面有余蜡痕迹扣 2 分

第二题　调制样板色工艺技能考核

一、材料、工具

1. 材料：黑纳粉、碱性品红、熟血料、墨汁、石膏粉、光油、清漆、白水性涂料、水溶性红、黄、蓝颜料、两小块三合板（与样板所用材料性质相同）、砂纸等。

2. 工具：铲刀、排笔、揩布和容器等。

二、操作内容

该项工艺主要考核识别某一样板色的色素组成能力和调配颜色的技能。考核中向学员提供仿红木色色板和水溶性涂料的成品色板（色板颜色自定）各 1 块，考核中首先要求学员识别色板的主色、副色和冷色的色素组成，然后根据样板色自行配制完成（教师做样板所用材料与学员仿配所用材料必须一致）。

三、时间要求

根据实际操作内容自行决定。

四、操作要点

1. 基层处理：仿红木色和水性涂料色板的基层处理应按各自的要求处理。

2. 配制红木色和水性有色涂料：

1）仿制红木色的样板色一般应刷2遍色，中间还应批刮有色腻子，在配制染色材料中，首先应注意黑钠粉、碱性品红与墨汁的比例。并对照样板色作小样试涂，观察其配色的正确性。同时应充分估计2遍染色和腻子颜色混合后成色的正确性，经常对照样板色，以调整所用染料加入的比例。其次还应注意所染颜色在涂刷清漆后的转色的情况，进一步分析色素组成，以调整染色料，以求达到与样板色一致。

2）在配制有色水性涂料时，可以将样板的一角用清水浸湿，以对照其颜色，这样便于观察所配材料干后的成色差。

五、考核内容及评分标准见表3-3。

考核内容及评分标准 **表3-3**

序号	考核项目	考核时间	考核要求	标准得分	实际得分	评分标准
1	对照样板配制红木色	可根据实际操作内容而定	对照样板色，要求颜色及着色均匀度、木纹、棕眼的平整度等是否与样板色一致	50		1. 符合要求，得满分； 2. 存在色差度，酌情扣5～15分； 3. 着色欠均匀，酌情扣3～10分； 4. 木纹的清晰度比样板欠缺，酌情扣1～5分； 5. 棕眼欠平整，酌情扣1～5分
2	对照样板配制水性涂料色板	可根据实际操作内容而定	对照样板色，要求颜色一致，涂膜的平整光洁度一致	50		1. 符合要求，得满分（即在1m处观察颜色一致）； 2. 在1m处观察颜色基本一致，扣5分；尚一致，扣10分；欠一致，扣20分； 3. 表面的平整度和光洁有欠缺，酌情扣1～5分

学号　　　　姓名　　　　年　月　日　　　　　　　　教师签名：

第三题　大漆磨退工艺技能考核

一、材料、工具

1. 材料：退光漆或成品改性大漆、血料、石膏粉、粗、中、细砖瓦灰或瓷粉、夏布、麻绒。溶剂汽油、清水、墨汁、1～1$\frac{1}{2}$号木砂纸、180～600号水砂纸、纱头、绒布、砂蜡或绿油、上光蜡等。

2. 工具：大中号牛角翘、嵌刀、钢皮批板、木刮尺、调腻子板、美工刀、1m钢直尺、牛尾漆刷、陶钵盛器等。

二、操作内容

大漆磨退在建筑装饰中已很少使用，而且有的材料品种已很难买到，如各种型号的砖瓦灰。如能与实际生产相结合，一般以两人一组为宜，如没有结合生产的项目，可选用0.5m^2的木质拼板1块进行模拟技能考核。

三、时间要求

由于大漆磨退没有定额可依，操作工序又多，时间长，施工环境与条件要求较高，在考核中可根据具体情况而定。

四、操作要点

在考核操作中对一些大宗材料，如大漆、漆灰、血料，可统一配制，但必须是学员进行操作。

1）白木处理：打磨木面、撕缝、下竹钉。

2）捉灰缝：对洞缝嵌密实。对整个木面用漆灰批刮1遍，漆灰可稀一点，使漆液渗入木质。

3）批头道粗灰，要求均匀、平整。

4）褙麻绒：铺麻绒要均匀，用生漆或血料都要使麻绒浸透扎实。

5）批二道灰：要求厚度适当，均匀平整。待干后进行打磨平整，没有凹陷。

6）褙夏布；要平整、绷紧、平服、边角包裹严实，浆要汁透、麻面要扎实。

7）批第三道灰：要求均匀、平整，待干后用砂纸包木块打磨。

8）批第四道中细灰：方法与第三道灰相同，干后用180号水砂纸带水打磨至平整，并将物面揩擦干净。

9）批第五道细灰：此道灰因基层已平整，不要“映灰”，以刮平收净为宜。干后用220号水砂纸打磨平整，并揩擦干净。

10）批第六道灰即灰浆：批第五道灰要略稀一些，通批刮将微孔浆平填实，批刮后表面达到光滑平整。干后用 280 号水砂纸打磨平整并揩擦干净。若还有细小缺陷，可补灰修整。

11）上底色：底色配制好后必须过滤，染色均匀一致。

12）上头道大漆：可用牛角翘先将大漆铺开，再用漆刷纵横交错反复推刷，最后轻理，拔直出边，使漆液均匀敷于物面。大漆涂刷好后应将物置于达到一定湿度的房间，使其自然干燥。待干燥后用 400 号水砂纸顺木纹方向打磨，打磨应仔细，以防磨穿，打磨后应揩擦干净。

13）上第二道大漆：方法与前道同。

14）破子：待第二遍大漆基本干后，用 400 号水砂纸顺木纹轻磨一遍，将漆膜表面的颗粒磨破，使其充分干燥。

15）水磨退光：用 600 号水砂纸顺木纹打磨完全失光，再用“头发把子”打磨出光。也可经水磨倒光后用砂蜡或绿油打磨出光。

16）上油蜡：上蜡均匀，收净蜡迹。

五、考核内容及评分标准见表 3-4。

考核内容及评分标准 **表 3-4**

序号	考核项目	考核时间	考核要求	标准得分	实际得分	评分标准
1	白木基层处理	根据实际情况灵活掌握	撕缝、下竹钉符合要求，打磨平整、光滑，木面清洁	5		1. 全部符合要求，得满分； 2. 下竹钉太紧或太松，扣1～2分； 3. 木面光滑、平整和清洁达不到要求，扣1分
2	批1～6道灰其中包括褙麻绒和褙夏布及打磨的要求		每道批灰必须规范，达到要求，褙麻绒和夏布必须粘结牢固，打磨应按要求进行	40		1. 符合规范要求（全部），得满分； 2. 批灰达不到要求，每项扣1～2分； 3. 褙绒和夏布有松动或“白丝”，1处扣2分； 4. 打磨达不到要求，每次扣1～2分
3	涂刷大漆	根据实际情况灵活掌握	涂刷均匀，无明显丝纹，打磨不穿底	35		1. 全部符合要求得满分； 2. 基本符合要求，扣5分；有丝纹，扣10分； 3. 磨穿，1处扣2分
4	水磨退光		水磨倒光无丝纹，出光明亮柔和	20		1. 全部符合要求，得满分； 2. 磨穿，1处扣5分； 3. 目测有丝纹，扣5分； 4. 光亮达不到要求，扣3分

学员号　　　　姓名　　　　年　月　日　　　　　　　　教师签名：

第四题　绸缎裱糊工艺技能考核

一、材料、工具

1. 材料：绸缎（彩缎式素缎）、衬布或衬纸、胶粘剂、清油、石膏粉、老粉、108胶等。

2. 工具：油灰刀、腻子刮板、排笔、双梯、工作台板、钢直尺、裁刀、电吹风、电熨斗、毛巾、容器等。

二、操作内容

本项工艺考核有条件的可以结合生产实际进行，数量可视实际考核条件而定。裱糊基层处理要求独立完成，绸缎加工可分组配合完成，上墙裱糊可配助手，但助手不得参与裱糊工艺的技术性操作。基层处理和胶粘剂材料应自行配制，所用主要材料限额领用。

三、时间要求

除绸缎加工外，可参与国家和地方的裱糊劳动定额乘以适当的难度系数来确定耗用时间，如工作面较少，可按每道工序所耗用的实际时间累计计算。

四、操作要点

1. 裱糊面的基层处理：绸缎裱糊的基层有木结构基层、石膏装饰板基层和抹灰面基层等，它的基层处理要求比一般的壁纸裱糊要求略高，一般需要批刮腻子2遍，要求经批刮腻子和打磨后的墙面平整无凹凸，最后刷清胶1遍，如遇基层由于修补造成部分色差较大时，可刷水溶性白涂料1遍。待干后方可裱糊。

2. 绸缎加工：绸缎加工可分组集体进行，浆糊可集中调制。绸缎加工的方法应视实际所用的材料而定，两种方法任选一种。缩水、上浆、褙衬、熨烫、开幅、裁边均应达到要求。

3. 裱糊绸缎：

1）弹垂线和横线。要求色线线迹略细为好。

2）墙面刷粘结剂要求均匀一致，一般粘结剂涂刷略大于幅宽，涂刷一块贴一幅。

3）绸缎裱糊。裱糊时可有助手帮助，但主要技术工作必须独立完成，要求拼缝严密整齐，对花无误，边口不毛，严禁胶液沾污绸面。

4）整理裱糊面。对空鼓、翘边、气泡、拼缝等不符合要求的要及时进行修整。

五、考核内容及评分标准见表 3-5。

考核内容及评分标准　　表 3-5

序号	考核项目	考核时间	考核要求	标准得分	实际得分	评分标准
1	裱糊基层处理	可按裱糊普通墙纸乘以适当的系数。工作面较少时可将每道工序累计计算	基层平整阴阳角垂直底胶涂刷均匀	5		1. 符合要求，得满分； 2. 墙面凹凸，扣 1～3 分； 3. 阴阳角不垂直，扣 1 分； 4. 底胶涂刷欠均匀，扣 1 分
2	绸缎加工		对绸缎加工的每道工序可轮流操作，在小组成员的协助下完成主要技术操作，要求上浆均匀、熨烫平整、边口整齐褙衬牢固	35		1. 符合要求，得满分； 2. 上浆欠均匀酌情，扣 1～5 分； 3. 褙衬有空鼓 1 处扣 3 分； 4. 边口整齐达不到要求，酌情扣 1～5 分
3	裱糊绸缎		弹线正确，拼缝紧密平实，无空鼓、翘边对花正确，绸面无胶迹沾污	60		1. 符合要求，得满分； 2. 2m 处目测如有拼缝，酌情扣 3～8 分； 3. 空鼓 1 处扣 3 分； 4. 对花不正确，扣 1～5 分； 5. 翘边，1 处扣 2 分； 6. 绸面沾污胶迹，1 处扣 5 分

第四章　技师油漆工考核试题

第一节　技师油漆工知识考核判断题

一、判断题试题

1. 识读图样必须首先了解它的分类、编排次序、图样索引方法和有关符号等知识。（　）

2. 楼梯平面图属于建筑详图。（　）

3. 要了解楼梯踏步的宽度和高度应查看楼梯平面图。（　）

4. 窗台节点详图主要表示它的立面构造。（　）

5. 识读复杂的施工图应循序渐进地进行。（　）

6. 在施工中，设计图样的变更征得建设单位同意即可。（　）

7. 建筑彩画就是建筑装饰效果图。（　）

8. 建筑彩画的基层处理，应视不同基层分别对待。（　）

9. 建筑工程施工图可以作为建筑装饰施工图。（　）

10. 仰视平面图和俯视平面图的上下轴线是相互对应的。（　）

11. 建筑装饰中的立面图可以作为装饰中的室内剖面图。（　）

12. 建筑装饰的效果图是装饰施工的重要依据。（　）

13. 经共同会签、盖章的图样会审记要可作为施工单位进行工程结算的依据。（　）

14. 施工图会审是技术准备工作中的一项主要内容。（　）

15. 通过图样会审，能使建筑业主单位核对设计和实际使用功能的要求是否一致。（　）

16. 对拟建工程的结构形式和特点，复核主要承重结构的强度、刚度和稳定性是否满足要求，不属于图样会审的重要内容。（　）

17. 对装修与建筑、结构、设备安装之间有无矛盾，不属于图样会审的内容。（　）

18. 经考古发现，我国在两周已发展到严整的四合院建筑。

19. 北京的故宫是经元、明、清三朝建设、重建、改建，形成了目前的格局。（　）

20. 古罗马的建筑材料中最突出的是火山灰作灰浆和天然混凝土。（　）

21. 建筑和社会的生产关系、生活方式有着密切的联系。（　）

22. 不同的木材品种，在同样的自然环境条件下其含水率是不同的。（　）

23. 一套工程图样，总是由不同专业工种和表达不同内容的图样综合组成。（　）

24. 在图样全部看完之后，还要按不同工种有关的施工部位，将图样再细读。（　）

25. 楼梯的剖面图是楼梯水平剖面的简称。（ ）

26. 材料图例大多用简易的符号来表示。（ ）

27. 凡在一张图内只用一种材料时，或图形太小而无法画出建筑材料图例时，则可不必表示图例，但应加符号说明。（ ）

28. 绘图时所用的材料图例应有助于为图的表现效果增色，切不可喧宾夺主，否则就本末倒置了。（ ）

29. 要求材料线挺秀优美，曲直不苟，点、线清晰，图形自然，切忌图线紊乱，影响图示效果。（ ）

30. 图例的线条应间隔匀称、疏密适度，线条细致，图示正确。（ ）

31. 室内装饰有活动装饰，包括对室内的墙面、地面、柱子、顶棚、门窗、楼梯、花格等装饰。（ ）

32. 室内装饰有固定装饰，包括卫生器具、各类家具、餐厨用具和各类灯具等选择和摆设。（ ）

33. 室内装饰俯视平面图内容包括：室内家具设施（如电气设备、卫生间设备等）、工艺品摆设、绿化、地面铺设等平面布置的具体位置。（ ）

34. 为了容易看懂，我们可以与顶棚相对的地假设作整个镜面，顶棚的所有形象都可以如实地照在镜面上，这镜面就是投影面，镜面的图像就是顶棚的正投影，把仰视转换成俯视，这就是镜像视图法。（ ）

35. 通过图样会审能够按照设计图样的要求顺利地进行施工，建造出符合设计要求的最终建筑产品。（ ）

36. 图样会审的重点是审查地基处理与基础设计同拟建工程地点的工程水文、地质等条件是否一致，以及建筑物或构筑物与地下建筑物或构筑物、管线之间的关系。（ ）

37. 图样会审的重点是明确拟建工程的结构形式和特点，复核主要承重结构的强度、刚度和稳定性是否满足要求。（ ）

38. 图样会审的重点是要审查设计图样中工程复杂、施工难度大和技术要求高的分部分项工程或新结构、新材料、新工艺，检查现有施工技术水平和管理水平能否满足工期和质量要求，并采取可行的技术措施加以保证。（ ）

39. 明确建设期限、分期分批投产或交付使用的顺序和时间，以及工程所用的主要材料、设备的数量、规格、来源和供货日期。此项不属于图样会审之列。（ ）

40. 安装专业要重点审查设备、管架、钢结构立柱、金属结构平台、电缆、电线支架以及设备、基础是否与工艺图、电气图、设备安装图和到货设备相一致。此项不属于图样会审之列。（ ）

41. 图样会审的要点：传动设备、随机到货图样和资料是否齐全，技术要求是否和设计图样相一致。（ ）

42. 管道、设备及管件需要做防腐衬里、脱脂及特殊清洗时，设计结构是否合理，技术要求是否切实可行。此项不属于图样会审之列。（ ）

43. 图样会审应注意的问题：各专业图之间、专业图内以及图表之间的重要数据是否一致。（ ）

44. 图样会审应注意图样说明是否齐全、清楚、明确。 ( )

45. 图样会审应注意建筑、结构、设备安装之间有无矛盾。 ( )

46. 色彩能满足视觉美感，比如墙面上颜料的搭配是和谐的，我们会感到很美，情绪会因此而受到影响，给人以开朗、热情、欢快或积极的感觉。 ( )

47. 色彩能满足视觉美感，比如墙面上颜色的搭配是和谐的，我们会感到很美，情绪会因此而受到影响，逐渐松弛，感到平和或温馨；反之会使人感到严肃或烦躁。 ( )

48. 色彩能表现人的心理反应。如采用暖色调，使人逐渐松弛，感到平和或温馨；若采用冷色调，能给人以开朗、热情、欢快或积极的感觉。 ( )

49. 色彩能调节室内空间。如高明度、高彩度和暖色调的色彩具有后退性的错觉感。 ( )

50. 色彩能调节室内空间。如低明度、低彩度与冷色调的色彩具有前进性、激情性。 ( )

51. 人们在室内空间使用色彩时，可以利用色彩的特性来调整空间的大小感。当空间太松散时可利用后退色，使空间紧凑些。 ( )

52. 通过科学研究，可以从色与光的关系揭示色的本质。我们所见到的色是光进入我们的眼睛，遇到眼球内侧的膜，产生刺激，通过视神经传达到支配大脑视觉的视觉中枢，从而产生色的感觉。 ( )

53. 色必须通过光、眼、眼神经的输入和反馈过程方能识别。 ( )

54. 白色和黑色都是相对的，因为自然界中不存在能完全吸收或能完全反射所有色光的物体。正因为如此，世界万物才如此丰富多彩。 ( )

55. 虽然物体颜色要依靠光来显示，但光和物体的颜色并不是一回事。 ( )

56. 乳白色的反射率为69.4%；浅红色的反射率为70.4%。 ( )

57. 浅绿色的反射率为64.3%；深绿色的反射率为9.8%。 ( )

58. 物体受光部的色彩通常是光源色和环境色的间色（如阳光下的红旗，其受光部变暖，色彩倾向朱、橙、暗部则向紫色靠拢，相对变冷）。 ( )

59. 当空间过小时，则可采用膨胀色（即暖色）以减弱其压抑感。 ( )

60. 色彩的距离与色相有关。实验表明，按光色排列从前进到后退的秩序是：黄、橙、红、绿、青、紫。 ( )

61. 色彩感应的程度对不同年龄、性别、民族、职业、不同文化程度、社会经历、美学修养的人也有所不同，具体表现在他们对色彩的喜好和联想也不同，还有，不同的场所，人们对色彩的要求也不同。因此，在油漆施工中应充分考虑色彩对人的心理感应。 ( )

62. 由于色彩具有明显的生理效果和心理效果，能直接影响人们的生活、生产、工作和学习。 ( )

63. 在考虑室内色彩时，应首先考虑功能上的要求，并力求体现与功能相适应的品格和特点。

64. 色彩的种类少，虽容易处理，但易显得单调。色彩的种类多，虽富于变化，但可能显得杂乱，这就要解决色彩的构图问题。 ( )

65. 室内装饰的色彩基调是由面积较小及人们不易注意的色块所决定的。（　）

66. 在进行室内色彩设计中，一定要弄清墙面、地面、顶棚及设施之间的关系，使所有色彩部件构成一个层次清楚、主次分明、彼此衬托的有机体。

67. 室内装饰，为了使色彩能取得既有统一又有变化的效果，小面积的色块不宜采用过分鲜艳的色彩。（　）

68. 室内装饰，大面积的色块则可适当提高明度和色彩，在小面积的色块上采用对比色（例如壁画和壁挂物），往往是为了追求争夺、动荡、跳跃的效果，满足某种好奇心，希望使人观感新奇，用剧烈的变化色彩关系振动人们的心灵。（　）

69. 室内装饰色彩的处理，实践证明，恰当处理好主次、层次和各种陈设、书画的布局，都能产生符合实际功能的效果，所谓"屋雅不在大"也就是这个道理。（　）

70. 有些物质是由分子构成的，还有一些物质是由原子直接构成的。例如汞是由许多汞原子构成的，铁是由许多铁原子构成的。（　）

71. 元素符号右上角表示离子的电荷量。如 Na^{+} 带 1 个单位的正电荷，Mg^{2+} 带两个单位的正电荷，S^{2-} 带 2 个单位的负电荷。（　）

72. 原子是化学变化中最小微粒，它是由原子核和核外带正电的电子构成的。（　）

73. 原子核带负电荷，位于原子的中心，只占极小的体积，它的半径只有原子半径的十万分之一。（　）

74. 原子核虽小，但仍然具有复杂的结构，它是由两种更小的微粒质子和中子组成的。质子不带电，1 个中子带 1 个单位正电荷，因此核电荷数是由中子数决定的。（　）

75. 电子是质量很小、带负电的微粒，它在原子核外作高速运动。（　）

76. 元素符号除表示 1 种元素外，还表示这种元素的 1 个原子。

77. 用元素符号来表示物质分子组成的式子叫化学式。如氧气分子、氢气分子和食盐分子的组成，可以分别用分子式 S、C、CO 来表示。（　）

78. 国际上以碳原子质量的 1/120 作为标准，其他原子的质量跟它比较所得的数值，就是该原子的相对原子质量。（　）

79. 1 个分子中各原子的相对原子质量的总和就是相对分子质量。（　）

80. 根据分子式可以计算出相对分子质量。例如氧气的分子式是 O_2，那么氧气的相对分子质量就是 2 个氧原了相对原子质量之和，即 $18\times2=36$（氧的相对原子质量是 18）。（　）

81. 用化学式来表示化学反应的式子，叫化学方程式。如 $C+O_2 \xrightarrow{点燃} = CO_2$，为碳燃烧生成二氧化碳的化学方程式。（　）

82. 烃和烃的衍生物的相对分子质量都较大，另外一类的化合物（如聚氯乙烯等）的相对分子质量却很小。（　）

83. 一般把相对分子质量低于 10000 或 8500 的化合物称为低分子化合物。（　）

84. 相对分子质量在 10000 以上的化合物称为高分子化合物，简称高分子。（　）

85. 高分子化合物与低分子化合物的根本区别在于相对分子质量的不同。（　）

86. 聚合物往往是根据其成分和制法来命名的。（　）

87. 以单体或假想单体为基础的聚合物，只需在单体的前面冠以“聚”字，就成为聚合物的名称。（ ）

88. 苯酚和甲醛、尿素和甲醛、甘油和邻苯二甲酸酐的反应产物分别为酚醛树脂、脲醛树脂、醇酸树脂，这类聚合物取其原料简名，后附“树脂”两个字来命名，却不冠以“聚”字。（ ）

89. 油脂是自然界的产物，来自于植物种子和动物脂肪，其组成是脂肪酸甘油三酯。（ ）

90. 油的黏度随着油的密度、结构、组成等有关因素而变动。（ ）

91. 单用油料虽能制成油漆，但是这种油漆的涂膜，在硬度、光泽、耐水、耐酸碱等性能上，越来越显得不能满足日益发展的工农业的要求。（ ）

92. 普通油漆涂料和有机化学油漆涂料两者间的互相反应明显地表现在油漆的“咬底”上。（ ）

93. 挥发型涂料涂在物面上的涂膜硬度不如其他类型的涂料，但它的干燥性能好，这是它的突出优点。（ ）

94. 在涂料中以干性植物油作为成膜物质，保护木材、金属，油膜干燥很快，如加入可溶的铅、钴、锰的化合物，将延缓油膜干燥速度。（ ）

95. 亚麻油常在加工后用于造漆，后来又发展用亚麻油等改性醇酸树脂、环氧树脂等合成树脂。（ ）

96. 含有干性油或半干性油改性的合成树脂，其成膜原理都和干性油成膜相似，都属于氧化成膜的范围之内。（ ）

97. 饱和脂肪酸分子结构中的碳原子之间含有不同数量的双键结构（—CH—CH—），例如硬脂肪酸。（ ）

98. 不饱和脂肪酸分子结构中的碳原子之间不含双键，如蓖麻油酸（ ）

99. 在化学性质方面，含有双键的不饱和脂肪酸要比不含双键的饱和脂肪酸活泼得多，容易起化学反应。（ ）

100. 最普通的化学反应：一是空气中的氧气发生氧化反应；二是不饱和酸之间相互连接起来，由小分子变成大分子的聚合反应。（ ）

101. 环氧树脂含有大量活泼的官能团，如果和固化剂相结合，这些官能团就很容易和固化剂发生化学反应，有的需要加温，有的不需要加温，使线型树脂变为体型树脂，这个过程为树脂固化。（ ）

102. 所有的缩合型成膜高分子几乎都要加酸才能成膜。（ ）

103. 酸固型涂料的特点，只有遇碱后，酸固型涂料才能聚合成高分子涂膜。（ ）

104. 凡属干燥成膜的涂料，其成膜必须经过一定温度的烘烤，这样涂料基中成膜物质分子中的官能团才能发生交联固化，形成连续完整的高分子膜层。（ ）

105. 氨基树脂在涂料工业中常作为醇酸树脂的固化剂，成膜反应机理是利用氨基树脂中的醚键与醇酸树脂中的羧基在加酸条件下交联成膜。（ ）

106. 氨基树脂如脲甲醛树脂一般采用丁醇改性，称为丁醇改性脲甲醛树脂。丁醇改性是为了使脲甲醛树脂能在有机溶剂中和其他合成树脂中溶合。（ ）

107. 丁醇改性反应机理是利用脲甲醛中羟甲基与丁醇的羟基两者之间进行缩合醚化

反应，这样就使该树脂的结构中引进羟基，从而降低了原树脂的极性。（ ）

108. 在实际施工中，全部涂层喷完后，表面干得快，但实际干透慢，这是因为需较长时间才能使留在涂膜中的溶剂挥发完。（ ）

109. 在残留溶剂尚未全部挥发之前，涂膜显得有点发软，附着力也差，这是暂时现象，若等彻底干透后，涂膜附着力、硬度也会相应提高从而表现出涂膜的真正性能。（ ）

110. 施涂挥发性涂料，施工现场温度高，溶剂挥发速度快，涂膜干燥得快；温度低时则相反。（ ）

111. 为了防止涂膜出现发白现象，可用一些挥发速度低的低沸点溶剂来克服，这种低沸点溶剂就是我们所称的"防潮剂"，也可以加入正丁醇及其他低沸点憎水溶剂。（ ）

112. 合成树脂之所以能溶于水，是由于在聚合物（树脂）的分子链上含有一定数量的强憎水性基团。（ ）

113. 为了提高树脂的水溶性，调节水溶性涂料的黏度和涂膜的流平性，必须加入少量亲水性有机溶剂。（ ）

114. 水溶性涂料与溶剂性涂料一样，可分为烘干型和常温干燥型两类。（ ）

115. 生漆可以通过几种不同的途径进行干燥，干燥时的条件不一样，但成膜机理是一样的。（ ）

116. 传统的油和漆，像是一对伴侣，分不开，离不去。（ ）

117. 早在7000多年前，我们的祖先不仅已经使用了生漆，而且掌握了生漆调色技术，并能利用天然的氧化铁红将黑漆调制成朱红色漆。（ ）

118. 生漆的成分大致情况如下：漆酚为20%～40%；漆酶约为10%；树胶质约为10%；水分占50%～80%。（ ）

119. 生漆的干燥必须大量吸入氧气，使漆酶在适宜的温度和湿度条件下，活力逐渐增强，然后促使漆酚氧化聚合而凝结成光亮的漆膜。（ ）

120. 生漆的本色根据产地、气候和采割情况有不同的颜色，大致有淡黄、乳黄、蛋黄、谷黄、金黄、深黄、红棕、棕褐、灰褐等多种颜色。（ ）

121. 生漆无论先天是什么颜色，只要一接触空气便立即会转变为谷黄或金黄色。（ ）

122. 熟桐油与大漆按不同比例掺合能制成广漆、推光漆等，可增加大漆涂膜的光亮度和提高干燥性能。（ ）

123. 坯油是用纯桐油加适量催干剂熬炼而成的，它是用来与大漆配制成广漆、退光漆的。（ ）

124. 不论掺入何种颜料，入漆颜料迄今未跳出五色系，即红、黄、蓝、青、紫色系的范围。（ ）

125. 稀料又叫稀释剂，主要作用是将漆料稀释至适于施工的黏度，以达到便于施工的目的，其次是用于清洗刷涂工具。（ ）

126. 在油漆施工中，各种基层、腻子层、中涂层以及饰面层都需要使用磨料进行磨

光后再进行下道工序。经磨光的基层，不仅能提高涂层质量，同时能增强层间的结合力。（　）

127. 漆工常用胶料调配腻子或水浆涂料，有时也作封闭涂层用。胶料有动植物胶料和人工合成的化学胶料。（　）

128. 填料有着色性能，对物面有遮盖能力，故能当着色颜料用。可用作油漆的填充料或调制漆灰、油性腻子和配制粉浆，用于物面洞缝和鬃眼的填平等。（　）

129. 能溶解于油中的染料称为油溶性染料，如油溶黄、油溶红（烛红）、油溶黑等，因它们特别易溶于油脂或矿物油中，所以可以入漆着色。（　）

130. 在漆器、木器工艺中只要有一定的硬度；耐打磨、能持久的物品均可用作镶嵌材料。现在常用的镶嵌材料有螺钿、骨、石料、蛋壳、金属片以及名贵材料（百宝）等。（　）

131. 漆器施工中常用的纸有好多种，如宣纸用作拷贝图案起稿用；描图纸用作印花打谱；复写纸用作盖漆；牛皮纸可用作区分不同颜色界面作隔离之用；木纹纸用于敷贴基层表面并在其上批灰可作为纸胎。（　）

132. 传统油漆在涂饰前先应调配各种腻子、底色、色浆以及色漆。（　）

133. 在调配大漆腻子之前，必须先对生漆进行干性试验，因生漆的干性很不统一，几乎每桶生漆的干性都不相同，如盲目调配使用，会给作业带来很多麻烦，甚至会造成质量事故。（　）

134. 油性腻子的使用性能不受气温和湿度的影响，对木材的粘结力强，且干后腻子坚硬、耐水、耐磨，不易塌陷。（　）

135. 清漆腻子是用熟桐油或清油与填料及少量清水混合配制而成。（　）

136. 水胶腻子的胶料常用皮胶或骨胶，操作起来比较困难，且存放过久容易发臭。现在大多采用羧基纤维素和107胶来替代皮胶。（　）

137. 在生漆刷涂工艺中使用的血料应是不加盐、不加水或仅加少量水的鲜血。（　）

138. 料血腻子又称猪血灰、料老粉，它是由料血作为主要材料加入填料（如砖瓦灰、老粉、石膏粉等）或其他粘结材料（如油满）配制而成的。（　）

139. 大白浆又称粉浆，又叫水性填孔着色浆。其附着力不及油粉浆好。大白浆由水和老粉及适量的着色颜料混合调配而成。为了增加牢度可在大白浆中适量加些胶粘剂。（　）

140. 为了弥补着色不匀，可在水色中适当加入一些苛性钠、碳酸钠、氨水或1.5%～2%的甲醇，这样有利于着色剂的扩散，避免出现色花。（　）

141. 油色是用油类或油性漆与颜料、染料以及相应的稀释剂调配而成的一种着色剂。（　）

142. 将一些酸性染料或醇溶性染料溶解于酒精或虫胶漆液中对木材面进行着色，这种着色剂叫酒色。（　）

143. 生漆或熟漆中加入适量的颜料配制而成的透明漆称为粉色大漆，简称色漆。（　）

144. 在调配色漆的过程中，除把握好各色油漆的调配比例外，还要把握好各种色漆

的调配顺序，以防调色过头，影响色彩的装饰效果。（ ）

145. 各种被涂物件的表面通常都有凹陷、裂缝、钉眼、擦伤以及其他凹凸不平的缺陷，常要借助腻子来填满和嵌平，以增强被涂物件的美观，这对漆层的光洁和平滑起着决定性作用。（ ）

146. 批灰绝大多数是手工操作的，所选的工具是否得当，对刮批腻子的速度、质量及腻子的用量起着决定性作用。（ ）

147. 对于有较大孔洞、裂缝等缺陷或表面光洁要求高的物件，可采用局部批刮或嵌补，这种局部嵌补腻子的方法称捉缝。（ ）

148. 满刮，即是用较稀的腻子将木面全面刮涂一遍。目的是填平木材表面的木纹、缝隙，以防涂漆后漆液渗入木纹、缝隙中，影响漆膜的平整度和光泽。（ ）

149. 油性腻子在批刮时，不能多次反复批刮，否则油分压挤到腻子表面，堵死毛细孔，使腻子不能吸入空气，长久不能干燥。（ ）

150. 在凹凸不平的物面上批刮腻子时应以平均高度为准，要用橡皮刮刀做成水平面。（ ）

151. 批刮大漆腻子，无论是批刮操作时或操作结束，都选择湿度较大而又不通风的环境。（ ）

152. 白坯边棱打磨，可用0号木砂纸顺边棱方向每处打磨2～3个来回，遇有圆棱不太圆时，可先用粗砂纸或铁砂布打磨至近似圆形，再用细木砂纸打磨至所要求的圆形。（ ）

153. 油性腻子打磨时，对平整物面或要求透木纹工艺的腻子可横磨或斜磨；最后要顺木纹方向进行打磨。达到平整光滑为止。（ ）

154. 打磨水粉底色时可用1号砂布，每处均匀地打磨七八个来回，不可用力过重，可包裹木块打磨。（ ）

155. 打磨水色，如水色中加的水胶溶液用量较多，则色面光滑度就差，打磨时可用旧0号砂布顺木纹方向用力均匀地打磨。（ ）

156. 中涂漆打磨，一般采用湿磨。湿磨时在漆膜表面洒上水、松香水或煤油等，以起润滑和冷却作用，使打磨轻快省力，并能减少磨痕，提高研磨质量，还能避免磨屑弥住砂纸。（ ）

157. 如果面涂漆经过精细的水磨后漆膜已达到平滑似镜、光照人影的质量，而且表面无暇疵，也可不必抛光。（ ）

158. 漆膜的抛光处理只适用于漆膜较硬的漆类，如大漆、硝基漆、聚胺酯漆、聚酯漆、丙烯酸漆、虫胶清漆。漆膜硬度较低的醇酸漆等一般是不能抛光的。（ ）

159. 刷涂油性漆一般的刷涂顺序是先里后外，先左后右，先上后下，先难后易，先线角后平面。（ ）

160. 刷涂油性漆，在刷平面时，常按“开油—横油—斜油—理油”的步骤涂刷。（ ）

161. 刷涂快干漆时，刷平面从左到右，刷立面从上到下，都要始终顺木纹方向涂刷，刷一笔是一笔，每笔都保持一样的蘸漆量，用力都一样均匀。（ ）

162. 刷聚胺酯漆时，可使用羊毛排笔，在刷涂垂直面时可满蘸漆液，顺木纹方向刷

涂 100～150cm 长，8～12cm 宽。刷满后立即将漆面横、竖交替各刷一次，收净边棱的残漆。（　　）

163. 由于擦涂法具有独特的装饰效果和对底材的严格要求，且施工周期长，因此它只适用于高档木器和漆器的涂饰。（　　）

164. 硝基漆是挥发型漆，它的漆膜是可逆的，能被原溶剂溶解，因此每擦涂一次硝基漆会对前一个涂层增加厚度，同时还起到一定程度的溶平修饰作用。（　　）

165. 敷贴木纹纸，即在某些木基层上，如隔扇、同心板等木制平板，有板缝及雕刻的图案花纹，必须经过加固的特殊方法，才能经久不坏。（　　）

166. 敷贴绸缎，裱贴后可在面层上涂刷 1 层透明防虫、防腐涂料，以防虫蛀和发霉。（　　）

167. 锦绫比绸缎要薄，且花色品种甚多，幅面宽度为 20～30cm，一般用于装裱书画，也用来装饰室内墙面。（　　）

168. 传统油漆工艺中常用金箔贴于图案或特殊装饰（如金字、佛像、漆器等）面上，以形成经久不褪、闪闪发光的金属薄膜。（　　）

169. 贴过金箔的表面可罩清漆，但如贴的是赤金箔或银箔、铜箔等应罩 1 层金黄色的广漆，以使面层成为金色，不会因受大气腐蚀而逐渐变黑。（　　）

170. 大漆和普通油漆的不同之处，一是施工难度较大，且只能涂刷，不能喷涂；二是要在潮湿温暖的环境下，漆膜才能干燥成膜，这一点恰好和油漆相反。（　　）

171. 经过大漆精细涂饰的木器、家具等，其漆膜具有特优的理化性能，耐水、耐磨、耐化学腐蚀且成膜后光亮滑润又极具粘结力，常被追求高档生活享受及崇尚中国传统文化的群体所青睐。（　　）

172. 抄油复漆涂饰，即抄底油是对木材基层作封闭处理。底油可用桐油、松香水、不溶性染料配制。抄底油应抄得薄而均匀。（　　）

173. 抄油复漆涂饰上豆腐色，即将生猪血、豆腐和染料调成色浆，用长毛鬃刷均匀涂刷，注意色调一致，不流不淌，干后用 0 号砂纸磨去表面的细微颗粒，打磨时用力要轻。（　　）

174. 抄漆复漆涂饰又叫豆腐底色、二度广漆面，其工序与抄油复漆工序基本相同。不同处为：抄底油改为上色浆。抄油也改为上色浆。抄漆复漆等于做了两道面漆，因涂饰的涂膜较厚，使用年限就长一些。（　　）

175. 抄漆复漆涂饰，抄广漆即用抄漆刷先抄后理。上漆必须厚薄均匀，涂层宜薄（大约在 20μm 以下，涂漆量为 140～200g/m^2），否则极易起皱。（　　）

176. 水胶底、广漆面涂饰，此工艺是用水胶腻子打底，广漆罩光。其优点是方法简便，涂装后的漆膜色深、透亮光滑，适合涂饰硬木制作的家具。（　　）

177. 水胶底、广漆面涂饰刷水色，即用与水胶腻子颜色相近的染料（5 份）、开水（100 份）调成水色，用薄羊毛刷或薄长毛油漆刷顺木纹薄刷一遍，待干后用木砂纸背面轻轻打磨涂饰面的细微颜色颗粒，并用干布擦去尘灰。（　　）

178. 玉眼木纹底、广漆面涂饰，玉眼木纹工艺主要用于管孔大、鬃眼深、纹理美的优质木材，如水曲柳、榆木之类的大管孔木材的表面涂饰。（　　）

179. 玉眼木纹底、广漆面涂饰，上色即分油老粉淡眼子深色和深眼子淡色两种。前一种是将木纹孔着淡色，整个木材表面着深色，这就需要上水色对木器表面进行染色；后一种则相反，表面不需染色，多数为木材本色。（　　）

180. 模拟木纹，是指对用普通木材制作的木家具或旧家具，经过不透明油漆的基底准备，在其表面绘制出如珍贵木材水曲柳、柚木、花梨木等一类纹理清晰的花纹。（　　）

181. 推广漆实际上是一种不混入其他干性油以纯生漆作原料进行精制加工而成的一种涂料产品。（　　）

182. 生漆底、推充漆面涂饰，上推充漆刷完后，应将物件放在阴暗不通风的潮湿环境中干燥，漆膜达到表面干燥的时间约为 4h。（　　）

183. 生漆底、推光漆面涂饰，用明光漆（推光漆的一种）涂饰的物面，不需磨退、上蜡、出光。（　　）

184. 一般用推光漆涂饰的木器、家具大多采用杉木板相缝制作，故需用生漆糊上麻布或麻绒，以增强底层的韧性和拉力，防止日久产生裂缝。（　　）

185. 褙麻绒底、推光漆面涂饰，制麻绒的方法是：先用木槌将麻丝槌熟使之柔软，然后用钢齿稀梳将麻梳成细丝，将梳好的麻丝切成 50cm 长，然后用竹条将断麻弹松如棉绒状即成。（　　）

186. 褙麻绒底、推光漆面涂饰，水磨退光即用 300 号水砂纸蘸肥皂水轻磨，磨时要注意观察物面的光泽，一定要将漆膜光亮磨去，磨到不见星光、缕光为止。（　　）

187. 在传统油漆工艺中的褙布，就是用油灰腻子或漆灰腻子一层又一层地将布牢牢地粘贴在物面上。（　　）

188. 褙布底、推光漆面涂饰，上色即用优质的细排笔顺木纹方向刷涂水色。如面层为黑色时，可用墨汁；为红色时，可用加入红颜料的豆腐浆。（　　）

189. 红木擦漆，当满批完第一遍腻子后应将木器放在室内自然干燥。室内温度宜控制在 35℃左右，相对湿度宜在 80%左右，干燥时间约 24h。（　　）

190. 红木擦漆，当擦涂面漆时，每遍生漆的厚薄应均匀适宜，严防过厚，厚则粗糙不洁；但也不宜太薄，薄则丰满度不够。（　　）

191. 花梨木擦漆，刷底色即用毛刷刷涂有色豆腐浆，要求匀净平直无刷痕。豆腐色浆干燥后，用粗糙的抹布抹净颗粒，再刷涂 1 遍生血（可在生血中加入一些染料），待生血干燥后再用粗糙抹布抹擦光滑。（　　）

192. 花梨木擦漆，头遍生漆干燥后应用 0 号砂布或 120～150 号水砂纸认真砂磨光滑。（　　）

193. 花梨木擦漆，待第二遍擦生漆干燥后用 180～200 号水砂纸手工蘸水砂磨，砂磨后清除磨屑并用干布揩干。（　　）

194. 花梨木擦漆，为了加强面层擦生漆的丰满度和光亮度，可在最后一遍面漆里加入 30%左右的白坯油。（　　）

195. 花梨木擦漆，其抹擦标准是使擦配漆由谷黄色变成紫褐色，由冷漆变为热漆，由有水（或多水）漆变为无水（或少水）漆。（　　）

196. 仿红木擦漆，刷底色一般常用黑钠粉冲入沸水调制成水色，如嫌红，可加点墨汁，用排笔将水色刷涂在白坯家具表面。（　　）

197. 仿红木擦漆，擦揩第一道生漆，由于底面是水色，因而擦揩的生漆必须脱水，

或尽量采用水分少的并用少量的坯油配制的生漆（生漆：坯油=10：1），使其有粘结力，并使水色底均匀，色泽一致。 （ ）

198. 烫画又叫烙画，就是用电烙铁或自制的直径2～4mm的铁筋火钓子在木面上烫出图案。 （ ）

199. 烫画应先进行构思，构思成熟后再根据板面位置进行构图，对画面的前景、中景、远景以及画面的阴阳开合，都要做到胸有成竹，然后再进行烫画的操作。 （ ）

200. 烫画涂饰工艺，烘染时用烙铁的扁面，随图形的结构与走向，一角实一角略虚地进行烘烫，即明暗交界的部位应实，靠近皴擦的地方渐虚，烘染以能看见皴擦的笔迹为宜，不能烘染过重。 （ ）

201. 过去烫画罩光大都用光油或广漆，现在常用醇酸清漆或聚胺酯清漆罩光。 （ ）

202. 烫蜡涂饰一般只用在高级木材如紫檀、花梨、红木，或纹理和色泽好的木材如桐木、香樟木等所制作的家具上。 （ ）

203. 仿红木色腻子的配比为：生漆：熟石膏：氧化铁黑：黑钠粉上色水=43：34：18：5。 （ ）

204. 常用复色漆重量配合比，如采用紫红色的配合比为：红：蓝：黑=94.5：1.8：3.7。 （ ）

205. 烫蜡涂饰工艺，根木上色一般采用颜料、染料调成水色加点粘结剂（如料血、胶水等），将水色用小毛刷刷涂在根材表面，将根艺家具染成楠木色、红木色、紫檀色等。 （ ）

206. 烫蜡完工以后，用干燥的粗布或蜡刷子揩擦，高低不平处可用粗短的硬毛刷顺着木纹方向擦刷，将表面擦得精亮，就可以达到光泽柔和、纹理清晰的效果了。 （ ）

207. 常用复色漆配比，如采用枣红，其质量配合比为：红：黄：黑=72.4：11.2：16.4。 （ ）

208. 古旧家具的翻新，上色时选用的水色常用黑钠粉冲入沸水调制而成，并调入血料以增强黏性。 （ ）

209. 古旧家具的翻新，上色时选用碱性品红可加水煮热溶解成水溶液，略加一些墨汁和猪血调成水色。一般用水色涂刷1次，褪色严重的地方要复刷1次。 （ ）

210. 古旧家具的翻新，擦漆时，由于底层是水色，擦漆时要注意勿将水色擦去。 （ ）

211. 古旧家具的修旧如旧。对于古旧家具中具有历史文物意义需要收藏、鉴赏的古董家具，是不能按照翻新的办法来修复的，应该是修旧如旧。 （ ）

212. 常用复色漆配比（重量比），如采用解放绿色，其重量配合比为：红：黄：蓝：白：黑=27：22.9：23.6：41.6：9.2。 （ ）

213. 只有熟悉家具的工艺发展历史，才能准确把握修复古董家具的脉络，才不至于好心办坏事，把古董翻修得新旧难辨，不伦不类。 （ ）

214. 传统建筑的油饰工艺的主要内容是油漆和彩画。 （ ）

215. 抄油复漆涂饰，施涂广漆是将生漆和坯油混合而成。其质量配合比为：生漆：坯油=50～52：50～48。 （ ）

216. 生漆填洞腻子的质量配合比为：石膏粉∶生漆∶清水＝100∶40∶40。（　）

217. 传统建筑的油饰彩画工艺使用的材料主要有两种传统材料—光油及大漆。

（　）

218. 传统建筑的油饰彩画工艺，旧木加固镶补梁头。若梁头如处于漏雨之处，长年累月会糟朽，可采用包镶法处理。（　）

219. 传统建筑的油饰彩画工艺，旧木加固板缝处理。板门的细小裂缝用腻子填实，粗裂缝要用通长木条嵌补粘接严实，裂缝较宽时，也可按各种裂缝的总合宽度，补一块整板（或木条），整板要与原板门厚度相同。（　）

220. 斩砍见木是将木料表面用小斧子砍出斧迹，使油灰与木材表面易于衔接，以提高粘接牢度。（　）

221. 撕缝是用刻刀或斜凿将木缝撕成凵字形，并将树脂、油迹、灰尘清理干净，便于油灰粘着。（　）

222. 下竹钉是古建筑油漆的传统做法。竹钉下法，应由缝的两端向中间一起下击，以防受力不均匀而脱掉。（　）

223. 地仗灰是以油满、血料和砖灰配制而成。调配地仗灰需事先调配灰油、油满、血料等胶结材料，然后再按配比调配成捉缝灰、通灰、披麻灰、压麻灰、中灰、细灰等。

（　）

224. 灰油是做地仗活时打油满用的。冬季所用的灰油用料质量配合比为：生桐油∶土子灰∶樟丹＝100∶3∶8。（　）

225. 油满即乳化桐油，其配比按重量计为：面粉∶石灰水∶灰油＝1∶3∶1.3。此比例与面粉的细度有关，应根据经验和试验确定。（　）

226. 油满配制过程中，应坚持同方向搅拌，不得乱搅或反方向搅，以免搅“泄”，达不到乳化的目的。（　）

227. 改良地仗灰的配制，用羧甲基纤维素替代血料，即配比为：生石灰粉2500g，水3500g，羧甲基纤维素75g，食用盐25g，聚醋酸乙烯乳液37.5g。（　）

228. 传统建筑在油饰前必须做地仗灰。根据不同的基层和要求，地仗灰的层数有两类做法：一是使麻披灰；二是单披灰。（　）

229. 一麻五灰操作工艺，使麻时，当麻绒贴上后，以若干人用麻压子先由鞅角着手，逐次轧实，然后再轧两侧，注意鞅角不得翘起。（　）

230. 一麻五灰操作工艺，使麻时，以油满和水（1∶5）调匀后，用糊刷将其涂于麻上，以不露干麻为限，但不宜过厚。还应随时以麻压子尖将干麻翻起再行轧实，并将余浆轧出，以防干后起凸或松动。（　）

231. 单披灰采用四道灰，多用于一般建筑物的下架柱子和上架椽望，以及次要建筑的木架结构构件。这样可节省线麻，但不耐久。（　）

232. 春、冬季使用快干推光漆（明光漆），其重量配合比为：坯漆∶快干生漆∶坯油＝30～40∶25～35∶30～40。（　）

233. 夏、秋季使用快干推光漆（明光漆），其重量配合比为：坯漆∶快干生漆∶坯油＝50∶50∶25。（　）

234. 常用复色漆，淡棕色重量配合比为：红∶黄∶黑＝10.2∶69.8∶20。（　）

235. 三道灰操作工艺，当进行中灰时，梁枋以皮子将中灰靠骨找平，但不得过厚。斗拱平面者，以铁板找平，圆者以皮子找圆。椽望以铁板、皮子满靠骨中灰一道，干后用磨石或砂纸打磨平滑。（　　）

236. 二道半灰操作工艺，即木结构上的花活如裙板雕花、绦环、花牙子、栏杆、垂头、雀替等，均为木雕刻构件，在洗挠过程中，不得将花纹挠走样，缺损处要用地仗灰补齐，干后细磨，再刷浆1道。（　　）

237. 修补旧地仗，当地仗裂缝，应将裂缝铲成凵字形，而后在裂缝上支1道浆，满上1道中灰，1道细灰，磨细后使新旧地仗找平并满刷一道生桐油。（　　）

238. 深绿油的配比为：石绿：光油：松香水=1：0.25：0.8（重量比）。头道油要稀一些，二道油要稠一些。（　　）

239. 银朱油配油方法。银朱颜料不需要开水沏，可以直接掺入光油。重量配合比为：银朱：樟丹：光油=1：1：0.2。（　　）

240. 光油的配油方法：熟桐油中不加颜料，只加入松香水调成适当稠度即成。其重量配合比为：熟桐油：松香水=1：4。（　　）

241. 色油涂饰工艺，罩清油（光油）即以丝头蘸光油（不加颜料者）搓于三道油上，并以油栓横蹬竖顺，使油均匀，做到不流不坠，栓路要直，鞅角要搓到，干后即为成活。（　　）

242. 光油透明涂饰一般在门窗、地板和楼梯扶手以及用硬木制成的家具上使用较为合适。（　　）

243. 光油透明涂饰工艺，上底色即配制与腻子颜色相同的水粉或油色，反复将鬃眼擦满。清除余粉。干后打磨光滑，抹净浮灰。（　　）

244. 传统建筑彩画多沥以粉条，在粉条上或两粉条之间贴上金箔，再用各种颜色绘出花纹。（　　）

245. 传统建筑彩画以梁、檩、枋、天花等一些面积较大的构件为主要的作画、构图基础，其他部位则随主要彩画作相应地配合。（　　）

246. 古建筑彩画利用大构件的外形，将富有思想性和艺术性的图案展现出来，使古建筑具有丰富的艺术造型和风姿。（　　）

247. 大色颜料与胶水的重量配合比，如洋绿：胶料：水=1：0.31：0.45。（　　）

248. 大色颜料与胶水的重量配合比，如佛青：胶料：水=1：0.5：1。（　　）

249. 二青的配制：在已调好的佛青中再对入调好的白粉，搅拌均匀，涂于板上。比原佛青浅1个色阶，即为二青。（　　）

250. 晕色的配制，如三青，即在已调好的二青中再加入调好的白粉。比二青再浅1个色阶，即为三青。（　　）

251. 配制彩画颜色用的胶液，含胶量不宜过大，以免发生裂痕或起皮脱落。（　　）

252. 沥粉材料的配制比例为胶液：土粉子：大白粉：光油=1：0.5：1.6：适量。（　　）

253. 青绿色加胶后，如当日使用不完，易出现变质发黑，可将剩料出胶。方法是将剩料加热水搅拌，待沉淀后将水倒出，颜料沉于下面，反复几次，即可将胶出完。第二天用时再对入胶液。（　　）

254. 沥粉材料有大粉和小粉两种。前者较稀，适用于沥细小线条；后者较稠，适用于沥粗线条。（ ）

255. 谱子起好后，再行落墨，就是用墨笔将谱子再画1遍。再以大针按墨线扎孔，孔距20mm，这个过程叫扎谱子。（ ）

256. 扎谱子时要在纸下垫上海绵或毡垫，扎时大针要直扎、扎透，不要扎斜，以便打谱子时印出的图案准确、清楚。（ ）

257. 用粉袋子循谱子针孔拍打，使粉子通过针孔附着于构件上面，落出谱子的花纹图案粉尘，谓之打谱子，或叫落幅。（ ）

258. 谱子撤走后，凡是片金处必须用小刷子蘸红土子，将花纹写出来，名为写红墨，然后沥粉要根据红墨线沥之。凡是各间隔空心内的颜色用粉笔以代号注明以防刷错颜色。（ ）

259. 沥粉按宽度分为大粉、二路粉、小粉。大粉宽度较宽，在50mm左右，沥粉凸出呈半圆形，沥出粉条要横平、竖直、圆齐整，均匀一致。（ ）

260. 沥粉就是使用沥粉器将粉浆挤于线条和花纹部位上。（ ）

261. 大小沥粉干透后，用漆刷涂底色，底色的颜色均小色（即颜色用量较小）。（ ）

262. 彩画刷色要按画谱或各类彩画规则进行，例如：青箍头刷青楞线，绿箍头刷绿楞线；青枋心刷绿楞线，绿枋心刷青楞线。（ ）

263. 刷色的顺序，先刷上面，后刷下面；先刷里面，后刷外面；先刷小处，后刷大处。刷完一个色，再进行检查，有无遗漏和出错，打点后，再涂刷第二个色。（ ）

264. 比原色浅1个色阶的称为二色。在二色的基础上再加入调好的白粉，比二色又浅1个色阶的称为晕色。

265. 生漆快干腻子的重量配合比为：石膏粉∶生漆∶清水＝50∶50∶20。（ ）

266. 彩色大漆朱红漆的配方为：朱合漆∶甲苯胺红＝95∶5。（ ）

267. 酒色棕黄色的重量配合比为：黄钠料∶酸性黑：工业酒精＝3∶5∶92。（ ）

268. 彩画部位如易遭雨淋，应罩光油1道以免被雨淋后褐色。（ ）

269. 阴刻：刻字必须掌握熟练的刀法，绝对不可滑刀走笔，出线破子，乱刻刮挖，深浅应适度齐整。（ ）

270. 字体大的匾联需糊夏布，字体小的可省却这道夏布。糊夏布前应在中灰面上刷油满，并将夏布裁成合适大小敷贴在字体上。（ ）

271. 堆细灰，字体大的用铁板、皮子刮灰捋灰，小的用刷子沾细灰，直捋到规定的字体规格显现，并使字体表面平整无砂眼。（ ）

272. 大漆腻子的配比，采用生漆满批腻子，其配合比（重量比）为：滑石粉∶生漆∶清水＝100∶5～10∶70。（ ）

273. 常用复色漆配比，采用铁红复色，其重量配合比为：红∶黄∶黑＝72.4∶11.2∶16.4。（ ）

274. 金箔贴好后，以油栓扣原色油1道（金箔上不着油，谓之扣油）。如金线不直，可用色油找直。有的干后再罩清油1道（金箔上着油者，谓之罩油）。（ ）

275. 漆器的形态各异，花色繁多，其技艺之精湛、艺术之精美，一直为世人所称道。（ ）

276. 漆器的底胎一般以木胎为主，兼有皮胎、纸胎、竹胎、金属胎、塑料胎、夹纻胎等。（ ）

277. 木材干燥处理方法分天然和人工两种。天然处理靠雨水溶解树脂，靠阳光蒸发水分；人工处理可采取蒸汽、烘干或烟熏等方法。其目的都是把木材烘干，去除树脂。然后，将木材放在通风处阴凉。（ ）

278. 大漆腻子的配比，采用生漆光面腻子，其重量配合比为：200目细瓦灰∶生漆∶清水＝50∶10∶50。（ ）

279. 常用油性腻子的配比，采用桐油腻子，其重量配合比为：石膏粉∶熟桐油∶清水＝100∶25∶75。如配带色腻子可加颜料3～5份或加油性色漆8～10份。嵌洞用应多加石膏粉和清水。（ ）

280. 清漆腻子的配比，当采用酯胶清漆腻子，其重量配合比为：石膏粉∶酯胶清漆∶清水＝100∶15∶65。（ ）

281. 木胎打底处理木缝：处理木缝前先全面薄刷涂一层生漆。对裂缝、结疤、凹陷则需用漆糊（即木粉腻子，生漆40％，糯米糊60％，再加适量木粉或碎麻绒）填入木缝内，干后除去多余漆糊，磨平。（ ）

282. 木胎打底糊布、纸：在嵌板、肩口、盆面或木板拼接处裱一层麻布或纸，用60％生漆加40％糯米糊调匀裱布，干后在裱布上刮上粗灰、中灰、细灰。（ ）

283. 在漆地上画花纹，有的用漆色，有的用油色，有的漆色、油色并用。（ ）

284. 描漆，一般为黑漆地、朱描花纹或朱漆地、黑描花纹。（ ）

285. 描漆、描油工艺，图稿设计完成后，用透明纸拷贝在纸的反面打上白色粉末，反贴在早已磨光滑的中涂漆面上或已推光过的上涂漆面上，用圆珠笔沿轮廓线印出痕迹，然后开始描线。（ ）

286. 描漆图案干燥后不再刷漆，不用打磨，也不需推光，画完即了。（ ）

287. 描金工艺除了用贴金的方法以外还可直接用笔蘸金粉漆（即用金粉调拌漆液）画线，这叫画金。（ ）

288. 描金工艺如用笔将金粉从浓处扫向淡处直至淡到金色全无，此种描金方法叫搜金，又叫晕金。（ ）

289. 常用油性腻子的配比，采用桐油厚漆腻子，其重量配合比为：石膏粉∶清油∶厚漆∶松香水∶清水＝55∶22∶11∶11∶适量。该腻子适用于批刮金属平面或不露木纹的木器表面。（ ）

290. 清漆腻子的配比，如调配酚醛清漆腻子，其重量配合比为：石膏粉∶酚醛清漆∶清水＝100∶15∶65。（ ）

291. 常用复色漆配比，当选用橘色时，其重量配合比为：红∶黄＝20∶80。（ ）

292. 彩绘使用的原料为透明漆和入漆颜料或加了坯油的色漆。（ ）

293. 彩绘。描绘时色漆要有一定的厚度，不论漆线的粗细、厚薄都要描绘均匀。（ ）

294. 彩绘。如漆线画的过厚，则易起皱；漆线画的过薄，则不清晰。（ ）

295. 彩绘。采用深、浅两色相接，将纹样画出明暗效果的，叫勾填彩绘。 （　　）

296. 彩绘。如先描出纹样的线条，然后再在线条内平涂和渲染，叫水墨漆画。 （　　）

二、判断题答案

1.✓ 2.✓ 3.× 4.× 5.✓ 6.× 7.× 8.✓ 9.×
10.✓ 11.✓ 12.✓ 13.✓ 14.✓ 15.✓ 16.× 17.× 18.✓
19.✓ 20.✓ 21.✓ 22.✓ 23.✓ 24.✓ 25.× 26.× 27.✓
28.✓ 29.✓ 30.✓ 31.× 32.× 33.✓ 34.✓ 35.✓ 36.✓
37.✓ 38.✓ 39.× 40.× 41.✓ 42.× 43.✓ 44.✓ 45.✓
46.× 47.✓ 48.× 49.× 50.× 51.× 52.✓ 53.✓ 54.✓
55.✓ 56.× 57.✓ 58.× 59.✓ 60.✓ 61.✓ 62.✓ 63.✓
64.✓ 65.× 66.✓ 67.× 68.× 69.✓ 70.✓ 71.✓ 72.×
73.× 74.× 75.✓ 76.✓ 77.× 78.× 79.✓ 80.× 81.✓
82.× 83.× 84.✓ 85.✓ 86.× 87.✓ 88.✓ 89.✓ 90.×
91.✓ 92.✓ 93.× 94.× 95.✓ 96.✓ 97.× 98.× 99.✓
100.✓ 101.✓ 102.✓ 103.× 104.✓ 105.× 106.✓ 107.✓ 108.✓
109.✓ 110.✓ 111.× 112.× 113.✓ 114.✓ 115.× 116.✓ 117.✓
118.× 119.✓ 120.✓ 121.× 122.✓ 123.× 124.× 125.✓ 126.✓
127.✓ 128.× 129.✓ 130.✓ 131.× 132.✓ 133.✓ 134.✓ 135.×
136.✓ 137.✓ 138.✓ 139.× 140.× 141.✓ 142.× 143.× 144.✓
145.✓ 146.× 147.× 148.✓ 149.✓ 150.× 151.✓ 152.✓ 153.×
154.× 155.✓ 156.✓ 157.✓ 158.✓ 159.✓ 160.✓ 161.✓ 162.×
163.✓ 164.✓ 165.× 166.✓ 167.× 168.✓ 169.× 170.✓ 171.✓
172.× 173.✓ 174.✓ 175.× 176.✓ 177.× 178.✓ 179.✓ 180.✓
181.✓ 182.× 183.✓ 184.✓ 185.× 186.× 187.✓ 188.✓ 189.×
190.✓ 191.✓ 192.× 193.× 194.× 195.✓ 196.✓ 197.× 198.×
199.✓ 200.✓ 201.✓ 202.✓ 203.× 204.× 205.✓ 206.✓ 207.×
208.✓ 209.✓ 210.✓ 211.✓ 212.× 213.✓ 214.✓ 215.× 216.×
217.✓ 218.✓ 219.✓ 220.✓ 221.× 222.✓ 223.✓ 224.× 225.×
226.✓ 227.✓ 228.✓ 229.✓ 230.× 231.✓ 232.× 233.× 234.×
235.✓ 236.✓ 237.× 238.× 239.× 240.× 241.✓ 242.✓ 243.✓
244.✓ 245.✓ 246.✓ 247.× 248.× 249.✓ 250.✓ 251.✓ 252.×
253.✓ 254.× 255.× 256.✓ 257.✓ 258.✓ 259.× 260.✓ 261.×
262.✓ 263.✓ 264.✓ 265.× 266.× 267.× 268.✓ 269.✓ 270.✓
271.✓ 272.× 273.× 274.✓ 275.✓ 276.✓ 277.✓ 278.× 279.×
280.× 281.× 282.× 283.✓ 284.✓ 285.✓ 286.✓ 287.✓ 288.✓
289.× 290.× 291.× 292.✓ 293.✓ 294.✓ 295.× 296.×

第二节　技师油漆工知识考核填空题

一、填空题试题

1. 识读图样，首先了解它的______、______、______和有关符号等知识。

2. 一套工程图样，总是由______和表达不同内容的图样综合组成，它们之间有着______，故看图时必须注意______，以防差错和遗漏。

3. 在识读图样中，要注意______和______等补充说明内容，否则就会出现差错。

4. 拿到一套图样后，先看______，了解______、______、______、______、______各专业图样总张数等。

5. 楼梯平面图是采用略高于______，并在______作水平剖切______而形成的投影面。

6. 建筑装饰图是装饰人员的______，其中表达最初意想的是______图，有表达装饰效果的是______。

7. 室内装饰的性质可以分为______和______两大类。具体地说，又可以分为下面4个方面，______、______、______、______。

8. 室内装饰图的重点是俯视平面图，其内容包括：______、______、______、______。

9. 镜面的图像就是______的正投影，把仰视换成了______，就是______图法。

10. 我们设想把构成室内空间所环绕的四个墙面给予拉平，在这个______的平面上，就是室内______图。

11. 平、立面局部放大图就是将______局部放大加以充实，并不是将______图进行较大的变形。在建筑室内设计图中是以建筑图为依据，一般以______、______比例进行放大。

12. 建筑工程图的内容较多，专业性很强。就本工种而言主要涉及______和______。

13. 识读图样必须______，即应按照图样编排次序的先后______，且不能操之过急。

14. 按照总目录检查图样是否齐全，图样编号______是否相符，______是否齐全。

15. 看设计总说明，了解______、______等。一般顺序先看______、______、再看______和______，并对该建筑的结构方式和构造有初步认识。

16. 一般按照施工顺序的几个阶段一步步地深入看图，从______、______、______等开始，按照基础______结构______建筑装修等阶段仔细阅读，遇到问题还要记下来求得解决。

17. 随着生产实践经验的增长，看图能力的提高，综合对照建筑图和结构图，看______有无矛盾，______是否合理，______是否可行等。

18. 楼梯详图一般包括楼梯______图、______图、______图。

19. 玻璃幕墙上部节点详图，主要表示玻璃幕墙上部与______构造做法以及______、______等构造措施。

20. 固定装饰包括对室内的______、______、______、______、______、______、

______等装饰。

21. ______装饰包括卫生器具、各类家具、餐厨用具和各类灯具等选择和摆设。

22. 局部纯粹装饰，是指室内的观赏性公共间的装饰，包括______、______、______、______和室内、庭院等。

23. 一般地讲，对一些家具设施，采用简单的______和符号表示。

24. 装饰俯视平面图的粗实线，主要是结构部分，如______、______的轮廓线。

25. 装饰俯视平面图的______线，是次要部分的轮廓线，如墙的护角线、踢脚线和轻质隔墙等。

26. 为了表达顶棚的设计做法，我们就要仰面向上看，对顶棚作______，这就是______。这种图在建筑室内装饰图上用得较多。

27. 室内装饰立面图反映的是______。是一些项目具体位置的______。

28. 室内装饰立面图只能表现出室内一个______，以及室内的______、______的服饰的内容。

29. 图样会审能够在拟建工程开工之前，使从事建筑监理、施工技术和经营管理的工程技术人员充分了解和掌握______、______和______；建设业主单位核对______的要求是否一致。

30. 图样会审能够在拟建工程开工之前，使从事______、______和______人员充分了解和掌握设计图样的设计意图、结构与构造特点和技术要求；______单位核对设计和实际使用功能的要求是否一致。

31. 通过图样会审发现______中存在的问题和差错，使其在施工开始之前改正，为拟建工程的施工提供一份准确的______。

32. 图样会审的重点是审查设计图样与说明书在______，以及设计图样与其各组成部分之间有无______。

33. 图样会审的重点是审查建筑总平面图与其他结构在______、______、______、______等方面是否一致，______是否正确。

34. 图样会审的重点是审查工业项目的______，掌握配套投产的先后次序和相互关系，以及设备安装图样与其相配合的______在坐标、标高上是否一致，掌握土建施工质量是否满足______的要求。

35. 施工单位收到拟建工程的设计图样和有关技术文件后，应尽快地组织有关的工程技术人员______，写出______。

36. 设计图样会审一般由______主持，由______参加，三方共同进行。

37. 图样会审时，首先由设计单位的工程主设计者向与会者说明拟建工程的______、______和______，并对特殊结构、新材料、新工艺和新技术提出______，然后施工单位根据自审记录以及对设计意图的了解，提出对设计图样的______。

38. 图样综合会审在统一认识的基础上，对所探讨的问题逐一地做好记录，形成“图样会审纪要”，由______正式行文，参加单位共同______、______，作为与设计文件同时使用的______的依据，以及建设单位与施工单位进行______的依据。

39. 图样会审的要点是建筑、______、设备安装、______之间有无矛盾。

40. 图样会审的要点是图样说明是否______、______、______，与图样表达______。

41. 图样会审的要点是实现新技术项目，特殊工程、复杂设备的______，是否有一定的技术措施来满足______。

42. 图样会审的要点是专业图之间、专业图内的各图之间、______的规格、标号、材质、数量、坐标、标高等重要数据是否一致，是否有______、______、______等情况。

43. 图样会审应注意设计假定与构造处理方法是否切实可行，有无足够的______；对______有无影响。

44. 我们今天来回顾建筑发生、发展的历史，认识建筑科学技术演变的规律，以便______，推动建筑事业______。

45. 油指的是干性植物油，如______、______、______等，漆指的是天然大漆，即______。

46. 在我国的历史长河中，漆器发展的第一高潮______；漆器发展的黄金时期______；漆器在装饰领域中大展宏图的时期______。

47. 中国是最早使用生漆的国家，早在______多年前，我们的祖先不仅已经使用了生漆，而且掌握了髹漆调色技术，并能利用天然的氧化铁红将黑漆调制成______。

48. 建筑体型和立面的形式往往和______相统一。

49. 房间的不同空间尺度，不仅能给人以______的印象，而且能给人以一定的______。

50. 顶棚的高低变化给空间以不同的感觉，高顶棚给空间以______、______、______的感觉，同时也能产生庄重的气氛，而低顶棚则能建立一种______、______的感觉，顶棚的不同变化与艺术照明的结合又能给整个空间增加______。

51. 楼面、地面的不同使用功能和空间，对楼、地面的______、______、______和______有不同的选择要求。

52. 墙面环抱形成室内空间，是人们视线接触______的部位。因此它是______的主要方面。

53. 色彩能表现人的心理反应。如采用暖色调，给人以______、______、______或积极的感觉；若采用冷色调，则给人以冷静、______而______的感觉。

54. 色彩能调节室内光线的强弱。如高明度反射率大，室内较亮；低明度反射率较小，室内较暗。故室内曝光太多太强时，可以采用______；而当室内曝光不太够时，则采用______。

55. 色彩能调整室内空间。如高明度、高彩度和暖色调的色彩具有______。而______、______与______的色彩则是具有后退性的错觉感。

56. 人们在室内空间使用色彩时，就可以利用这些特性来调整空间的大小感。当空间太松散时，可采用前进色使空间______；反之如果空间太狭窄则用______，空间会显得宽敞些。

57. 只有当色彩形成一定的调子时，才能______，______，______，给人以美的感染和享受。

58. 把花和草置于阳光下，我们就会感到花的______和草的______，把它们放到暗室后，花和草的色彩就______。

59. 把花和草置于烛光下观察，我们就会发现花的红色中特别明显地有______的倾向，草的绿色变得倾向于______了。

60. 作为设计要素的色，有时需从______方面研究色的表现方法，有时需要从______方面研究色的效果，有时需要从______方面研究色的可见情况。

61. 从油漆工艺来讲，最重要的应该从建筑物的______、______、______和协调性等角度出发，发现色的调和美化功能，达到最佳的______、______和______。

62. 光的来源相当多，总的说，不外乎两大类：一类是______；另一类是______。

63. 现代色彩学以______为标准发光体，以此为基础解释光色现象。太阳发出的______由多种色光组成。

64. 法国科学家祥夫鲁尔和裴乐德认为蓝色不过是青紫之间的一种色，光色应划分为______ 6 种。他们的见解被色学界所接受。因此，今天的色彩学都以这六种颜色为______。

65. 太阳发出的光照在物体上，被______决定物体的颜色。

66. 红布吸收______等色光，反射了红色光，因而使我们辨认为红色；树叶吸收了______等色光，反射了绿色光，因而使我们辨认为绿色。

67. 白色物体反射了大部分色光而呈______；黑色物体吸收了大部分色光而呈______。

68. 所谓"固有色"是指在正常光线下（如太阳光、无光、普通灯光等），看到的有______的色彩，如红衣服、白墙等。

69. 所谓光源色，由于光的照射，引起物体受光部的______称光源色。

70. 所谓环境色，物体周围______由于光的照射，作用到物体上，因而引起物体的色彩变化，这种色彩称为环境色。

71. 各种光源基本上分为______和______两大类。

72. 物体的暗部除了环境色，还有和亮部色彩对比而产生的二补色，有时还有______（因其光源强度次于亮部光源，如无光，故称次光源色），因此，暗部二色彩，往往是物体色彩变化______的部分。

73. 视觉对物体的膨胀和收缩感主要取决于______，明度越高，膨胀感越强，明度越低，收缩感越强，一般地讲，暖色具有______，冷色具有______。

74. 由于物体的颜色不同，给人的视觉重量感也不同，物体对人的视觉轻重感应，也取决于色彩的明度，明度高的______，明度低的______。

75. 色彩可以给人的视觉感应是______，从这个意义上讲，色彩可以分为前进色和后退色。所谓前进色，是指物体和人的视觉感应距离______；所谓后退色，是指物体和人的视觉感应______。

76. 实验表明，当人眼睛与物体表面距离为 1m 时，前进量最大的红色可以误近______ mm，后退量最大的青色可以误近______ mm。

77. 色彩的距离还与明度有关，明度越高越具______，明度越低越具______，根据这个原理，在实际工作中，我们可以利用色彩的距离感应，来______的空间效果。

78. 以医院为例，色彩要有利于______，故常采用白色、中性色或其他彩度较低的色彩为基调，这类色彩能给人以______、______。

79. 学校的教室常用黑色或深绿色的黑板，白色、草绿和浅黄色的墙面，其基本出发点是有利于______，创造成明快、雅致的环境，使教室成为有利于______，有利于______的场所。

80. 利用色彩来改善______作用也是显著的。比如有一个门厅，净高只有 2.6m，一般说是比较低矮的，但是如果采用明度较高的色彩，用______、______（最好采用垂直线条花纹）、浅绿色的______，这样就会使整个大厅减少压抑感。

81. 色彩运用要符合构图的要求。要充分发挥色彩的美化作用，正确处理______、______、______、______、______等各种关系。

82. 色彩运用要定好基调。色彩关系中的基调很像乐曲中的______，它体现内部空间的功能与性格，在创造特定的气氛和意境中发挥______。基调外的其他色彩也同样不可缺少，但总的来说，它只起______的作用。

83. 室内装饰的色彩基调是由______及人们注意得最多的______所决定的。

84. 色彩的基调具有强烈的感染力，在十分丰富的色彩体系中，如何使它们______、______，重要的在于能否把它们______一个基调中。

85. 形成色彩基调的因素相当多，______，可以形成明调子、灰调子和暗调子。______，可以形成冷调子、温调子和暖调子。______，可以形成黄调子、蓝调子和绿调子等。

86. 采用______可以产生欢乐、愉快的气氛。以彩度较低的______作为主调，以对比强烈的色彩作点缀，并采用黑、白、金、银作为点缀装饰，恰当配置在一起，可以形成富丽堂皇的气氛。

87. 北京香山饭店内的装饰以______为主调，它与______的白灰建筑物相呼应，与______山、石、林木相融洽，给人以高贵典雅的感觉。

88. 确定色彩的基调对于搞好______是至关重要的，可以这样说，没有______，室内色彩装饰就没有______，没有______，室内的色彩也就难以达到______的意境。

89. 分子是保持物质化学性质的一种______，不为肉眼所见到，如水就是由大量的______构成，而氢气则是由大量的______构成。其中水分子、氢气分子决定了水、氢气的化学性质。

90. 离子是指带电荷的原子（或原子团）。如钠离子 Na^+、镁离子 mg^+、氢离子 H^+，它们均带有______，故称______。而氯离子 Cl^-、硫离子 S^{2-} 都带______称为______。

91. 具有相同的核电荷数的同一类原子总称为______。像这种由同种元素组成的纯净物叫______。有些物质的组成比较复杂，它由两种或两种以上不同的元素组成，这种物质叫______，如氧化镁或氢氧化钠等。

92. 在化学上，用不同的符号表示各种元素。例如用“O”表示______，用“C”表示______，用“S”表示______等等。这种符号就叫______。

93. 无机化合物一般指分子组成里不含______的物质，如水（H_2O）、食盐（NaCl）、硫酸（H_2SO_4）等。而像二氧化碳（CO_2）、一氧化碳（CO）等少数物质，虽含有______，但它们的组成和性质与无机化合物很相近，一向把它们作为无机物看待。

94. 有机化合物简称______，是指碳氢化合物及其衍生物。组成有机物的元素，除主要的碳氢元素外，通常还有______等。

95. 有机物的特点是______，熔点、沸点低，易挥发，大多数难溶于______，易溶于______。

96. 涂料中的成膜物质以及溶剂基本上属于______。在有机化合物里有一大类物质仅由碳和氢两种元素组成。这种物质称为烃，也叫______，______是烃类里面分子组成最简单的物质。

97. 高分子化合物的______很大的原因是由于它们的分子是由许多相同的简单的结构单元通过______而成。

98. 化学上，把两个或多个原子（或离子）间的这种强烈的相互作用称为______。由于各种元素的原子结构不同，彼此结合的方式也不相同，因此就形成了不同类型的化学键，化学键最基本的类型有两种：______。

99. 当钠离子和氯离子之间吸引力与排斥力达到平衡时，钠离子和氯离子就保持着______，结合成为氯化钠。像氯化钠那样，阳离子和阴离子通过______而形成的化学键叫做______。

100. 两个相结合的原子所共用的一对电子叫做______。原子间通过共用电子对而形成的化学键叫______。

101. 由两个原子共用一对电子形成的共价键叫做______。不同元素的原子间也可以通过2个或3个共用电子对形成______。

102. 低分子球形结构的涂膜是由大量球形或类似球形的______（如虫胶、松香衍生物等）组成的。这些涂膜对木材的附着力尚好，但因______，所以耐磨性很差，弹性低，大多数不耐水、不耐热、不能抵抗大气的侵入。

103. 线型分子结构的涂膜，它是由______（如硝酸纤维）与许多非转化型的合成树脂（如过氯乙烯、聚丙烯等）组成的。这类涂膜______，因此弹性、耐磨性、耐水性和耐热性等均高于低分子结构的涂膜。

104. 不饱和脂肪酸的分子中含有双键，双键愈多，不饱和度愈大，油料______。在油酸中含有1个双键；蓖麻油酸含有1个双键，同时也含有1个______；亚油酸含有______双键；亚麻酸含有______双键。

105. 油的密度：系油在20℃时的质量与4℃时同体积的纯水质量之比，以______表示。每种油料有它一定的密度。

106. 油的折光指数系指光线由空气中进入油内______之比。油的折光指数随着油的______等有关因素而变动。

107. 油的黏度以______为单位，以______为代表。测黏度有多种方法，我国油漆工业常用的黏度计有______、格式管、恩格勒黏度计，有的也用奥氏U形管黏度计。

108. 油的颜色常用格式比色计（铁、钴溶液）测试。格式最浅为______色，最深可至______色。

109. 油的碘值系在一定标准条件下100g油所能吸收碘的______。是表示油料不饱和程度，也是表明______的重要指标。干性油的碘值一般在______以上。

110. 油的皂化值系一克油完全皂化时所需要的______数，是区别油与其中不能皂化物质的基础。皂化值表示油中全部脂肪酸的______。

111. 油的不皂化物是指油料中不与______作用，而且不溶于______，而溶于______就是不皂化物。

112. 松香内含有 90%以上的______，松香中松香酸含量较高，______。其余 10%是这些酸的复杂酯类和一些不能皂化的氧化树脂类。

113. 人造树脂硝酸纤维。纤维素是由木材、麻类、植物茎干和棉花等组成，是长链高聚物。纤维素是用碱漂______，加混合酸——硝酸、硫酸混合物进行硝化。混合酸的组成影响硝酸纤维的______。

114. 过氯乙烯树脂是由聚氯乙烯经过______，由于加氯作用的结果，使制出的过氯乙烯树脂在______较聚氯乙烯树脂大大改进，尤其在有机溶剂中溶解性及涂膜附着力方面有所提高，从而使其在油漆中得到广泛应用。

115. 各种丙烯酸树脂由于聚合时选用单体不同，可以分为______及______两大类。

116. 酸性树脂其所用单体不含有______，在树脂加酸情况下，不会自己或与其他外加树脂______，只能软化，而当其冷却后仍恢复原来性能。

117. 酸固性树脂其所用单体中，含有在侧链上带有______，在加酸或催化作用下，自己或与其他外加树脂进行______，从而变成不熔、不溶的体型分子。

118. 用不同比例的单体生产出的共聚树脂可以适应______，软的涂膜应用于涂饰纸张、皮革。硬膜应用于飞机、轿车、机械设备则性能又是一样。聚丙烯酸树脂的性能除了受单体种类及配比的影响之外，尚与______有较大关系。

119. 丙烯酸树脂的工业生产上一般采用______，在光、酸和催化剂的作用下共聚而成，共聚方法分别有______ 3 种。随单体种类比例、相对分子质量大小，而可制出各种类型的品种。

120. 当油脂漆用的______而醇酸漆比一般油漆含有______，因此在施工时，必须待第一层漆膜______再进行第二层的涂装，否则第一层漆膜容易被咬起。

121. 在底、面漆配套选择时必须注意其______，对硝基漆可采用______底漆或______底漆，对过氯乙烯则应用______底漆，填嵌时，也不能用油性腻子，应改用______腻子。

122. 酸固型涂料或称烘烤聚合型，该类涂料遇酸后才______涂膜，因此说酸是它的______。故储存时应注意离酸源远些。

123. 挥发性涂料又称______，其成膜方式通常在施工后，在常温下靠______便可干燥成膜。

124. 固化剂固化型涂料的成膜机理。这类涂料固化成膜是靠固化剂存在下进行的，固化成膜是靠固化剂中的______与成膜物中的______发生化学反应，有的需要加温，有的不需要加温，交联而固化成连续完整的高分子膜。

125. 氨基醇酸烘涂料是依靠丁醇醚化后的脲甲醛树脂分子中含有的______与醇酸树脂中的______在高温下进行反应，______形成涂膜。

126. 涂料用溶剂一般选用由低沸点、中沸点的溶剂及助溶剂和稀释剂等组成，这些溶剂必须______。

127. 施工后当涂膜干燥时，涂膜中的溶剂要蒸发，蒸发时则需要蒸发酸，这些酸能从______吸收，因而使涂膜局部温度下降，这样势必引起周围空气中水汽在涂膜上______，以致使涂膜发白，为了避免发白，需要加入适量的较高沸点的溶剂，如______可以防止涂膜发白。

128. 如果溶剂蒸发得太快，黏度上升也相应地加快，会造成______，在最坏的情况下，涂膜将长期保留一部分溶剂。要想使涂膜流动性好，涂膜的黏度增长和溶剂含量的下降必须快些，______就是为了达到这样的目的。

129. 由于挥发型涂料本身就是______，即成膜物，用一般溶剂来溶解涂料效果不好，因此必须用______（即混合溶剂）作稀料。

130. 挥发性涂料用的溶剂挥发速度要控制在一定的范围内，若______，会引起粘度增加太快，这样会使涂膜产生针孔、桔皮等弊病；若______，涂膜易产生流挂现象，而且会影响涂膜的干燥速度。

131. 同一种溶剂在同一条件下用于不同种类的挥发性涂料，则会有______。如溶剂挥发性好的硝基涂料，在常温下仅______干燥。而过氯乙烯涂料，由于过氯乙烯树脂本身有拘留溶剂的特性，故溶剂释放性差，需______才能干燥。

132. 挥发性涂料施工温度不宜太高，一般以______为宜，空气中的湿度对干燥速度的______，但湿度太高，涂膜易产生“泛白”的疵病。

133. 努力开发______的O/W型多彩涂料，提供更多的花色品种。克服O/W型多彩涂料使用______所带来的气味、毒性等弊病，保持其优雅、华丽、带有光泽的独特装饰效果。

134. 积极开发W/W型无毒、无味、健康型的______新品种，不断丰富其装饰效果。

135. 幻彩涂料以______及______为人们展现一种全新感受的装饰效果。它具有图案变幻多姿、______、色彩艳丽多变的特点。

136. 超耐候性外墙涂料在一些发达国家已试制成功，如新型______涂料，该涂料性能优越，应用于______，是外墙涂料品种的佼佼者。

137. 生漆不溶于水，只溶于______等有机溶剂。但漆膜干固后，几乎不溶于______，且具有独特的耐久性、耐磨性、耐水性和耐化学腐蚀、耐高温及良好的绝缘性。

138. 生漆的成膜过程与______等条件密切相关，它要求______，在冬季施工干性差，难以聚合成膜。

139. 广漆，又名熟漆、金漆、赛霞漆和罩光漆，它是一种优质的______。广漆是由______经过脱水精滤掺配熟桐油（坯油）后加工处理而成的。广漆成膜后，其漆膜鲜艳光亮、______，主要用涂是髹涂木器、门窗、家具及漆器等。

140. 透明推光漆的特点是漆膜透明、颜色呈浅棕红色、干燥快，经推光后光泽如镜，同时色泽______，______。适用于涂饰______以及轿车内部装饰。

141. 颜料是一种不溶于______的微细粉末，常作为大漆调色以及油饰彩画配色之用。作为入漆用的颜料，它要求颜料本身具有很强的______以及对于漆膜干燥时的氧化聚合反应要有很高的______，这与其他油漆是完全不同的。

142. 铜金粉又叫金粉、青铜粉、系由铜锌合金加工而成，呈鳞片状粉末，具有较高的金属色泽。根据铜、锌的不同组分颜色有一定区别，锌铜比例为15∶85时呈______，锌铜比例为30∶70时呈______。

143. 一般来说80～100号水砂纸适用于______及其他粗腻子，180～300号水砂纸用于底漆及薄腻子层水磨，对于高级工艺品及漆器抛光上蜡前，最好使用______号以上的______进行打磨。

144. 樟脑油系无色或淡黄色至红棕色液体，有强烈的樟脑气味，其挥发______，加入大漆中可______，是大漆和桐油最理想的稀释剂，但用量过多，会影响大漆的干燥性。

145. 用______等金属材料加工成薄片，镶、嵌、贴在漆面之上，然后髹漆做平，最后打磨显出金属材料，这种镶嵌工艺叫______。

146. 一般贵重的漆器需要根据______，选取不同的玛瑙、翡翠、象牙、珍珠、水晶等琢磨雕制成各种形状，作为漆器装饰之用，这种镶嵌工艺叫______。

147. 由于工艺上的需要，金箔可做成______成分的不同色光、不同金箔。其中，含微量紫铜所制成的金箔叫______，含六七成白银所制成的金箔叫______。

148. 配得好的腻子对物面______，与上层结合性好，且可按不同涂层______。同时，还要按工作量的大小控制______，一次用完，才不会造成浪费。

149. 大漆腻子是由漆料与各种研细的填料及少量清水等混合而成。根据所用漆料不同，可分为生漆腻子和熟漆腻子。用______作为粘结材料组成的腻子叫生漆腻子，用______作为粘结材料组成的腻子叫熟漆腻子，又叫______腻子。

150. 加入油满的料血腻子，主要用于传统建筑的______。在配制地仗灰时，由捉缝灰至细灰，______撤其力量，以防上层劲大而将下层牵起。

151. 油粉浆，又叫______。油粉浆主要用于______，并使木器表面着上一层颜色，为下一道涂刷底色打好基础。油粉浆采用的粘结剂是油类而不是水，因此干燥较慢，但便于揩擦，涂擦后______，适用于中档木器的头道填孔着色。

152. 木器上涂水色的目的是为了改变______，使之符合色泽均匀和美观的要求，因调配用的颜料和染料大多能溶于水故称水色。而它与水胶腻子不同的是不加填料，故水色只能着色而不能______。

153. 将一些碱性染料或醇溶性染料溶解于酒精或虫胶漆液中对木材面进行着色，这种着色剂叫______，又叫醇溶性着色剂。

154. 当调配______油色时，可用立德粉、铁黄与清油或清漆以及松香水、二甲苯等混合调配；如调配中等色调的油色时，可用______等与清油以及松香水等混合；当调配______时，可用铁黑、哈吧粉等与油性漆及松香水等混合。

155. 对于油性色漆的调配，一般是以______5种原色漆为主色，然后按颜色样板进行对照，识别出样板的颜色是由哪几种______组成的，各单色的比例大致为多少，然后用同品种的油漆进行试配比对。

156. 在垸漆的过程中要调拌______的腻子进行多道批刮，而每一道批刮又都是______等几道手续。

157. 面涂漆的打磨只适用于高档漆器在抛光前的最后一次打磨，重点是将漆膜表面的细纹及细小颗粒充分磨平，为最后抛光打下基础。打磨时先用______号水砂纸淋肥皂水反复将刷纹及颗粒充分磨平、磨掉，再改用______号水砂纸将漆膜全面水磨至镜面般的平滑，方可进行砂蜡和光蜡抛光。

158. 大漆漆膜退光即用细磨石或极细的水砂纸在大漆表面轻打慢磨，将______漆膜打磨平整，然后用女人发团蘸水和细瓦粉擦磨，擦去漆面的磨痕，再用______，以头发蘸细瓦粉再推擦至漆膜发热并全部被搓磨成无光状态。

159. 刷涂大漆和熟桐油先用______将大漆在物面上匀刮一遍，然后用适当宽度的上漆刷按所用大漆的干燥性质，分别用______刷法涂刷。

160. 擦涂大漆先用生漆刷蘸生漆，在物面上薄薄地涂上一层，或用丝团蘸漆上漆，然后用生漆刷______涂刷均匀。不等漆面干燥，便立即用手捏紧用______，依次揩之。先______数次，然后再______数次，再______，使整个物面的漆膜平整。

161. 敷贴麻绒又叫披麻。披麻是木基层做______的基本技术之一，它是用______等材料来加固木材制作的一种手段。被披麻的木材制件，应事先进行______等基层处理，然后再进行披麻操作。

162. 施涂广漆操作时，先______，先______，用生漆刷按______交叉涂刷均匀。待______ min后再重新反复涂刷，最后顺木纹方向理顺理通，使整个漆面均匀、丰满、光亮。

163. 抄漆复漆涂饰上色浆，即将嫩豆腐搅拌成浆料，滤出渣滓，再加少量血料和染料溶液制成______。按血料着色剂的刷涂方法均匀地刷一遍。刷涂时应______。色浆干透后用0号木砂纸或用旧砂布的反面轻轻地将色浆面______，并除净磨屑。

164. 水胶底、广漆面涂饰刮水胶腻子，即在打磨好的白木底层上用老粉（10份）、着色颜料（0.5份）与______混合搅拌成的稠腻子先嵌补大洞缝隙，干后用砂纸略打磨，扫净尘灰；然后在稠腻子中加少许______调成稀腻子用大牛角刮刀满刮一遍，待腻子干后用细砂纸打磨至木纹全部显露，抹净尘灰。

165. 传统制作玉眼木纹时填充于管孔，鬃眼的老粉或腻子大多做成______，这种颜色很像玉色，故而称作玉眼。

166. 模拟木纹底、广漆面漆饰，绘制木纹时，要趁颜色（水色或油色）______，先粗放的用齿形橡皮刮______仿制木纹的轮廓线，进而用笔描绘年轮细部，凡节子与髓线的错综交替以及过渡阴影等都要依次表达出来。

167. 生漆底、推光漆面涂饰，生漆底上头道、二道生漆时，可先在漆灰面层上刷涂______，然后刷生漆。生漆要用松节油调稀，也可在生漆中加入______，搅拌均匀后才能涂刷。每上完一道漆都要经过______，再用水砂纸或磨条打磨平整，并用抹布擦净浮灰。一般涂刷生漆2道，每道漆的干燥时间为______。

168. 褙麻绒底，推光漆面涂饰，当进行褙麻绒时，即用料血加10%的光油（重量份）充分搅拌均匀，用油漆刷将物面涂上一层料血，再将______，物面中部要稍厚，边沿宜薄，整齐地褙好麻绒后用______，再用漆刷满刷一层料血，再用麻压子反复将麻绒压平整，干燥______ h。

169. 褙麻绒底，推光漆面涂饰，当进行上蜡抛光时，即在水磨退光后，先在砂蜡中掺适量煤油，用柔软无杂质的棉织物或用纱布包棉纱头蘸蜡在漆上用力揩擦，直至漆膜______，再用净洁棉织品揩净。最后还应在漆膜______。

170. 褙布底推光漆面涂饰，将调制的漆灰厚刮于木器表面，而后将揉洗浸润过的麻布______已刮有漆灰腻子的板面上，四面褙紧，用橡皮刮板在布面上反复刮至漆灰从布纹中渗出为止，将布压紧、展开、捺实，不使其出现______，待整个物面贴完后，再用调稀的大漆顺布面轻轻薄刷一层，使布面上的______，这样能使麻布粘贴得更为牢固，然后将木器置于温湿的环境中干燥。

171. 红木擦漆时手法应平稳，揩得薄而均匀。开始可用蚕丝团在上过漆的物面上滚擦，这样容易擦匀漆面，然后手需捏紧蚕丝团作______揩擦，最后顺______或______一手接一手地揩擦至理平。

172. 花梨木擦漆，因花梨木材质本身呈______，因此，在花梨木家具擦生漆之前，需要______。

173. 涂饰仿红木色首先要求基材表面______。仿红木色的主色是______，复色采用金黄，色相是黑里透红略成紫色。要使仿红木色达到逼真，关键是把握好______，最后还要掌握好表面涂膜的厚度和光泽。

174. 烫画涂饰工艺，当皴擦时应用电烙铁的大扁面，根据物体的结构形状，做一些______等皴法。皴擦运笔不能______，也不能超过______，否则有失整体的层次和质感。

175. 烫蜡涂饰工艺，当采用热浸蜡时，可将石蜡入容器里加温熔化，再将小型根艺家具放进容器中______，10～60min 即可将其取出，擦去蜡珠，然后用软布擦抹，______，即可获得理想的效果。

176. 古旧家具的翻新，表面处理时，首先要用碱水将古旧家具洗刷一次或数次，将油腻子污垢洗去，并用______洗净，再用______进行打磨，然后用清水洗净揩干。

177. 对于古旧家具上的每一个历史信息哪怕小到一个______、涂膜的______，当年工匠制作榫卯时______等，都要予以保存。

178. 修复古董家具配做缺损部件，一定要仿照原样，用______配制，要做成与原配家具相似的色调，而且把握适度。一般适度的标准是，站在______m 之外的距离，即使是行家也看不出哪个是后配制的部件。

179. 古旧家具修复板面翘曲。对于板面翘曲的桌面，应将面板小心地拆下，将______放在潮湿的地方，使其吸入地面潮气，大约半天时间就可自动走平，为防以后再度翘回还需用______，再用微火烘烤几天，木板烘烤时间越长，______回翘。

180. 大木构件（如梁、柱）长年遭受风化易裂开，一般缝宽超过 0.5cm 以上的大裂缝状如斧头劈开，俗称劈裂。如果在______出现劈裂，一定要采用抱箍加固的方法防止它______。

181. 木料虽经砍挠打扫，但缝内尘土仍很难清理干净，故需刷油浆 1 道。以油满：血料：水＝______的比例调成均匀油浆，用糊刷将______，使以后批刮油灰与木件更加衔接牢固。

二、填空题答案

1. 分类；编排次序；图样索引方法

2. 不同专业工种；密切的联系；互相配合，加强对照

3. 设计参考图样；设计变更备忘录

4. 总目录；建筑面积、造价、建设项目、建设单位、设计单位

5. 地面或楼面处；窗台处；向下投影

6. 特有语言；徒手草图；绘画图（效果图）

7. 固定装饰；活动装饰；实体装饰；设计装饰；纯粹装饰；宣传装饰

8. 房间的平面结构形式；门窗位置的平面尺寸；室内的家具设施；房间的名称及附加文字说明

9. 顶棚；俯视；镜像视

10. 连续；立面展开

11. 原图；原状；1∶5；1∶20

12. 建筑施工图；结构施工图

13. 循序进行；分类进行

14. 与图；标准图

15. 建筑概况；技术要求；总平面图；建筑平面图；立面图；剖面图

16. 基础类型；挖土深度；轴线位置

17. 尺寸上；构造上；施工工序搭接上

18. 平面；剖面；节点详

19. 女儿墙的节点；屋面防水；泛水

20. 墙面；地面；柱子；顶棚；门窗；楼梯；花格

21. 活动

22. 门厅；过廊；梯间；花格

23. 图法

24. 墙；柱断面

25. 中实线

26. 正投影；仰视平面图

27. 竖向的空间关系；空间关系

28. 墙面的装饰；家具摆设；悬吊

29. 设计图样的设计意图；结构与构造特点；技术要求；设计和实际使用功能

30. 建筑监理；施工技术；经营管理的工程技术；建设业主

31. 设计图样；设计图样

32. 内容上是否一致；矛盾和错误

33. 几何尺寸；坐标；标高；说明；技术要求

34. 生产工艺流程和技术要求；土建施工图样；设备安装

35. 自审图样；自审图样的记录

36. 建设单位；设计单位和施工单位

37. 设计依据；意图；功能要求；设计要求；疑问和建议

38. 建设单位；会签；盖章；技术文件和指导施工；工程结算

39. 结构；装修

40. 齐全；清楚；明确；内容有无矛盾

41. 技术可能性和必要性；工期和质量要求

42. 图与表之间；错；漏；缺

43. 稳定性；安全施工

44. 承前启后；不断向前发展

45. 桐油；蓖麻油；亚麻仁油；生漆

46. 战国漆器；汉代漆器；唐宋漆器
47. 7000；朱红色漆
48. 建筑的性质
49. 体量大小；艺术感觉
50. 开阔；自如；崇高；亲切；温暖；感染力
51. 材料；花纹；图案；色彩
52. 最多最敏感；建筑艺术处理
53. 开朗；热情；欢快；安祥；沉默
54. 反射率较小的色彩；反射率较高的色彩
55. 前进性；低明度；低彩度；冷色调
56. 紧凑些；后退色
57. 产生意境；表现思想；传达感情
58. 红；绿；消失了
59. 橙色；灰色
60. 物理学；心理学；生物学
61. 造型；环境；用途；环境效果；视觉效果；心理效果
62. 自然光；人造光
63. 阳光；白光
64. 红、橙、黄、绿、青、紫；标准色
65. 反射的光
66. 橙、黄、绿、青、紫；红、橙、黄、青、紫
67. 白色；黑色
68. 主导地位
69. 色相变化
70. 环境的色彩
71. 暖光（太阳光、火光等）；冷光（无光、萤光等）
72. 次光源色；最大、最复杂
73. 明度；膨胀感；收缩感
74. 显得轻；显得重
75. 近感或远感；误近的颜色；误远的颜色
76. 45；20
77. 前进感；后退感；改变和调节室内
78. 治疗和休养；宁静、柔和与清洁感
79. 保护学生的视力和集中学生的注意力；教学；学生身心健康
80. 空间效果；白色顶棚；乳白色的墙纸；地面
81. 色调的配置；协调与对比；统一与变化；主景与背景；基调与点缀
82. 主旋律；主导作用；丰富、润色、烘托、陪衬
83. 面积较大；色块
84. 有主有从；有强有弱；统一在

85. 从明度上讲；从冷暖上讲；从色相上讲
86. 暖调子；暖色
87. 白、灰和木材的本色；室内；周围的
88. 室内装饰；色彩的基调；特点；风格；理想
89. 微粒；水分子；氢分子
90. 正电荷；阳离子；负电荷；阴离子
91. 元素；单质；化合物
92. 氧元素；碳元素；硫元素；元素符号
93. 碳元素；碳元素
94. 有机物；氢、氧、磷
95. 易燃烧；水；有机溶剂
96. 有机物；碳氢化合物；甲烷
97. 相对分子质量；共价键重复连接
98. 化学键；离子键和共价键
99. 一定的距离；静电作用；离子键
100. 共用电子对；共价键
101. 共价单键；共价双键或共价叁键
102. 低分子；分子之间的联系微弱
103. 直链型或支链型大分子；因分子间彼此相互交织，联系紧密
104. 干性愈大；羟基；2个；3个
105. d_4^{20}
106. 入射角正弦与折射角正弦；密度、结构、组成
107. Pa－S；η；有涂——4粘度杯
108. 1；18
109. 克数；油料干燥速度；140
110. KOH的毫克；含量
111. 碱；水；醚或石油醚的部分
112. 松香酸和它的异构体；结晶性越大
113. 棉花或短棉绒或反应性木浆；黏度和含氮量
114. 氧化处理的产物；性能上
115. 酸塑性；酸固性
116. 活性官能基；交链生成体型结构
117. 活性官能基；交联反应
118. 各种不同的技术要求；聚合体分子
119. 活性单体；"乳液聚合"、"悬浮聚合"、"溶液聚合"
120. 弱溶剂；较强的溶剂；充分干燥后
121. 相容性；铁红环氧酯；铁红醇酸；过氯乙烯；过氯乙烯
122. 聚合成高分子；聚合条件
123. 高分子物溶液；溶剂挥发

124. 活性元素或活性基团；官能团
125. 醚键；羟基；交联成高分子网状物
126. 完全互溶
127. 涂膜周围大气中；结成露珠；乙二醇单丁醚
128. 涂膜表面和内部的黏度不同；混合溶剂
129. 高聚物；强溶剂
130. 挥发太快；挥发太慢
131. 不同的挥发速度；数十分钟即；2～3h
132. 15～25℃；影响不大
133. 不同树脂；多种有机溶剂
134. 多彩涂料
135. 变幻奇特的质感；艳丽多变的色彩；造型丰富多彩
136. 氟树脂；高层建筑外墙
137. 酒精、丙酮、二甲苯和汽油；任何溶剂
138. 气温、湿度、风力；温暖、高湿条件，不宜通风
139. 天然涂料、优质生漆、丰满肉厚
140. 鲜艳夺目；保光性和耐久性好；高级木器、漆器
141. 水、溶剂、油、树脂类介质；着色力；化学稳定性
142. 浅金色、绿金色
143. 水磨头道腻子；1000；特细水砂纸
144. 较慢；平刷痕
145. 金、银、铜、锡、铝；金属镶嵌
146. 纹样要求；百宝嵌
147. 含金、含银或含铜；红佛；淡赤
148. 粘结力强；干燥快、易打磨；配套使用；调配腻子的数量
149. 净滤生漆；净滤生漆加入熟桐油；广漆
150. 地仗活中；逐遍增加料血和砖瓦灰
151. 油性填孔着色浆；木器表面木材鬃眼的填平；木纹清晰且不会造成木纤维膨胀
152. 木材面的颜色；用作填孔、填鬃眼
153. 酒色
154. 浅色的；铁红、铁黄、哈吧粉；深色
155. 红、黄、蓝、白、黑；原色漆
156. 粗、中、细规格不同；一摊、二横、三收
157. 500～600；800～1000
158. 细微的刷痕、颗粒及稍凸的；生油薄铺漆面
159. 木刮板；对角交替、横纵交替、纵行双重
160. 横、斜、直；质地细密白布包着棉絮的棉团；横揩；斜揩；顺木纹直揩理直
161. 地仗活；麻绒和料血灰；斩砍、撕缝、下竹钉、汁浆

162. 边角后平面；小面后大面；横、竖、斜、横；15～30
163. 豆腐色浆料；刷匀刷到，不显腻子疤痕；砂磨光滑
164. 稀胶水；胶水
165. 玉白色或象牙色
166. 未干时；刮出或绘出
167. 墨汁；松烟；入阴干燥；2～3d
168. 麻绒均匀地铺满物面；麻压子满压一次；8～12
169. 发热起光；表面上光蜡
170. 拧干、裁好、平贴于；皱褶和气泡；布眼都浸满漆料
171. 直、横、斜向；木纹方向；从上到下
172. 浅红色或黄褐色；上底色
173. 平整、光滑；黑与红；颜色的层次和投色量
174. 斧劈、披麻、结索；太实；轮廓线
175. 蜡煮；打磨抛光
176. 温水；细水砂纸
177. 竹钉的用法；层次与厚度；打下的暗记
178. 相同的木材
179. 内翻的一面向下；麻绳和摽棍捆好；越不易
180. 横梁上；继续开裂
181. 1∶1∶20（重量比）；木件全部刷到（缝内也要刷到）

第三节 技师油漆工知识考核选择题

一、选择题试题

1. 建筑工程图的内容较多，专业性很强。就本工种而言主要______建筑施工图和结构施工图。

A. 涉及； B. 关系； C. 联系； D. 依靠。

2. 识读图样应注意各类图样的______，一套工程图样，总是由不同专业工种和表达不同内容的图样综合组成。

A. 左右联系； B. 内在联系； C. 上下联系； D. 相互联系。

3. 识读图样对该建筑有了总体了解之后，一般要按照______的几个阶段一步步地深入看图。

A. 施工步骤； B. 施工程序； C. 施工顺序； D. 施工方法。

4. 在底层楼梯平面图中了解楼梯垂直剖面图的剖切位置和剖视投影______。

A. 原理； B. 位置； C. 方法； D. 方向。

5. 窗台节点详图主要______窗与墙的位置关系和构造做法。

A. 表示； B. 表明； C. 说明； D. 阐明。

6. 图示符号中有一种应用于室内______平面布置的常用图例；包括室内的家具、设施、织物、绿化等内容的标示方法。

A. 装潢；　　B. 装饰；　　C. 裱糊；　　D. 装修。

7. 室内装饰俯视平面图中，对一些家具设施，采用简单的______和符号表示。

A. 图表；　　B. 图示；　　C. 图法；　　图样。

8. 仰视平面图与俯视平面图虽然______是楼地面与顶棚的不同，但其上下轴线却是相对应的。

A. 表示上；　　B. 表明上；　　C. 位置上；　　D. 表现上。

9. 室内装饰仰视图，与顶棚相对的地面假设作整个镜面，顶棚的所有______都可以如实地照在镜面上，这镜面就是投影面，镜面的图像就是顶棚的正投影，把仰视转换成俯视，这就是镜像视图法。

A. 形象；　　B. 容貌；　　C. 形态；　　D. 设施。

10. 我们设想把构成室内空间所环绕的4个墙面给以______在1个连续的立面上，像是1条横幅的画卷，这就称做室内立面展开图。

A. 连成；　　B. 拉平；　　C. 扯平；　　D. 拉开。

11. 在建筑室内设计图中是以建筑图为依据，一般以______进行放大，就成为室内设计图或室内装饰的操作图了。

A. 1∶1～1∶5；　　B. 1∶2～1∶10；　　C. 1∶5～1∶20；　　D. 1∶10～30。

12. 技术准备是施工准备的核心。由于任何技术的差错或隐患都可能引起人身安全和质量事故，造成生命、财产和经济的______。

A. 局部损失；　　B. 一般损失；　　C. 全面损失；　　D. 巨大损失。

13. 技术准备工作中，施工图______是一项主要内容。

A. 会审；　　B. 审查；　　C. 学习；　　D. 熟悉。

14. 通过施工图的______能够按照设计图样的要求顺利地进行施工，建造出符合设计要求的最终建筑产品。

A. 学习；　　B. 会审；　　C. 熟悉；　　D. 审查。

15. 图样会审的重点，明确拟建工程的结构形式和特点，复核主要承重结构的强度、刚度和稳定性是否满足______。

A. 安全；　　B. 使用；　　C. 要求；　　D. 标准。

16. 图样会审应注意当采用新技术、新材料、新工艺时的______和必要性。

A. 精确性；　　B. 保险性；　　C. 可能性；　　D. 可行性。

17. 建筑的体型反映了建筑内部空间的组成，不同类型的建筑物外部______也不相同。

A. 形象；　　B. 形态；　　C. 形状；　　D. 构造。

18. 商业建筑______要显得富丽堂皇，使用大量玻璃幕墙等现代高贵装饰材料，显示了它的豪华兴旺，达到吸引人们的消费欲望的目的。

A. 外形；　　B. 外表；　　C. 外貌；　　D. 外观。

19. 无论在艺术处理方面，还是在材料构造方面，都要使墙面和整个空间成为______的整体。

A. 合一；　　B. 融一；　　C. 统一；　　D. 同一。

20. 色彩处理的好，能满足视觉美感。比如墙面上颜色的搭配是______的，人们会感到很美、平和或温馨，反之使人烦燥。

A. 适宜；　　B. 合适；　　C. 合理；　　D. 和谐。

21. 白色和黑色都是相对的，因为自然界中不存在能______吸收或能完全反射所有色光的物体。

A. 完全；　　B. 全部；　　C. 局部；　　D. 部分。

22. 物体颜色要依靠光来显示，但光和物的______并不是一回事。

A. 彩色；　　B. 颜色；　　C. 色素；　　D. 染色。

23. 白色反射光的反射率为______。

A. 90%；　　B. 94%；　　C. 84%；　　D. 74%。

24. 乳白色反射光反射率为______。

A. 40.4%；　　B. 50.4%；　　C. 60.4%；　　D. 70.4%。

25. ______的温度感不仅与大自然密切相关，而且也是人们习惯的反映。

A. 色彩；　　B. 彩色；　　C. 颜色；　　D. 染色。

26. 色彩的膨胀范围大约为实际面积的______%左右，所以在室内色彩的设计中，可以利用色彩这一性质来改善空间效果。

A. 1；　　B. 4；　　C. 10；　　D. 20。

27. 由于物体的______不同，给人的视觉重量感也不同，物体对人的视觉轻重感应，也取决于色彩的明度。

A. 染色；　　B. 彩色；　　C. 颜色；　　D. 颜料。

28. 色彩可以给人的视觉______是近感或远感，从这个意义上讲，色彩可分为前进色和后退色。

A. 感受；　　B. 感觉；　　C. 感到；　　D. 感应。

29. 实验表明，当人眼睛与物体表面距离为 1m 时，前进量最大的红色可以误近______ mm，后退量最大的青色可以误远 20mm。

A. 45；　　B. 50；　　C. 40；　　D. 35。

30. 元素符号除表示一种元素外，还表示这种元素的______原子。

A. 2 个；　　B. 1 个；　　C. 3 个；　　D. 4 个。

31. 用元素符号来表示物质分子组成的式子叫______。如氧气分子、氢气分子，可以分别用 O_2、H_2 来表示。

A. 模式；　　B. 方式；　　C. 化学式；　　D. 方程式。

32. 用化学式来表示化学______的式子，叫化学方程式。如 $C+O_2 \xlongequal{点燃} CO_2$，为碳燃烧生成二氧化碳的化学方程式。

A. 变化；　　B. 反映；　　C. 生化；　　D. 反应。

33. 油脂是自然界的______，来自植物种子和动物脂肪，其组成是脂肪酸三甘油酯。

A. 产物；　　B. 物质；　　C. 产品；　　D. 材料。

34. 三甘油酯中的 3 个脂肪酸可以是 1 种、2 种或 3 种不同的脂肪酸。随着脂肪酸的种类不同，三甘油酯的______也不同。

A. 特点；　　B. 性质；　　C. 特性；　　D. 性能。

35. 游离脂肪酸是油脂在存放或加工过程中，其中三甘油酯遇水发生______作用游离出来的脂肪酸。

A. 溶解；　　B. 分解；　　C. 水解；　　D. 分泌。

36. 油料可能______少量水分，仍保持透明。油中水分存在易促进油的水解，增加油的酸值。

A. 水解；　　B. 分解；　　C. 分化；　　D. 溶解。

37. 在油中常见的是卵磷酯，有抗干性能，极性弱，能______于油中。但易水化，析出沉淀。故用水化法可以除去油中大部分磷酯。

A. 溶解；　　B. 溶化；　　C. 分解；　　D. 分化。

38. 当油料陈旧时，由于酯类及蛋白质的______作用而产生一种棕褐色素。

A. 溶解；　　B. 分解；　　C. 溶化；　　D. 分化。

39. 植物油的金黄色，是由于胡萝卜素的存在。胡萝卜素对酸不稳定，故油料高温处理后就会______，氢化有显著的脱色作用。

A. 褪色；　　B. 掉色；　　C. 脱色；　　D. 上色。

40. 来源于油子中蛋白质______产物。一部分可在加酸中凝结析出。溶于油中的可经水化分出。

A. 析出；　　B. 水化；　　C. 凝结；　　D. 水解。

41. 糖类：主要是棉子油中沾污胶质多糖类。此多糖类呈黏性物质分散在油中，遇酸可______出简单糖类。当油加酸时，可以聚成胶状物析出。

A. 分解；　　B. 溶化；　　C. 分化；　　D. 生化。

42. 在植物油中的主要抗氧化剂为生育酚，在棉子油中含有一种棉酚的______抗氧化剂。

A. 酮类；　　B. 酚类；　　C. 油类；　　D. 酯类。

43. 油的黏度：以Pa·s为单位，以η为代表。测黏度有多种方法，我国油漆工业常用的黏度计有涂—4黏度杯、格式管、恩格勒黏度计，有的也用奥氏______黏度计。

A. V形管；　　B. 玻璃管；　　C. U形管；　　D. 塑料管。

44. 油的碘值：不干性油的碘值一般在______以下。

A. 250；　　B. 200；　　C. 150；　　D. 100。

45. 油的酸值：油料中常含有少量游离脂肪酸，是三甘油酯水解产生的。酸值是中和______油所需KOH毫克数。

A. 1g；　　B. 2g；　　C. 3g；　　D. 4g。

46. 在油脂皂化后，用乙醚抽出，然后在______℃蒸发，剩余的不挥发物为不皂化物。

A. 15；　　B. 18；　　C. 21；　　D. 25。

47. 因为树脂作为油漆的______成膜物质，它的性能直接关系到油漆的性能，所以要求树脂能赋予涂膜以一定的保护与装饰的特性，如光泽、硬度、弹性、耐水性、耐酸性等。

A. 辅助；　　B. 稀释；　　C. 主要；　　D. 次要。

48. 因为每种树脂都各有其特性，在油漆中为了满足多方面的要求，常是多种树脂合用，或是树脂与油漆合用，互补性能，因而要求各树脂之间有很好的______。

A. 凝聚性；　　B. 粘结性；　　C. 溶解性；　　D. 混溶性。

49. 松香精制的方法是将松香溶化在松节油、汽油等溶剂中，然后经过滤先洗去杂质，同时再用漂白土和糠醛去掉______，最后将松香溶液用真空蒸馏即可得到颜色浅无杂质的松香。

A. 颜色；　　B. 染料；　　C. 颜料；　　D. 色素。

50. 石灰松香（松香衍生物），石灰松香又称______，理论上因为松香是一种元酸，其分子结构中有 1 个羧基，所以应由 2 个分子的松香和 1 个分子的氢氧化钙作用，脱去 2 个分子的水而成为钙脂。

A. 油脂；　　B. 钙脂；　　C. 松脂；　　D. 树脂。

51. 但在实际生产中氢氧化钙的加入量只是理论量的______%左右，因为照理论量加入氢氧化钙所得的钙脂不能溶于溶剂和油中，无法制成油漆。

A. 30；　　B. 40；　　C. 50；　　D. 60。

52. 用石灰松香制成的油漆，其膜的硬度、______均较松香制成者有提高。但因其脆性大。耐候性差，抗水性不良，所以只能用做室内用漆和与树脂配合使用。

A. 亮度；　　B. 明度；　　C. 色泽；　　D. 光度。

53. 纤维素是用碱漂棉花或短棉绒或反应性木浆，加混合酸—硝酸、硫酸混合物进行______。

A. 硝化；　　B. 溶化；　　C. 消化；　　D. 生化。

54. 混合酸的组成影响硝酸纤维的黏度和含氮量是 14.14%。制漆用的硝酸纤维含氮量______%左右最合适。

A. 14；　　B. 12；　　C. 16；　　D. 18。

55. 聚丙烯酸树脂是由丙烯酸单体、树脂与其衍生物—酯类和______经聚合而制成的。

A. 羧类；　　B. 油类；　　C. 烃类；　　D. 酚类。

56. 单体的______对性能影响很大，例如，采用甲基丙烯酸树脂硬度高，但脆性较大，相反采用丙烯酸酯则膜较软而弹性较好。

A. 择用；　　B. 选用；　　C. 采用；　　D. 选择。

57. 酯的侧链上随碳链的增长抗水性提高，但抗油性降低。侧链上带有羟基、羧基（—OH，—COOH）等极性基团时，______可以增强。

A. 附着力；　　B. 凝聚力；　　C. 粘结力；　　D. 依靠性。

58. 丙烯酸树脂应用于制漆，在色泽、保光、保色、“三防”、耐大气等方面有一定______，尤其在航空工业及军工生产的一些产品中被大量采用，在国外还大量用来生产水溶性乳胶漆。

A. 缺点；　　B. 特点；　　C. 特性；　　D. 优点。

59. 咬底是指面漆中的溶剂很容易地把底层漆膜软化或______而咬起的现象。

A. 溶化；　　B. 化解；　　C. 溶解；　　D. 化开。

60. 如果底漆干燥时间久，或经过高温烘透的漆膜可以______发生咬底这种现象。

A. 制止； B. 预防； C. 避免； D. 防止。

61. 固化剂固化型涂料固化成膜是靠______中的活性元素或活性基团与成膜物中的官能团发生化学反应，交联固化成连续完整的高分子膜。因此，使用时一般是现用现配，平时分装保存。

A. 固化剂； B. 催化剂； C. 速凝剂； D. 快干剂。

62. 天然的______大都为混合甘油酯。脂肪酸由于分子结构不同，可以分为饱和脂肪酸和不饱和脂肪酸两大类。

A. 松脂； B. 油酯； C. 酚酯； D. 树脂。

63. 环氧树脂和固化剂相混合，环氧树脂中的官能团就容易和固化剂发生______，有的需加温，有的不需加温，使线型树脂变为体型树脂，这个过程称为树脂固化。

A. 物理反应； B. 生化反应； C. 化学反应； D. 聚变。

64. 胺类固化剂的缺点是：放出的反应热较大，固化产物易开裂，耐热性差，电性能差。此种胺类______多为液体，易挥发，毒性和腐蚀性较大。

A. 速凝剂； B. 催干剂； C. 快干剂； D. 固化剂。

65. 氨基烘涂料的聚合成膜条件须在______℃以上烘烤。

A. 120； B. 130； C. 140； D. 150。

66. 热固型涂料成膜必须经过一定温度的烘烤，涂料基中成膜物质分子中的官能团才能发生______，形成连续完整的高分子膜层。

A. 物理反应； B. 交联固化； C. 生化反应； D. 化学反应。

67. 氨基树脂在涂料工业中常作为醇酸树脂的固化剂，成膜反应机理是利用氨基树脂中的醚键与醇酸树脂中的羟基在加酸条件下______。

A. 物理反应成膜； B. 化学反应成膜；

C. 交联成膜； D. 聚变成膜。

68. 对于有机硅耐酸涂料，其干燥条件为______℃，2～4h，对于F_{01}-6 酚醛清漆涂料烘烤温度，虽则涂膜能够固化，但其性能降低。

A. 90； B. 110； C. 130； D. 150。

69. 过氯乙烯涂料，由于过氯乙烯树脂本身有拘留溶剂的特性，故溶剂释放性差，需______h 才能干燥。

A. 2～3； B. 3～4； C. 4～5； D. 5～6。

70. 挥发性涂料施工温度不宜太高，一般以______℃为宜，空气中的湿度对干燥速度的影响不大，但湿度太高，涂膜易产生“泛白”的毛病。

A. 10～20； B. 15～25； C. 20～30； D. 25～35。

71. 水溶性涂料成膜原理：使用氨、锆络合物作羧酸型高聚物的______，当树脂里的水和氨在常温下挥发后，酸性高聚物与锆离子可通过离子键交联成膜，常温下可以干燥。

A. 速凝剂； B. 催干剂； C. 交联剂； D. 固化剂。

72. 生漆的成膜机理是缩合聚合成膜，由于当温度达______℃以上时，漆酶就失去活性，所以在隔绝空气的高温条件下的烘烤干燥成膜，是以不吸氧的缩合反应和不吸氧的聚合反应为主形成的。

A. 40；　B. 50；　C. 60；　D. 70。

73. ______是对光线中的光谱各自的吸收和反射的结果。几乎全都反射的为白色，几乎全都吸收的为黑色，如果有选择的吸收，由于各种物体吸收和反射率的不同，从而呈现在我们视觉中的色彩也不同。

A. 颜色；　B. 染色；　C. 彩色；　D. 色彩。

74. 颜料的遮盖力强弱受颜料和色漆基料折光率的影响，二者折光率______，显得透明，颜料的折光率越大，遮盖量越强，反之即弱。

A. 一样；　B. 相等；　C. 不相等；　D. 相差不多。

75. 生漆应贮藏在干燥、隔热、无阳光直接照射的仓库内。存放的温度，夏季不宜超过______℃以上，冬季不可低于0℃以下。

A. 20；　B. 25；　C. 30；　D. 35。

76. 已开过桶的生漆如需要久存时，可在生漆内掺入______的甲醛溶液，能起防腐作用，但一般也只能延续贮存3～5个月。

A. 0.122%～0.22%；　B. 0.123%～0.23%；

C. 0.124%～0.24%；　D. 0.125%～0.25%。

77. 漆酚是一种淡黄色高沸点的油状物，其中饱和的漆酚是白色固体，熔点为______℃，其余均为淡黄色液体。

A. 58～59；　B. 59～60；　C. 60～61；　D. 61～62。

78. 漆酶的活力在______℃、相对湿度在80%以上时最大，当温度升高至75℃时，漆酶的活力则在1h内完全被破坏。

A. 30；　B. 40；　C. 50；　D. 60。

79. 树胶质在生漆中的含量占______，其含量的多少，能影响生漆的稠度和质量。

A. 2.5%～8%；　B. 3%～8.5%；　C. 3.5%～9%；　D. 3.6%～10%。

80. 生漆中的水分一般含量在20%～40%，优质生漆的含水量只有______，较差的生漆的含水量可高达40%以上，但也有极少数生漆的含水量低于13%。

A. 16%～23%；　B. 15%～22%；　C. 14%～21%；　D. 13%～20%。

81. 一般来说，生漆在温度______、相对湿度75%～80%时，是漆膜固化的最理想条件。

A. 25～30℃；　B. 26～31℃；　C. 27～32℃；　D. 28～33℃。

82. 在某些情况下，要求缩短生漆的施工周期，可将生漆涂层放入烘箱中，在______℃的条件下经过5～8h即固化干燥。

A. 95；　B. 100；　C. 90；　D. 110。

83. 生漆刚涂饰后，看起来近似______，但只要使用半年或1年后，漆膜颜色就逐渐由深变浅，由深褐色向棕黄色，由不透明向透明方向发展，这也足以说明，生漆的颜色不是黑的。

A. 浅黑色；　B. 白色；　C. 黑色；　D. 灰色。

84. 生漆无论先天是什么颜色，只要一接触空气便立即会转变为______或红褐色。

A. 红色；　B. 红灰色；　C. 深红色；　D. 红棕色。

85. 随着科技的发展，可将大漆改性制成透明度大、颜色较浅的生漆基料，并在加入颜料后制得不同色彩的推光漆、淡彩漆、______等。

A. 白漆；　　B. 粉红漆；　　C. 蓝漆；　　D. 绿漆。

86. 为了便于保留，一般可在净生漆中加入______的坯油放置备用。

A. 25%～45%；　　B. 30%～50%；　　C. 35%～55%；　　D. 40%～60%。

87. 将棉漆掺入总漆量的______%以上的坯油后成为熟漆，又叫广漆。熟漆漆色变浅，干燥性减弱，但光亮度好，肉头增强。

A. 40；　　B. 35；　　C. 50；　　D. 45。

88. 生漆漆膜硬度大，光泽好，耐磨性能极好。生漆漆膜的玻璃硬度为______（漆膜值/玻璃值），而一般涂料的漆膜硬度仅为0.2～0.4（漆膜值/玻璃值）

A. 0.57～0.8；　　B. 0.6～0.83；　　C. 0.63～0.86；　　D. 0.65～0.89。

89. 生漆器皿可在______℃的温度下长期使用。

A. 150；　　B. 160；　　C. 170；　　D. 180。

90. 生漆有一定毒性，但其漆膜是______的，是一种优秀的绿色生态材料，在环境保护方面有得天独厚的优势。

A. 轻微有毒有污染；　　B. 无毒无污染；

C. 严重有毒有污染；　　D. 有毒有污染。

91. 桐油必须经过______变成熟桐油才能使用，这是因为生桐油涂在物面上干结缓慢，光泽差，且在阳光照射下会变成不透明的乳白色松软的涂膜，其性能不稳定，耐水性也差。

A. 滤漆；　　B. 煎漆；　　C. 熬炼；　　D. 晾晒。

92. 我国是桐油主要生产国，占世界总产量的______。

A. 55%～65%；　　B. 60%～70%；　　C. 65%～75%；　　D. 70%～80%。

93. 坯油是用纯桐油不加任何催干剂熬炼而成的，它是用来与大漆配制成广漆、退光漆的。因坯油本身很难干燥，主要靠生漆带干，为此，坯油是______单独作为涂料使用的。

A. 不能；　　B. 不允许；　　C. 能；　　D. 允许。

94. 广漆的调制方法，一般质量好、干燥快的生漆可掺配坯油6～8分，即生漆∶坯油=______。

A. 100∶6～8；　　B. 10∶6～8；　　C. 50∶6～8；　　D. 20∶6～8。

95. 调配好的广漆，其干燥时间一定要由油漆工随意控制才能达到施工的要求，一般涂漆后在______h内还可以进行刷理，5～6h内触手不粘，涂刷过的漆膜，过了2～3d表面干燥，1周内完全干燥。

A. 4～5；　　B. 1～3；　　C. 2～4；　　D. 3～6。

96. 快干推光漆又叫明光漆。这种漆的漆膜光亮、丰满，不需上蜡抛光，可直接做罩光漆。该漆加入______%坯油即为朱合漆。

A. 12；　　B. 13；　　C. 14；　　D. 15。

97. 在精制推光漆的漆坯中，加入______的氢氧化铁（又叫黑料），充分搅拌到漆液与黑料反应至色泽清亮、黑度合格后为止，即成为无油黑色推光漆。

A. 3%～5%；　　B. 5%～7%；　　C. 7%～9%；　　D. 9%～11%。

98. 1006 型漆酚树脂黑烘漆，属于烘干型，在______℃的高温下 1～1.5h 实干。

A. 150；　　B. 160；　　C. 170；　　D. 180。

99. 大漆腻子的耐久性、耐磨性及耐水性优于目前任何种类的腻子，但其干燥环境需要有一定的温度和湿度（温度______，相对湿度在 80%以上）。

A. 15±5℃；　　B. 20±5℃；　　C. 25±5℃；　　D. 30±5℃。

100. 大漆腻子的配比，采用生漆填洞腻子，其重量配合比为：石膏粉∶生漆∶清水＝______。

A. 100∶55∶25；　　B. 100∶35∶35；　　C. 100∶40∶40；　　D. 100∶60∶20。

101. 调好的腻子最好在______h 内用完，如刮批头道腻子时有剩下的腻子，亦可用塑料袋装好，待以后找补腻子时再用。

A. 2～3；　　B. 3～4；　　C. 4～5；　　D. 5～6。

102. 油性腻子是用熟桐油或清油（熟桐油与松香水以______比例调成）与填料及少量清水混合配制而成。

A. 1∶0.5；　　B. 1∶1；　　C. 1∶2；　　D. 1∶3。

103. 清漆腻子的调制方法是：将石膏粉与清漆按比例充分搅匀，再加水搅拌均匀即成。加水的腻子比不加水的腻子干燥快______倍。

A. 4～6；　　B. 6～8；　　C. 8～10；　　D. 10～12。

104. 调配油性腻子时，应先将熟桐油调稀。一般都是在熟桐油中加入______的松香水，调匀后加石膏粉混合调制成均匀的糊状物，再分批次地加清水充分调拌均匀至石膏“发性”，调至腻子变稠时即可使用。

A. 35%～45%；　　B. 30%～40%；　　C. 25%～35%；　　D. 20%～30%。

105. 虫胶漆腻子的调配方法：取虫胶漆片 100g，加入 400～500g 纯度为 95%的酒精，浸泡在陶瓷容器内______h，至漆片完全溶解后即成虫胶漆，再将老粉与虫胶漆溶液混合调成糊状即可。

A. 4～6；　　B. 3～5；　　C. 2～4；　　D. 1～3。

106. 水胶腻子的调配方法：将填料和颜料按比例混合均匀成粉色，然后将皮胶或骨胶加热水装入盛具内（皮胶∶水＝______），在炉火熬成胶液，再将掺好的粉色加入，充分搅拌即成水胶腻子。

A. 1∶4；　　B. 1∶5；　　C. 1∶6；　　D. 1∶7。

107. 现在大多采用羧甲基纤维素和 108 胶来代替皮胶，配制胶料的配比为：羧甲基纤维素∶聚乙烯醇缩甲醛（108 胶）∶水＝______。再将上述胶料加入石膏粉或老粉即成水胶腻子。

A. 1∶3∶8～13；　　B. 1∶4∶9～14；

C. 1∶5∶10～15；　　D. 1∶6∶11～16。

108. 满批用的料血腻子调配，其配合比（份）为：料血∶老粉∶水＝______。

A. 25∶60∶15；　　B. 26∶60∶14；

C. 28∶60∶12；　　D. 30∶60∶10。

109. 满批用的料血腻子调配，其配合比（份）为：料血∶光油∶石膏粉＝______。

A. 60∶5∶35；　　B. 60∶5∶45；

C. 50∶5∶45；　　　　D. 45∶5∶50。

110. 嵌门窗玻璃用料血腻子调配（份），其配合比为：料血∶光油∶纸筋∶消石灰=______。

A. 40∶10∶5∶45；　　　　B. 40∶45∶10∶5；

C. 45∶40∶10∶5；　　　　D. 45∶40∶5∶10。

111. 油粉浆调配，其配合比为：老粉∶酚醛∶清漆∶松香水∶煤油∶颜料=______∶适量。

A. 60∶10∶10∶20；　　　　B. 60∶10∶20∶10；

C. 60∶5∶5∶30；　　　　D. 60∶20∶10∶10。

112. 水粉浆，又叫水性填孔着色浆。水粉浆的调配，其重量配合比为：老粉∶热水∶着色颜料∶胶液=______。适宜中低档木器打底用。

A. 60∶1∶35∶4；　　　　B. 60∶4∶1∶35；

C. 60∶35∶1∶4；　　　　D. 60∶35∶4∶1。

113. 水粉浆调配方法：先按比例将温水与老粉混合成稀浆，再加入适量的着色颜料充分搅匀，之后再加入______的水胶溶液或白乳胶，搅匀过滤后即可使用。

A. 6%～8%；　　B. 5%～7%；　　C. 4%～6%；　　D. 3%～5%。

114. 大白浆调配方法：将大白粉加水拌和成糊状，边加入羧甲基纤维素胶边搅拌，为增加其黏度，还要加入聚醋酸乙烯乳液，搅拌均匀后用______目铜丝筛过滤即成。

A. 80；　　B. 90；　　C. 100；　　D. 60。

115. 为了增加石灰浆的附着力，可加入______%的聚乙烯醇缩甲醛（108胶）或约2%的聚醋酸乙烯乳液。

A. 4；　　B. 5；　　C. 6；　　D. 7。

116. 着色剂是______涂饰时用于木材与涂层着色的已调配好的着色材料，这种着色剂通常由油工根据实际情况现场现配。用于木材面上的着色剂主要有水色、油色和酒色。

A. 不透明；　　B. 透视；　　C. 透明；　　D. 不透视。

117. 水色的调配，以氧化铁颜料如氧化铁黄、氧化铁红等作原料，用开水泡开搅匀后加入适量的墨汁及皮胶溶液或料血，搅拌成所需要的颜色，其配合比大致为：水∶皮胶溶液∶氧化铁颜料=______（份）。

A. 50∶5∶5；　　　　B. 50～60∶10∶10；

C. 55～65∶10～15∶10～15；　　　　D. 60～70∶10～20∶10～20。

118. 水色的调配，以染料作原料，常使用的是酸性染料，其配合比为：开水∶染料=______（份）。

A. 100∶1.5～2；　　　　B. 90∶1.5～2；

C. 100∶1；　　　　D. 90∶1。

119. 水色调配时最好应加入皮胶溶液或其他胶料，如豆腐浆、料血等。这些东西具有蛋白质的胶粘作用，可以增加水色的______，改善涂饰性能。

A. 粘结力；　　B. 附着力；　　C. 依靠力；　　D. 凝聚力。

120. 水色可用于白坯木器表面直接______，也可在经填孔着色腻子填孔并经虫胶漆封闭的涂层上涂刷水色。但若直接染木材易引起木材的膨胀，产生木毛、染色不匀，所以多用于涂层着色。

A. 彩色；　　B. 颜色；　　C. 染色；　　D. 上色。

121. 调配油色时，一般光用松香水与颜料调匀配成要求的______，然后再把全部稀料和清油加入，搅拌均匀经过滤后即成。为加快干燥速度，可在油色中加入适量催干剂。

A. 色彩；　　B. 染色；　　C. 彩色；　　D. 颜色。

122. 油色显纹效果与附着力比水色好，而且不会引起木材的膨胀起毛。但油色的鲜艳度不如水色，且干燥较慢，通常需要______ h 或更长时间才能干燥。

A. 8～12；　　B. 9～13；　　C. 10～14；　　D. 11～15。

123. 调配酒色，将染料溶解于虫胶漆中。先将虫胶漆片入酒精中溶解成虫胶溶液，比例为：虫胶∶酒精＝1∶6～8，然后将 0.3 份醇溶性染料放入______份虫胶漆液之中充分搅拌均匀，即成虫胶酒色。

A. 8；　　B. 10；　　C. 12；　　D. 16。

124. 酒色在潮湿环境中使用易发白，为此可按虫胶片的用量加入______的松香来避免发白。

A. 1％～2％；　　B. 2％～3％；　　C. 5％～10％；　　D. 10％～15％。

125. 调配酒色，将染料直接溶解于酒精之中。配比为：醇溶性染料∶酒精＝______，经充分搅拌后即成酒色。这样做不仅成本低、颜色鲜艳、省工、省料、省力，而且还不会因场地有潮气而使表面发白或产生颜色不匀的弊病。

A. 0.8∶10；　　B. 0.7∶10；　　C. 0.6∶10；　　D. 0.5∶10。

126. 酒色的配比要按照样板的______灵活掌握。调配酒色的色调最好先配得淡一些，免得一旦施涂错了，不便再修改。

A. 色泽；　　B. 色相；　　C. 颜色；　　D. 染色。

127. 在生漆或熟漆中加入适量的颜料配制而成的______称为彩色大漆，简称彩漆或色漆。

A. 半透明漆；　　B. 不透明漆；　　C. 透视漆；　　D. 透明漆。

128. 朱合漆即是无油透明推光漆中加入______％的白坯油调成的熟漆，绝不可采用颜色较深、光亮度差、干燥性不好、水分过高的深色生漆和次等生漆。

A. 5；　　B. 10；　　C. 15；　　D. 20。

129. 在五原色漆中，黑色、深蓝和红色为主色，而黄色和白色为次色。一般情况下，调配色彩时应先加______，以防调色过头，造成浪费。

A. 副色，后加次色；　　B. 主色，后加次色；

C. 次色，后加副色；　　D. 次色，后加主色。

130. 如用 3 种色漆进行调色时，其______的为主色，着色力次于主色的为副色，着色力次于副色的为次色。

A. 着色力强；　　B. 着色力弱；　　C. 着色力不强；　　D. 着色力差。

131. 对于有较大孔洞、裂缝等缺陷或表面光洁要求不高的物件，可采用局部批刮或嵌补，这种局部嵌补腻子的方法称______。

A. 补缝；　　B. 捉缝；　　C. 嵌缝；　　D. 填缝。

132. 木基层通过______和汁浆干后，应用牛角刀或油灰刀将捉缝灰向木缝、孔洞内填嵌，横推竖划，使缝内油灰填实、填饱满。

A. 白坯处理； B. 基层处理； C. 底层处理； D. 基底处理。

133. 木基层每处缺陷填满腻子后，应立即顺木纹涂刮______个来回，使表面平整。

A. 1； B. 1～4； C. 1～3； D. 1～2。

134. 扫荡灰是使麻的______，而压麻灰则是将褙在物面上的麻盖住，使物面平整不露麻筋，并能使漆膜不致因胀缩而开裂。

A. 基础； B. 基底； C. 基层； D. 中涂。

135. 满批腻子时一定要养成批直线、顺木纹的习惯，不要批成圆弧状；刮刀与板面的夹角不能小于______°，也不要大于60°。

A. 40； B. 45； C. 35； D. 30。

136. 一边倒刮涂法，腻子要刮得薄，厚度一般不越过______ mm，如要刮得厚一点，必须要等第一层腻子干后方可涂刮第二层。

A. 1.5； B. 2； C. 1； D. 0.5。

137. 腻子在批刮过程中，其中的溶剂会不断挥发，有时会变硬。为了便于______，油性腻子可以加些稀光油拌稀，大漆腻子要加些广漆或稀光漆。腻子变硬时不能加水。

A. 嵌缝； B. 嵌批； C. 嵌补； D. 批刮。

138. 用腻子填平面积______的低凹部位，应在腻子中酌量加些石膏粉，使腻子变厚，这样便于填平凹坑。

A. 较大； B. 较宽； C. 较小； D. 较窄。

139. ______压麻灰时要薄而密实，要能填进夏布织孔，吃透布面，一般做法是用刮板如铺水泥似地将漆灰铺开。铺时要先横铺1道，再竖铺1道，然后再过板子。过板时的方向要与原先满刮腻子的方向保持垂直，以保证压布灰的光平直顺。

A. 嵌补； B. 批刮； C. 嵌填； D. 批嵌。

140. 批刮腻子应选择______的环境才能保证腻子的干燥质量。如批刮大漆腻子，无论是批刮操作时或操作结束，都要选择湿度较大而又不通风的环境。

A. 合适； B. 好； C. 适宜； D. 较好。

141. 批刮油性腻子以后，要将物品移置于干燥______处或太阳底下，这样会加快腻子的干燥速度。

A. 不通气； B. 通气； C. 不通风； D. 通风。

142. 批刮快干腻子应尽量在室内进行，并关上门窗操作，待满批腻子结束后立即打开门窗，或将物品搬到室外阴凉干燥______处，这样既可提高满批腻子的质量，又可以加快干燥的速度。

A. 通风； B. 不通风； C. 通气； D. 不通气。

143. 在夏季批刮血料腻子时要选择阴凉干燥而又______的环境；如在冬季批刮，可选择较温暖而又干燥的环境；春、秋两季，最好搬置于太阳底下批刮，这样会加快血料腻子的干燥速度。

A. 不通气； B. 通风； C. 通气； D. 不通风。

144. 打磨和抛光是提高涂饰效果的重要作业之一。在物件涂装的整个过程中，不但白坯和底色、腻子需要打磨，刷底漆和中间涂层也要打磨，最后刷过面漆后不但需要

______打磨，而且还进行抛光、推光处理。

A. 真心；　　B. 用心；　　C. 精心；　　D. 认真。

145. 雕刻花纹有简有繁，工艺精细。打磨时首先要掌握它的层次规律，对左右对称、凹凸处、大挖、过桥、棱角、圆弧等，都要按______仔细打磨，打磨时不能磨过头致使砂坍变形。

A. 秩序；　　B. 层次；　　C. 步骤；　　D. 程序。

146. 木材表面如有胶迹，一般是用刀或玻璃片轻轻地刮掉胶迹，再经砂纸打磨。大多数针叶树材中均有松脂节疤，不除净会影响木材______，还会破坏漆膜或降低漆膜的附着力。

A. 染色；　　B. 色彩；　　C. 颜色；　　D. 彩色。

147. 木材表面如有松脂迹可用酒精或汽油揩擦，或用刻刀将松脂节疤挖掉然后再用砂纸打磨。如有油污，可用______或汽油揩擦除净，再经木砂纸打磨平滑。

A. 肥皂水；　　B. 香蕉水；　　C. 酒精；　　D. 清水。

148. 油性腻子打磨，对透木纹工艺的腻子要顺木纹方向打至木纹全部显露，但不要把满刮的腻子打净或将某一处打得露白木，这样会影响______均匀。

A. 染色；　　B. 彩色；　　C. 颜色；　　D. 色彩。

149. 漆灰腻子打磨，每道漆灰腻子需待彻底干透后根据具体情况进行打磨，然后再刮下一道漆灰。最后一道漆灰充分干燥后，用细磨石或水砂纸蘸水打磨______。

A. 整齐；　　B. 平整；　　C. 平坦；　　D. 平滑。

150. 漆灰腻子打磨，______一般是在第一操漆灰干燥后进行。

A. 粗磨；　　B. 细磨；　　C. 平磨；　　D. 不粗不细磨。

151. 漆灰腻子打磨，______通常是用砂纸或砂布包裹木块或硬橡皮对大平面进行打磨，这样找平效果较好。

A. 粗磨；　　B. 平磨；　　C. 不粗不细磨；　　D. 细磨。

152. 漆灰腻子打磨，______一般用于最后一操灰或已上过底漆干燥后进行找平处理。这时应用水砂纸或细磨石蘸水打磨。

A. 不粗不细磨；　　B. 平磨；　　C. 细磨；　　D. 粗磨。

153. 打磨水粉底色时，一是要等水粉______彻底干燥后再进行打磨；二是不能用过粗的砂纸或砂布打磨，以防砂布的粒度过粗而将粉色磨掉，从而影响着色的质量。

A. 面层色；　　B. 中涂色；　　C. 颜色；　　D. 底色。

154. 打磨油粉底色时，可用旧的 0 号砂布或 00 号砂布，每处顺木纹方向轻轻打磨______个来回即可。

A. 1～2；　　B. 2～3；　　C. 3～4；　　D. 4～5。

155. 打磨水色，如水色中加的水胶溶液用量______，则色面光滑度就差，打磨时可用旧 0 号砂布顺木纹方向用力均匀地打磨。

A. 较少；　　B. 较多；　　C. 太少；　　D. 太多。

156. 打磨水色，对于水色加胶量______或未加胶液的底色，为防止将颜色磨掉而露白，可用旧砂纸或砂纸的反面在色面上顺木纹方向将表面压平磨光，色面打磨好后用干软布抹净浮灰，千万不能用湿布擦抹，以防颜色被擦掉。

A. 很多；　B. 太多；　C. 较少；　D. 较多。

157. 中涂漆打磨，磨水砂时，一般先用较粗的水砂纸（如 280 号、360 号）打磨，后用较细的水砂纸（如______号）研磨。

A. 120～150；　B. 180～200；　C. 240～260；　D. 400～600。

158. 中涂漆打磨，湿磨时______，一般先圈磨或斜磨，后顺木纹磨，整个漆膜都要磨到，直到全部磨出类似毛玻璃的乌光为止；即正面看把漆膜的原光完全磨去，表面没有光泽，手摸平滑。斜看漆膜如同镜面。

A. 用力要均匀；　B. 用力要大；

C. 用力要小；　D. 用力要适度。

159. 面漆打磨时可光用 500～600 号水砂纸淋肥皂水反复将刷纹及颗粒充分磨平、磨掉，再改用______号水砂纸将漆膜全面水磨至镜面的平滑，方可进行砂蜡和光蜡抛光。

A. 180～200；　B. 800～1000；　C. 240～300；　D. 360～400。

160. 退光、推光的过程都是为了使漆膜光亮润泽。民间漆工虽做法各异，但______只有一个—提高漆面的装饰质量，以达到完美无瑕的地步。

A. 想法；　B. 目标；　C. 目的；　D. 要求。

161. 刷涂大漆和熟桐油，用生漆刷将大漆敷于被涂物面上，然后用劲像刮腻子一样刷涂均匀。施涂______是先边角，后平面；先小面后大面。

A. 方法；　B. 步骤；　C. 程序；　D. 顺序。

162. 刷涂大漆和熟桐油，操作时，先用上漆刷______转弯里角，再施涂平面。然后用理漆刷将施涂上的大漆先理匀转弯里角，再将平面上的大漆斜刷、横刷、竖刷反复多次匀漆。

A. 施涂；　B. 涂刷；　C. 喷涂；　D. 滚涂。

163. 刷涂大漆和熟桐油，用木刮板刷涂，如采用干性较快的大漆，可对角交替刷 2 次，纵横交替和纵行双重各刷______。

A. 3 次；　B. 1 次；　C. 4 次；　D. 2 次。

164. 刷涂大漆和熟桐油，用木刮板刷漆，如采用干性较慢的大漆，可先对角交替刷______次，再横纵交替刷 2～3 次，纵行双重刷 1 次。

A. 1～2；　B. 2～3；　C. 3～4；　D. 4～5。

165. 刷涂油性漆，一般的刷涂______是先里后外，先左后右，先上后下，先难后易，先线角后平面。在刷平面时，常按“开油→横油→斜油→理油”的步骤涂刷。

A. 做法；　B. 方法；　C. 程序；　D. 顺序。

166. 刷涂油性漆，开油时将油漆刷蘸油漆，刷水平面时，毛刷蘸漆可多一些，要求顺木纹方向开油。开油时施涂的油漆不超过四周的边缘，但也不能相距太远，一般以______mm 为宜，要求速度快、刷纹直，并视漆液的稠度控制用力的均匀度。

A. 20～30；　B. 30～40；　C. 40～50；　D. 50～60。

167. 刷涂油性漆，横油即在开油后，漆刷______油漆，可将直条的漆液进行横向（与开油方向呈 90°角）施涂，使漆液充分摊开并均匀地附着在饰面上。

A. 少蘸；　B. 不再蘸；　C. 多蘸；　D. 再蘸。

168. 刷涂油性漆，斜油即横油后还不能使漆液充分______，可以用漆刷于木纹方向呈45°角进行一次斜油，直至被涂物面均匀一致，没有露底或刷痕的现象。四周边缘处也应用漆刷捋平，不得有流挂现象。

A. 摊平； B. 分开； C. 摊开； D. 均匀。

169. 刷涂油性漆，理油即理油前应将漆刷上的余漆在漆桶边上刮几下，以刮去漆刷两边残留的漆液，然后用漆刷的毛尖轻轻地在漆面上顺木纹方向______。理漆时先将毛口对准楞角顺木纹从左往右一刷到底，再从终点楞角处重叠原刷路1/4平行地刷回，这样来回施涂整个饰面，并注意两端楞角处有没有漆液残留，如有不妥应轻轻地理顺。

A. 理直； B. 理平； C. 理光； D. 理顺。

170. 刷涂快干漆即刷涂虫胶漆，刷子返回只可一二次，不可在表面上前后反复过多地返回刷子，否则容易咬底刷花。在刷好一处长条刷下一条长条时，两个长条间______不可重叠过多。

A. 搭接； B. 衔接； C. 接缝； D. 搭边。

171. 刷涂快干漆，即刷硝基漆，每蘸一次漆快速顺木纹刷涂______ mm左右宽即可。在刷涂时中间不能停顿，以免产生搭接痕迹。整个平面刷好后应及时收净各边缘楞角的残漆，以防流挂。

A. 150； B. 100； C. 200； D. 250。

172. 用擦涂法所获得的漆膜______极高，其表面平直光滑，具有镜面似的光泽，使木材表面的所有阴影、色调变化、年轮以及纤维的错综交织等都显得格外美观悦目。

A. 装裱性； B. 装潢性； C. 装饰性； D. 装修性。

173. 擦涂大漆，抹漆时要注意不能在漆膜面上留有纹路，______来回，对于线角、楞角处应用手指揩抹光滑。至此，揩擦生漆操作完毕，便可将物件放置在阴暗潮湿处自干。

A. 只能抹4～5个； B. 只能抹3～4个；
C. 只能抹2～3个； D. 只能抹1～2个。

174. 擦涂硝基漆，第二次擦涂要在第一次擦涂的涂层彻底干燥后并经过水砂纸打磨修饰后才能进行。第二次擦涂所用硝基漆的______要低一些。擦涂的遍数可少些，目的只在于填平渗陷的不平，适当增加涂层的厚度。

A. 黏度； B. 稠度； C. 浓度； D. 稀度。

175. 虫胶漆极易吸潮发白，所以在天气潮湿时最好不要施工。如果涂膜已经吸潮发白，可将发白的部位面向太阳，再薄刷1层______，白迹即可消失。

A. 酒色； B. 酒精； C. 油色； D. 虫胶漆。

176. 敷贴麻绒，用糊刷蘸满油料血腻子涂于已“通灰”的木基层上面，其厚度以浸透麻绒为度，随即将梳好的麻绒粘于其上，要______木纹粘，麻绒的厚度要均匀一致。

A. 斜着； B. 顺着； C. 横着； D. 竖着。

177. 敷贴夏布一般在夏季施工，一昼夜便可干燥；冬季需要______昼夜才能完全干燥。干燥后再上压布灰、细灰、浆灰，干后打磨平整即告完成。

A. 4； B. 3； C. 1； D. 2。

178. 敷贴木纹纸，即将木纹纸表面用湿毛巾润湿，基材上涂刷聚醋酸乙烯乳液（涂胶量为______ g/m^2）。从木纹纸的一端开始，逐步将木纹纸胶贴在家具板件上，待胶液固化后修整四周多余木纹纸及溢出之胶物，再涂饰面漆。

A. 150；　　B. 160；　　C. 170；　　D. 180。

179. 绸缎易缩水，因此在裁剪时要留缩水量。一般缩水率为：幅度方向为______；幅长方向为1%，如贴有花纹图案的绸缎，要放长一个图案的距离。

A. 0.2%～0.7%；　　B. 0.5%～1%；

C. 0.8%～1.3%；　　D. 1.1%～1.5%。

180. 敷贴绸缎所需裱贴浆糊，其配合比为：面粉∶防虫涂料∶水＝______（重量比）。

A. 5∶20∶40；　　B. 40∶20∶5；

C. 5∶40∶20；　　D. 20∶5∶40。

181. 敷贴锦绫，因锦绫柔软光滑，极易______，故而裁剪裱贴比较困难，因此必须先在锦绫背面裱一层宣纸，使锦绫硬朗挺括才能上墙。

A. 变宽；　　B. 变皱；　　C. 变窄；　　D. 变形。

182. 由于金箔价格昂贵，一般只用于贵重、______的漆器以及金字招牌上，而其他诸如银箔、铝箔、铜箔等贴上以后再罩上金黄色透明漆则可替代金箔。

A. 高档；　　B. 中档；　　C. 低档；　　D. 一般。

183. 贴金前先要打金胶。自配金胶漆一般是用熟桐油与红色调合漆，其配合比＝______混合均匀（也可用大漆配制金胶漆），用特制的金胶刷蘸取金胶漆仔细地描涂贴金部位。

A. 9∶1；　　B. 9∶2；　　C. 9∶3；　　D. 9∶4。

184. 金箔搭接应自上搭下，自右搭左。扫去搭接金箔时，扫的______也必须是自上而下扫，从右向左扫，以不露贴缝。贴金时对缝一定要严，尽量少搭，以免浪费。

A. 步骤；　　B. 方向；　　C. 秩序；　　D. 方法。

185. 广漆是由优良的生漆原料经过严格的数次过滤后与坯油混合而成。用广漆涂饰的木器、家具，其漆膜具有______的理化性能且光亮透明。其适用范围是木器、家具、房屋门窗、车船内部装饰等。

A. 特殊；　　B. 一般；　　C. 优良；　　D. 良好。

186. 抄油复漆涂饰，底层处理即透明涂饰对木材材质的要求十分严格，材质应力求白净，纹理细腻清秀，无斑痕，无污点。对______的要求也极为细微和完善。

A. 底层处理；　　B. 基础处理；　　C. 涂层处理；　　D. 基层处理。

187. 抄油复漆涂饰，嵌批腻子采用熟桐油带色石膏腻子。其配合比为：石膏粉∶熟桐油∶汽油∶颜料∶水＝______∶适量∶适量。

A. 100∶40∶20；　　B. 100∶20∶40；

C. 120∶40∶20；　　D. 100∶60∶20。

188. 抄油复漆涂饰，施涂广漆，将生漆和坯油混合成广漆。其配合比例为：生漆∶坯油＝______。

A. 47～50∶53～50；　　B. 48～50∶52～50；

C. 49～50∶51～50；　　D. 50∶50。

189. 抄漆复漆涂饰，嵌批腻子采用有色广漆石膏腻子，其重量配合比例为：广漆∶

熟石膏粉：水：颜料＝______：适量。

A. 1：0.6：0.1；　　B. 1：0.7：0.2；
C. 1：0.8：0.3；　　D. 1：0.9：0.4。

190. 抄漆复漆涂饰，复广漆即漆液应比第一遍略厚些，大约为 30μm，涂漆量为 ______ g/m²。

A. 85～135；　B. 90～140；　C. 95～145；　D. 100～150。

191. 水胶底、广漆面涂饰，刷广漆即按生漆：酚醛清漆或光油：松节油＝______（重量比）的比例混合搅拌，用长毛油漆刷涂刷一道，刷完后放置在温湿适宜的环境中干燥 1～2d。

A. 10：7：3；　B. 10：3：7；　C. 10：7：7；　D. 10：4：4。

192. 玉眼木纹底、广漆面涂饰。玉眼木纹的制作原理是：将带有______的老粉或腻子等填充料充分填充于木材的管孔之中，使填入着色颜料的管孔纹理与材面的其他部位所着的颜色形成强烈的反差，从而达到材面木纹充分显露出来的目的。

A. 染料；　B. 颜色；　C. 颜料；　D. 色料。

193. 玉眼木纹底、广漆面涂饰，擦油老粉即使用油老粉填孔______比使用水老粉要好，这样可使材面颜色和木孔颜色不会因互溶而产生渗色现象。

A. 上色；　B. 染色；　C. 着色；　D. 颜色。

194. 由于模拟木纹工艺应______仿珍贵木材的天然花纹，因此模拟木纹后大多采用色浅且透明的广漆及其他清漆罩面。

A. 露出；　B. 显示；　C. 看出；　D. 突出。

195. 生漆底、推光漆面涂饰，被涂饰木材本身的干燥程度应符合施工要求，一般含水率不应超过______。

A. 12%～18%；　B. 13%～19%；　C. 14%～20%；　D. 15%～21%。

196. 褙麻绒底、推光漆面涂饰，刮腻子用料血油灰腻子满批 1 遍，对洞缝反复嵌实刮平。调制腻子的比例为：料血：光油：消石灰＝1：0.1：1。腻子干燥时间为______ h，干后用 2 号木砂纸打磨 1 次，扫净灰尘。

A. 4～6；　B. 8～12；　C. 12～16；　D. 16～20。

197. 褙麻绒底、推光漆面涂饰。嵌批腻子，第四遍批腻子，宜采用熟漆灰腻子，其重量配合比为：熟漆：熟石灰粉：水＝______，用中号牛角刮刀满批 1 遍。

A. 1：0.5：0.7；　　B. 1：0.7：0.5；
C. 1：0.8：0.4；　　D. 1：0.9：0.3。

198. 褙麻绒底、推光漆面涂饰，刷生漆之后打磨除净灰尘的基础上嵌批腻子，可用生漆腻子，其配合比例为：生漆：熟石膏粉：细瓦灰：水＝______。满批腻子，使其平整光滑。

A. 7：3.6：4：3.4；　　B. 7：3.4：3.6：4；
C. 7：4：3.6：3.4；　　D. 3.6：3.4：7：4。

199. 褙布底、推光漆面涂饰。刮漆灰可按生漆：石膏粉：水＝______（重量比）的比例混合调制漆灰，厚刮于木器表面。

A. 100：60～65：30～35；　　B. 100：50～55：20～25；

C. 100∶40～45∶30～35；　　D. 100∶70～75∶40～45。

二、选择题答案

1. A	2. B	3. C	4. D	5. A	6. B	7. C	8. D	9. A
10. B	11. C	12. D	13. A	14. B	15. C	16. C	17. A	18. B
19. C	20. D	21. A	22. B	23. C	24. D	25. A	26. B	27. C
28. D	29. A	30. B	31. C	32. D	33. A	34. B	35. C	36. D
37. A	38. B	39. C	40. D	41. A	42. B	43. C	44. D	45. A
46. B	47. C	48. D	49. A	50. B	51. C	52. D	53. A	54. B
55. C	56. D	57. A	58. B	59. C	60. D	61. A	62. B	63. C
64. D	65. A	66. B	67. C	68. D	69. A	70. B	71. C	72. D
73. A	74. B	75. C	76. D	77. A	78. B	79. C	80. D	81. A
82. B	83. C	84. D	85. A	86. B	87. C	88. D	89. A	90. B
91. C	92. D	93. A	94. B	95. C	96. D	97. A	98. B	99. C
100. D	101. A	102. B	103. C	104. D	105. A	106. B	107. C	108. D
109. D	110. A	111. B	112. C	113. D	114. A	115. B	116. C	117. D
118. A	119. B	120. C	121. D	122. A	123. B	124. C	125. D	126. A
127. B	128. C	129. D	130. A	131. B	132. C	133. D	134. A	135. B
136. C	137. D	138. A	139. B	140. C	141. D	142. A	143. B	144. C
145. D	146. A	147. B	148. C	149. D	150. A	151. B	152. C	153. D
154. A	155. B	156. C	157. D	158. A	159. B	160. C	161. D	162. A
163. B	164. C	165. D	166. A	167. B	168. C	169. D	170. A	171. B
172. C	173. D	174. A	175. B	176. C	177. D	178. A	179. B	180. C
181. D	182. A	183. A	184. B	185. C	186. D	187. A	188. B	189. C
190. D	191. A	192. B	193. C	194. D	195. A	196. B	197. C	198. D
199. A								

第四节　技师油漆工知识考核简答题

一、简答题试题

1. 识读图样必须首先了解哪些知识？

2. 识读图样的顺序和注意事项是什么？

3. 楼梯平面图的识读要点有哪些？

4. 楼梯剖面图的识读要点是什么？

5. 所谓建筑装饰工作图及其业务内容是什么？

6. 在装饰施工图中对材料图例有哪些规定？

7. 室内装饰的内容分为哪两大类，其具体内容是什么？
8. 室内装饰的功能有哪几方面？
9. 室内装饰俯视平面图的图线表示内容是什么？
10. 室内装饰立面图，立面装饰图的图线表示什么内容？
11. 什么是室内装饰立面展开图的图示法？
12. 一个工程项目的施工按其阶段可分哪些？
13. 在施工准备阶段按其性质及内容应包括哪些？
14. 施工图样综合会审如何进行？
15. 中国夏、商、周时期有哪些建筑成就？
16. 通过色彩的不同处理手法可以达到哪些功效？
17. 形成物体色彩变化的因素有哪些？
18. 色彩对人的视感有什么温度感应？
19. 怎样利用色彩的膨胀感来改善空间效果？
20. 何谓色彩给人的视觉重量感应？
21. 色彩对人的视觉距离感应有什么效果？
22. 色彩的运用怎样充分考虑功能的要求？
23. 色彩的运用怎样符合构图的要求？
24. 什么是高分子化合物？
25. 什么叫物质的加聚反应？
26. 什么是低分子球状结构的涂膜？有什么特点？
27. 什么是线型分子结构的涂膜，其特点是什么？
28. 什么是立体型网状分子结构的涂膜，其特点是什么？
29. 什么是氧化聚合型涂料？
30. 什么是固化剂固化型涂料？
31. 什么是酸固型涂料？
32. 什么是挥发型涂料？
33. 生漆如何储存？
34. 生漆的成分有哪些？各占多少？
35. 生漆的成膜过程是什么？
36. 什么是生漆的转色？
37. 什么是熟漆？
38. 生漆有哪些特性？
39. 不同用途的广漆如何进行调制？
40. 大漆施工与油饰彩画制作中需要用哪些辅助材料？
41. 根据染料的溶解性可分为哪 3 种？举例说明。
42. 腻子能起哪些作用？
43. 对生漆进行干性试验的方法是什么？
44. 油粉浆的调配方法是什么？
45. 油色如何调配？

46. 酒色的特点是什么？
47. 如用 3 种色漆或 5 种色漆怎样调配色彩？
48. 什么是“一摊、二横、三收”往返刮涂法？
49. 批刮腻子怎样选择适宜的环境？
50. 刨痕如何打磨？
51. 雕刻花纹如何打磨？
52. 漆灰腻子如何砂磨？
53. 怎样进行大漆漆膜退光？
54. 怎样进行大漆漆膜推光？
55. 怎样刷涂大漆和熟桐油？
56. 为什么说硝基漆的漆膜是可逆的？
57. 如何敷贴麻绒？
58. 如何敷贴夏布？
59. 怎样敷贴木纹纸？
60. 怎样敷贴绸缎？
61. 怎样敷贴锦绫？
62. 怎样敷贴金箔？
63. 广漆抄油复漆涂饰工序有哪些？
64. 广漆抄漆复漆涂饰工序有哪些？
65. 广漆抄漆复漆涂饰，如何抄广漆？
66. 水胶底、广漆面涂饰工序有哪些？
67. 水胶底、广漆面涂饰如何入荫干燥？
68. 玉眼木纹底、广漆面涂饰工序有哪些？
69. 玉眼木纹底、广漆面涂饰如何上色？
70. 怎样绘制木纹？
71. 生漆底、推光漆面涂饰工艺工序有哪些？
72. 褙麻绒底、推光漆面涂饰工序有哪些？
73. 褙布底、推光漆面涂饰工序有哪些？
74. 褙布底、推光漆面涂饰如何褙布？
75. 红木擦漆的工序有哪些？
76. 红木擦漆工艺，如何擦涂面漆？
77. 花梨木擦漆工序有哪些？
78. 仿红木擦漆有哪些工序？
79. 烫画涂饰工艺工序有哪些？
80. 烫画涂饰工艺，如何进行烫画？
81. 烫蜡涂饰工艺，怎样做好热浸蜡？
82. 烫蜡涂饰工艺工序有哪些？
83. 古旧家具的翻新操作工艺工序有哪些？
84. 怎样打油满？

85. 地仗灰如何配制？
86. 一麻五灰操作工艺工序有哪些？
87. 一麻五灰操作工艺，如何钻生？
88. 色油涂饰工艺工序有哪些？
89. 黑油的配制方法是什么？
90. 光油透明涂饰工艺工序有哪些？
91. 大色如何配制？
92. 小色如何配制？
93. 彩画修缮步骤有哪些？

二、简答题答案

1. 识读图样必须首先了解它的分类、编排次序、图样索引方法和有关符号等知识。

2. 识读图样的顺序和注意事项：

1）识读图样必须循序进行，即应按照图样编排次序的先后分类进行，应由整体到局部，从粗到细逐步加深理解；

2）注意各类图样的内在联系，必须注意相互配合，加强对照；

3）注意设计的变更情况，应注意设计修改图样和设计变更备忘录等补充说明内容。

3. 楼梯平面图的识读要点如下：

1）了解楼梯或楼梯间在建筑中的平面位置及有关轴线的布置；

2）了解楼梯间、斜梯段、楼梯井和休息平台等的平面形式和尺寸，以及楼梯踏步的宽度和踏步数；

3）了解楼梯（间）处的墙、柱、门窗平面位置和尺寸；

4）了解楼梯的走向和栏杆设置及楼梯上下起步的位置；

5）了解楼梯间内的夹层、梯下小间等设施布置；

6）了解楼梯邻近各层楼地面和休息平台面的标高；

7）在底层楼梯平面图中了解楼梯垂直剖面图的剖切位置和剖视投影方向；

8）了解楼梯间各种管道和设施、留孔槽等平面布置情况。

4. 楼梯剖面图的识读要点如下：

1）了解楼梯在竖向和进深方向的有关标高和尺寸；

2）了解楼梯间墙身的轴线间距尺寸以及墙柱结构与楼梯结构的连接；

3）了解梯段、平台、栏杆、扶手、踢脚线等构造情况和用料说明；

4）了解楼梯间内的垃圾井、电表箱、消防箱、门窗口尺寸等情况；

5）了解踏步的宽度和高度及栏杆的高度。

5. 所谓建筑装饰工作图就是用陈述、解释和指导建筑装饰设计和施工所使用的业务图。

工作图随着业务的性质和作用不同，其表现方式也不一样：有作为表达最初意想和构思的徒手草图；有作为工程文件的装饰设计线条图；有表现装饰效果和气氛的绘画图。

6. 在装饰施工图中对材料图例作了如下规定：

1）图例的线条应间隔匀称、疏密适度、线条细致、图示正确；

2）不同的图例要清楚可辨，不得混淆不清；

3）凡同类材料不同品种使用同一图例时，应在图上附加必要的说明；

4）凡在一张图内只用一种材料时，或图形太小而无法画出建筑材料图例时，则可不必表示图例，但应加文字说明；

5）绘图时所用的材料图例应有助于为图的表现效果增色，切不可喧宾夺主，否则就本末倒置了；

6）要求材料图例线挺秀优美，曲直不苟，点、线清晰，图形自然，切忌图线紊乱，影响图示效果。

7. 室内装饰的内容如下：

1）固定装饰，包括对室内的墙面、地面、柱子、顶棚、门窗、楼梯、花格等装饰；

2）活动装饰，包括卫生器具、各类家具、餐厨用具和各类灯具等选择和摆设。

8. 室内装饰的功能有如下几方面：

1）实体装饰，如壁画、壁饰、花格、门心装饰等；

2）设备装饰，如空调系统、卫生系统、视听系统、服务系统等；

3）局部纯粹装饰，包括门厅、过廊、梯间、花格和室内院、庭院等；

4）宣传装饰，如门面、艺术广告灯箱、霓虹灯等。

9. 室内装饰俯视平面图的图线表示以下内容：

1）粗实线：主要是结构部分，如墙、柱断面的轮廓线；

2）中实线：次要部分的轮廓，如墙的护角线、踢脚线和轻质隔墙等。

10. 室内装饰立面图，立面装饰图的图线表示以下内容：

1）粗实线：房间的轮廓线、剖切的顶棚、墙面、地面。

2）中实线：图示家具、设施的轮廓线嵌入项目的可见部分。如是不可见线，可用中虚线。

3）细实线：引出线、尺寸标准线。

11. 室内装饰立面展开图的图示法：

1）用粗实线把连续的墙面外轮廓线和面与面转角的阴角线示出；

2）用中、细实线作主次区别于墙面上的正投影图像；

3）还必须能看清图的两端和墙角处的下方所标注的与平面图相一致的轴线编号和标注的各种尺寸数据、标高、详图索引号、引出线上的文字注说、材料图例等。

12. 一个工程项目按其阶段可分为施工准备、土建施工、设备安装、交工验收4个阶段。

13. 在施工准备阶段按其性质和内容通常包括技术准备、物质准备、劳动组织准备、施工现场准备和施工场外准备。

14. 施工图样综合会审如何进行，一般会审由建设单位主持，由设计单位和施工单位参加，三方进行设计图样的会审。

1）首先由设计单位的工程主设计人向与会者说明拟建工程的设计依据、意图和功能要求，并对特殊结构、新材料、新工艺和新技术提出设计要求。

2）施工单位根据自审记录以及对设计意图的了解，提出对设计图样的疑问和建议。

3）在统一认识的基础上，形成“图样会审纪要”，由建设单位正式行文，参加单位共同会签、盖章，作为与设计文件同时使用的技术文件和指导施工的依据，以及建设单位与施工单位进行工程结算的依据。

15. 中国夏、商、周时期，即公元前 21 世纪至公元前 400 多年，经考古发现，夏代有夯土筑城遗址；商代已形成木架夯土建筑和庭院；至两周已发展到严整的四合院建筑。

16. 色彩能给人们一定的刺激和美的感觉，它是艺术装饰的重要表现手段，恰当运用，能达到理想的环境效果，增强建筑的功能性。

1）能满足视觉美感。

2）能表现人的心理反应。

3）能调节室内光线的强弱。

4）能调节室内空间。

17. 形成物体色彩变化的因素有有色、光源色、环境色，这是形成色彩的 3 个要素。三者结合起来，相互作用，形成一个和谐统一的色彩整体。因此，我们观察与研究任何色彩现象，都必须以这 3 个要素为依据，加以全面考虑。

18. 人们看到太阳和火时自然地产生一种温暖感，久而久之，一看到红色、橙色和黄色也会相应地产生暖感；而海水、月光常给予人一种凉爽的感觉，于是人们看到青、蓝、绿也会产生凉爽感。由此可见，色彩的温度感不仅与大自然密切相关，而且也是人们习惯的反映。在十二色中，我们把从红到黄称之为暖色（包括红紫色），从绿到紫为冷色。

19. 色彩的膨胀范围大约为实际面积的 4%左右，所以在室内色彩的设计中，可以利用色彩这一性质来改善空间效果，如空间过大时可以适当采用收缩色（即冷色），以减弱空间的空旷感。当空间过小时，则可以采用膨胀色（即暖色），以减弱其压抑感。

20. 重量感应。由于物体的颜色不同，给人的视觉重量感也不同，物体对人的视觉轻重感应，也取决于色彩的明度，明度高的显得轻，明度低的显得重。从这个意义上讲，有人又把色彩分为轻色和重色。正确地运用色彩的重量感，可以使色彩的平面和空间关系平衡、协调和稳定。例如在室内装饰中采用上轻下重的色彩配制，可以起到稳重的视觉效果。

21. 实验表明，当人眼睛与物体表面距离为 1m 时，前进量最大的红色可以误近 45mm，后退量最大的青色可以误近 20mm。色彩的距离还与明度有关，明度越高越具“前进感”，明度越低越具“后退感”，根据这个原理，在实际工作中，我们可以利用色彩的距离感应来改变和调节室内的空间效果。

22. 色彩具有明显的生理效果和心理效果，能直接影响人们的生活、生产、工作和学习。因此，在考虑室内色彩时，应首先考虑功能上的要求。

1）力求体现与功能相适应的品格和特点，以医院为例，色彩要有利于治疗和休养，故常使用白色、中性色或其他彩度较低的色彩为基调，这类色彩能给人以宁静、柔和与清洁感。

2）可以利用色彩划分。以走廊为例，走廊高而短时，可以通过水平划分使之显得低而长；走廊低而长时，可用垂直划分来增加高度或以减弱压抑感。

3）利用色彩来改善空间效果作用也是显著的。比如一个门厅，净高只有 2.6m，一般说是比较低矮的，但是如果采用明度较高的色彩，用白色顶棚、乳白色的墙纸（最好采用垂直线条花纹）、浅绿色的地面，这样就会使整个大厅减少压抑感。

23. 符合构图的要求。要充分发挥色彩的美化作用，正确处理色调的配置、协调与对比、统一与变化、主景与背景、基调与点缀等各种关系。

1）定好基调，基调很像乐曲中的主旋律，它体现内部空间的功能与性格，在创造特定的气氛和意境中发挥主导作用。基调外的色彩也只起丰富、润色、烘托、陪衬的作用。

2）色彩基调是由室内装饰面积较大及人们注意得最多的色块所决定的，如地面、墙面、顶棚、窗帘等都能构成室内色彩的基调。若采用暖调子可以产生欢乐、愉快的气氛。以彩度较低的暖色作为主调，以对比强烈的色彩作点缀，并采用黑、白、金、银作为点缀装饰，恰当配置在一起，可以形成富丽堂皇的气氛。

3）在处理色彩的基调和配置中要因地制宜，不但要考虑室内的功能，而且还要和周围的环境相和谐。只有色彩的基调，室内装饰就有特点，就有风格，室内色彩才能达到理想的意境。

24. 高分子化合物，即相对分子质量在10000以上的化合物称高分子化合物，简称高分子。高分子化合物的相对分子质量是由许多相同的简单的结构单元通过共价键重复连接而成，例如聚乙烯是由成千成万个结构单元“$—CH_2—CH_2—$”（乙烯）相互连接而成。

25. 加聚反应是指分子量小的不饱和单体化合物（单体）在适当的温度、压力和有催化剂存在的情况下，其分子互相结合成为分子量很大的化合物（高分子化合物）的化学反应。

26. 低分子球状结构的涂膜是由大量球形或类似球形的低分子（如虫胶、松香衍生物等）组成的。这些涂膜对木材的附着力尚好，但因分子之间的联系微弱，所以耐磨性很差，弹性低，大多不耐水、不耐热、不能抵抗大气的侵入。

27. 线型分子结构的涂膜，是由直链型或支链型大分子（如硝酸纤维）与许多非转化型的合成树脂（如过氯乙烯、聚丙烯等）组成的。这类涂膜因分子间彼此相互交织，联系紧密，因此弹性、耐磨性、耐水性和耐热性等均高于低分子结构的涂膜。

28. 立体型网状分子结构的涂膜，属于体型网状分子结构的涂膜有聚酯、丙烯酸、聚胺酯等涂料的涂膜。各个分子之间由许多侧链紧密连接起来。由于这些牢固的侧链存在，所以这类涂膜的耐水、耐候、耐热、耐寒、耐磨、耐化学性能等都比其他分子结构的涂膜高得多。

29. 氧化聚合型涂料：它干燥成膜是在常温下进行的。干燥过程中，必须接触空气才聚合成高分子膜。因此不使用时必须把桶盖严，否则易起皮。

30. 固化剂固化型涂料：该涂料必须加固化剂才能固化成膜，它的成膜过程是在固化剂存在的条件下进行的，固化剂是它的聚合条件。固化成膜是靠固化剂中的活性元素或活性基团与成膜物中的官能团发生化学反应，交联固化成连续完整的高分子膜。因此使用时，现用现配，平时分散保存。

31. 酸固型涂料（或称烘烤聚合型）：该涂料遇酸后才聚合成高分子涂膜，因此说酸是它的聚合条件。故储存时应离酸远些。

32. 挥发型涂料：该涂料又称高分子溶液，其成膜方式通常在施工后，在常温下靠溶剂挥发便可干燥成膜。

33. 生漆储存应具备以下条件：

1）生漆应储存在有盖接缝严密的木桶内。

2）生漆应储存在干燥、隔热、无阳光直接照射的仓库内。存放的温度，夏季不宜超过30℃以上，冬季不可低于0℃以下。如遇气候闷热潮湿时，要注意通风透气，以免发酵变质；遇到气候干燥，相对湿度较小时，可在存放处洒些水，以防漆桶开裂而使生漆漏损。

3）开桶的生漆应在漆液表面盖上一层牛皮纸，使漆液与空气隔绝。如需久存时，则可在生漆中掺入0.125%～0.25%的甲醛溶液，能起防腐作用。但一般只能延续储存3～5个月。

34. 生漆的成分有：一是漆酚，含量在50％～80％间；二是漆酯，约占10％；三是树胶质约在10％以下；四是水分占20％～40％。

35. 生漆成膜过程：生漆的组分其实就是生漆形成一种独特乳液，树胶质是乳化剂，它吸附漆酶和水一起形成水珠，这种水珠称之为活性水珠，分散在漆酚当中。当这种水珠与空气和漆酚同时接触时，漆酶的催化基团便发生多种化学反应，这个聚合反应过程就是生漆的成膜过程。

36. 生漆在无空气的环境中颜色不变，只要一接触空气便立即会转变为红棕色或红褐色。这是一种过渡色，在干化过程中是黑色的浅色阶段，这就造成生漆内质是黄色，其道理就是黑白混合加中间过渡性红色，成为折中的黄色，这是生漆区别于其他任何物质颜色的奇点，最后变为黑色以至于干固成膜。生漆品种不同，转色现象也不一致。如大木漆，因本身颜色浅、燥性好，转色较快；小木漆，因本身颜色较深、燥性慢，转色也较慢。

37. 将棉漆（即纯生漆）掺入总漆量的50％以上的坯油后成为熟漆，又叫广漆。熟漆漆色变浅，干燥性减弱，但光亮度好，肉头增强。

38. 生漆不溶于水，只溶于酒精、丙酮、二甲苯和汽油等有机溶剂。但漆膜干固后，几乎不溶于任何溶剂，且具有特殊的耐久性、突出的耐磨性、优良的耐腐蚀性、耐高温性、极好的电绝缘性、漆膜无毒无污染。

39. 调配不同用途的广漆要选用不同特性的生漆：

1）配制浅色广漆（俗称透明金漆）一定要选用干燥性好、光亮度好、色素肉质好的浅色生漆和白坯油，绝不可搭配次漆、坏漆和深色漆；

2）配制紫檀色、红木色、柚木色、荸荠色的广漆（俗称深色金漆），应选用深色生漆或深色浅色搭配成的多山头漆；

3）擦漆工艺的头道打底漆，必须用干燥性质稍慢、水分稍高的生漆或用水分多的新漆和水分少的陈漆混合成的多山头漆；

4）擦漆用的罩光面漆，必须用光度好、干燥性能好、色素肉质好的生漆，绝不可搭配光亮度差、干燥性能不好、水分过高、色素肉质不好的生漆；

5）干燥性能过快的生漆可与干燥性能稍慢的生漆搭配使用；

6）性质不够理想的生漆也可加入少量漆酶活力较强的优质生漆来改善其性能，调配成广漆，用于档次要求不高的地方。

40. 传统的大漆施工与油饰彩画制作除了使用大漆与桐油以外，还需要采用许多辅助材料。这些辅助材料包括颜料、染料、填料、胶料、磨料、稀料、镶嵌料、敷贴材料以及其他零星材料。

41. 根据染料的溶解性可分为以下3种：

1）能溶解于油中的染料称为油溶性染料，如油溶黄、油溶红（烛红）、油溶黑等，因为它们特别易溶于油脂或矿物油中，可入漆着色；

2）能溶于乙醇中的染料称为醇溶性染料，如醇溶性耐晒黄、醇溶性耐晒红、醇溶性苯胺黑等，因它们特别易溶于乙醇而不溶于水，可入漆着色，但不能用于配水色；

3）能溶解于水溶液中的染料称为水溶性染料，如黄钠粉、黑钠粉、块子金黄、碱性棕、碱性品红等，这类染料不仅易溶于水（尤其是热水），同时也溶于乙醇，对木质纤维的渗透能力强，主要用来改变木材的天然颜料，在保持木材自然纹理的基础上使其呈现有鲜艳透明的光泽，提高涂饰面的质量。

42. 在油漆涂饰工艺中，所用的第一种材料就是腻子，它能起如下作用：

1）它能将被涂物面上的洞眼、裂缝、刨茬、木材鬃眼、管孔以及其他缺损处填实补平，使物面平整，涂上油漆时可以省料、省工、省力；

2）能提高漆面的光滑度，增加物面的美观性；

3）调稀并加入颜料的腻子又是木器着色、显露木纹的主要材料。

43. 在调配大漆腻子之前，必须先对生漆进行干性试验，试干的方法是：用漆刷蘸生漆少许，涂抹在玻璃片或竹片上，然后放置在室内潮湿环境中观察，若在室温25±5℃条件下，1～2h能达表干者，可调配填洞腻子；4～6h能达表干者，可调填缝腻子；8～12h能达表干者，可调满批腻子；24h才达表干者，只能调配刮鬃眼腻子；若要2d后才达表干者，是不能用来调配腻子的。

44. 油粉浆的调配方法是：先按比例将老粉和松香水混合成稀浆，再在其中加适量酚醛清漆，继续搅拌成糊状。在另一容器中按样板色泽要求放入所需的着色颜料，用松香水调稀，同时按比例加入煤油，上下搅拌均匀后再倒入大容器中与老粉糊状物搅拌均匀，最后经试色后达到要求即成所需的油粉浆。

45. 油色是用油类或油性漆与颜料、染料以及相应的稀释剂调配而成的一种着色剂。它是介于色漆与清漆之间的一种自行调配的着色涂料，施涂于木板表面后，既能显露木纹，又能使木材底色一致。

1）当调配浅色的油色时，可用立德粉、铁黄等与清油或清漆以及松香水、二甲苯等混合调配。

2）如调配中等色调的油色时，可用铁红、铁黄、哈吧粉等与清油以及松香水等混合。

3）当调配深色时，可用铁黑、哈吧粉等与油性漆及松香水等混合。

46. 酒色的特点是色彩鲜明，渗透性好，既可显露木纹，又可对涂层起着色作用，且不会引起木材的膨胀和产生浮毛等现象，这比用酸性染料配制的水色要好。缺点是容易褪色，还易产生色调浓淡不均的毛病。由于干燥迅速，操作比水色困难。

47. 在调配色漆的过程中，除把握好各色油漆的调配比例外，还要把握好各种色漆的调配顺序，以防调色过头，影响色漆的装饰效果。

1）如3种色漆进行调色时，其着色力强的为主色，着色力次于主色的为副色，着色力次于副色的为次色。

2）在五原色漆中，黑色、深蓝和红色为主色，而黄色和白色为次色。一般情况下，调配色彩时应先加次色，后加主色，以防调色过头，造成浪费。

48. 往返满刮腻子“一摊、二横、三收”的操作方法：

1）一摊，就是将每一手灰反复摊满、摊平（每一手灰是指刮灰的最长长度为1m左右）；

2）二横，就是用刮板反复横摊一次，进一步将摊上的灰刮平、摊平；

3）三收，就是用刮板顺木纹刮平收直，直至将平面的每一角落、接头处全部刮满顺平。

49. 批刮腻子应选择适宜的环境才能保证腻子的干燥质量：

1）如批大漆腻子，无论是批刮操作时或操作结束，都要选择湿度较大而又不通风的环境，因为在越干燥、越通风、越冷的环境中，或在阳光下，大漆越不易干燥；

2）批刮油性腻子以后，要将物品移置于干燥通风处或太阳底下，这样会加快腻子的干燥速度；

3）批刮快干腻子应尽量在室内进行，并关上门窗操作，待满刮腻子结束后立即打开门窗，或将物品搬到室外阴凉干燥通风处，这样既可提高满批腻子的质量，又可以加快干燥的速度；

4）在夏季批刮血料腻子时要选择阴凉干燥处而又通风的环境；如在冬季批刮，可选择较温暖而又干燥的环境；春、秋二季，最好搬置于太阳底下刮批，这样会加快血料腻子的干燥速度。

50. 刨痕打磨。刨痕多、深而硬的木面，可用1号木砂纸或铁砂布包木块，顺刨痕方向每处用力打磨6～8个来回，待刨痕基本平了，改用0号木砂纸包木块，顺木纹打磨3～4个来回。

对于刨痕少、浅而且软的木面，可用0号木砂纸或铁砂布包木块，把整个木面打磨至平整光滑为止。

51. 雕刻花纹有简有繁，工艺精细：

1）打磨时首先要掌握它的层次规律，对左右对称、凹凸处、大挖、过桥、棱角、圆弧等，都要按程序仔细打磨，打磨时不能磨过头致使砂坍变形；

2）对于人物雕刻，特别是头脸、指甲等部位不能砂磨，否则会使鼻尖砂坍、眼目不清和指甲模糊；

3）对于动物雕刻，它的头面和爪子尖也不能打磨；

4）对于比较精细的花纹图案，须设法用特制砂磨工具进行砂磨。

52. 每道漆灰腻子需待彻底干透后根据具体情况分层次进行打磨。

1）首先粗磨，一般是在第一操漆灰干燥后进行。

2）其次是平磨，通常是用砂纸或砂布包裹木块或硬橡皮对大平面进行打磨，这样找平效果较好。

3）最后细磨，一般用于最后一操灰或已上过底漆干燥后进行找平处理。这时应用水砂纸或细磨石蘸水打磨。

53. 退光即用细磨石或极细的水砂纸在大漆膜表面轻打慢磨，将细微的刷痕、颗料及稍凸起的漆膜打磨平整；然后用女人发团蘸水和细瓦粉擦磨，擦去漆面的磨痕，再用生油薄薄铺漆面，以头发蘸细瓦粉再推擦至漆膜发热并全部被搓磨成无光状态。

54. 推光即用极细的木炭粉调生漆湿润后用手掌在经过退光的漆膜面上反复推揩，待漆膜逐渐出现光亮直至光泽一致时将细木炭粉末清除干净，再用生漆鹿角粉推揩至漆膜极度细腻似玻璃镜面且发出饱满匀称的亮光，推光工艺才算结束，最后用干净的脱脂棉球将推光漆面揩拭干净。

55. 使用生漆刷将大漆（或桐油，下同）敷于被涂物面上，然后用劲像刮腻子一样刷涂均匀。施涂顺序是先边角，后平面；先小面后大面；操作时，先用上漆刷施涂转弯里角，再施涂平面。然后用理漆刷将施涂上的大漆先理匀转弯里角，再将平面上的大漆斜刷、横刷、竖刷反复多次匀漆。静置10～20min后，用毛质细软的理漆刷顺木纹理平，转弯里角处的漆液也必须剔清理匀。

56. 硝基漆是挥发型漆，它的漆膜是可逆的，能被原溶剂溶解，因为每擦涂一次硝基漆会对前一个漆层起到2个作用：

1）增加涂层厚度；

2）对前一个涂层起到一定程度的溶平修饰作用。漆中的溶剂能把前一个涂层上的皱纹、颗粒、气泡等凸出部分溶去，而漆中的成膜物质又能把前一涂层的凹入部分填补起来，这样又形成了一个新的较为平整均匀的薄层，多次逐层积累，最终的表面漆膜则显得比较平滑均匀，再经过进一步的修饰，就能获得极高装饰质量并能经久保持光泽的漆膜。

57. 用麻绒和料血等材料来加固木材制件的一种手段。敷贴操作方法如下：

1）首先对木材进行斩砍、撕缝、下竹钉、汁浆等基层处理；

2）用糊刷蘸满油料血腻子涂于已“通灰”的木基层上面，其厚度以浸透麻绒为度；

3）将梳好的麻绒粘于其上，要横着木纹粘，麻绒的厚度要均匀一致；

4）麻绒粘上后即用麻压子压实；

5）干后以油满与水混合一起调匀后刷涂于麻上，以不露干麻为限，但不宜过厚；

6）随时检查有否干麻，如有干麻，应翻起后再行扎实，将余浆轧出，以防干后发生空隙起凸现象。

58. 在某些木基层的地仗活中，如隔扇、同心板等木制平板，有板缝以及雕刻的图案花纹，必须经加固的特殊方法，才能经久不坏。由于这些地方无法披麻，所以要用褙布的方法来达到延长使用寿命的目的。其方法如下：

将夏布按涂装面积用裁刀裁好，然后用刷子蘸浆料贴糊到门心板、隔扇或其他木基层平面上，夏布的边缘需把浆料咬出，然后用刮板将多余的浆料刮净，并将布面展平压牢，使其不出现褶纹和孔隙，其边角和装饰线的弯曲转折处更要用手指赶平，如有皱褶可用裁纸刀将突起处割开，用手指捺实。干燥后再上压布灰、细灰、浆灰，干后打磨平整即告完成。

59. 木纹纸覆盖性能，且印有深浅不一的纹孔。由于是机械印刷而成，其色彩逼真、纹理清晰。敷贴操作前，先把木纹纸表面用湿毛巾润湿，基材上涂刷聚醋酸乙烯乳液（涂胶量为150g/m²）从木纹纸的一端开始，逐步将木纹纸胶贴在家具板件上，再用橡皮辊在木纹纸上摊平，使木纹纸紧贴部件表面，待胶液固化后修整四周多余木纹纸及溢出之胶液，再涂饰面漆。

60. 敷贴绸缎：

1）绸缎在裁剪时要留有缩水量，一般缩水率为：幅度方向为0.5%～1%；幅长方向为1%，如有贴花纹图案的绸缎，要放长1个图案的距离；

2）单一墙面开幅时，开幅尺寸要注意对称性，门窗及阴角、阳角处测量准确；

3）褙贴应将已开幅的绸缎浸泡在清水中5～10min，取出晾至七八成干，放到绒面工作台上上浆糊；

4）在被两边拉紧的绸缎背面涂刷或刮刷，从绸缎中间向两侧刮（刷）浆糊要涂得薄而均匀，以湿透背面为宜，然后将衬布浸半湿，对齐绸缎背面粘贴牢固，再用熨斗熨烫平整后裁去边条，即可将它裱贴到物面上；

5）裱贴后可在面层上涂刷1层透明防虫、防腐涂料，以防虫蛀和发霉。

61. 锦绫质地柔和，色彩清雅宜人，用以装饰墙面，豪华富丽，亲切温柔，无任何污染。

1）裱贴前先在锦绫背面裱一层宣纸，使锦绫硬朗挺括才能上墙。

2）待裱好的锦绫干后，应根据锦绫的图案及幅宽仔细设计，认真裁剪好片子，编号后备用。

3）锦绫片子在上墙前应在锦绫宣纸底面与木基层表面同时刷胶，然后将锦绫按照编号顺序一块一块分别上墙。

4）锦绫上墙时注意对花拼缝，对缝裱贴，将锦绫刮平，裱贴均匀，以防出现折皱，有缝缺边等现象。

62. 传统油漆工艺中常用金箔贴于图案或特殊装饰面上，以形成经久不褪，闪闪发光的金属薄膜。

1）贴金前先要打金胶，用特制的金胶刷蘸取金胶漆仔细地描涂贴金部位。

2）当金胶漆将干未干时，将金箔撕成需要尺寸，用竹制金夹子夹起金箔，轻轻贴于金胶漆上，再用棉花揉压平服。

3）一般贴金应从左到右、自上而下进行。金箔搭接应自上搭下，自右搭左。扫去搭接金箔时，扫的方向也必须是自上而下扫，从右向左扫，以不露贴缝。贴金时对缝一定要严，尽量少搭，以免浪费。

4）贴过金的表面可不罩清漆，但如贴的是赤金箔或银箔、铜箔等应罩1层金黄色的广漆，以使面层成为金色，不会因受大气腐蚀而逐渐变黑。罩光需等贴好金箔后1周左右进行。

63. 广漆抄油复漆涂饰工艺工序见图4-1。

64. 广漆抄漆复漆涂饰工序见图4-2。

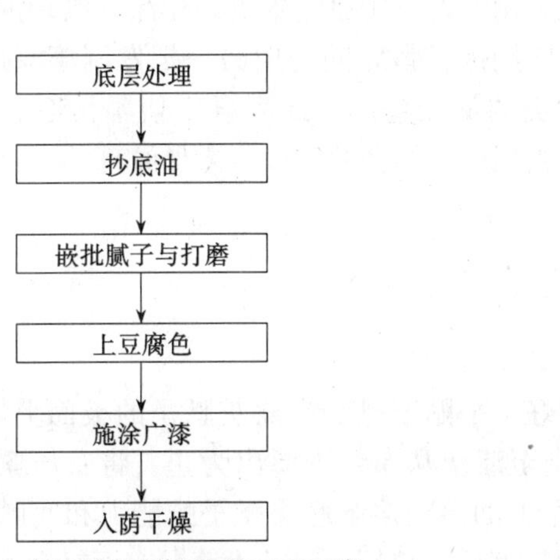

图4-1 广漆抄油复漆涂饰工艺工序

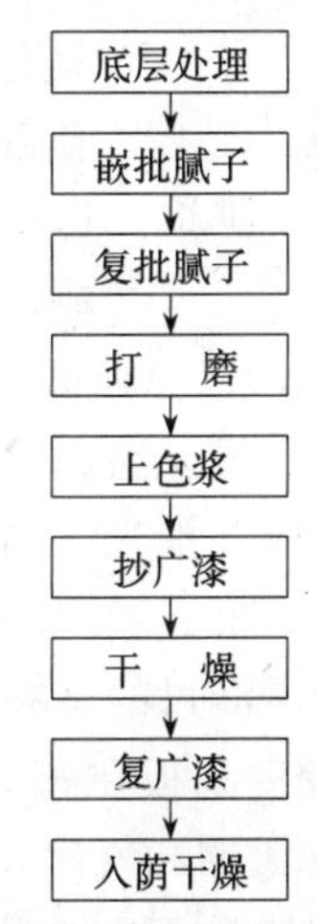

图4-2 广漆抄漆复漆涂饰工序

65. 广漆抄漆复漆涂饰抄广漆，用抄漆刷先抄后理。上漆必须厚薄均匀，涂层宜薄（大约在20μm以下，涂漆量在70～100g/m^2），否则极易起皱。

另外，也可用蚕丝团抄漆。操作时将蚕丝捏成团，蘸漆涂揩于物面上，向纵横方向不断地往返揩搓滚动，使物面受漆均匀，揩匀后用漆刷理通理顺。

小面积可由单人操作，自揩自理；大面积需两人配合，一人在前面上漆，另一人在后面理漆。

66. 水胶底、广漆面涂饰工序见图4-3。

67. 水胶底、广漆面涂饰产品入荫干燥，如果没有温湿室，可先将室内打扫清洁，然后用水将地面和四周的墙壁洒湿，放置物件后其底脚应用木块垫起，以防接触水分影响质量，漆膜未达表干之前，室内应关闭门窗，禁止通风，否则漆膜不易干燥。

68. 玉眼木纹底、广漆面涂饰工序见图 4-4。

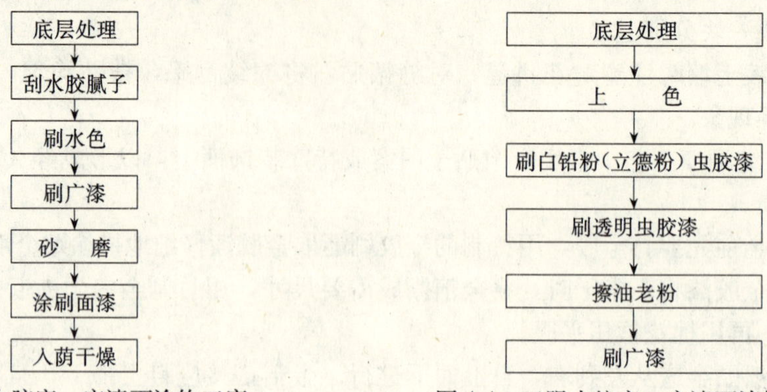

图 4-3　水胶底、广漆面涂饰工序

图 4-4　玉眼木纹底、广漆面涂饰工序

69. 玉眼木纹底、广漆面涂饰工艺上色，上色分油老粉淡眼子深色和深眼子淡色两种。前一种是将木纹孔着淡色，整个木材表面着深色，这就需要上水色对木器表面进行染色；后一种则相反，表面不需染色，多数为木材本色。

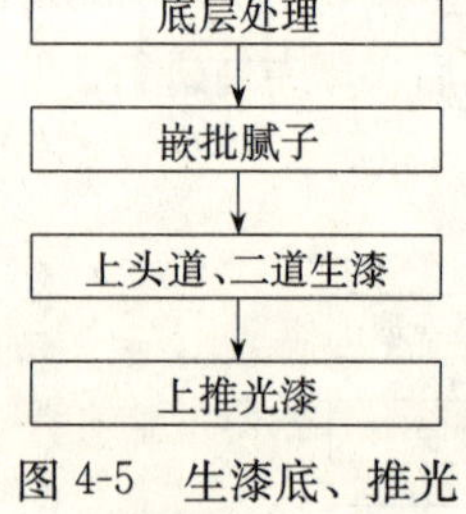

图 4-5　生漆底、推光漆面涂饰工序

70. 涂绘时先用羊毛排笔将浅色色浆刷涂在底层漆上，再用具有长短不规则刷毛的发刷涂绘木纹。先涂绘纹理的环孔或半环孔部分，然后向周围扩散，同时用另一把发刷蘸深色色浆套绘，以形成自然优美的深浅色泽，最后再用猪鬃长毛底纹笔轻微掸刷，使涂绘的纹理产生细密的管峰，增加纹理的自然感。注意不可涂绘成剪口岔，以免降低模拟木绘的自然感。

71. 生漆底、推光漆面涂饰工序见图 4-5。

72. 褙麻绒底、推光漆面涂饰工序见图 4-6。

73. 褙布底、推光漆面涂饰工序见图 4-7。

74. 将揉洗浸润过的麻布拧干、裁好，平贴于已刮有漆灰腻子的板面上，四面褙紧，用牛角刮板或橡皮刮板在布面上反复刮至漆灰从布纹中渗出为止，将布压紧、展平、捺实，不使其出现皱褶和气泡，借助于布上的溶剂溶解底层腻子的能力和底腻子中大漆的粘性将布面紧粘在物面上，待整个物面贴完后，再用调稀的大漆顺布面轻轻薄刷一层，使布面上的布眼都浸满漆料，这样能使麻布粘贴得更为牢固；然后将木器置于温湿的环境中干燥（夏天 24h 可干，冬天需 48h 才能完全干燥）。褙布的层数可根据设计要求而定。

75. 红木擦漆的工序见图 4-8。

76. 红木擦涂面漆，开始可用蚕丝团在上过漆的物面上滚擦，然后手须捏紧蚕丝团作直、横、斜向揩擦，最后顺木纹方向或从上到下一手接一手地揩擦至理平。每遍擦生漆均应间隔几天时间，待前一遍擦生漆的色素黑垢褪掉一些后再擦下一遍生漆。每遍生漆的厚薄应均匀适宜严防过厚、过薄。

擦漆操作完毕后应将物件放置于阴暗潮湿处自干，但温度必须保持 25℃左右的室内促使快干。

77. 花梨木擦漆工序见图 4-9。

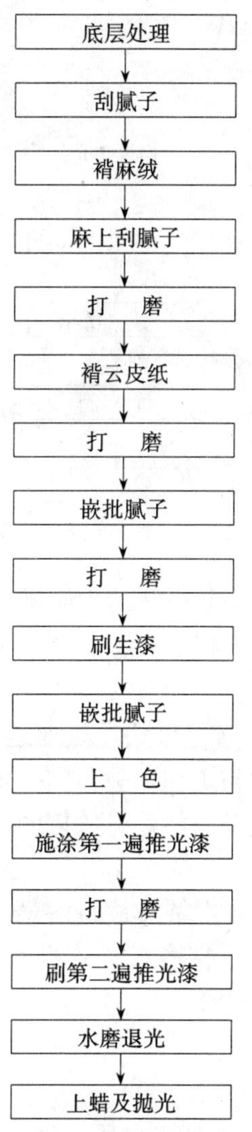

图 4-6　褙麻绒底、推光漆面涂饰工序

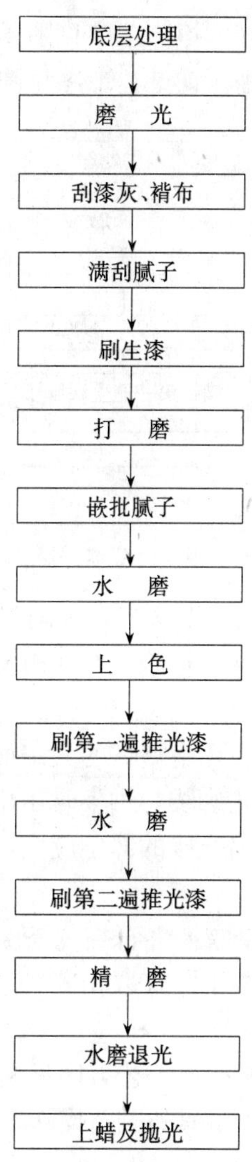

图 4-7　褙布底、推光漆面涂饰工序

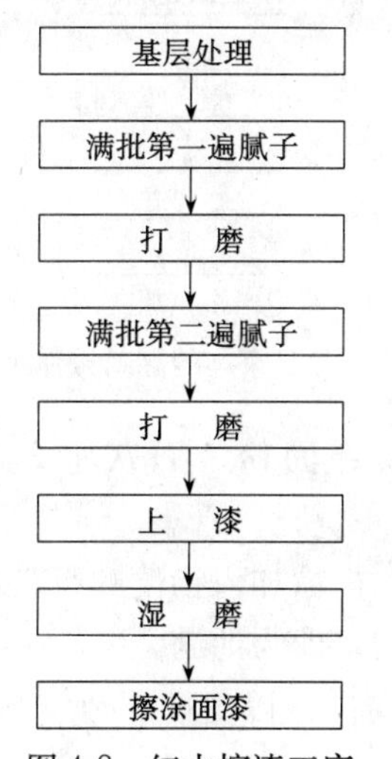

图 4-8　红木擦漆工序

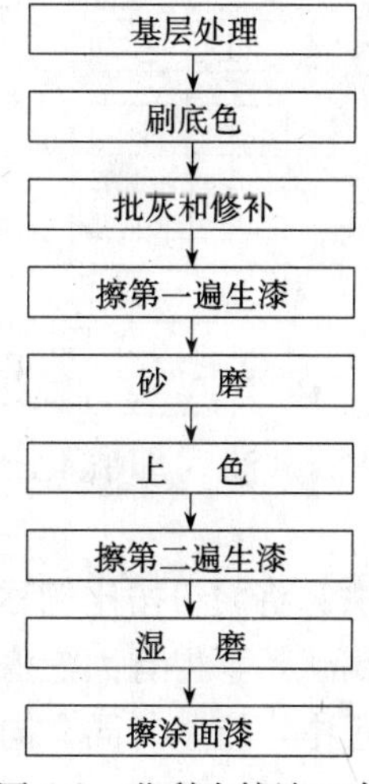

图 4-9　花梨木擦漆工序

78. 仿红木擦漆工序见图 4-10。

79. 烫画涂饰工艺工序见图 4-11。

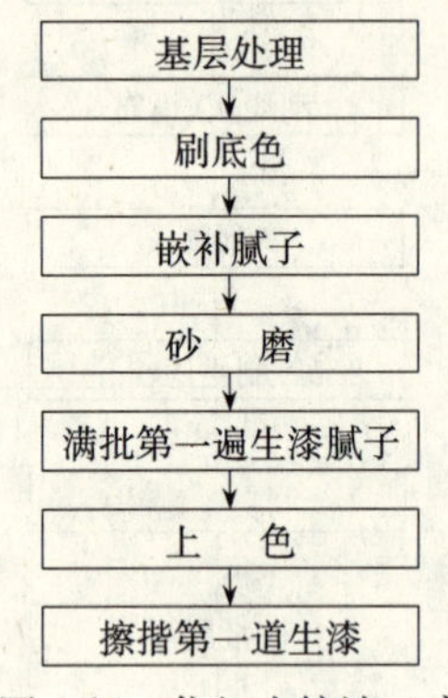

图 4-10　仿红木擦漆工序

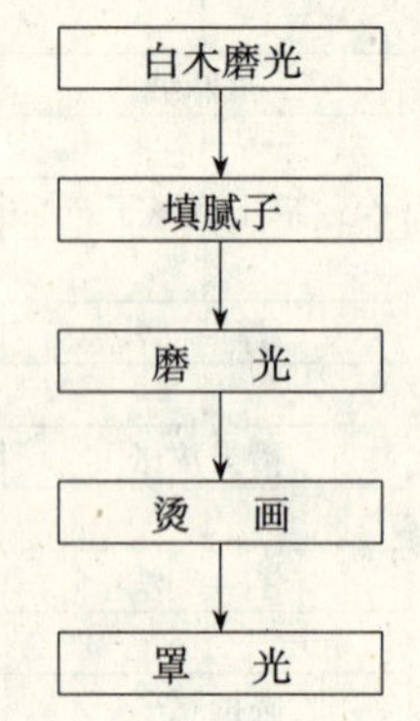

图 4-11　烫画涂饰工艺工序

80. 烫画涂饰工艺，烫画工序是根据设计的画面，先用电烙铁的尖端烫出轮廓线，遵循物体的形状，运笔要时快时慢，时转时折，使烫出的线条刚劲挺拔，浑厚有力，浓淡相宜，妙趣横生。

皴擦时应用电烙铁的大扁面，做一些斧劈、披麻、结索等皴法。皴擦运笔不能太实，也不能超过轮廓线。烘染时用烙铁的扁面，随图形的结构与走向，一角实一角略虚地进行烘烫，即明暗交接的部位应实，靠近皴擦的地方渐虚。烘染以能看见皴擦的笔迹为宜，不能烘染过重。

81. 热浸蜡：将石蜡入容器里加温熔化，再将小型根艺家具放进容器中进行蜡煮，10～60min即可将其取出，擦去蜡珠，然后用软布擦抹，打磨抛光，即可获得理想的效果。

82. 烫蜡涂饰工艺工序见图 4-12。

83. 古旧家具的翻新操作工艺工序见图 4-13。

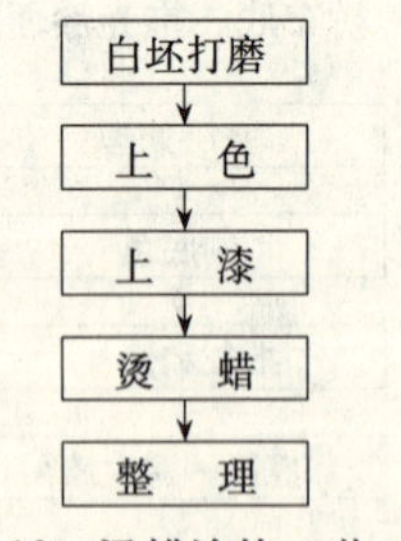

图 4-12　烫蜡涂饰工艺工序

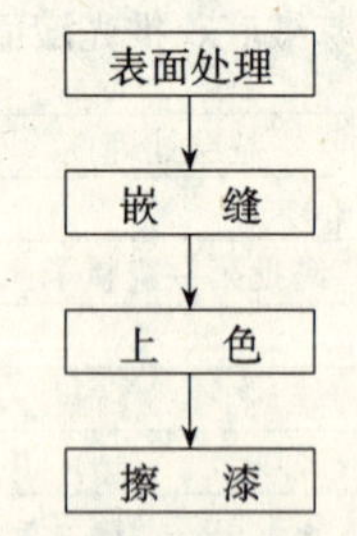

图 4-13　古旧家具的翻新操作工艺工序

84. 打油满：油满即乳化桐油，其配比按重量计为：面粉：石灰水：灰油＝1：1.3：3。

配制方法：将面粉按比例称好倒入桶内或搅拌机内，徐徐加入稀薄的石灰水，按同一方向搅拌成糊状，不得有面疙瘩出现。然后加入灰油调匀，即为油满。

配制过程中，应坚持同方向搅拌，不得乱搅或反方向搅，以免搅“泄”，达不到乳化的目的。

85. 地仗灰包括捉缝灰、通灰、压麻灰、中灰、细灰。配制时应逐遍增加血料和砖瓦灰，撤其力量，以防上层劲大而将下层牵起。

调配地仗灰是将油满、血料及砖瓦灰 3 种材料按比例调和而成。其中砖瓦灰主要是用作填充材料，分籽灰、中灰、细灰 3 种。因此在调地仗灰前，先要对砖瓦灰进行级配。一般级配是：捉缝灰要在籽灰中加入 15%的中灰和 15%的细灰；通灰要在籽灰中加入 30%的中灰和 20%的细灰；压麻灰要在籽灰中加入 30%中灰和 20%的细灰。即便是调中灰，也要在其中加入 30%的细灰。

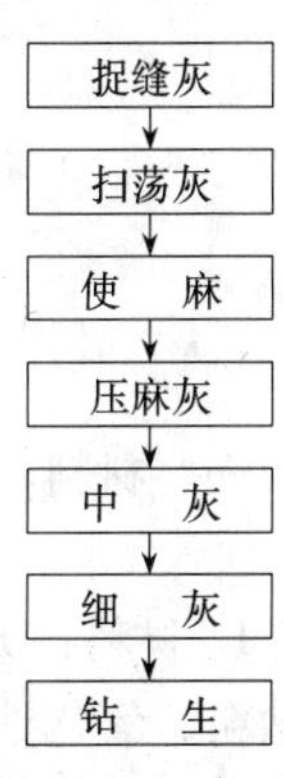

图 4-14　一麻五灰操作工艺工序

86. 一麻五灰操作工艺工序见图 4-14。

87. 一麻五灰操作工艺，钻生即细灰干后应精心砂磨要求平者要平，直者要直，圆者要圆。以丝头蘸生桐油，跟着磨细灰的后面随磨随钻。桐油必须钻透，即浸透细灰干后呈黑褐色。浮油用麻头擦净。待全部干透后，用砂纸精心细磨，然后打扫干净。

88. 色油涂饰工艺工序见图 4-15。

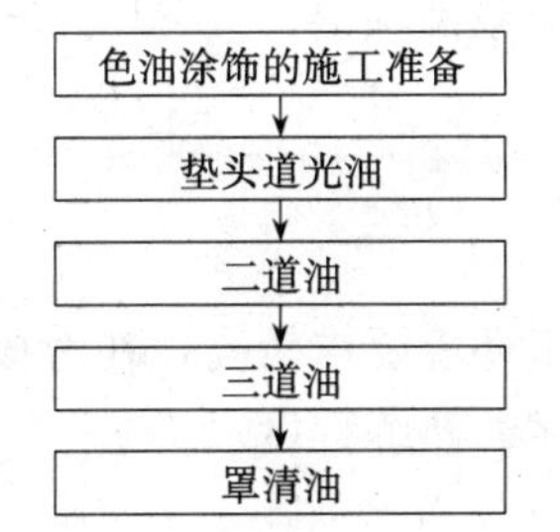

图 4-15　色油涂饰工艺工序

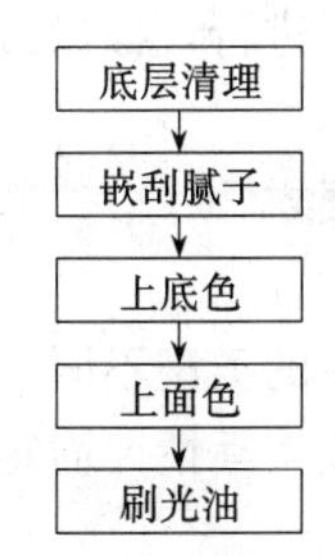

图 4-16　光油透明涂饰工艺工序

89. 黑油的配制：即将黑烟子轻轻倒入盆内，按 500g 黑烟子倒入 150g 白酒，使酒与黑烟子逐渐渗透，再以开水浇沏。随倒水随搅拌，一直搅拌到糊状为止，停放 24h 后黑烟子沉淀下来，澄出浮水，倒入浓度较大的光油，以油棒捣之出水，用毛巾将水吸净，再加光油即可。加入光油的比例为：黑烟：浓光油=1：1.5（重量比）。

90. 光油透明涂饰工艺工序见图 4-16。

91. 大色的配制：将矿物颜料，如洋绿、佛青、樟丹、石黄等入盆内，用开水徐徐沏之，随沏随搅拌，凉后将水澄出。如此反复 2～3 次，去除硝质，然后磨细，再加入胶液即可使用。

92. 小色的配制：

1）硝红：在配好的银朱中再对入适当白粉。比银朱要浅一个色阶，比粉红要深一个色阶，即为硝红；

2）粉紫：以银朱加佛青、白粉，即为粉紫；

3）香色：在调好的石黄中再兑一些调好的银朱、佛青，即为香色；

4）其他：毛蓝、藤黄、桃红、赭石等以及用量少者，均为小色，其配制均可直接入胶。

93. 彩画修缮步骤见图 4-17。

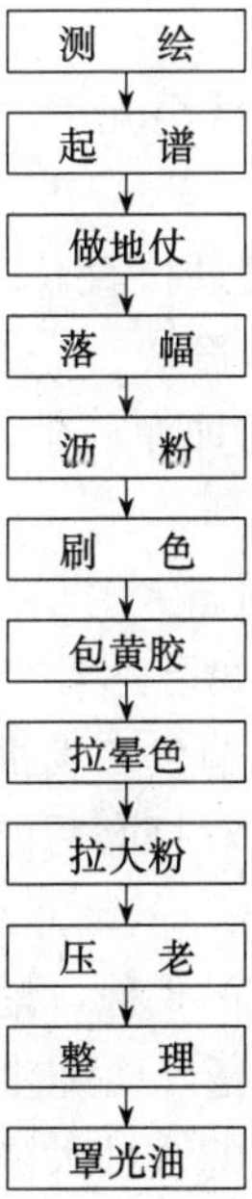

测　绘 → 起　谱 → 做地仗 → 落　幅 → 沥　粉 → 刷　色 → 包黄胶 → 拉晕色 → 拉大粉 → 压　老 → 整　理 → 罩光油

图 4-17　彩画修缮步骤

第五节　技师油漆工技能考核试题

第一题　杂木仿红木揩漆工艺技能考核

一、材料、工具

1. 材料：大漆或成品改性大漆、熟石膏粉、嫩豆腐、颜料（酸性品红、酸性大红、黑钠粉、氧化铁黑等）、溶剂汽油、豆油、老棉絮、木砂纸、水砂纸等。

2. 工具：大小漆刷、大小牛角翘、铲刀、铜筛、排笔、容器、揩布等。

二、操作内容

对本项工艺操作的全部过程包括所用材料（大漆除外）配制要求独立完成。有条件的可结合生产实际进行，数量可按实际条件而定，对大漆应限额领料。

三、时间要求

由于木制品的类型不同，又无明确的国家定额，施工环境要求较高，在考核中对时间的要求各地可按实际情况而定，主要考察学员对每道工序的熟练程度。

四、操作要点

1. 施工准备：对所用的材料、工具和场地应达到可操作的要求。

2. 白木处理：对胶迹、油污必须清除干净，对木面棱角必须仔细打磨至光滑、平整并掸抹干净。

3. 刷第一遍色：配色要准确，可作小样试验。刷色要均匀，顺木纹理通拔直。

4. 满批第一遍生漆腻子：腻子颜色应同基色一致，满批腻子应刮平收净。

5. 打磨：待生漆腻子干燥后进行打磨，不得磨穿底色和磨白。打磨后掸净灰尘。

6. 刷第二遍色：方法和要求与上第一遍相同。

7. 满批第二遍石膏腻子：待干后进行打磨。方法和要求与第一遍相同。

8. 上第三遍色和批第三遍石膏腻子：这道工序可视物面情况而定。如已达到要求可以不做。对棱角处磨穿、磨白的做必要的修色。如达不到要求就应上第三遍色和满批第三遍石膏漆腻子，石膏漆腻子比前两道略稀一些。待腻子干燥后进行打磨。对打磨后的物面用潮布揩抹干净，如发现磨白处应及时进行修色。

9. 揩漆 2～4 遍：揩漆的材料有纯生漆或成品改性大漆和配漆（广漆）3 种，配漆可根据不同的气候调制一般生漆：熟桐油为 3∶1。配漆的优点是做好较光亮，而纯生漆需一个较长的出光过程，但纯生漆的耐酸、耐碱和耐磨性能比配漆佳，成品的改性大漆可直接使用，且无毒，但成膜后的性能不如大漆。在揩漆中第一、二遍可用漆刷将漆液涂平、理直，后几遍在刷涂、理涂的基础上用砂布将棉花包成球状进行揩涂，也可直接用棉球浸漆液揩涂。揩涂必须均匀。揩漆时当气候的湿度达不到要求时，应有专用的窨房。将揩涂好的物体放在窨房中，待干燥后进行打磨，揩抹干净后进行下一遍揩涂，直至达到要求。

五、考核内容及评分标准（见表 4-1）

考核内容及评分标准　　表 4-1

序号	考核项目	考核时间	考核要求	标准得分	实际得分	评分标准
1	白木基层处理	因无国家统一定额，各地可按实际情况酌情而定，主要考核学员对该项工艺技能掌握的熟练程度	打磨必须达到光、平、滑、无横砂纹，木面清洁无胶迹	5		1. 符合要求，得满分； 2. 打磨达不到要求，扣 1 分； 3. 有横砂痕 1 处，扣 1 分； 4. 木面不洁，扣 1 分
2	刷色满批腻子		配色正确，刷色均匀、无刷纹。腻子批刮技能熟练无腻子迹、疤	15		1. 符合要求得满分； 2. 配色欠佳，扣 3 分； 3. 刷色有刷纹，扣 5 分； 4. 有腻子色疤，扣 5 分
3	打磨腻子		打磨物面平整光滑不得磨穿、磨白	10		1. 符合要求，得满分； 2. 打磨达不到要求，扣 1～3 分； 3. 磨穿、磨白 1 处，扣 1 分
4	揩涂大漆		每遍揩涂应均匀，打磨不得出白	40		1. 符合要求，得满分； 2. 每遍揩涂中，出现不均匀漏揩，扣 1～5 分； 3. 打磨出白 1 处，扣 2 分
5	成活后的外观效果		颜色正确，色泽一致、均匀，表面光滑，平整，木纹清晰	30		1. 符合要求，得满分； 2. 配色欠正确，扣 1～5 分； 3. 色泽不一致，扣 1～5 分； 4. 有颜色刷痕，扣 5～10 分； 5. 表面欠光滑、平整，扣 1～5 分； 6. 木纹混浊，扣 5 分

学员号　　姓名　　年　月　日　　教师签名

第二题　扫青、扫绿工艺技能考核

一、材料、工具

1. 材料：佛青或洋绿、聚酯清漆、光油、老粉、砂纸、揩布等。
2. 工具：铲刀、批板、80 目小号铜箩筛、容器等。

二、操作内容

1. 对本项工艺考核可视具体情况而定，因为该项工艺主要在装饰匾额、楹联中使用，而“地”与字的做法又有多种。

2. 有条件的可结合生产进行，也可自行制作凹字板 1 块，作“清水地”、“字扫绿”为内容的考核，主要考核学员对该项工艺程序掌握的正确性与熟练程度。

三、时间要求

因为无国家统一定额，可根据实际情况、操作内容而定。

四、操作要点

1. 基层制作（即“地”的制作），“地”的制作可参考中级工聚胺酯清漆磨退施工工艺。其中在清理基层打磨中应将字的边缘一同打磨光滑，在批刮腻子中将字一同批刮和打磨，在“地”的涂料涂刷中，对字只刷 1 遍虫胶清漆即可。

2. 材料准备：应将需用的洋绿或佛青晒干、过筛，以待备用。洋绿和佛青加工时应戴橡胶手套，以防中毒。

3. 填油：即在扫绿（扫青）的字上刷 2 道光油，第一道光油可略稀一些，待干燥后用水砂纸打磨光滑，并揩抹清洁，但不得磨穿。如磨穿可用虫胶清漆修补。刷第二道光油可稠些，刷油要均匀，对字的边缘一定要刷平直，光油不可溢边，如溢边应及时揩抹干净。

4. 扫绿（扫青）：待光油基本流平后，将准备好的洋绿或佛青颜料放入 80 目的小号铜箩筛中，把箩筛置于字的上方，用手指轻轻敲击箩筛，使颜料均匀地撒落在字面上，颜料可略微多一些，以免颜料被油“咬穿”。撒铺颜料后，若是扫青，应立即放在阳光下晒干，若扫绿应放在室内阴凉干燥处晾干。

5. 清理：撒颜料后 12h 左右，将多余的颜料浮粉扫抹干净，扫抹可用排笔，如发现字边由于刷油不均，可进行修整，并将沾于“地面”的颜料揩抹干净。

五、考核内容及评分标准（见表 4-2）

考核内容及评分标准 表 4-2

<table>
<tr><th>序号</th><th>考核项目</th><th>考核时间</th><th>考 核 要 求</th><th>标准得分</th><th>实际得分</th><th>评 分 标 准</th></tr>
<tr><td>1</td><td>“地”的制作</td><td rowspan="2">本项目主要考核学员对该项目工艺掌握的正确和熟练程度，时间要求可按当地实际情况而定</td><td>木纹清晰漆面无丝纹无腻子疤痕色泽一致</td><td>30</td><td></td><td>1. 符合考核要求，得满分；
2. 木纹清晰达不到要求，扣 1～5 分；
3. 漆面有丝纹及腻子疤痕，1 处扣 1 分；
4. 色泽欠一致，扣 1～5 分</td></tr>
<tr><td>2</td><td>字扫绿或扫青</td><td>字的边缘齐整，字面着色平整、均匀，无凹凸，咬色、掉色</td><td>70</td><td></td><td>1. 符合考核要求，得满分；
2. 字的边缘欠齐整，扣 3～10 分；
3. 字面着色欠平整、均匀，扣 2～10 分；
4. 咬色，1 处扣 10～20 分；
5. 掉粉，1 处扣 10～20 分</td></tr>
</table>

学员号　　姓名　　年　月　日　　教师签名

第三题 贴金工艺技能考核

一、材料、工具

1. 材料：广漆或光油、石膏粉、颜料、金箔（或黄方、白方）等。

2. 工具：扫金笔、排笔、棉球、金夹子、漆刷、瓷盘、矿蜡或刀砖等。

二、操作内容

1. 此项工艺考核有条件的可结合生产实际进行，也可与沥粉工艺相结合进行考核，即在沥粉模块上对沥粉的线条或花饰进行贴金工艺操作。

2. 考核的数量可根据实际情况而定。结合生产实际可配对操作，沥粉模块上应单独完成。

三、时间要求

因国家无统一定额，可根据实际操作内容而定。

四、操作要点（例如对沥粉模块上线条和花饰进行贴金）

1. 准备：准备好贴金的工具和材料。

2. 过金：过旱金或过水金两种方法可任选一种。将过好金的金箔材料整齐地放在瓷盘中，上面用一块微潮的手巾盖好备用。

3. 沥粉部位的基层处理：即对沥粉后需贴金的部位用 0 号木砂纸进行打磨，使贴金面平整、光滑、边缘整齐，如有缺损应用腻子修补完整。

4. 包黄胶：在沥粉部位贴金应包两次黄胶，所用材料可用光油与黄色颜料配制，材料可配得略稀一些，包黄胶主要起封底和填充的作用。刷黄胶时要求均匀、边缘整齐。每遍干燥后应用 0 号木砂纸轻轻打磨光滑，以不磨穿涂膜为度。

5. 行金底油（金胶油）：金胶油可用广漆、光油、中油度的醇酸清漆等，使用时可任选一种。一般干燥度在涂刷后 2h 内可贴金为宜。行金油底须均匀。

6. 贴金：待金胶油将干未干时，即可上金，上金时边口搭接不宜过宽，贴金完毕后用金笔或小号排笔朝一个方向轻轻掸抹，如发现漏金处应及时补上。然后用棉球轻轻揉压平伏。贴金完后，如贴的是白方，应用虫胶清漆加块子金黄颜料调制成金黄色，在白方上浮刷两遍，使白色变成金黄色。

7. 扣油：扣油也称“齐金”，即金箔的边缘用狼毫笔刷原色油 1 道，如边缘不齐，可在原色油中加入适量的黄色颜料，配成金黄色进行“齐金”。

8. 罩油：即将调制成略稀的光油，在金箔上涂刷一遍，以起到保护金箔的作用。此道工序可根据需要而定，可罩油，也可不罩油。

五、考核内容及评分标准（见表 4-3）

考核内容及评分标准 表 4-3

序号	考核项目	考核时间	考核要求	标准得分	实际得分	评分标准
1	过金	根据实际操作内容而定	过金动作正确，过金后的金箔垂直展开而不“飞金”	10		1. 符合要求，得满分； 2. 动作不正确，扣 1～3 分； 3. 过金达不到要求，扣 1～5 分
2	包黄胶		涂刷均匀，边缘齐整，不流挂，无凸面颗粒	10		1. 符合要求，得满分； 2. 涂刷不均，边缘不齐整，表面欠光滑，每项扣 1～3 分； 3. 出现流挂，不得分
3	行金底油		涂刷均匀边缘齐整	10		1. 符合要求，得满分； 2. 涂刷欠均匀，扣 1～5 分； 3. 边缘欠齐整，扣 3～10 分； 4. 出现流挂，不得分
4	贴金		贴金动作规范，无漏金、飞金、沉金	60		1. 符合要求，得满分； 2. 贴金动作不规范，搭接太多造成浪费，扣 2～5 分； 3. 出现漏金，1 处扣 3 分； 4. 出现飞金，扣 5 分； 5. 出现沉金，1 处扣 5 分
5	扣油 罩油		扣油齐整，如配色扣油应调色正确、罩面均匀	10		1. 符合要求，得满分 2. 扣油欠整齐，扣 1～5 分； 3. 扣油配色不正确，扣 1～5 分； 4. 罩面欠均匀，扣 1～5 分

学员号 姓名 年 月 日 教师签名

第四题 沥粉工艺技能考核

一、材料、工具

1. 材料：骨胶、老粉、白色油性涂料、无光漆、石膏粉、牛皮纸、扎针、颜色粉袋等。

2. 工具：大、中、小号沥粉管、沥粉粉袋、铲刀、刮板、砂纸、揩布、丁字尺、铅笔、容器等。

二、操作内容

1. 该项工艺考核有条件可结合生产实际进行。

2. 可用模块结合彩画进行，采用和玺彩画中的框线，或硬天花彩画的框线，进行沥粉技能考核。

3. 要求从白木基层处理开始至沥粉工艺完成的全部过程。

4. 沥粉模块的多少可在考核中统一规定数量，以 1 块为宜。

三、时间要求

因国家无统一劳动定额，时间由单位定，主要考核学员对该项工艺掌握的正确和熟练程度。

四、操作要点（在模块上进行操作）

1. 基层处理：做水性涂料。在清理干净的模块上刷清胶 1 遍，然后用胶老粉腻子嵌批平整，待干后打磨平整，刷乳胶清漆 2～3 遍。

2. 放样起谱子：按规定将图案画于牛皮纸上，并扎好谱子。

3. 打谱：将扎好孔的谱子铺于“模块上”，用有色粉袋顺扎孔将图案拍在“横块”面上，以显示出完整的图案。为了避免将粉线抹掉，也可用铅笔淡淡地勾勒出图案。

4. 沥粉：沥粉材料可统一配制。将配制的沥粉腻子装入沥粉袋，在正式沥粉前可用 1 块小板作试沥，以掌握沥粉挤力、宽度、速度，再在“模块”的正式图案上进行沥粉。要求用力均匀、快慢一致，挤出的粗细均匀，呈半圆状。沥花卉应注意挤粉的手力，掌握好快慢、轻重，开沥和收尾注意衔接。沥粉后如达不到要求可作必要的修整。对凸面处也可待沥粉干后进行修整。

5. 刷罩面涂料 2～3 遍（如须贴金可不刷涂料）。

五、考核内容及评分标准（见表 4-4）

考核内容及评分标准　　表 4-4

序号	考核项目	考核时间	考核要求	标准得分	实际得分	评分标准
1	基层处理	可根据实际操作内容和数量而定	表面平整，无凸凹，乳胶漆涂刷均匀，不透底	5		1. 符合要求，得满分； 2. 表面欠平整，扣 1～2 分； 3. 有湿底现象，扣 3 分
2	放样起谱子		放样正确，扎谱规范	10		1. 符合要求，得满分； 2. 放样欠正确，扣 1～3 分； 3. 扎谱欠符合要求，扣 3～5 分
3	打　谱		所复图案完整不走样	10		1. 符合要求，得满分； 2. 粉线图案有缺损，扣 3～5 分； 3. 走样，扣 3～5 分
4	沥　粉		沥出的线条饱满均匀、挺直、粗细一致，花饰的形状符合要求	70		1. 符合要求，得满分； 2. 线条欠均匀，扣 1～5 分； 3. 粗细欠一致，扣 3～8 分； 4. 线条欠饱满，扣 3～8 分； 5. 线条欠挺直，扣 3～8 分； 6. 花饰形状欠符合要求，扣 5～10 分

续表

序号	考核项目	考核时间	考核要求	标准得分	实际得分	评分标准
5	刷罩面涂料	可根据实际操作内容和数量而定	涂料罩面均匀，扣线齐整	5		1. 符合要求，得满分； 2. 涂料罩面欠均匀，扣1～2分； 3. 扣线欠齐整，扣1～3分

学员号　　　　姓名　　　　年　月　日　　　　教师签名

第五题　古建筑彩画工艺技能考核

一、材料、工具

1. 材料：佛青、洋绿、钛白粉、光油、血料、骨胶、明矾、石膏粉、牛皮纸、扎针、颜色粉袋等。

2. 工具：铲刀、刮板、直尺、铜箩筛、漆刷、美工笔、容器等。

二、操作内容

本项工艺考核可用适当大小的“模块”板1块，可用三合板或九合板，根据图案适当放大，也可另选图案，作为建筑彩画的工艺技能考核内容，要求框线做青色，框心做浅绿色，花卉的扣线做洋绿色。其余部位的着色可另定，除统一配色外其余要求独立完成。

三、时间要求

因无国家统一定额，时间自行决定，主要考核学员对该项工艺掌握的正确和熟练程度。

四、操作要点

1. 基层处理：如是木夹板，只需将木面打磨平整光滑，再批刮腻子。待腻子干燥后打磨光滑，涂刷3遍乳胶漆即可。如基色要求是浅绿色，可将乳胶漆配成浅绿色涂刷。

2. 放样起谱子：按照教师的图样并按规定的倍数自行进行放样，绘好图案，按照要求打好谱子。

3. 复样：将起好的谱子覆于做好底色的“模块”上。

4. 彩绘：按照要求将各种颜色有序地填入图案，扣线可最后进行。如需对框心外做退晕工艺，可在扣线前进行。扣线应仔细、认真，对直线可供助靠尺进行绘制。

5. “压老”和检查修补：“压老”在考核中可不作要求，检查修补必须进行，即对遗漏、溢浅、缺损、弄脏和着色不均匀处应逐一进行仔细的修补，以达到要求，这样彩画才算全部完工。

五、考核内容及评分标准（见表 4-5）

考核内容及评分标准　　表 4-5

序号	考核项目	考核时间	考 核 要 求	标准得分	实际得分	评 分 标 准
1	基层处理及制作	可根据实际操作内容而定	如在木夹板上彩画，理论上应知道在实际操作中基层处理的程序。要求将“模块”做得色泽一致、平整、光滑	10		1. 符合要求，得满分； 2. 对基层处理的理论回答不全，扣 1～3 分； 3. 色泽、平整、光滑达不到要求各项，扣 1～2 分
2	放样、起谱子、复样		放样正确、扎谱规范，复样完整	20		1. 符合要求，得满分； 2. 放样欠正确、图样线条粗细不均，扣 3～6 分； 3. 扎谱欠规范、扎孔大小不均、间距不均，扣 2～4 分； 4. 复样欠完整，扣 3～6 分
3	彩　绘		彩绘颜色均匀线条粗细一致，线条边缘齐整，花卉扣线自然流畅	70		1. 符合要求，得满分； 2. 彩绘颜色欠均匀，扣 3～10 分； 3. 线条粗细不均，扣 2～4 分； 4. 线条边缘欠齐整，扣 3～10 分； 5. 扣线欠自然流畅，且粗细不均，扣 3～10 分

学员号　　姓名　　年　月　日　　教师签名

参考文献

[1] 建设部人事教育司．土木建筑职业技能岗位培训教材，油漆工．北京：中国建筑工业出版社，2002.

[2] 劳动和社会保障部教材办公室．职业技能鉴定教材，初级建筑油漆工．北京：中国劳动社会保障出版社，2003.

[3] 劳动和社会保障部教材办公室．职业技能鉴定教材，中级建筑油漆工．北京：中国劳动社会保障出版社，1999.

[4] 劳动和社会保障部教材办公室．职业技能鉴定教材，高级建筑油漆工．北京：中国劳动社会保障出版社，2000.

[5] 俞磊，高艳．中国传统油漆髹饰技艺．北京：中国计划出版社，2006.

[6] 雍传德，雍世海．油漆工操作技巧．北京：中国建筑工业出版社，2003.